高等学校教材

化工设计

——以大学生化工设计竞赛为案例

苏国栋　刘华彦　李正辉　主编

化学工业出版社

·北京·

内容简介

本书为高等学校化学工程专业教材。本书依据大学生化工设计竞赛的理念，集近 10 年来浙江省化工设计竞赛的参赛作品及经验，着重叙述了化工设计路线科学、系统的分析及选择方法，工艺流程的设计、优化，设备的选型及设计中化工专业软件的运用。本书弥补了现有教材中以理论讲述为主，物料衡算、能量衡算及设备设计以手算为主，对于现代设计方法应用介绍较少的不足；应用先进工具，更有助于培养学生新产品和新技术的研发、新流程和新装置的设计、新的工厂生产过程操作运行方案的创新思维能力；是一本现代化工智能化系统设计和管理理论相结合的实践教材用书。

本书可作为化工设计教材，也可供从事化工类专业的工程设计人员参考。

图书在版编目（CIP）数据

化工设计：以大学生化工设计竞赛为案例 / 苏国栋，刘华彦，李正辉主编. —北京：化学工业出版社，2022.10 (2024.2重印)
ISBN 978-7-122-42603-1

Ⅰ. ①化… Ⅱ. ①苏… ②刘… ③李… Ⅲ. ①化工设计-高等学校-教材 Ⅳ. ①TQ02

中国版本图书馆 CIP 数据核字（2022）第 230590 号

责任编辑：提　岩
文字编辑：曹　敏
责任校对：宋　夏
装帧设计：李子姮

出版发行：化学工业出版社
(北京市东城区青年湖南街 13 号 邮政编码 100011)
印　　装：河北鑫兆源印刷有限公司
787mm × 1092mm　1/16　印张 $20^1/_4$　字数 501 千字
2024 年 2 月北京第 1 版第 2 次印刷

购书咨询：010-64518888
售后服务：010-64518899
网　　址：http://www.cip.com.cn
凡购买本书，如有缺损质量问题，本社销售中心负责调换。

定　　价：56.00 元　

前言

化工专业是一个工程特色显著，化学、物理、数学、设备、机械、管理、自动化等多学科交叉，实践操作性强，厚基础、宽口径、适应性强的专业。化工设计作为高等院校化工类专业的必修课，是培养学生理论联系实际、解决复杂工程问题的能力，提升学生的综合素质和职业技能，实现由大学生向化工工程师转变的一个重要环节。

本书是作者根据多年从事化工设计、化工厂技术改造、高校化工设计课程教学尤其是指导大学生化工设计竞赛等工作的经验，同时参考众多相关资料编写而成，目的在于为高校化工类专业的高年级教学提供一本更符合现代化工过程设计，企业运行计算机化、自动化程度高的实际情况的实用参考书，同时对从事化工类专业工作的工程技术人员也有一定的参考价值。本书主要内容包括化工工程设计程序及内容、化工设计路线选择及工艺流程设计、化工设备选型与设计、节能与环保、自动控制与安全、工厂和车间布置、经济分析与财务评价等，重点介绍现代设计理念及现代设计方法在化工设计中的应用。

本书由苏国栋、刘华彦、李正辉担任主编。具体编写分工为：第 1 章的 1.1～1.4，第 2 章的 2.1～2.3、2.5，第 5 章的 5.1～5.3、5.5 由苏国栋编写；第 1 章的 1.5，第 2 章的 2.4、2.6，第 4 章的 4.1～4.4、4.7 由李正辉编写；第 3 章的 3.2～3.4 和第 6 章由刘华彦编写；第 3 章的 3.1 和第 5 章的 5.4 由任浩明编写；第 4 章的 4.5、4.6 由代伟编写；第 7 章由陈晓彬、郑启富编写。全书由苏国栋统稿。在编写过程中得到了浙江大学吴嘉教授、胡晓萍副教授的指导和帮助，得到了浙江省所有高校的支持和帮助，在此谨致谢意。

由于编者水平所限，书中不足之处在所难免，敬请广大读者批评指正。

编　者

2022 年 6 月

目录

第 5 章　自动控制与安全

第 1 章 化工设计概述

1.1 化工工程设计的意义

化工设计是根据一个化学反应或过程设计出一个生产流程，使流程具有合理性、先进性、可靠性和经济的可行性，再根据工艺流程及条件选择合适的生产设备、管道及仪表等，设计合理的工厂布局以满足生产的要求，工艺专业与有关非工艺专业进行密切设计合作，最终使工厂建成投产，这种设计全过程称为“化工设计”。

化工设计是把一项化工工程从设想变成现实的建设环节，是化工企业得以建立的必经之路。在化工建设项目确定以前，化工设计为项目决策提供依据，在化工建设项目确定以后，又为项目的建设提供实施的蓝图，在化工项目基本建设中化工设计发挥着重要作用，无论工厂或车间的新建、改建和扩建，还是技术改造和技术挖潜，均离不开化工设计。化工设计是科研成果转化为现实生产力的桥梁和纽带，科研成果只有通过工程设计才能实现工业化生产，产生经济效益。在科学研究中，从小试到中试以及工业化的生产，都需要与设计有机结合，并进行新工艺、新技术、新设备的开发工作，力求实现科研成果的高水平转化。化工设计是企业技术革新，增加产品品种，提高产品质量，节约能源和原材料，促进国民经济和社会发展的重要经济技术活动的组成部分。

《中华人民共和国国民经济和社会发展第十四个五年规划和2035年远景目标纲要》中提出要加快发展方式绿色转型，要大力发展绿色经济，坚决遏制高耗能、高排放项目盲目发展，推动绿色转型实现积极发展。壮大节能环保、基础设施绿色升级。改革开放以来，我国制造业持续快速发展，建成了门类齐全、独立完整的产业体系，但是仍然存在大而不强的问题，转型升级和跨越发展的任务紧迫而艰巨。尤其是对于化学工业这一传统制造业，资源和环境约束不断强化，依靠资源要素投入、规模扩张的粗放发展模式已难以为继，应以《中国制造2025》为指导方针，坚持绿色发展，以创新驱动，加强节能环保技术、工艺、装备推广应用，全面推行清洁生产，发展循环经济，提高资源回收利用效率，构建绿色制造体系，走生态文明的发展道路，满足日益多元化和个性化的市场需求，实现我国化学工业的转型升级，探索出一条真正有利于化学工业经济发展的道路，为我国科技、经济和社会发展提供必需的物质基础。

随着社会与科技的飞速发展，化工行业对工程技术人才的要求越来越高。而工程技术人才的创新能力集中体现在工程实践活动中创造新的技术成果的能力，包括新产品和新技术的研发，新流程和新装置的设计，新的工厂生产过程操作运行方案等。化工工程设计培养大学生的创新思维和工程技能，培养团队协作精神，增强大学生的工程设计与实践能力。

1.2 化工设计项目的工作程序

化工设计项目的工作程序主要包括项目建议书、可行性研究报告、初步设计说明书、计算机辅助化工设计、工程设计图纸。图 1-2-1 为化工设计项目的工作程序图，所有工作程序中最关键的一步就是构建初步工艺流程。

由化学反应过程生成新的化工产品的工艺过程，至少包括三步：反应前原料预处理、化学反应以及反应后产物分离。所以，在进行初步工艺流程构建的时候也就必须完成这几个部分，由于没有进行真实模拟，所以文献的查询及数据的权威性就显得至关重要。首先，需要知道原料准确组成，以及产品的国家标准（优等品、一级品、合格品之类的）。原料的组成决定原料预处理的工艺，产品需要达到的纯度及杂质要求则影响产物分离的工艺。反应动力学的数据决定工艺模拟的准确性，同时也决定反应出口物料的组成，所以建议在查找动力学方程的时候尽量采用权威期刊上的数据。在查找动力学方程的时候，思考反应器选型，注意查找反应出料的组成（未反应的原料、产物、副产物）和催化剂具体数据，此数据和产品数据共同确定产物分离的工艺。每一个工业上进行的反应对原料的纯度和杂质都有要求（纯度可能影响反应的程度和温度的控制，杂质可能影响催化剂的寿命），所以必须查找到反应对进料的要求，这个数据和原料数据则共同确定了原料预处理工艺所需要达到的水平。其次，确定工艺架构，原料预处理和产物分离工艺的架构就是多个分离单元有顺序地连接，也即分离序列的设计。关键点在于分离方法以及分离顺序的选择，分离方法和分离顺序会影响到分离难易程度、产品纯度、设备投资等，完成这两个部分也就完成了工艺的架构。原料经过预处理达到反应的要求后，通过发生化学反应生成产物，然后再经过产物分离得到最终产品。从原料到产品，整个工艺的初步流程构建就圆满完成了。初步工艺流程架构完成后，就可以逐步思考创新点、Aspen 流程模拟、确定厂址、布置厂区等。

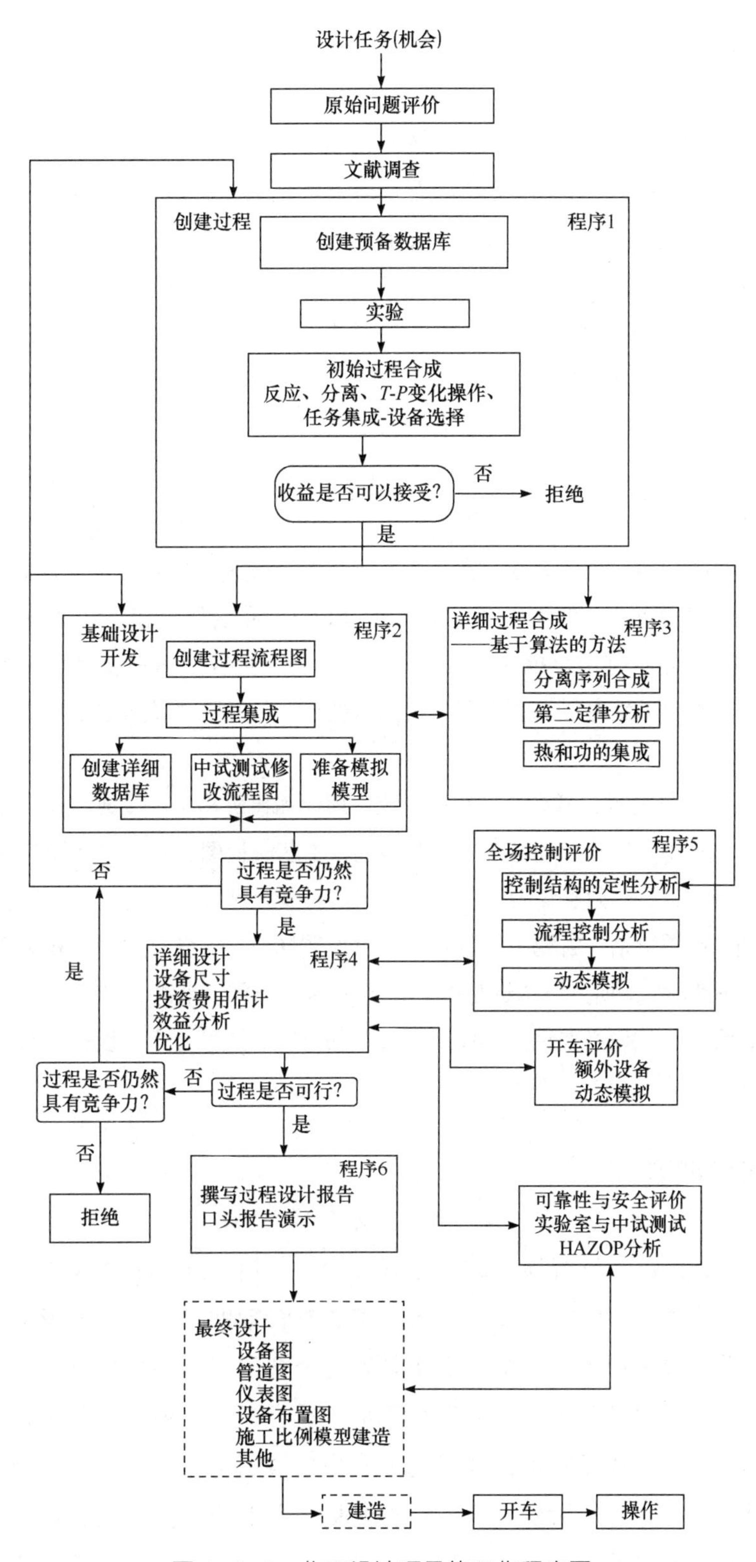

图 1-2-1　化工设计项目的工作程序图

1.2.1 项目建议书

项目建议书是在项目早期，由于项目条件还不够成熟，仅有规划意见书，对项目的具体建设方案还不明晰，市政、环保、交通等专业咨询意见尚未办理。项目建议书主要论证项目建设的必要性，建设方案和投资估算也比较粗略，投资误差为20%左右。另外，对于大中型项目和一些工艺技术复杂、涉及面广、协调量大的项目，同时涉及利用外资的项目，只有在项目建议书批准后，才可以开展对外工作。项目建议书一般处于投资机会研究之后、可行性研究报告之前。因此，我们可以说它是项目发展周期的初始阶段基本情况的汇总，是选择和审批项目的依据，也是制作可行性研究报告的依据。

项目建议书，又称立项申请书，是项目单位就新建、扩建事项向项目管理部门申报的书面申请材料。项目建议书的主要作用是使决策者可以通过项目建议书中的内容进行综合评估后，做出对项目批准与否的决定。项目建议书是依据国家的长远规划和行业、地区规划以及产业政策，拟建项目的有关的自然资源条件和生产布局状况，以及项目主管部门的相关批文编制的。其是作为项目拟建主体上报审批部门审批决策的依据；作为项目批复后编制项目可行性研究报告的依据；作为项目的投资设想变为现实的投资建议的依据；作为项目发展周期初始阶段基本情况汇总的依据。

项目建议书包括总投资、产品及介绍、产量、预计销售价格、直接成本及主要材料规格、来源及价格；技术及来源、设计专利标准、工艺描述、工艺流程图，对生产环境有特殊要求的需说明（比如防尘、减震、有辐射、需要降噪、有污染等）；项目厂区情况，如厂区位置、建筑面积、厂区平面布置图、购置价格、当地土地价格；项目人数规模，拟设置的部门和工资水平，估计项目工资总额（含福利费）；项目设备选型表（设备名称及型号、来源、价格）等。项目建议书目录一般含总论、背景和建设必要性、建设规模与产品方案、技术方案、设备方案和工程方案、投资估算及资金筹措、效益分析、结论。

1.2.2 可行性研究

可行性研究就是深入进行项目建设方案设计，包括：项目的建设规模与产品方案，工程选址，工艺技术方案和主要设备方案，主要材料辅助材料，环境影响问题，节能节水，项目建成投产及生产经营的组织机构与人力资源配置，项目进度计划，详细估算所需投资，融资分析，财务分析，国民经济评价，社会评价，项目不确定性分析，风险分析，综合评价，等等。项目的可行性研究工作是由浅到深、由粗到细、前后连接、反复优化的一个研究过程。前阶段研究是为后阶段更精确的研究提出问题创造条件。可行性研究要对所有的商务风险、技术风险和利润风险进行准确落实，如果经研究发现某个方面的缺陷，就应通过敏感性参数的揭示，找出主要风险原因，从市场、产品及规模、工艺技术、原料路线、设备方案以及公用辅助设施方案等方面寻找更好的替代方案，以提高项目的可行性。可行性研究报告必须对项目所需的各项费用进行比较详尽精确的计算，误差要求不应超过 10%。

1.2.3　初步设计说明书

初步设计说明书按照《化工工厂初步设计文件内容深度规定》（HG/T 20688—2000）的要求编写完成。初步设计说明书涉及有关产品工艺、供水、供电、项目征用土地意见和建设项目环境保护意见的批文及资料，要按照相关国家标准进行编写。初步设计说明书共有二十六章正文内容，包括项目总论、总图运输、化工工艺与系统、布置与配管、设备选型及设计、自动控制及仪表、供配电、给排水、能耗及节能措施、厂区外管、消防、电信、土建、维修、概算等。初步设计说明书为项目的初步设计，依据化工设计相关国家标准，国家经济、建筑、环保等相关政策，项目可行性报告，是施工图设计说明书的编写依据之一。

1.2.4　计算机辅助化工设计

计算机辅助化工设计是运用相关软件进行模拟设计，例如：Aspen plus、AutoCAD、Pdmax 等软件。主要应用于模拟流程设计、过程换热节能、设备强度校核、反应器设计、换热器设计、塔设备设计、三维设计、泵设计等。

Aspen plus 是一个生产装置设计、稳态模拟和优化的大型通用流程模拟系统软件，最适用于工业、且最完备的物性系统。可以对工业过程进行严格的质量和能量平衡计算；可以预测物流的流量、组成以及一些性质；可以预测操作条件、设备尺寸；可以减少装置的设计时间，并进行各种装置设计方案的比较；可以帮助改进当前工艺，在给定的约束内优化工艺条件，辅助确定一个工艺的约束部位，等等。

AutoCAD 有绘图快捷、保管方便、三维创建更实用等优势。Pdmax 有设计直观，通过设置不同的视点或建立多个视窗，可以方便、直观地对设备进行空间定位，避免了由三维到二维的转换；易于修改，在一个视窗中对设备位置的调整或者对设备三维模型的修改都会在相关的视图中得到及时反映；管理简单，所需建立的模型数量少，可生成的视图数量不受限制，各视图之间的有机联系能得到保证，便于设备安装图的自动生成；观察方便，设计人员可以直接观察设备安装的三维模型，做到如临其境的优势。

软件模拟设计可以给我们带来数值计算、信息处理、智能模拟的便利，减轻负担，但实际上软件只是一种辅助工具，具体数据是否符合标准，是否能满足实际工作的要求，这需要通过各种数据手工计算自行判断与检验是否符合要求，不可认定软件获得的数据一定是合理的。

1.2.5　工程设计图纸

工程设计图纸是运用 AutoCAD 绘制物料工艺流程图（PFD）、工艺管道及仪表流程图

（P&ID）、车间设备布置图、厂区总平面布置图、设备条件图、轴测图等。要求格式规范，内容正确且完整，标准需查阅相关规范。如厂区总平面布置图需参照《化工企业总图运输设计规范》GB 50489—2009、《石油化工储运系统罐区设计规范》SH/T 3007—2014、《化工企业总图运输设计规范》GB 50489—2009、《化工企业建设节约用地若干规定》[88]化基字第 401 号文、《建筑设计防火规范（2018 年版）》GB 50016—2014、《石油化工企业设计防火标准（2018 年版）》GB 50160—2008、《工业企业总平面设计规范》GB 50187—2012、《压缩机厂房建筑设计规定》HG/T 20673—2005、《化工装置设备布置设计规定》HG/T 20546—2009 等。

1.3　可行性研究报告概述

可行性研究报告按照中石化联产发[2012]115 号《化工投资项目可行性研究报告编制办法》（2012 年修订版）的规定编制完成。可行性研究是投资项目前期工作的重要内容，是投资决策的重要依据。可行性研究须坚持实事求是，坚持科学、客观和公正的原则，对投资项目的各要素进行认真的、全面的调查和详细的测算分析。可行性研究报告要符合国家、行业和地方的有关法律、法规和政策，符合投资方有关规定和要求，编制依据充分，附件齐全，数据来源有出处；要以市场为导向，以经济效益为中心，最大限度优化方案，提高投资效益，作出实事求是的结论性意见。报告要全面反映研究过程中的不同意见和存在的主要问题，以确保本项目可行性研究的科学性和严肃性。

可行性研究报告是在投资决策之前，是全面深入地进行市场分析、预测拟建项目产品国内、国际市场的供需情况和销售价格；研究产品的目标市场，分析市场占有率；研究确定市场，主要是产品竞争对手和自身竞争力的优势、劣势，比较以及预测建成后的社会经济效益。在此基础上，综合论证项目建设的必要性，财务的盈利性，经济上的合理性，技术上的先进性和适应性以及建设条件的可能性和可行性，从而为投资决策提供科学依据的书面材料。

1.3.1　可行性研究报告的规范

参照的编制办法是中国石油和化学工业联合会发布的《化工投资项目可行性研究报告编制办法》（2012 年修订版）（中石化联产发[2012]115 号）（以下简称“编制办法”）。

编制依据的文件有:

①《中华人民共和国国民经济和社会发展第十四个五年规划和 2035 年远景目标纲要》。

②《中华人民共和国环境保护法》和《中华人民共和国安全生产法》等相关国家法律法规。

③《中国制造 2025》（2015 年版）。

④《产业结构调整指导目录（2019 年本）》。

⑤《“十四五”现代能源体系规划》。

具体编制要求如下：

① 编制过程中坚持“客观、公正、科学、可靠”的原则，对项目的市场需求、建设规划、技术方案及水平、经济效益、社会效益、环境效益和各种风险等进行充分调查和论证，真实、全面地反映项目的有利和不利因素，提出可供选择的建议。

② 根据厂址条件，对项目所需水、电、蒸汽、人力、资金、原辅材料来源及质量进行测算与落实。

③ 对产品方案、技术路线、资金来源等进行多方案的比较选择，最终提出技术上先进可靠、经济上合理、环保措施完善的推荐方案。

④ 结合当地的政策、法规，按照有关部门的编制要求，对建设项目做出客观的技术经济评价，对项目中尚未解决的问题，如实提出建设性的意见和建议。

⑤ 选用的工艺、设备、自控方案要先进、可靠、成熟、“三废”排放少，做到低能耗、低污染、低成本。

1.3.2　可行性研究报告的内容

（1）项目总论　主要分为：项目概述、项目可行性研究结论。

项目概述是简单介绍项目名称、主办单位名称及性质、项目建设内容、规模、目标、项目建设地点等，罗列编制依据，介绍项目背景及投资必要性。

项目可行性研究结论是通过市场需求分析、技术方案和厂址论证、技术经济性分析得出初步结论。

（2）市场预测分析　介绍主要产品的性质用途；分析主要产品国外市场和国内市场的供应、需求现状及预测；分析主要产品价格变化趋势、主要产品上游原料、下游产品的情况等。

（3）建设规模及产品方案　首先对产业政策、行业准入符合性、所在地域或园区发展规划符合性进行分析，列出相关符合性依据。写法是：本项目符合《产业结构调整指导目录（2019 年本）》中的第×类第×项×××第×条×××××或者“本项目未列入《产业结构调整指导目录（2019 年本）》中的限制类或淘汰类”。参考的判据是《产业结构调整指导目录（2019 年本）》或者《鼓励外商投资产业目录（2019 年版）》等。

其次对建设规模和产品方案的选择和比较：列出建设规模，包括产品处理量、副产品产量、工作时间、项目用地、项目投资等；介绍项目主要产品、主要副产品的纯度，年产量，性质，用途，等；并查阅国家标准或者行业标准，以表格形式列出产品技术要求。

再次根据主要产品的市场预测，结合国内市场的需求行情，进行几种建设规模的比选。

考虑各方案资源综合利用的合理性、规模效益、工艺流程、设备安全及产品供需现状及未来发展需求，最后得出项目建设规模。

(4) 工艺技术方案　介绍至少5种常见工艺，并且对工艺方案进行对比。通过对不同方案投资成本、原料消耗、转化率、本质安全、本质环保、流程繁简等方面的比较后，按各项目影响性高低对不同工艺方案进行遴选，得出项目的最优工艺方案。经上述分析后，介绍项目的全部流程。

(5) 主要原料、辅助原料、燃料和动力供应　介绍主要原料及其用量、辅助原料及其用量；介绍主要原料来源、辅助原料来源，进行分析；列出原料的运输方式。列出主要原料、辅助材料来源一览表。

列出主要公用工程名称，对主要公用工程（供水工程、排水工程、供电供气等）来源分析（含公用工程供应协议及方案），列出公用工程消耗一览表。

(6) 建厂条件和厂址选择　介绍项目建厂地自然条件、外部交通运输状况、公用工程条件等。在厂址选择方面，着眼于原料供应、自然条件、运输条件、产品市场、政策优惠等方面。在满足厂址选择基础要求的前提下，搜索能较好地适应项目实施需要的相关生产厂区进行比较。总厂厂址选择决定着项目生产基地位置，选择厂址时要兼顾工厂原料供应、下游市场、生态环境、社会影响等多方面因素，权衡利弊，作出项目实施的最佳选择。在综合考虑多方面的因素后，最终确定厂址，并且进行厂址建设地概述。

(7) 主要污染源及主要污染物　列出项目“三废”总量，分别列出废水、废气、废固的排放情况，包括排放源、排放量、污染物名称、浓度、排放特征、处理方法和排放去向等一览表，并且不同废物相对应处理方案需要有文字另行补充分析说明。

(8) 投资估算和资金筹措　依据化工投资项目经济评价参数等进行编制，介绍工程概况，列出编制依据，估算项目建设投资、建设期利息、流动资金、固定资产投资方向调节税，最后列表项目总投资估算。

(9) 经济效益分析　估算产品成本和费用，进行财务评价，包括销售收入、销售税金及附加、利润及分配、项目财务现金流量表、权益投资财务现金流量表、投资回收期分析、静态指标、动态指标、借款偿还期分析、不确定性分析等。依据以上的分析，对项目的盈利能力、经济可行性、项目对市场供求变化的应对能力、生存能力强弱进行判断。

(10) 可行性研究结论　项目可行根据工艺可行性、效益可行性等方面考察，同时兼顾项目与社会及环境的和谐发展情况，得出结论说明项目建设可行。

1.3.3　各部分内容的逻辑关系

可行性研究是投资项目前期工作的重要内容，是投资决策的重要依据。项目通过市场分析、厂址分析、技术论证、环境评价、安全评价和技术经济评价等方面，考查项目经济效益和社会效益，判断项目是否能够达到《中国制造2025》中提出的绿色发展2025年指标，以此说明项目具有建设可行性。

总论直接介绍项目情况、背景和原则，是整本可行性报告的基调，是原料、辅助材料供应的根据；市场预测分析、建设规模和产品方案是投资预算和财务分析的来源之一；产品方案是“三废”处理的前提。

1.4　初步设计说明书概述

1.4.1　初步设计说明书规范

参照《化工工厂初步设计文件内容深度规定》（HG/T 20688—2000）及有关专业国家标准进行编制。

编制依据的文件有：

①《中华人民共和国国民经济和社会发展第十四个五年规划和 2035 年远景目标纲要》。

②《中华人民共和国环境保护法》和《中华人民共和国安全生产法》等相关国家法律法规。

③《中国制造 2025》。

④ 中国石油和化学工业联合会文件中石化联产发[2012]115 号“关于印发《化工投资项目可行性研究报告编制办法》《化工投资项目项目申请报告编制办法》和《化工投资项目资金申请报告编制办法》（2012 修订版）的通知”。

⑤《产业结构调整指导目录（2019 年本）》。

具体编制要求如下：

① 认真贯彻落实国家基本建设的有关政策、法规，合理安排建设周期。

② 严格控制工程建设项目的生产规模和投资。

③ 严格遵循现行消防、安全、卫生、劳动保护等有关规定、规范，保障安全生产顺利进行和操作人员的安全。

④ 产品生产和质量指标符合国家及地方颁发的各项相关标准。

⑤ 注重环境保护，设计中选用清洁生产工艺，在生产过程中减少“三废”。

⑥ 同时采用行之有效的“三废”治理措施，严格执行“三废”治理、“三同时”的方针。

⑦ 坚持体现“社会经济效益、环保效益和企业经济效益并重”的原则。

⑧ 按照国民经济和社会发展的长远规划，行业、地区的发展规划。

⑨ 在项目调查、选择中对项目进行详细全面的论证。

1.4.2　初步设计说明书的主要内容

主要章节满足 HG/T 20688—2000 标准的要求，必须包含有：总论、总图运输、化工工艺与系统、布置与配管、自动控制及仪表、供配电、给排水、消防、概算等。

（1）总论　介绍项目概况、设计依据、设计原则、产品方案及产品规模、设计范围、主要原料、辅助原料、催化剂、项目采用的工艺技术、环境保护措施、生产过程和机械化程度、安全消防措施、管理体制及定员等，最后列出项目主要技术经济指标一览表作为项目情况汇总。

(2) 总图运输　罗列设计规范及选用理由，说明设计范围；介绍厂址概况，包括选址原则、选址理由、工程地质及水文地质特征概述、厂址最终选定；详细介绍项目总图布置情况、项目建筑防火情况、竖向设计、工厂运输等。

(3) 化工工艺与系统　首先项目概述，简洁地介绍项目设计基础，包括项目背景、技术来源、装置规模及组成、主要原料、辅助原料和燃料等。

其次根据生产情况进行工艺技术方案比选（至少五种），列举现有工艺技术，从投资、能耗、原料消耗、转化率、本质环保、本质安全、流程繁简、国内外工业化程度及我国资源现状、上下游集成九大方面来进行比较，确保找到最优的工艺技术方案。

然后介绍项目中涉及反应所应用的动力学方程，说明文献中的动力学原理、对文献中动力学方程的优化过程以及相关的推导计算过程。介绍反应机理，对工艺流程进行详细描述，进行 Aspen 优化模拟，介绍原料、辅料、产品规格及消耗等。

(4) 布置与配管　车间布置：介绍布置原则，根据化工工艺设计施工图内容和深度统一规定等，对项目车间厂房整体、车间设备、原料预处理车间等进行布置。

设备配管：介绍布置要求，根据化工装置管道布置设计规定和管道仪表流程图设计规定等，对管道设计、管道布置、常见设备的配管，列举项目中配管示例，列出配管一览表，要包含管道名称、物料代号、物料名称、物流代号、管径、管道压力等级、管道材质代号等。

(5) 设备选型及设计　概述过程设备的基本要求、作用、过程设备设计与选型的主要内容。项目中具体设备设计与选型一般编制于《设备设计及选型说明书》和附录《设备选型一览表》。《设备设计及选型说明书》对项目工程所采用的塔设备、换热器、反应器、气液分离器进行详细设计说明，对压缩机、罐、混合器、泵等进行选型说明，要求对设备进行详细设计及优化，经 SW6（过程设备强度计算软件）强度校核各项均为合格。设备一览表要包含设备位号、设备图号、名称、类型、尺寸、设计温度、设计压力、材料、厚度、质量等。

(6) 自动控制及仪表　自动控制是在人工控制的基础上发展而来的，由检测仪表、计算机装置、自控阀门组成的自动控制系统分别代替人的眼睛观察、大脑判断决策、手动操作。概述常见的自动控制系统、仪表基本类型及选用符合工艺控制精度、灵敏度要求的高性能智能型仪表，并说明项目中的设备控制方案，如泵、换热器、反应器、塔等。

(7) 供配电　根据供配电系统设计规范等，在设计范围内介绍项目装置、罐区、辅助生产装置和办公生活区的供电方案，以及厂内用电负荷、变电所设置、配电方案、照明系统、全厂外线、电源状况、负荷等级、变电所和配电室、配电路线、防爆和防火、防雷、防静电和接地措施等。

(8) 给排水　根据厂址气候、水文相关规范及标准对给水系统和排水系统进行设计，给水系统包括工艺用水、循环冷却水、生活用水、消防用水和杂用水。排水系统包括生产排水、生活排水、雨水排放和排水方式。对节约用水提出有效的措施。

(9) 能耗及节能措施　主要进行过程节能及能耗计算，参考《综合能耗计算通则》(GB/T 2589—2020) 等计算得到项目综合能耗及计算表、每吨产品能耗及计算表、每吨产品能耗比较表、万元产值综合能耗及计算、碳排放计算。

此外对能耗指标和能源选择进行合理性分析，判断项目能源选择是否合理，是否在满足能量需求的条件下追求经济安全环保。介绍项目中应用的节能措施，如过程节能、工艺节能、设备选用、采暖通风节能、节水等。

(10) 空压站、冷冻站　介绍空压站、冷冻站，对照项目中的工艺条件判断是否需要使用。对压缩空气用途进行说明，要求仪表空气质量达到行业标准。根据工艺条件及换热要求对载冷剂进行选择。

(11) 厂区外管　介绍管道敷设原则，符合国家及相关部门的规范、标准与规定，进行管道设计与布置。管道材质选择：在满足装置生产过程中各种操作工况和操作条件的前提下，正确选择所使用的材料，并同时考虑所用材料的加工工艺性和经济性。符合管道防腐保温要求，符合管道设计特殊要求；安全起见，设计中对输送易燃易爆物料的管道采取静电接地保护措施；进行阀门布置，外管架电气、仪表桥架布置，外管架检修平台及检修通道设置等。

(12) 消防　根据《石油化工企业设计防火规范》等，先介绍工程概况；对火灾危险性分析，包括主要危险品、危险性物质分布情况、燃烧爆炸原因；列出防火安全措施，包括总平面布置、危险物料的安全控制、火灾报警系统、建筑物防火；介绍消防系统，包括稳高压消防给水系统、消防管网布置、消防水炮和消火栓布置、自动喷水灭火系统、气体灭火系统、泡沫灭火系统等。

(13) 电信　根据石油化工企业电信设计规范等设计原则，参考多方面资料，为满足本工程的需要，在设计范围内设计电信内容，包括生产调度电话、行政管理电话、无线通信、广播系统、火灾报警系统、可燃气与毒气报警系统、综合布线系统、全厂电信网络等。

(14) 土建　化工厂生产有易燃、易爆、有腐蚀性的特点，因此对化工建筑提出了某些特殊的要求，在建筑设计时一定要采取相应的措施，避免事故的发生。内容主要分为建筑设计、结构设计、抗震设计、安全疏散等。根据工艺生产的特点，并遵照装置露天化、建筑结构轻型化和标准化的原则，对化工企业的建筑材料进行选择；根据生产便利及安全，对厂房进行结构设计；对有特殊要求的采取设置防爆墙、泄压、防爆等结构设计。

(15) 采暖通风及空气调节　为排除厂房内余热、余湿、有害气体以及蒸气、粉尘等，维持工作室内空气的温度、湿度和卫生要求，根据采暖通风与空气调节设计规范等，详细介绍厂址所在地主要气候条件特征，由此确定通风方式、空气调节等设计范围及目标、设计参数、设计方案等。

(16) 维修　根据厂区内各个设备安装和维修的相关说明，以及维修人员的行业标准进行设计。介绍设备维护及维修、典型维修项目（如：高危设备检修要求、特殊设备检修要求、压力容器及管道的定期检修及泵的检查与维护）、维修人员管理（明确维修人员的职责和对维修人员的管理）等。

（17）环境保护及“三废”处理　为确保生产环境有序、清洁，并满足特殊工序对环境参数的要求，使工厂资源得到合理配置和合理使用，从而达到工厂质量方针和目标的要求，项目设计需高度重视工厂和周边环境的保护，故编制本部分，对生产过程中的环保措施和布置作出叙述。

此部分主要罗列执行的法规和标准，介绍厂址与自然环境概况、环境质量现状，列出项目“三废”排放一览表及处理方案，分析噪声来源并列出处理方案，介绍项目绿化、环境管理与检测，估算环境保护投资。

（18）重大危险源分析及相应安全措施　罗列设计依据及参照标准；说明职业危险、有害因素分析，列举其他危害；此外对重大危险源分析并提出相应安全措施。

危险与可操作性分析（hazard and operability study，简称 HAZOP）是一种能系统地识别运行过程中潜在的安全问题的技术，它检查系统运行过程中所有设备项目可能的运行偏差，分析每种偏差对系统运行的影响并确定偏差后果，在此基础上进行分析，找出系统设计以及运行中潜在的薄弱环节，提出可能采取的预防改进措施，以提高系统运行的安全水平。运用 HAZOP 分析项目中化工生产装置设备的潜在的危险性和操作中可能存在的问题并进一步研究加以解决。如果一个设备在其预期的或者设计的状态范围内运行，就不会处于危险状态，导致不期望的事件或事故发生；反之，如果运行中某些状态指标超出了设计范围，系统很可能处于危险状态，导致危险事件或事故发生，造成设备和环境破坏、人员和财产损失。

由 HAZOP 分析可知，该重大危险源的控制可具体分为反应器、储罐、泵、换热器、管道等的控制，经过 HAZOP 分析得到具体的解决措施。同时为了保证具体生产的安全，针对可能出现的问题提出了措施以指导安全生产。

（19）概算　项目经济评价是在可行性研究完成市场需求预测，生产规模、工艺技术方案、原材料和燃料以及动力的供应、建厂条件和厂址方案、公用工程和辅助设施、环境保护、工厂组织和劳动定员及项目实施规划诸方面研究论证和多方案比较后，确定了最佳方案的基础上进行的。

此部分主要介绍工程概况，列出编制依据，估算项目建设投资、建设期利息、流动资金、固定资产投资方向调节税，最后列表项目总投资估算。

（20）财务分析　依据发改投资[2006]1325 号文发布的《建设项目经济评价方法与参数》和《企业会计准则（2022）》编制，参照《中华人民共和国企业所得税法》及《中华人民共和国企业所得税法实施条例》《成本费用核算与管理办法》中关于经济分析与评价基础数据，估算产品成本和费用，进行财务评价，包括销售收入、销售税金及附加、利润及分配、项目财务现金流量表、权益投资财务现金流量表、投资回收期分析、静态指标、 动态指标、借款偿还期分析、不确定性分析等。经经济分析对项目盈利性和可行性以及市场生存能力等进行总结。

1.4.3 各部分内容的逻辑关系

总论、总图运输、化工工艺系统、布置与配管、自动控制及仪表、供配电、给排水、消防、概算等各部分构成初步设计说明书，这是项目的初步设计，可作为施工图设计说明书的编写依据之一。

总论作为开篇，直接明了展现出项目的主要内容，为环境保护及“三废”处理和重大危险源分析及相应安全措施所涉及的化学品提供了标准，决定了配管及设备所需材料；总图运输为供配电、给排水、消防、电信、土建、采暖通风提供了详细的地理位置条件；化工工艺系统为设备选型及设计提供基础数据和合理性；化工工艺系统和设备选型及设计又为后续的自动控制及仪表提供了初始方案。

1.5 计算机辅助化工设计

随着计算机硬件和软件的发展，计算机辅助化工设计已逐渐取代传统手工计算与设计，在流程设计、新工艺开发与研究、流程建模与模拟、物料与能量衡算、设备选型与计算、车间与管道布置、安全与环境保护、技术经济性能分析与评价等环节发挥着越来越重要的作用。计算机辅助化工设计能够极大地提高化工设计的质量与效率,使得很多复杂的工作变得简单。

1.5.1 计算机辅助过程设计

化工流程模拟软件是化学工程学、化工热力学、系统工程、应用数理统计、计算方法及计算机技术等多学科理论在计算机上实现的综合性模拟系统。在达到生产要求的情况下，设计科学的工艺流程拓扑结构，对不同原料的化学和物理性质进行计算，对化学反应的流程进行能量分析。从而在整体运行状态进行模拟的基础上确定相关设备的工艺参数，对操作过程进行弹性分析，最终达到整个运行过程的不断优化。化工行业的生产大多具有高危性的特征，很多生产过程是无法通过实验室试验操作进行测定，但是在计算机辅助设计的帮助下，能够完美地将这些生产过程模拟出来，在进行参数优化的基础上，更好地完成生产目标。

通用流程模拟软件市场基本被国外软件垄断，通用流程模拟软件及供应商见表 1-5-1，如有艾斯本、KBC、剑维等厂商。艾斯本的 Aspen ONE 套件（包括 Aspen Plus、Aspen HYSYS）在全球市场占据领先地位，应用范围最广，覆盖中国石化、中国石油、中国海油等集团下属设计院、研究院和炼化生产企业。剑维旗下 PRO/Ⅱ在全球石化市场应用较广，在中国石化下属设计院、镇海炼化、茂名石化、齐鲁石化等企业，以及中国石油下属企业均有应用。KBC 公司的 Petro-SIM，覆盖中国石化主要炼油企业以及中国石油部分企业。霍尼韦尔的 UniSim Design Suite，在上海赛科及其他中国石化、中国石油、中国海油下属企业有所应用。加拿大

VMG 公司的 VMGSim 在中国石化上海石油化工研究院、北京化工研究院等有应用。法国 ProSim 公司的 ProSimPlus 在中国石油、中国石化、中国海油均有应用。国内通用流程模拟软件仅有石化盈科与青岛科技大学联合研发的 Procet-SIM 1.0，还处于测试和试用阶段。

表 1-5-1 通用流程模拟软件及供应商

分类	主要厂商	产品	备注
国外	艾斯本	Aspen Plus 稳态模拟、Aspen HYSYS 动态模拟	工艺设计、生产装置工艺模拟与优化
	剑维	SimCentral Simulation Platform、PRO/Ⅱ稳态模拟、SimSci DYNSIM 动态模拟	工艺设计、生产装置工艺模拟优化；施耐德旗下
	KBC	Petro-SIM 平台	基本功能同上，炼油工艺，物性传递更强；稳态及动态模拟；横河旗下
	霍尼韦尔	UniSim Design Suite 平台	基本功能同上，偏重动态模拟，适合仿真培训系统
	VMG	VMGSim 稳态模拟、VMGDynamics 动态模拟	斯伦贝谢旗下
	ProSim	ProSimPlus	基本功能同上，偏重硫黄等特殊类物性系统模拟
	Chemstations	CHEMCAD	CC-STEADY STATE 稳态模拟；CC-DYNAMICS 动态模拟
	PSE	gPROMS 平台	西门子旗下；稳态及动态模拟
	WinSim	Design Ⅱ	稳态及动态模拟
国内	石化盈科&青岛科技大学	Procet-SIM 1.0	通用稳态模拟；单元模拟，物性计算等

1.5.2 计算机辅助过程控制设计

其主要内容包括两个方面：①在对控制系统的拓扑结构和控制方案进行设计之后利用软件自带功能进行实际流程模拟，这也是其所应发挥的基本作用。②对仪表和自动控制项目进行施工设计，包括在所有的测控点上完成仪表选型、仪表回路图绘制、安装图绘制等，还要根据设计要求对材料进行统计。在化工企业的生产过程中，过程控制是内部控制的重要组成部分，是实现企业经营目标的重要手段。应用软件包括 Dynamics&Moduler、HISYS.RTO+、DYNSIM、Uni-Sim 等。

此外借助动态模拟软件（具体见表 1-5-2）可对化工过程在外部干扰作用下引起的不稳定过程、开停车过程和一些间歇操作过程进行模拟和研究，为控制设计提供基础。

1.5.3　计算机辅助过程设备设计

这方面的设计工作的开展是与其他几种设计功能的作用结合在一起的，没有单独的设计软件。但是计算机辅助过程设备设计的重要性是不言而喻的，在化工行业生产过程中，设备是保障化工生产系统正常运行的基本条件，也是确保化工生产安全的重要条件。在进行设备设计时需要解决两个方面的问题：①在进行标准设备的选型设计时，需要根据过程设计提出的设备工艺条件参数，对设备的结构和规格进行合理选择，同时还要明确对应的安装方式。②在进行非标设计的机械设计时，需要全面考虑机械的结构设计、性能设计、加工工艺设计和安装方式设计，从而确保设备运行的稳定性和安全性。

反应器及换热器的主要模拟软件及用途见表 1-5-2 和表 1-5-3。Aspen Plus（艾斯本公司）中的塔设计可以很好地设计、模拟精馏塔和吸收塔；此外，也可以使用 KG-tower、Cup-tower 对塔板进行校核，但该软件仅能对单板进行校核，虽然上手较容易，但不如 Aspen Plus 全面。对于其他标准设备，如泵，有着众多成熟的选泵软件可用。

表 1-5-2　专用反应器模型软件及供应商

分类	主要厂商	产品	备注
国外	艾斯本	Aspen Refinery Reactor Models	主要炼油装置反应器模型
	剑维	SimSci ROMeo Reactor Models	施耐德旗下
	KBC	SIM Reactor Suite Modules	主要炼油装置反应器模型
	霍尼韦尔	UniSim Refinery Reactors	
	PSE	Advanced Model Library for Fixed-Bed Catalytic Reactors（AML：FBCR）	固定床催化反应器
	PYROTEC	SPYRO Suite 8	中国石化乙烯装置全覆盖
国内	华东理工大学&根特大学	催化裂化工艺流程模拟软件，乙烯裂解炉系统模拟软件 COILSIM-CRAFT	华东理工大学与比利时根特大学联合研发
	辛孚能源	常减压装置 SP-CDU 加氢类装置 SP-HDP 重整装置 SP-REFORM 乙烯裂解装置 SP-CRACK 催化裂化装置 SP-FCC	SP-HDP 在 2 家企业应用；SP-FCC 在 3 家企业应用
	中国石油石油化工研究院&清华大学	乙烯裂解模拟软件 EpSOS	中国石油兰州石化、四川石化

表 1-5-3　热交换器设计软件及供应商

主要厂商	产品	主要功能
艾斯本	Aspen EDR	热交换器设计与评估套件
剑维	HEXTRAN Heat Exchanger Design	热交换器设计与模拟

续表

主要厂商	产品	主要功能
HTRI	HTRI Xchanger Suite	热交换器设计与评估套件
霍尼韦尔	UniSim Heat Exchanger	热交换器设计与模拟

设备的机械设计完成后，需进行机械强度的校核，可使用过程设备强度计算软件 SW6 辅助完成。

此外，还可以借助软件如 Solidworks 对设备进行三维模拟；运用计算流体动力学（CFD）专业软件（如 Ansys Fluent、CFX、Star、Adina、Comsol、AcuSolve）将设备内部的流场分布（速度、温度和浓度等）用生动直观的云图和动画表示出来，辅助设备尤其是反应器的设计。

1.5.4 计算机辅助工厂设计

计算机辅助工厂设计是未来化工行业发展中计算机辅助设计应用的主要方式，其作用主要体现在 4 个方面：设备在三维空间的合理布局设计、管道和管件等配管设计、钢结构支架和设备运行平台设计、工厂的可视化模型设计。其常用的应用软件包括 Smart Plant 3D、PDMS、CADWorx 和 AutoPlant 等。

化工模拟软件是化工行业的核心、基础性软件，已成为化工科研、设计和生产部门开发新技术、开展工艺设计、优化生产运行不可或缺的重要工具。正确合理利用化工模拟软件辅助化工设计，不但可以大大减少工作量，更重要的是可以提高设计精度。

第 2 章
化工设计路线选择及工艺流程设计

2.1 工艺流程设计概述

（1）准备阶段　确定产物（或原料），查阅文献，查找产物（或原料）现有的生产工艺，通过对各工艺路线经济效益、国家政策、市场容量、资源分布、安全环保等多方面考虑，将各种工艺路线进行分析对比，最终选定工艺路线。选定工艺路线后，根据各工段进行流程设计。

工艺流程设计概述

（2）设计原料预处理工段　通过查阅文献，查找出所选工艺对原料中各组分含量的要求、进料比例、反应温度和压力等条件。将来自母厂的原料进行预处理以达到反应对原料的要求。

（3）设计反应工段　查找资料比选工艺路线中原料消耗、投资、能耗、转化率、本质安全、本质环保、流程繁简等，确定最优工艺路线。工艺路线确定后查找该反应动力学方程以及反应机理。依次依据灵敏度分析反应温度、压力对转化率和选择性的影响，进一步优化动力学方程，根据文献中所提供的该工艺路线的反应条件及特性参数，查找合适的催化剂，通过对比选出最优催化剂。根据温度对选取的催化剂活性的影响来确定最终的反应温度和操作压力。

根据反应条件和原料特性选择或设计合适的反应器，将预处理后的原料通入反应器进行反应，反应后的粗产品进入下一工段进行分离提纯。

（4）设计产品精制工段　根据粗产品和粗副产品中的杂质特性和产品指标，选择合适的分离方法对粗产品和粗副产品进行提纯精制以保证产品质量。常用的产品分离精制方法有：

固体混合物：溶解、加热、蒸发、结晶（或重结晶）、过滤（洗涤沉淀）等。

液体混合物：普通精馏、萃取精馏、反应精馏、共沸精馏、分隔壁塔精馏、渗析、膜分离等。

气体混合物：洗气（吸收）、膜分离、深冷分离、吸附分离等。

固液混合物：盐析、蒸发、过滤等。

（5）设计循环　为实现整个工艺流程中物质和能量的资源化利用，需要对物料进行循环设计，未反应原料尽可能循环回反应工段。在 Aspen 中进行模拟时，将产品精制过程中分离出的未完全反应的物流打入反应工段进行重新反应的过程叫做循环。

在工艺流程初步设计完成时，对所设计的整个工艺过程进行分析，将含有未完全反应的物料设计在工段内或跨工段循环，使原料得到充分利用以节约原料、提高经济效益。在工艺流程设计中主要从原料循环、萃取剂循环和吸收剂循环等方面考虑建立循环。

（6）节能和换热网络　在工艺流程的设计中，利用节能技术已经实现了部分能量的节约，对换热进行简单的优化，避免重复升温-降温情况发生。通过对换热网络的设计和优化，尽可能地实现流程内部热量的集成和最大化利用，以减少公用工程的消耗，降低能耗。可以运用 Aspen Energy Analyzer 软件来进行换热网络的设计，寻找可能的节能措施，以最大限度地降低成本。

同时通过对系统工艺流股的能耗分析，根据组合曲线发现流程中可供利用的较多热量，引入双效精馏、热泵精馏、热耦合精馏、分隔壁塔精馏等精馏技术来降低能耗。

（7）确定“三废”处理方式　根据流程模拟中所产生的“三废”特性、含量和物性等，查阅相关文献，对“三废”物质进行综合治理和合理利用以达到节约资源、保护环境的目的。

化工厂的主要大气污染物来源有：锅炉和加热炉排放的燃气，生产装置中产生的不凝气体，反应的副产气体，轻质油品，挥发性化学药剂和溶剂在贮运过程中的挥发，化工厂物料往返输送所产生的跑、冒、滴、漏等构成了化工厂的大气污染。废气处理的基本方法有：除尘法（将粉尘从气体中分离出来）、冷凝法（利用不同物质在同一温度下有不同的饱和蒸汽压，将混合气体冷凝，使其中某种污染物凝结成液体，从而由混合气体中分离出来）、吸收法（用适当的液体吸收剂处理气体混合物，以除去其中的一种组分）、直接燃烧法（有机化合物的高温燃烧，使废气转化成二氧化碳和水）、催化燃烧法（把废气加热经催化燃烧转化成无害无臭的二氧化碳和水）。

废水的产生。工业废水是指工业生产过程中产生的废水和污水，其中含有随水流失的工业生产用料、中间产物和产品以及生产过程中产生的污染物。随着工业的迅速发展，废水的种类和数量迅猛增加，对水体的污染也日趋广泛和严重，威胁人类的健康和安全。装置内排水按其水质划分为工艺废水、生活污水、污染雨水和雨水，在设计上层层把关，做到清污分流。

工业生产产生的废液作为危险液体废物处理，委托有资质的专业单位处理。

废固分为一般固体废物和危险固体废物。生活垃圾属于一般固体废物，其他工业固体废物属于危险固体废物，例如失效催化剂、生产物资包装物等。每次更换下来的废催化剂全部装入密闭容器，并在容器外壁贴上明显标签，慎防同其他废固混淆。如不能及时运出，需将容器放入固定堆放催化剂的仓库进行暂存。

2.2　建设规模与产品方案比选

2.2.1　政策与规划

（1）国家政策　主要包括：

《中华人民共和国国民经济和社会发展第十四个五年规划和 2035 年远景目标纲要》；

《中华人民共和国环境保护法》和《中华人民共和国安全生产法》等相关国家法律法规；

《中国制造 2025》（2015 年版）；

中国石油和化学工业联合会文件中石化联产发[2012]115 号“关于印发《化工投资项目可行性研究报告编制办法》《化工投资项目项目申请报告编制办法》和《化工投资项目资金申请报告编制办法》（2012 修订版）的通知”；

《“十四五”现代能源体系规划》；

《化工工厂初步设计文件内容深度规定》（HG/T 20688—2000）及有关专业国家标准等相关政策。

（2）产业政策符合性分析　根据《产业结构调整指导目录》（2019 年本）要求是否符合产业准入条件。该目录分为三大类，分别是鼓励类、限制类和淘汰类，设计项目未列入限制类发展项目，符合产业准入的要求。

（3）行业准入符合性分析　根据国务院、工信部和所选厂址当地行业准入政策查询设计项目行业准入条件，符合《××省产业集聚区产业准入指导意见》《××省（区）鼓励类产业目录》等相关行业准入政策可进行下一步设计。

（4）所在地域或园区发展规划符合性分析　根据厂址所在地域或园区的政策及发展规划进行符合性分析，所设计项目须符合当地或园区政策及发展规划。如：设计项目需符合

《××省石油和化学工业“十四五”发展规划》；

《××省新型工业化重点产业发展规划纲要》；

《××省产业集聚区产业准入指导意见》；

《××省产业集聚区鼓励发展类产业目录》等厂址所在地域或园区发展规划政策。

（5）企业的定位与发展规划　企业定位是指企业根据其产品原料、规模、种类、用途、属性及质量档次（工业级、电子级等）对企业进行定位，突出自己的产品特征。可以按原料分为石油化工、煤化工、天然气化工等；按规模分为大化工和精细化工；按有机无机分为有机化工和无机化工。

企业战略规划是指企业对未来几年发展方向的规划。企业的发展规划要以国家和地区的发展规划为参考，结合社会发展现状和市场需求制定企业的发展目标。发展规划需要经历市场分析、整体规划、规划汇总等多个步骤，根据市场分析确定发展目标，再依据发展目标对企业发展做整体规划。

2.2.2　市场调研

市场分析对原料或产品供需状况、市场容量等方面进行统计，分析影响原料或产品供需状况的各种因素，得到原料或产品供需波动趋势，以此来预测产品需求变化状况。

（1）国内市场分析　按照《化工投资项目可行性研究报告编制办法》中相关要求，主要针对产品的国外市场以及国内市场进行预测分析。对我国近几年生产能力和消费量进行统计调研，分析产品在我国的市场变化状况。国内市场分析通常从以下几个方面着手：第一，对产品国内近几年现有产能、消费量、进出口和需求量进行统计，了解产品国内现有市场容量及进出口现状，通过数据分析得到产品总体发展趋势及市场形势；第二，对国内该产品主要生产企业的产能及生产工艺进行统计分析，分析国内主要企业发展现状；第三，对产品上游原料和下游产品进行分析。对产品上游原料价格、市场、合成工艺、生产工艺环境友好性等方面进行分析，选择合适的生产原料。对产品下游用途进行分析，通过用途分析，选择产品用途，对产品质量进行定位；第四，对产品价格变化趋势进行统计，绘制产品价格变化趋势图，分析产品价格波动趋势，对产品价格进行预测以确定产品价格。

（2）国外市场分析　了解全球生产该产品的主要生产商情况，分析国外主要企业发展现状；对全球近几年的产能和需求量进行统计，了解产品国外现有市场容量和需求量变化，通过数据分析得到产品在国外的总体发展趋势及市场形势。

（3）现市场规模和未来市场预测　现有市场规模主要是研究产品或行业在当下时间内的产量和产值。从全球产能统计来看，对产品产能增长速度进行分析，分析产量增长的主要地区及原因，统计现有市场规模。未来市场预测则是根据产品近几年市场规模的变化规律，对产品未来市场规模进行预测。

（4）竞争力分析　企业核心竞争力是企业技术、工艺、产品等方面的全部优势在市场上的体现。竞争力通常从企业生产工艺、原料、产品定位、能耗、“三废”处理、环保等方面进行分析。生产工艺较为先进且工艺流程简单则竞争力较强，但要考虑工艺的可靠性和企业的能力等，不能一味追求先进。原料来源广泛且价格便宜则竞争力强；产品定位合理、能耗低、“三废”资源化处理、绿色环保等综合优势明显则竞争力强。

（5）产品价格趋势　对近几年产品价格进行统计，从价格统计图上可以得到产品价格变化趋势。根据价格变化趋势对产品价格进行预测，同时结合产品当下市场价格，对产品进行定价。

2.2.3　建设规模与产品方案

（1）主副产品规格　主副产品规格指产品的技术参数，是化工厂为满足国家和工业标准、质量安全、顾客的需求而制定的具体产品的准确的、详细的数据；产品规格能准确、完整地反映产品主要物性等。

生产规模是指作为生产单位所拥有或占有的固定投入的数量，它包括土地、劳动力、机械与设备的数量等。项目的原料（产品）及资源化利用产品方案是以国家的产业政策和行业的发展规划为依据进行确定的，项目要综合考虑原料供应条件、市场供需现状、建设条件、技术设备水平、环境保护及产业政策等，并充分考虑国内国际的市场前景和市场容量。考察原料的来源及供给量、下游产品市场的需求量、生产工艺技术、国家的产业政策和当地的招商需求后，参照国内外主要生产企业的生产情况，结合国内市场的需求行情，并对不同建设规模和产品规模进行比选，最终确认项目的建设规模和主、副产品标准。

（2）主副产品质量标准　产品质量标准是产品生产、检验和评定质量的技术依据。产品质量特性一般以定量表示，主副产品质量标准按国家标准或化工行业标准来评定产品等级。

2.2.4　具体实例

以 2021 年全国大学生化工设计竞赛一等奖（衢州学院“糯米团子”团队）为例。云南石化年产 1.1 万吨异丙醇项目。参赛学生：盛庆宏、夏理想、吴正红、胡燕妮、杨桑妮。

本设计为云南石化年产 1.1 万吨异丙醇项目，产品异丙醇具体规格见表 2-2-1。

（1）主副产品规格表

表 2-2-1　本项目主副产品规格

序号	项目	规格
1	异丙醇质量分数/%	99.99
2	密度（25℃）/（g/mL）	0.785
3	乙醇	≤0.01

（2）方案比选　根据异丙醇的市场预测，结合国内市场的需求行情，本设计进行了几种建设规模的比选（见表 2-2-2），以及产品方案规模的对比（见表 2-2-3）。产品规模见表 2-2-4。

表 2-2-2　建设规模（产品方案）比选表

方案序号	公司名称	方法	生产指标		结论
1	无锡宝丽斯化工贸易有限公司	丙烯水合法	年生产能力/（t/年）	20000	选用丙烯直接水合法为最优选择
			年操作时间/h	8000	
			生产效率	95%	
			催化剂	XP 阳离子交换树脂催化剂	
			副产品	异丙醚（268t）	

续表

方案序号	公司名称	方法	生产指标		结论
2	岳阳昌德化工实业有限公司	丙酮加氢法	年生产能力/（t/年）	15000	
			年操作时间/h	7200	
			生产效率	90%	
			催化剂	Ni-Al_2O_3为催化剂	
3	深圳市天蓝化工有限公司	丙烯水合法	年生产能力/（t/年）	11000	
			年操作时间/h	7200	
			生产效率	90%	
			催化剂	钨硅酸催化剂	
4	广州市品萃化工科技有限公司	丙酮加氢法	年生产能力/（t/年）	6000	
			年生产时间/h	8000	
			生产效率	85%	
			催化剂	铜基催化剂	

表 2-2-3　产品方案规模对比

公司名称	无锡宝丽斯化工贸易有限公司	岳阳昌德化工实业有限公司	深圳市天蓝化工有限公司	广州市品萃化工科技有限公司
建设规模	2 万吨/年	1.5 万吨/年	1.1 万吨/年	0.6 万吨/年
总投资/亿元	4.16	2.9	1.8	0.56
占地面积/m^2	141400	128900	125300	70700
技术成熟度	需多套反应器并联，技术稳定性待考察	需多套反应器并联，技术稳定性待考察	只需单套反应器，技术稳定性正好	反应器无法达到最大负荷，技术成熟
原料来源	母厂丙烯充足	母厂丙烯充足	母厂丙烯充足	母厂丙烯充足
产品规格	2 万吨异丙醇	1.5 万吨异丙醇	1.1 万吨异丙醇	0.8 万吨异丙醇
	427t 异丙醚	368t 异丙醚	223t 异丙醚	118t 异丙醚
产品市场	异丙醇市场饱和	异丙醇市场饱和	异丙醇市场可完全消化	异丙醇市场可完全消化
可行性	规模较大，可行性有待考察	规模稍大，可行性有待考察	规模正好，具有充足的可行性	规模较小，具有可行性

表 2-2-4　产品规模

序号	项目	产量/（万吨/年）	纯度	备注
1	异丙醇	1.1	99.99%	优等品

(3) 主副产品质量标准 根据《工业用异丙醚》HG/T 4882—2016 得到主副产品质量标准见表 2-2-5。

表 2-2-5 工业用异丙醚技术指标

项目	指标	
	Ⅰ型	Ⅱ型
异丙醚(质量分数)/%	≥99.7	≥99.0
异丙醇(质量分数)/%	≤0.1	≤0. 1
水(质量分数)/%	≤0.1	≤0.1
酸度(以乙酸计)(质量分数)/%	≤0.1	≤0.1
色度 /Hazen 单位(铂-钴色号)	≤10	≤10
过氧化物(以 H_2O_2 计)(质量分数)/%	≤0.01	≤0.01

2.3 化工技术路线选择的依据

2.3.1 基本原则

① 工艺技术路线要具有可靠性，要符合国家的法律法规及国家产业政策，且能实现实际操作和生产。所选择技术路线工艺流程要通畅，在生产过程中要具有稳定性且生产能力和产品质量要能达到工厂的生产要求。通常要选择已经投入生产的工艺路线。

② 工艺路线要具有先进性，成熟可靠且能满足安全运行。工艺路线要具有先进的技术和合理可行的经济要求，尽量选择物耗小、能耗少、循环量少和回收利用好的生产方法。在考虑工艺先进性时要注意不能一味追求先进，同时也要考虑所选的工艺路线是否适合企业的生产发展。

③ 工艺路线要具有经济合理性。原料价廉易得，来源丰富，收率与利用率高，使用安全，低污染或无污染，具有一定的经济效益。

④ 工艺技术路线要具有安全性。安全的工艺技术路线是工艺生产的关键，在考虑工艺路线的安全性时要从原料、反应程度、危险物质储存、生产条件、操作要求、生产设备等方面进行考虑。尽量使用无害或低危险性原料，使用催化剂缓解反应的剧烈程度，减少危险介质储存，优化生产条件，操作要求简便、安全、易于掌握和控制，设备要求简单实用，尽量减少特殊设备的使用。

⑤ 工艺技术路线要具有经济合理性。良好的经济效益是企业一切经济活动的出发点。生产成本是产品具备市场竞争性的主要因素之一，原料来源广泛、生产成本低则市场竞争性强、经济效益好。

⑥ 工艺技术路线要绿色环保，能有效地利用资源，避免高污染、高毒性化学品的使用。同时生产过程中产生的“三废”要便于处理以保护环境，实现清洁生产。

2.3.2 调研与比较

（1）技术路线调研　技术路线调研通过查阅文献，查找目标产品现有的工艺技术方案。将常用的产品合成工艺技术方案分别从主要反应方程、主要工艺条件、原料要求、催化剂种类、生产流程、反应比例、原料转化率、选择性、总转化率、主副产物、工艺优缺点、反应器种类等方面进行介绍。

技术路线调研与比较

（2）主流技术路线的比较　将主流技术路线从两个方面进行项目的工艺技术方案比选，分别为产品工艺技术方案和原料工艺技术方案。两大方案分别列举了现有工艺技术，并从投资、能耗、原料消耗、转化率、本质环保、本质安全、流程繁简、国内外工业化程度及我国资源现状、上下游集成九大方面来进行比较，确保找到最优的工艺技术方案。

① 投资比较。不同工艺方案的项目投资根据所处理的原料温度、压力、组成等的不同会有所差异，生产规模对项目投资也存在一定影响，在此根据已有文献和报告数据，考虑反应原辅材料及燃料动力等公用工程消耗，参考国内同类装置的投资，查找或计算不同反应方法的投资数额，采用实验室所提供的相关数据及相关工程信息并进行合理放大。从原料价格、折旧费、年维修费、年人工费、设备费用、公用工程等方面进行核算，对各工艺方案投资估算，同时对同等规模投资费用进行比较。从实际生产角度出发，对各工艺的投资方案进行分析，按投资数额对各工艺方案进行排序。

② 能耗比较。由于各种工艺方案的生产条件和公用工程的消耗量不同，各工艺方案的能耗也不同。根据相同生产能力下反应温度、反应压力和公用工程的消耗量对能耗进行对比，也可以通过查阅文献，查找各工艺生产每吨产品所消耗的标煤量进行比较，然后将工艺按能耗高低进行排序。

③ 转化率。根据查阅文献所得到的总转化率和选择性对各工艺进行比较，比较后的结果以转化率和选择性最高为最优方案进行排序。

④ 原料消耗。原料消耗根据所查阅的总转化率、选择性和反应方程式对每吨产品所消耗的原料量进行计算，比较各工艺方案的原料消耗量，比较后的结果以原料消耗量最少为最优方案。

⑤ 本质安全。本质安全从生产过程中所涉及的危险化学品、反应的条件和化学品的储存量等方面进行分析，分析后的结果以安全性最高为最优方案。查询反应中所涉及的物质的安全技术说明书（MSDS），了解其是否属于危险化学品，以及反应中所涉及物质对人体的危害，涉及的危险化学品种类越少，其安全性就越高；反应条件越接近常温常压，危险性越低；危险化学品通过临界量公式计算，算出所能储存的危险化学品的量，储存量不能大于临界量。

⑥ 本质环保。本质环保从原料特性、生产过程中能源消耗和“三废”产生量及处理方式进行分析。尽量采用空气、水等绿色溶剂，环保，无污染；在生产过程中尽量选择能耗小的工艺方案；在工艺选择上优先选用“三废”排放量小且易于处理的工艺方案；在选择“三废”处理方法时，优先选择清洁环保的处理方案。各工艺方案进行对比后，以环保性最好的工艺方案为最优方案。

⑦ 技术路线繁简。技术路线繁简从工艺流程的长短、所涉及的反应个数和主要反应的装置数量等方面进行比较。工艺流程越短，所涉及的反应数越少、主要反应的装置数越少，流程就越简单。对比后的技术路线以路线最简为最优方案。

（3）路线选定　将主流技术路线的比较结果和各工艺流程优、缺点进行统计汇总，通过对不同方案投资成本、能耗、转化率、原料消耗、本质安全、本质环保、流程繁简等方面进行比较，按各方面最优方案影响性高低对不同工艺方案进行比选：优先排除投资成本太高和安全性太低的技术路线，在进行工艺选择时要优先考虑总转化率高和能耗低的工艺路线，接下来要考虑技术路线的流程繁简、原料消耗和环保方面，综合以上所有因素确定最优技术方案。

最终选择投资合适，安全性高，反应选择性高，“三废”排放少，流程简单，经济效益高，能耗低，以达到《中国制造 2025》提出的绿色发展 2025 目标；并进一步开发成工艺并加以推广，降低生产成本，实现节能减排，增强市场竞争力，打开下游市场，促进产业整体升级。

2.4　计算机辅助工艺流程模拟

计算机辅助工艺流程模拟

在设计好工艺路线后，我们需要对整个流程进行物料衡算与能量衡算，以确定设备主要工艺尺寸，确定设备的热负荷，选择设备传热型式，计算传热面积，确定传热所需要的加热剂或冷却剂用量及伴有热效应的温升情况。对于已投产生产车间，物料衡算与能量衡算目的是对设备进行工艺核算，找出装置的生产瓶颈，提高设备效率，降低单位产品的能耗和生产成本。因此，物料衡算与能量衡算是进行化工工艺设计、过程经济评价、节能分析以及过程最优化的基础。用 Aspen Plus 软件进行稳态过程的物料衡算与能量衡算，可以大大提高计算的速率和模拟精度。

2.4.1　物料衡算

工艺设计中，物料衡算是在工艺流程确定后进行的。目的是根据原料与产品之间的定量转化关系，计算原料的消耗量，各种中间产品、产品和副产品的产量，生产过程中各阶段的消耗量以及组成，进而为热量衡算、其他工艺计算及设备计算打下基础。对于已有装置，物料衡算可以弄清原料的来龙去脉，找出生产中的薄弱环节，为改进生产、完善管理提供可靠的依据和明确方向，并可作为检查原料利用率及“三废”处理完善程度的一种手段。

物料衡算是根据质量守恒定律：

系统中的积累=输入−输出+生产−消耗

物料衡算包括总质量衡算、组分衡算和元素衡算。

在工艺路线设计完成以后，需对每一个设备进行论证，确定进出物料所需的温度、压力、流量及组成，然后借助软件（如 Aspen Plus）进行分工段及全流程物料衡算，具体步骤见 2.4.3 节，得到物料衡算表 2-4-1。

表 2-4-1　进出口物料衡算表

流股编号				
流股信息				
温度				
压力				
气相分率				
流量				
热焓				
组分流量				
组分 1				
组分 2				

2.4.2 能量衡算

化工生产过程中，伴随着物料从一个体系或单元进入另一个体系或单元，在发生质量传递的同时也伴随着热量的消耗、释放和转化。其中的热量变换数量关系可以由能量衡算求得，通过能量衡算，可以达到以下目的：

① 确定工艺单元中物料输送机械（如泵）所需要的功率，以便于进行设备的设计和选型；

② 确定精馏等单元操作中所需要的热量或冷量以及传递速率，计算换热设备的尺寸，确定加热剂和冷却剂的消耗量，为后续设计中比如供汽、供冷、供水等专业提供设备条件；

③ 确定为保持一定反应温度所需移除或者加入的热传递速率，指导反应器的设计和选型；

④ 提高热量内部集成度，充分利用余热，提高能量利用率，降低能耗；

⑤ 最终计算出总需求能量和能量的费用，并由此确定工艺过程在经济上的可行性。

能量衡算主要依据热量平衡方程：

$$\sum Q_{in} = \sum Q_{out} + \sum Q_{l}$$

式中，$\sum Q_{in}$ 为输入设备热量的总和；$\sum Q_{out}$ 为输出设备热量的总和；$\sum Q_{l}$ 为损失热量的总和。

对于连续系统：

$$Q + W = \sum H_{out} - \sum H_{in}$$

式中，Q 为设备的热负荷；W 为输入系统的机械能；$\sum H_{out}$ 为离开设备的各物料焓之和；$\sum H_{in}$ 为进入设备的各物料焓之和。

在进行全厂能量衡算时，是以单元设备为基本单位，考虑由机械能转换、化学反应释放和单纯的物理变化带来的热量变化。

化工模拟软件的广泛使用，使能量衡算由手算进化为机算，如今广泛使用的 Aspen Plus 软件在选择正确的热力学计算模型（物性方法）的基础上，在对单元设备及全流程进行模拟时，除了得到物流数据外，我们还可以得到进出单元设备流股的热量数据，从而计算出设备的能耗。例如，2020 年宁波工程学院“C5 的奇妙冒险”作品中，对于 E0110 反应器冷却器的热量衡算，首先得到进出 E0110 流股 0146 及 0147 的热焓如表 2-4-2，然后相减，得出所需热量–440.236Mcal/h（1cal=4.1868J）。

表 2-4-2　流股焓变计算表

项目	In	Out
物流编号	0146	0147
Temperature/℃	67.54	40.00
Pressure/bar	5.0	5.0
Vapor frac	1.00	0.25
Mole flow/（kmol/h）	131.386	131.386
Mass flow/（kg/h）	5972.835	5972.835
Volume flow/（m^3/h）	743.669	369.003
Enthalpy/（Mcal/h）	–2828.297	–3268.533

注：1 bar = 10^5Pa，后同。

2.4.3 Aspen 流程模拟步骤

Aspen 流程模拟过程是建立在工艺路线已经设计完成的基础上，针对不同的模拟体系，须选择合适的性质方法（Aspen Plus 软件把模拟计算一个流程所需要的热力学性质与传递性质的计算方法与计算模型都组合在一起，称之为性质方法），该步骤非常关键，如选择不合适的性质方法，则无论模拟过程多么完美其结果都不具备参考价值。首先对反应器进行设计，论证反应的转化率及选择性，得到反应器出口流股的组成，论证未反应完原料的循环量；接着建立无循环简单全流程或分段流程（将所有循环流股打断，按照工艺论证所设计循环比单独加入新鲜物料），流程中所有设备参数均按照工艺论证所设计输入，模拟中的反应器、分离设备可以用简单设备（如 DSTWU）；打通流程后，在各分离设备如塔设计的分离目标充分论证的基础上运用 Aspen Plus 软件进行设备设计（具体方法见第三章）；信息返回全流程，加入循环，将简单设备替换成详细计算设备（动力学反应器、RadFrac 等），打通循环后得到无节能技术、无换热网络全流程；运用 Aspen Energy Analyzer 进行节能及换热网络优化（具体方法见第四章），最终完成 Aspen 流程模拟，为物料流程图提供数据。

2.5　技术路线选择实例

以 2021 年全国大学生化工设计竞赛一等奖（衢州学院“糯米团子”团队为例）。云南石化年产 1.1 万吨异丙醇项目。参赛学生：盛庆宏、夏理想、吴正红、胡燕妮、杨桑妮。

本项目从两个方面进行工艺技术方案比选，分别为异丙醇的生产工艺技术方案与选择的原料工艺技术方案。两大方案分别列举了现有工艺技术，并从投资、能耗、原料消耗、转化率、本质环保、本质安全、流程繁简、国内外工业化程度及我国资源现状、上下游集成九大方面来进行比较，确保找到最优的工艺技术方案。

2.5.1　常用异丙醇的生产工艺技术方案

异丙醇是一种重要的有机化工原料和有机溶剂，用途十分广泛，最早生产异丙醇的方法是：以粮食为原料，通过粮食发酵制丙酮，再利用丙酮加氢制得异丙醇，每吨异丙醇大约需要消耗粮食 16 吨，此法已逐渐被淘汰。后来国内外主要采用丙烯水合法生产异丙醇，此法以丙烯为原料，丙烯经水合生成异丙醇。根据是否生成中间产品，其工艺路线又分为丙烯间接水合法（丙烯硫酸水合法）和丙烯直接水合法。国内外存在的生产工艺有丙烯直接水合法、丙烯间接水合法、丙酮加氢转化法、乙酸异丙酯酯交换法。异丙醇生产工艺如图 2-5-1 所示。

异丙醇的生产原料主要为丙酮、丙烯以及乙酸异丙酯。本项目综合投资大小、生产工艺、能耗环保等因素，对丙烯直接水合法、丙烯间接水合法、丙酮加氢转化法、乙酸异丙酯加氢转化法、乙酸异丙酯酯交换法进行工艺比较。

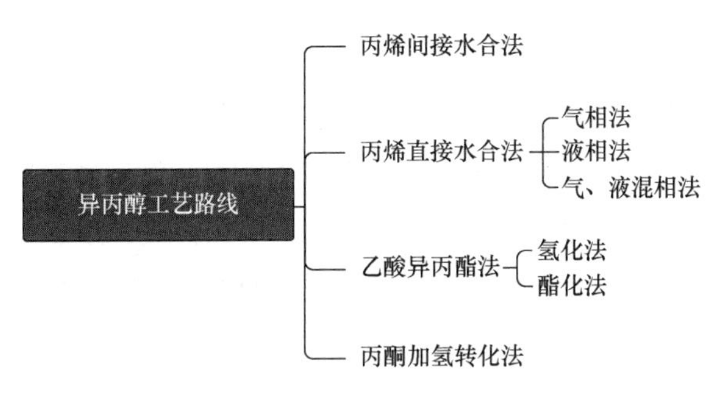

图 2-5-1　异丙醇合成工艺路线

2.5.1.1　丙烯直接水合法

丙烯直接水合法，即丙烯在催化剂存在下与水直接发生水合反应生成异丙醇。

主反应方程式为：

$$CH_3CH=CH_2+H_2O \longrightarrow CH_3CH(OH)CH_3$$

副反应方程式为：

$$CH_3CH=CH_2+CH_3CH(OH)CH_3 \longrightarrow (CH_3)_2CH—O—CH(CH_3)_2$$

$$2CH_3CH(OH)CH_3 \longrightarrow (CH_3)_2CH—O—CH(CH_3)_2+H_2O$$

(1) 气相法（维巴法）　气相法是目前世界上生产异丙醇的主要方法之一，以丙烯为原料在磷酸或硅藻土为催化剂的条件下与水进行直接反应，生成粗异丙醇溶液同时副产异丙醚、正丙醇和丙酮，将粗异丙醇溶液通入共沸塔中进行分离提浓。气相法要求丙烯原料气的纯度99%上，低纯度的丙烯将会影响树脂催化剂的活性，反应使用脱盐水，水烯摩尔比为（12.5～15.0）：1，催化剂含磷酸 20%～30%，反应温度一般在 130～150℃，压力为 6～10MPa，溶液中异丙醇的含量仅为 6%，增加了产品的分离、提浓难度。粗异丙醇溶液含醇 20%～30%，未转化的丙烯循环使用。反应按通入的丙烯计，丙烯转化率为 5%～7%，选择性 98%，催化剂寿命在 1 年以上。催化剂中的磷酸在反应过程中会被反应物流带出，为保持催化剂的活性需补加磷酸。此方法适宜的反应条件为高压低温，但是为了不使磷酸溶出，采用了把水转化为水汽的方法，导致反应温度高压力低，对反应平衡不利。

(2) 液相法（德山曹达法）　液相法是日本的德山曹达公司于二十世纪六七十年代研制成功的，已应用于工业生产。该法使用活性、选择性良好的钨系杂多酸催化剂，催化剂溶于来自精制工序的循环工艺水中。其反应条件是:催化剂为钨系多阴离子的水溶液（pH=2～3）、如钨硅酸，反应温度 240～280℃，压力 20.0MPa 条件下，n（丙烯）:n（水）=1:27。液相法的优点是选用了钨系多阴离子水溶液作为催化剂，该催化剂的活性高、寿命长、性能比较稳定，克服了以往催化剂容易流失的问题，并可循环使用。

原料丙烯在催化剂水溶液中与钨系多阴离子络合，使得其与间接水合法相比反应速率快。气相丙烯和水进行接触反应，含有异丙醇及催化剂的水溶液从反应器底部出来后冷却，在气体分离器中减压闪蒸，气体丙烯循环使用，液体去精馏装置，可获高达 99.99%的异丙醇。

与其他方法相比，在相同的氢离子浓度下，反应速率增大数倍，产品选择性好，改进了催化剂的流失问题，催化剂较稳定、可循环使用、寿命长。此外该方法还有一个优点是不存在设备的腐蚀问题，故设备无需特殊的材质。但是该法粗产物稀异丙醇中含有大量的水，导致蒸馏热量消耗量大，反应压力过高，异丙醇精制的费用提高，设备投资高。

（3）气-液混相法（德士古法）　气-液混相法的代表是美国德士古公司的德国分公司（Deutche Texaco）开发的以离子交换树脂为催化剂的工艺。该工艺由于催化剂大孔阳离子交换树脂具有优良的耐水性和催化活性，可以在水烯配比大和反应温度较低的工艺条件下反应。该法采用强酸性阳离子交换树脂催化剂，要求丙烯纯度在92%以上、反应温度135～160℃、压力6.0～8.0MPa、n（丙烯）：n（水）=1∶15。由于反应采用了中压、低温的有利于化学平衡的工艺条件，故能得到较高的丙烯转化率，丙烯的单程转化率70%左右，异丙醇选择性大于96%。与液相法和气相法比较，此法反应条件温和，不需要高纯度的原料丙烯，丙烯单程转化率高，不会产生大量没有反应的原料丙烯循环，反应能耗相对低。该法的不足是反应催化剂的价格高，并且寿命短。

国内的研究机构在气-液混相法生产异丙醇工艺方面的研究开始较早，并且取得了突破性的成绩。1993年抚顺石油化工研究院成功开发出以XP型树脂为催化剂的丙烯直接水合生产异丙醇的技术。该工艺条件温和，反应温度低，在中压、适宜的水烯比条件下，采用新型反应器，原料丙烯的单程转化率达到70%以上，原料的总转化率达到90%以上。提纯异丙醇产品过程中不需要引入其他组分，精制的工艺流程高效、简单，方便从共沸塔顶部分离出副产物粗异丙醚，其中含有部分水、异丙醇和少量其他的副产物杂质组分。丙烯直接水合生产异丙醇的过程中会产生8%～15%的副产物异丙醚，如果粗醚产品直接出售价格低，因此回收提纯副产粗醚产品中的异丙醚，纯度达到99%以上、达到工业级异丙醚的质量标准再对外出售，对于提高丙烯水合过程中原料的利用率，提高丙烯水合法异丙醇装置的经济效益具有重要意义。该法特点是：无需高纯度丙烯及大量未反应的丙烯循环。反应条件相对温和，温度、压力以及水烯比适中，丙烯转化率高，能耗低。

2.5.1.2　丙烯间接水合法

丙烯间接水合法又名丙烯硫酸水合法，以硫酸溶液为催化剂。此法将丙烯溶解在催化剂硫酸溶液中发生酯化反应生成硫酸氢异丙酯和硫酸二异丙酯，再经水解制得粗异丙醇，最后经精制得高纯度的异丙醇产品。水解所得的稀硫酸，经浓缩并除去固体或胶状物后可回收利用。

丙烯间接水合法生产过程分为酯化和水解两步，主要反应如下。

酯化反应：

$$CH_3CH=CH_2+H_2SO_4 \longrightarrow (CH_3)_2CHOSO_3H$$

$$CH_3CH=CH_2+(CH_3)_2CHOSO_3H \longrightarrow (CH_3)_2CHOSO_2OCH(CH_3)_2$$

水解反应：

$$(CH_3)_2CHOSO_3H + H_2O \longrightarrow (CH_3)_2CHOH + H_2SO_4$$

$$(CH_3)_2CHOSO_2OCH(CH_3)_2 + 2H_2O \longrightarrow 2(CH_3)_2CHOH + H_2SO_4$$

副反应：

$$(CH_3)_2CHOSO_3H + (CH_3)_2CHOH \longrightarrow (CH_3)_2CH—O—CH(CH_3)_2 + H_2SO_4$$

丙烯间接水合法是将丙烯溶在硫酸水溶液中，水合生成异丙基酸性硫酸酯和二异丙基硫酸酯，水合后得到的酯类经水解（用水蒸气处理）制得粗异丙醇，然后精制得到质量分数达99%的异丙醇产品。水解得到稀硫酸，经浓缩并除去固体或胶状物回用。硫酸浓度一般为70%～85%，反应温度控制在45～55℃，反应压力一般为2.0～2.8MPa，此时反应物在反应器内处于液相状态，以利于硫酸吸收和水合反应的化学平衡。

硫酸间接水合法的优点是对原料丙烯的纯度要求不高，丙烯转化率可达90%以上，得到的粗异丙醇浓度高达60%左右，因而可以减少精制费用；缺点是流程复杂，选择性低，水解酯类和硫酸再生都需消耗大量的蒸汽，设备腐蚀严重，而且存在废水、废气和废硫酸的处理问题，对环境有一定的污染，且原料消耗和生产成本较高。据报道，BP化学公司以含65%的液态丙烯为原料，用浓度为75%的硫酸吸收原料丙烯，丙烯转化率为93%～95%，生产1t异丙醇需用丙烯0.82～0.84t、硫酸（85%）1.14t。

2.5.1.3　丙酮加氢转化法

丙酮加氢转化法以丙酮为原料，使丙酮与氢气进入装有加氢催化剂的反应器，在加氢催化剂的作用下，丙酮与氢气反应，生成以异丙醇和氢气为主的物料，得到高纯度的异丙醇。

工业生产异丙醇采用的工艺是先将丙酮进行加氢反应得粗异丙醇，最后经产品精制获得高纯度异丙醇产品。主要反应式如下：

$$CH_3COCH_3 + H_2 \longrightarrow CH_3CHOHCH_3 + \Delta H$$

丙酮加氢是体积缩小的放热反应，放热量为52.1kJ/mol。

副反应如下：

$$2CH_3COCH_3 + H_2 \longrightarrow CH_3COCH_2CH(CH_3)_2 + H_2O$$

$$CH_3COCH_2CH(CH_3)_2 + H_2 \longrightarrow CH_3CHOHCH_2CH(CH_3)_2$$

丙酮加氢转化法采用铜或锌氧化物为载体催化剂或镍基催化剂，在70～200℃、常压条件下，丙酮加氢生成异丙醇。丙酮与氢气混合后进入装有催化剂的反应器中，在一定温度和压力下，发生反应，生成异丙醇及少量副产物，从反应器底部流出。反应产物及未反应的丙酮和氢气经过冷凝后进入气液分离器，氢气经气体压缩机后，循环使用。液体产品首先进入轻组分塔，轻组分（主要是未反应的丙酮）进入轻组分储罐，塔底产品进入产品塔，产品塔塔顶得到异丙醇产品，塔底为重组分，主要是副产品，包括六碳酮、六碳醇等，进入重组分储罐。

生产流程包括原料输送单元以及依次连接的分子筛脱水单元、丙酮加氢反应单元、变压吸附单元、精馏单元和过滤单元，原料输送单元包括丙酮中间罐和氢气储罐，丙酮中间罐与分子筛脱水单元连接，氢气储罐与丙酮加氢反应单元连接，丙酮加氢反应单元内设有有机金属骨架负载的镍基催化剂。此法采用有机金属骨架负载的镍基催化剂催化丙酮加氢制备异丙醇，原料中不使用水，催化剂催化效率高且选择性好副产物少；采用变压吸附、精馏和过滤单元共同对产品进行精制。该法选择性为 97%，丙酮转化率为 85%～90%，能耗低、设备腐蚀轻，但丙酮原料成本高。

2.5.1.4 乙酸异丙酯加氢转化法

乙酸异丙酯加氢转化法是以乙酸异丙酯和氢气为原料，反应后生成乙醇和异丙醇；乙酸异丙酯再与第一步反应得到的过量低碳醇在离子交换树脂催化剂作用下生成异丙醇和乙酸酯。主要反应式有:

$$CH_3COOCH(CH_3)_2 + 2H_2 \longrightarrow CH_3CH_2OH + CH_3CHOHCH_3$$

$$CH_3COOCH(CH_3)_2 + C_2H_5OH \longrightarrow CH_3COOC_2H_5 + CH_3CHOHCH_3$$

$$CH_3COOC_2H_5 + 2H_2 \longrightarrow 2CH_3CH_2OH$$

此法是以酯化反应精制后得到的乙酸异丙酯以及氢气为原料，将氢气压缩机过来的氢气及乙酸异丙酯（IPAE）缓冲罐中上步反应生产的乙酸异丙酯以 10∶1（mol ratio）比例加入加氢反应器，以 Cu 为主要活性成分的金属催化剂来催化乙酸异丙酯加氢反应制备异丙醇的方法，同时副产乙醇。催化剂中负载金属的质量分数约为 60%，反应温度 230℃、反应压力 7MPa，酯转化率和异丙醇选择性均较高。此法原料较为便宜，而且低碳环保无污染。

乙酸异丙酯和氢气在 Cu-Cr/Al_2O_3 催化剂作用下，在反应温度 230℃，反应压力 7MPa，LHSV 0.1h^{-1} 条件下反应，乙酸异丙酯的转化率为 84.69%、异丙醇选择性为 44%，产物异丙醇和乙醇总产率 92.4%。乙酸异丙酯加氢法可同时生产乙醇和异丙醇，还会生成一些副产物，因此，此法生产的异丙醇产品品质不仅取决于加氢过程生成的副产物的数量，还取决于后续精馏过程的分离效果。

此法优点是：催化剂活性和选择性较高，工艺简单。缺点有：原料价格高，催化剂稳定性较差，寿命较短，环境污染。

2.5.1.5 乙酸异丙酯酯交换法

乙酸异丙酯酯交换法是以乙酸异丙酯和甲醇为原料，乙酸异丙酯与甲醇在离子交换树脂催化剂作用下生成异丙醇和乙酸酯，主要反应式如下:

$$CH_3COOCH(CH_3)_2 + CH_2OH \longrightarrow CH_3COOCH_2 + CH_3CH(OH)CH_3$$

此法在 128.2℃，操作压力为绝压 0.2～0.6MPa 条件下，乙酸异丙酯转化率 67%，异丙醇纯度大于99%，具有工艺简单、异丙醇选择性高等优点。但是目前此法主要用于合成异丙醇。它的重复性较好，乙酸异丙酯平均转化率为99.44%，是通过酯交换合成异丙醇的绿色途径。研究者以甲醇钠溶液为催化剂，研究了乙酸异丙酯与甲醇的反应动力学，基于残留曲线图对反应的可行性进行了分析，并通过实验验证了反应精馏制备异丙醇的方法是可行的。高纯乙酸异丙酯和甲醇进行反应，反应器塔底出料为低浓度异丙醇，通入异丙醇分离塔进行分离。异丙醇分离塔的塔底出料为高浓度异丙醇，塔顶为乙酸异丙酯和甲醇，循环回反应器。

此法的优点是：催化剂毒性小，腐蚀弱，环境友好，产物选择性高。缺点是：工艺流程复杂，设备要求高，中间产物乙酸乙烯酯的价格比最终产物异丙醇的价格高，没有实际意义。

2.5.2 投资比较

目前世界异丙醇的生产工艺中，采用丙烯直接水合法的生产能力约占总生产能力的45.76%，采用丙烯间接水合法的生产能力占52.29 %，采用丙酮加氢法的生产能力占1.95%。其中国外主要采用丙烯直接水合法生产工艺，近年来国内则主要采用丙酮加氢转化法，乙酸异丙酯酯交换法工业化应用实例少。本项目评估其投资及技术因素时，考虑反应的原辅材料及燃料动力等公用工程消耗，参考国内同类装置的投资，采用实验室所提供的相关数据及相关工程并进行合理放大。

相关市场分析汇总见表2-5-1。

表2-5-1 市场分析汇总表

项目	丙烯直接水合法			丙烯间接水合法	丙酮加氢转化法	乙酸异丙酯加氢转化法	乙酸异丙酯酯交换法
	气相法	液相法	气-液混相法				
市场情况	市场竞争激烈	有市场前景	市场前景良好	无市场前景	有市场前景	市场前景不明	市场前景不明
原料价格/（元/吨）	5000～5600	4900～5400	5000～5600	5000～5600	4900～5400	10500～11200	10500～11200
经济效益	市场竞争激烈，有待观察	原料价格波动较大，待观察	有优良的市场前景	市场风险较大	原料价格波动较大，待观察	原料价格过高，待观察	原料价格过高，待观察

综上比较可知，具有良好市场效益的为丙烯直接水合法气-液混相法、丙酮加氢转化法、乙酸异丙酯加氢法和乙酸异丙酯酯交换法。

异丙醇合成成本包括直接运营成本以及产品销售后的总运营成本。结合市场情况，针对各工艺方案做投资比较见表2-5-2，投资数据来源于王彩彬的《丙烯直接水合制异丙醇——日本德山曹达法》。

表 2-5-2　异丙醇生产方案投资比较表

项目	丙烯直接水合法			丙烯间接水合法	丙酮加氢转化法	乙酸异丙酯加氢转化法	乙酸异丙酯酯交换法
	气相法	液相法	气-液混相法				
企业名称	中国石油锦州石化公司	壳牌化工	德士古德国分公司	常州天成三合化工	山东大地苏普化工	凯凌化工（张家港）	苏州凯诺斌石化
规模/（t/年）	100000	10000	10000	4000	10000	100000	100000
原材料/（元/t）	14400	15000	14400	16000	15434	23197	16543
折旧费/（元/t）	7000	5400	5320	2000	2188	4650	3425
年维修费/（元/t）	2630	2690	2860	3080	96	1105	515
年人工费/（元/t）	400	500	400	1000	536	1467	882
公用工程/（元/t）	4060	5410	3300	3370	6655	8574	9850
总计/（元/t）	28890	29600	25980	33850	27243	38993	34215

由表 2-5-2 可知，丙烯直接水合法气-液混相法制备异丙醇，原料为丙烯和脱盐水，只涉及一个反应器，相对比而言，涉及设备较少，故投资最低；其次为丙酮加氢转化法制备异丙醇，由于其原料只有丙酮和氢，涉及设备较少，故投资较低；再次为丙烯直接水合法气相法制备异丙醇，反应原料为丙烯和脱盐水，涉及设备多，故投资较高；接着为丙烯直接水合法液相法制备异丙醇，反应原料为丙烯和脱盐水，对能耗要求高，故投资较高；然后是丙烯间接水合法，原料为丙烯、硫酸和水，涉及设备多，故投资较高。

综上可知，从投资角度比较：乙酸异丙酯加氢转化法>乙酸异丙酯酯交换法>丙烯间接水合法>丙烯直接水合法液相法>丙烯直接水合法气相法>丙酮加氢法>丙烯直接水合法气-液混相法。

因此合理性比较为：丙烯直接水合法气-液混相法>丙酮加氢转化法>丙烯直接水合法气相法 > 丙烯直接水合法液相法>丙烯间接水合法>乙酸异丙酯酯交换法 > 乙酸异丙酯加氢转化法。

由此可见，利用丙烯直接水合法气-液混相法制备异丙醇占优势。

2.5.3　原料消耗比较

各种工艺技术方案中原料消耗见表 2-5-3。

表 2-5-3　异丙醇合成技术方案原料消耗对比表

工艺技术方案	消耗量（以生产每吨异丙醇计）
丙烯直接水合法气相法	0.722t 丙烯+0.309t 脱盐水
丙烯直接水合法液相法	0.737t 丙烯+0.316t 脱盐水
丙烯直接水合法气-液混相法	0.711t 丙烯+0.304t 脱盐水

续表

工艺技术方案	消耗量（以生产每吨异丙醇计）
丙烯间接水合法	0.753t 丙烯+0.323t 脱盐水
丙酮加氢转化法	1.02t 丙酮+0.035t 氢气
乙酸异丙酯加氢转化法	1.81t 乙酸异丙酯+0.071t 氢气
乙酸异丙酯酯交换法	1.77t 乙酸异丙酯+0.555t 甲醇

（1）丙烯

① 产能：目前国内有 8 套丙烷裂解装置和 4 套混烷裂解装置，产能各为 461 万吨和 53 万吨，世界总产能超过 1200 万吨。

② 市场分析：目前全球丙烯供需关系边际收紧。2012—2017 年全球丙烯整体产能增速稍快于需求增速，供需关系边际持续收紧，2019—2021 年全球丙烯年均新增产能 421.6 万吨/年，需求年均新增 510 万吨/年，年均产能增量少于需求增量 88.4 万吨/年。

③ 价格：截至 2021.06.16，丙烯价格为 5000～5600 元/吨（来源生意社官网）。

（2）丙酮

① 产能：截至 2020 年底中国酚酮总产能 539 万吨。2020 年有三套酚酮装置投产/扩产，累计新增产能 117 万吨（其中苯酚产能 72 万吨，丙酮产能 45 万吨）。

② 市场分析：我国丙酮需求总体呈现出较为明显的增长态势，由于下游需求强劲，我国丙酮对进口依赖较大，另外，也是由于丙酮是制造苯酚的联产品，因此丙酮的产量很大程度上取决于苯酚市场的消费需求与生产，因此仍存在显著的供给缺口，对外依存度仍然高。

③ 价格：截至 2021.06.16，丙烯价格为 4900～5400 元/吨（来源生意社官网）。

查阅文献可知，丙烯直接水合法气-液混相法、丙酮加氢法制备异丙醇均能对原料有很好的利用。

（3）乙酸异丙酯

① 产能：据了解国内乙酸异丙酯的生产能力约为 15 万吨/年，部分出口至东亚地区（如日本乙酸异丙酯的需求量在 3 万吨/年）。

② 市场分析：目前，国内乙酸异丙酯的消费结构比例大致为：维尼纶 46%；医药、油墨 26%；甲维盐 16%；涂料（塑胶漆）12%。虽然国内乙酸酯产品的产能和产量在不断增大，但是由于乙酸酯顺应了环保要求，所以其需求量的增长还是快于产能的增长。

③ 价格：截至 2021.06.16，乙酸异丙酯价格为 10500～11200 元/吨（来源生意社官网）。

综合上述表格及换算原料消耗量比为：乙酸异丙酯加氢转化法>乙酸异丙酯酯交换法>丙酮加氢转化法>丙烯间接水合法>丙烯直接水合法液相法>丙烯直接水合法气相法>丙烯直接水合法气-液混相法。

因此合理性比较为：丙烯直接水合法气-液混相法>丙烯直接水合法气相法>丙烯直接水合法液相法>丙烯间接水合法>丙酮加氢转化法>乙酸异丙酯酯交换法>乙酸异丙酯加氢转化法。

由此可见，利用丙烯直接水合法气-液混相法和丙烯直接水合法气相法制备异丙醇占优势。

2.5.4 转化率比较

通过各工艺的转化率比较，能更好地验证各工艺的合理性。通过工艺转化率对比得出各工艺转化率对比结果见表 2-5-4。

表 2-5-4 各工艺转化率对比表

工艺技术方案	单程转化率	选择性
丙烯直接水合法气相法	5%～7%	98%
丙烯直接水合法液相法	50%～75%	92%～96%
丙烯直接水合法气-液混相法	75%（丙烯）	97%～100%
丙烯间接水合法	90%（丙烯）	95%
丙酮加氢转化法	84.7%（丙酮）	85.3%
乙酸异丙酯加氢转化法	84.69%（乙酸异丙酯）	44%
乙酸异丙酯酯交换法	67%（乙酸异丙酯）	42%

由表可知，在转化率上丙烯间接水合法制备异丙醇具有优势，其次为丙烯直接水合法气-液混相法、丙烯直接水合法液相法和丙烯直接水合法气相法制备异丙醇；在选择性上丙烯直接水合法气-液混相法制备异丙醇具有优势，再次为丙烯直接水合法气相法、丙烯直接水合法液相法、丙烯间接水合法、丙酮加氢转化法、乙酸异丙酯加氢转化法和乙酸异丙酯酯交换法制备异丙醇。

综合表 2-5-4 得各工艺的合理性为：丙烯间接水合法>丙酮加氢转化法>丙烯直接水合法气-液混相法>丙烯直接水合法液相法>乙酸异丙酯加氢转化法>丙烯直接水合法气相法>乙酸异丙酯酯交换法。

2.5.5 能耗比较

（1）丙烯直接水合法气相法　在气相法制备异丙醇中，反应涉及一个反应器，即异丙醇合成反应器，反应温度 170～190℃，压力 2.0～4.5MPa，属于中温低压操作，流程简单，但该反应的单程转化率低，丙烯循环量大，能耗大。

（2）丙烯直接水合法液相法　在液相法制备异丙醇中，反应涉及一个反应器，即异丙醇合成反应器，流程较简单，反应温度 240～280℃，压力 15MPa，属于中温高压操作。该工艺粗产物稀异丙醇中含有大量的水，导致蒸馏能耗比较大，粗产品提纯困难。

（3）丙烯直接水合法气-液混相法　在气-液混相法制备异丙醇中，反应涉及一个反应器，即异丙醇合成反应器，流程较简单，反应温度 130～150℃，压力 6.0～10 MPa，属于中温中压操作。所需公用工程不多，因此其整体能耗低。

（4）丙酮加氢转化法　在丙酮加氢转化法制备异丙醇中，反应涉及 2 个反应器，流程简单，反应涉及原料合成和异丙醇合成反应器，反应温度 150～250℃，压力 1.0～5.0MPa，属于中温中压操作。所需公用工程不多，因此其整体能耗较低。

（5）丙烯间接水合法　在丙烯间接水合法制备异丙醇中，反应涉及两个反应器，流程复杂。反应涉及异丙醇合成反应器，反应温度 60～90℃，压力 2.1～2.8 MPa，属于常温中压操作。产品精制过程复杂，公用工程较多，初步分析能耗很大。

（6）乙酸异丙酯加氢转化法　反应温度 230℃、反应压力 7MPa 的条件下反应,乙酸异丙酯的转化率为 84.69%、异丙醇选择性为 44%，酯转化率和异丙醇选择性均较高。此方法原料较为便宜，而且低碳环保无污染。该反应操作条件属于中温中压操作。但异丙醇分离所需公用工程较多，因此其整体能耗较大。

（7）乙酸异丙酯酯交换法　在 128.2℃，操作压力为绝压 0.2～0.6MPa 条件下，属于中温中压操作，反应涉及一个反应器，反应流程较为简单，但精制流程较为复杂，整体过程公用工程较少，初步分析能耗较低。

通过以上分析，异丙醇制备工艺能耗对比见表 2-5-5。

表 2-5-5　异丙醇制备工艺能耗对比表

工艺技术方案	能力/t	温度/℃	压力/MPa	耗电/（kW·h/t）	蒸汽/（t/t）	燃料/kcal	综合能耗
丙烯直接水合法气相法	100000	240～280	15	28	3.5	1.5×10^8	能耗大
丙烯直接水合法液相法	100000	130～150	6.0～10	200	3.5	—	能耗较大
丙烯直接水合法气-液混相法	100000	60～90	2.1～2.8	128	6.8	—	能耗低
丙烯间接水合法	4000	150～250	1.0～5.0	30	2.5	1.5×10^8	能耗大
丙酮加氢转化法	100000	170～190	2.0～4.5	158	3.6	—	能耗低
乙酸异丙酯加氢转化法	100000	230	7	316.6	5.2	—	能耗较大
乙酸异丙酯酯交换法	100000	128.2	0.2～0.6	186	2.7	—	能耗较低

综合比较七种方案，除丙烯直接水合法气-液混相法和丙酮加氢转化法制备异丙醇能耗低之外，丙烯直接水合法液相法制备异丙醇能耗较大；丙烯直接水合法气相法和丙烯间接水合法制备异丙醇能耗大。

能耗大小顺序为：丙烯间接水合法>丙烯直接水合法气相法>乙酸异丙酯加氢转化法>丙烯直接水合法液相法>乙酸异丙酯酯交换法>丙酮加氢转化法=丙烯直接水合法气-液混相法。

综合表 2-5-5 得各工艺的合理性为：丙烯直接水合法气-液混相法=丙酮加氢转化法>丙烯

直接水合法液相法>乙酸异丙酯酯交换法>乙酸异丙酯加氢转化法>丙烯直接水合法气相法>丙烯间接水合法。

2.5.6 本质安全

对于上述的七种异丙醇合成工艺进行环保评估，可得初步结果如下。

产物异丙醇和异丙醚为危险化学品，故该工艺需着重考虑安全性。

(1) 丙烯直接水合法气相法　此法原料丙烯易燃，属于危险化学品；另一原料为脱盐水，为绿色原料无毒无害。“三废”排放中存在有机废液及各种含烯烃、烷烃废气，存在安全隐患。反应涉及异丙醇合成反应器，反应温度 170～190℃，压力 2.0～4.5MPa，反应温度为中温、压力为低压。综合考虑，该工艺在操作上存在安全性疑虑。

(2) 丙烯直接水合法液相法　此法原料为丙烯、易燃，由于其是混合物，综合考虑其组成，其属于危险化学品；另一原料为脱盐水，为绿色原料无毒无害。“三废”排放中存在有机废液及各种含烯烃、烷烃废气，存在安全隐患。反应涉及异丙醇合成反应器，反应温度 240～280℃，压力 15MPa，中温高压操作。综合考虑，该工艺在操作上存在安全性疑虑。

(3) 丙烯直接水合法气-液混相法　此法原料为丙烯、易燃，由于其是混合物，综合考虑其组成，其属于危险化学品；另一原料为脱盐水，为绿色原料无毒无害。“三废”排放中存在有机废液及各种含烯烃、烷烃废气，存在安全隐患。反应涉及异丙醇合成反应器，反应温度 130～150℃，压力 6.0～10MPa，属于中温中压操作。综合考虑，该工艺在操作上存在安全性疑虑。

(4) 丙酮加氢转化法　此法原料为丙酮、易燃，属于危险化学品；另一原料为氢气属于重大危险化学品，具有易燃易爆的特性。反应涉及原料合成和异丙醇合成反应器，反应温度 150～250℃，压力 1.0～5.0MPa，属于中温中压操作。故该工艺存在操作上的安全性疑虑。

(5) 丙烯间接水合法　此法中的反应涉及两个反应器，流程复杂。反应涉及异丙醇合成反应器，反应温度 60～90℃，压力 2.1～2.8MPa，属于常温中压操作。流程繁杂，使安全隐患大大增大。综合考虑，该工艺在操作上安全性疑虑较高。

(6) 乙酸异丙酯加氢转化法　此法原料为乙酸异丙酯和氢气，反应涉及两个反应器，流程复杂。反应涉及加氢反应器和酯化反应器，反应温度为 230℃，反应压力为 7MPa，属于中温中压操作，流程繁杂，使安全隐患大大增大。综合考虑，该工艺在操作上安全性疑虑较高。

(7) 乙酸异丙酯酯交换法　此法原料为乙酸异丙酯和甲醇，属于易挥发易燃液体，反应涉及一个反应器，反应温度为 128.2℃，压力为 0.2～0.6 MPa，属于中性低压操作，工艺简单安全，但分离过程复杂，设备要求高，安全隐患增大。综合考虑，该工艺在操作上存在安全性疑虑。

综合比较这七种工艺存在的安全疑虑，由于丙烯间接水合法流程更长更烦琐，其安全性更低。异丙醇合成工艺本质安全比较见表 2-5-6。

表 2-5-6　异丙醇合成工艺本质安全比较表

工艺技术方案	温度/℃	压力/MPa	危险物	安全评价
丙烯直接水合法气相法	240～280	15	丙烯	中等
丙烯直接水合法液相法	130～150	6.0～10	丙烯	中等
丙烯直接水合法气-液混相法	60～90	2.1～2.8	丙烯	中等
丙烯间接水合法	150～250	1.0～5.0	丙烯、硫酸	低
丙酮加氢转化法	170～190	2.0～4.5	丙酮、氢气	较低
乙酸异丙酯加氢转化法	230	7	乙酸异丙酯、氢气	低
乙酸异丙酯酯交换法	128.2	0.2～0.6	乙酸异丙酯、甲醇	中等

工艺安全性比较（安全性从高到低）：丙烯直接水合法气-液混相法>丙烯直接水合法液相法>乙酸异丙酯酯交换法>丙烯直接水合法气相法>丙酮加氢转化法>乙酸异丙酯加氢转化法>丙烯间接水合法。

工艺合理性：丙烯直接水合法气-液混相法>丙烯直接水合法液相法>乙酸异丙酯酯交换法>丙烯直接水合法气相法>丙酮加氢转化法>乙酸异丙酯加氢转化法>丙烯间接水合法。

从本质安全考虑，丙烯直接水合法气-液混相法、丙烯直接水合法气相法、丙烯直接水合法液相法和乙酸异丙酯酯交换法制备异丙醇安全评价中等，丙酮加氢转化法本质安全评价较低，丙烯间接水合法和乙酸异丙酯加氢转化法在安全评价方面较低。

2.5.7　本质环保

对这七种异丙醇合成工艺进行环保评估，可得初步结果如下。

（1）丙烯直接水合法气相法　原料为水和丙烯，以水为原料，绿色环保；“三废”排放中存在有机废液和少量苯及各种含烯烃、烷烃废气，可对废气回收利用、废液处理回收，环保。

（2）丙烯直接水合法液相法　原料为水和丙烯，以水为原料，全流程无较大毒性物质，绿色环保；“三废”排放中存在有机废液和少量苯及各种含烯烃、烷烃废气，可对废气回收利用、废液处理回收，环保。

（3）丙烯直接水合法气-液混相法　原料为水和丙烯。以水为原料，全流程无较大毒性物质，绿色环保；“三废”排放中不产生不可以回收的废渣和废气，存在废水含微量异丙醇（≤0.5%），可对废气回收利用，废液生物法回收，环保。

（4）丙酮加氢转化法　原料为丙酮和氢气。“三废”排放中不产生不可以回收的废渣和废气。废水含微量异丙醇（≤0.5%），需经生化处理后排放。全流程无较大毒性物质，环保。

（5）丙烯间接水合法　原料为丙烯和水，以硫酸作催化剂进行间接水合。“三废”排放中存在废硫酸、水解酯类废液和含烷烃废气；废水中水解酯类和硫酸再生都需消耗大量的蒸汽，设备腐蚀严重，而且存在废硫酸的治理问题。废水、废气难以处理污染环境，环保评价较低。

（6）乙酸异丙酯加氢转化法　原料为乙酸异丙酯和氢气。“三废”排放较多，其中存在有机废水、有机废气和失活催化剂，不产生不可以回收的废渣或废气，综合考虑，该工艺环保评价较高。

（7）乙酸异丙酯酯交换法　原料为乙酸异丙酯和甲醇。“三废”排放中不产生不可以回收的废渣和废气。“三废”经处理后均可达标排放，全流程无较大毒性物质，环保。

异丙醇合成工艺本质环保比较见表 2-5-7。

表 2-5-7　异丙醇合成工艺本质环保比较表

工艺技术方案	原料特性	“三废”排放	危险物质名称	环保评价
丙烯直接水合法气相法	环保	较少	丙烯	环保
丙烯直接水合法液相法	环保	较少	丙烯	环保
丙烯直接水合法气-液混相法	环保	较少	丙烯	环保
丙烯间接水合法	一般	较多	丙烯、硫酸	低
丙酮加氢转化法	一般	较少	丙酮、氢气	较低
乙酸异丙酯加氢转化法	一般	较多	乙酸异丙酯、氢气	较环保
乙酸异丙酯酯交换法	一般	较少	乙酸异丙酯、甲醇	较环保

由表 2-5-7 可知环保评价由高到低分别是：丙烯直接水合法气-液混相法=丙烯直接水合法液相法=丙烯直接水合法气相法>乙酸异丙酯酯交换法>乙酸异丙酯加氢转化法>丙酮加氢转化法>丙烯间接水合法。

综合比较可知，在环保方面丙烯直接水合法气-液混相法、丙烯直接水合法液相法和丙烯直接水合法气相法制备异丙醇的三种方法满足环保需求。丙酮加氢转化法本质环保评价较低，丙烯间接水合法在环保评价方面较低。

2.5.8　流程繁简比较

（1）丙烯直接水合法气相法　丙烯直接水合法气相法工艺流程如图 2-5-2 所示。原料丙烯先进 C_3 分离塔分离提纯后，进入异丙醇合成反应器；进入丙烯回收塔，塔顶丙烯经压缩机升温后返回异丙醇合成反应器进行循环，丙烯回收塔内其余组分进入轻组分塔分离；塔内分离出轻组分的物料流入共沸塔；正丙醇和异丙醇共沸精馏后得到的粗异丙醇加苯脱水分离后得到高质量的异丙醇产品。然后回收苯，再利用分离塔分离出废水和残余异丙醇。该法涉及至少 1 个反应器、七个塔设备、辅助原料较多，流程复杂。

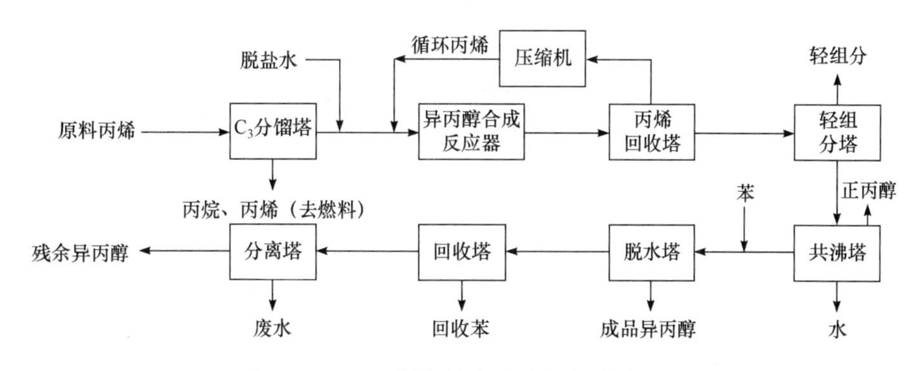

图 2-5-2　丙烯直接水合法气相法流程图

（2）丙烯直接水合法液相法　丙烯直接水合法液相法工艺流程如图 2-5-3 所示。原料丙烯加入脱盐水，进入异丙醇合成反应器；反应生成的粗异丙醇进入分离塔（丙烯回收塔）回收丙烯，塔顶丙烯经压缩后进行循环，塔底粗异丙醇进入共沸塔；共沸塔塔底水循环使用，塔顶物质进入低沸塔；低沸塔塔顶少量低沸物送燃烧系统，塔底异丙醇加苯进入脱水塔，分离水分后得到精制异丙醇。其余物质流入苯回收塔，进行苯的回收，含烃水循环回共沸塔提纯处理。该法涉及一个反应器、五个塔设备，辅助原料较多，流程较复杂。

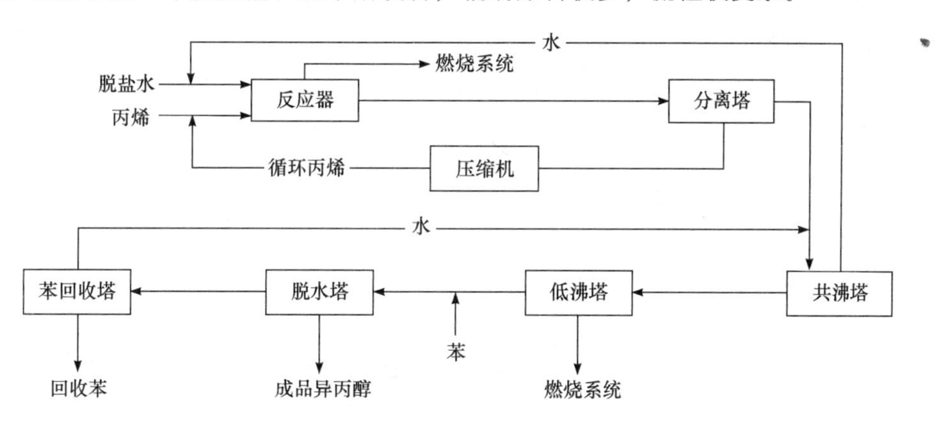

图 2-5-3　丙烯直接水合法液相法流程图

（3）丙烯直接水合法气-液混相法　丙烯直接水合法气-液混相法与其他五种方法相比，流程较为简单，具体流程如图 2-5-4 所示。

丙烯和脱盐水进入反应器在阳离子交换树脂催化剂作用下合成异丙醇，粗异丙醇从反应器流入高压分离塔分离残余气体，塔顶残气经处理达标后排放，塔底粗异丙醇进入精制工段，经脱水，除醚和除其他轻重组分杂质后得到精制异丙醇产品。该法至少涉及一个反应器、六个塔设备，辅助原料多，流程较复杂。

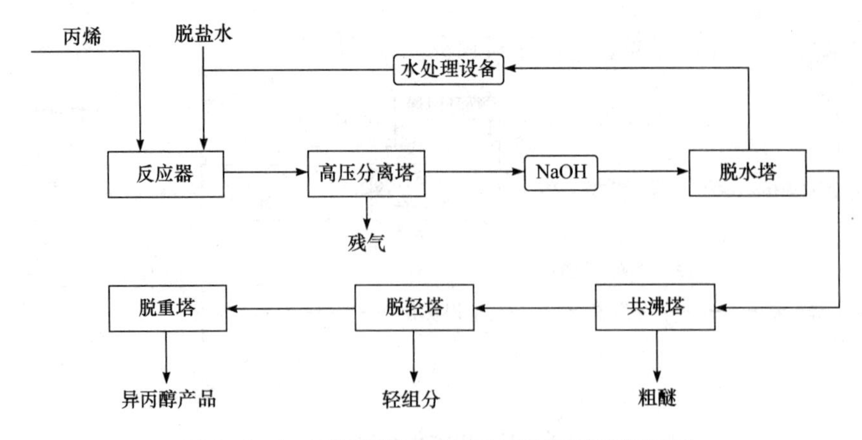

图 2-5-4　丙烯直接水合法气-液混相法流程图

(4) 丙酮加氢转化法　丙酮加氢转化法流程如图 2-5-5 所示。丙酮与氢气混合后进入装有催化剂的反应器中，在一定温度和压力下，发生反应，生成异丙醇及少量副产物，从反应器底部流出。反应产物及未反应的丙酮和氢气经过冷凝后进入气液分离器，氢气经气体压缩机后，循环使用，液体产品首先进入脱轻塔，轻组分（主要是未反应的丙酮）进入丙酮储罐，塔底产品经脱水塔脱水后进入产品塔，产品塔塔顶得到异丙醇产品，塔底为重组分，主要是副产品，包括六碳酮、六碳醇等，进入重质物储罐。该法至少涉及一个反应器、六个塔设备，辅助原料少，流程简单。

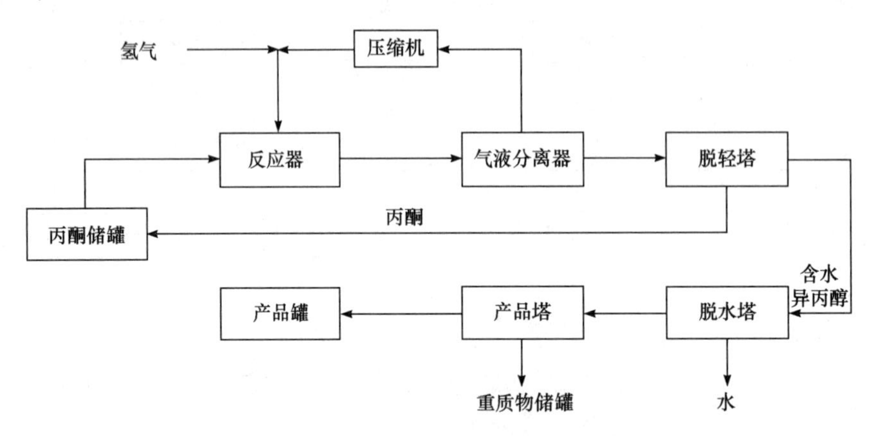

图 2-5-5　丙酮加氢转化法流程图

(5) 丙烯间接水合法　丙烯间接水合法流程如图 2-5-6 所示。质量分数为 50%～90%的丙烯和硫酸（质量分数为 70%～85%）在反应温度 45～55℃、反应压力（2.0～2.8）MPa 下，在反应器内进行酯化反应。由第 1 个反应器出来的物料在分离塔中分出粗酯和未反应的丙烯馏分，粗酯进入水解塔，未反应的丙烯馏分进入第 2 个反应器，继续进行酯化反应。第 2 个分离塔中分出的粗酯也进入水解塔。经水解塔、水解汽提塔、中和塔后得到约 60%（质量分数）的异丙醇，送精制工序精制。粗醇在轻组分塔中分出异丙醚，在共沸塔中分出废水和聚合物，经脱色和脱臭后，送去生产丙酮或送脱水塔脱水。该塔用苯或环己烷作脱水剂，它与水形成共沸物从塔顶排出，塔底物即为无水异丙醇。为了得到高纯度异丙醇，再将无水异丙醇在拔头塔中精馏除去少量轻组分，在苯回收塔中除去少量重组分，最后制得质量分数大于99%的异丙醇成品。该法至少涉及两个反应器、十一个塔设备，辅助原料多，流程复杂。

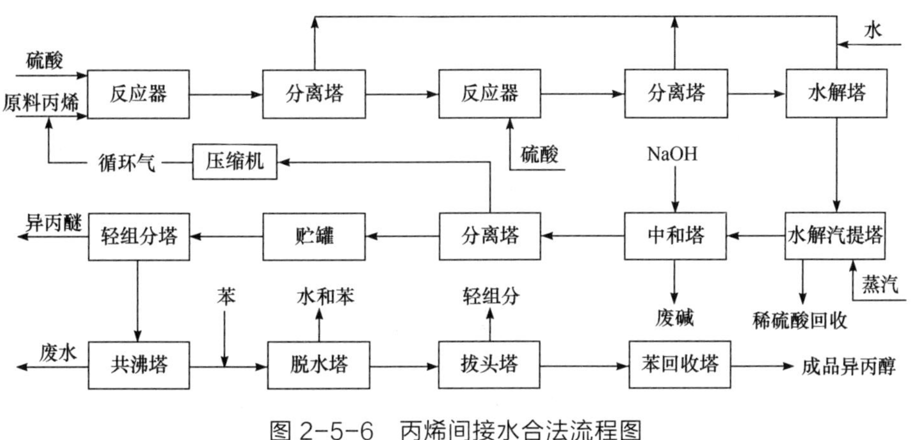

图 2-5-6　丙烯间接水合法流程图

(6) 乙酸异丙酯加氢转化法　乙酸异丙酯加氢转化法流程如图 2-5-7 所示。乙酸与丙烯在反应器里发生酯化反应，未反应的乙酸回收，循环再次进到反应器参与反应，未反应的丙烯经回收也再次利用。IPAE 经两次分离与氢气发生加氢反应，反应后经分离、闪蒸进入脱轻塔，出来异丙醇粗产物经过两次分离进入脱重塔得到异丙醇产品。该法至少涉及两个反应器、十个塔设备，辅助原料多，流程复杂。

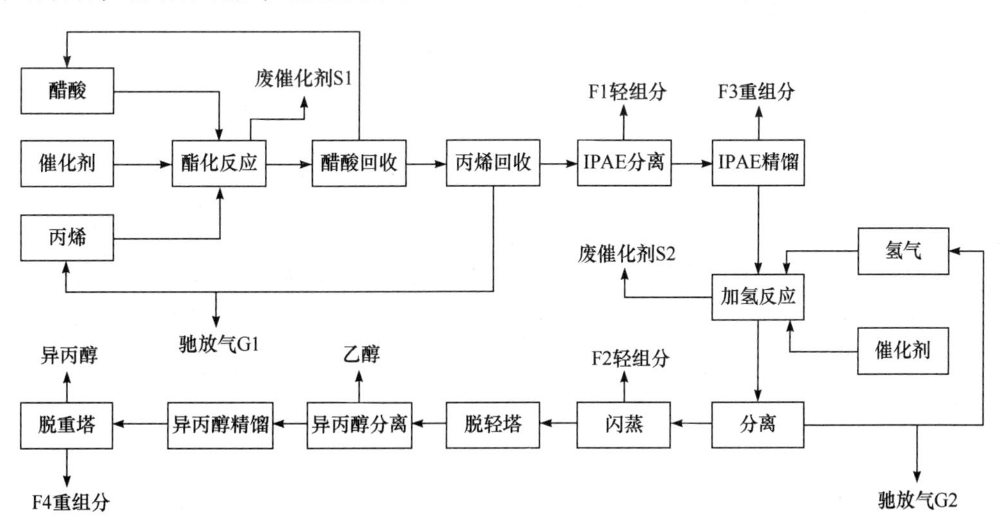

图 2-5-7　乙酸异丙酯加氢转化法流程图

(7) 乙酸异丙酯酯交换法　乙酸异丙酯酯交换法流程如图 2-5-8 所示。高纯乙酸异丙酯和甲醇进入异丙醇合成反应塔进行反应。异丙醇合成反应塔塔底出料为低浓度异丙醇，通入异丙醇分离塔进行分离。异丙醇分离塔的塔底出料为高浓度异丙醇，塔顶为乙酸异丙酯和甲醇，循环回异丙醇合成反应塔。异丙醇合成反应塔塔顶出料为低浓度乙酸甲酯，通入高压塔和乙酸甲酯精制塔的串联模块进行提纯，最终可以在高压塔的塔底得到高纯的乙酸甲酯。该法至少涉及一个反应器、三个塔设备，辅助原料少，流程较为简单。

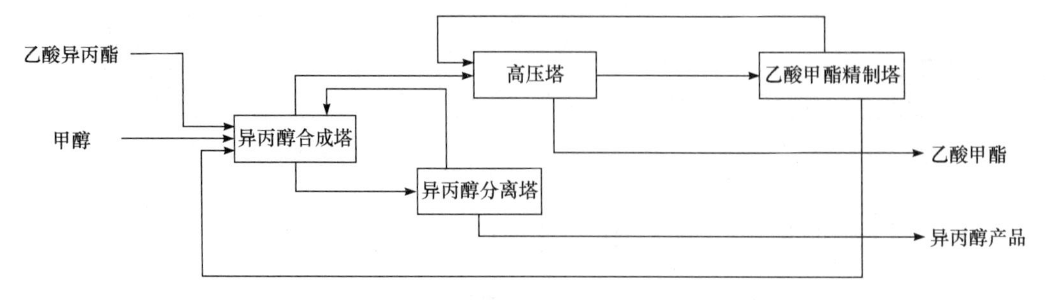

图 2-5-8　乙酸异丙酯酯交换法流程图

流程繁简比较（复杂到简单）：乙酸异丙酯加氢转化法>丙烯间接水合法>丙烯直接水合法气相法>丙烯直接水合法液相法>丙烯直接水合法气-液混相法=丙酮加氢转化法>乙酸异丙酯酯交换法。

经比较流程繁简可知，最简洁的方法为丙烯直接水合法气-液混相法和丙酮加氢转化法，其次为丙烯直接水合法液相法和丙烯直接水合法气相法制备异丙醇，丙烯间接水合法较为复杂。

2.5.9　异丙醇合成工艺比选汇总

根据上述对合成异丙醇工艺技术的指标分析，可以得出如表 2-5-8 所示的异丙醇合成各项指标优劣表。

表 2-5-8　异丙醇合成方案各项指标优劣对比表（工艺方案对比汇总表）

工艺技术	丙烯直接水合法			丙烯间接水合法	丙酮加氢转化法	乙酸异丙酯加氢转化法	乙酸异丙酯酯交换法
	气相法	液相法	气-液混相法				
消耗量/t	0.722t 丙烯+0.309t 脱盐水	0.737t 丙烯+0.316t 脱盐水	0.711t 丙烯+0.304t 脱盐水	0.753t 丙烯+0.323t 脱盐水	1.02t 丙酮+0.035t 氢气	1.81t 乙酸异丙酯+0.071t 氢气	1.77t 乙酸异丙酯+0.555t 甲醇
单程转化率	5%～7%	50%～75%	75%（丙烯）	90%（丙烯）	84.7%（丙酮）	84.69%（乙酸异丙酯）	67%（乙酸异丙酯）
能耗	能耗大	能耗较大	能耗低	能耗大	能耗低	能耗较大	能耗较低
流程繁简	流程较简单	流程较简单	流程简单	流程复杂	流程简单	流程复杂	流程简单
投资/万元	28890	29600	25980	33850	27243	38993	34215
本质环保	环保	环保	环保	低	较低	较环保	较环保

续表

工艺技术	丙烯直接水合法			丙烯间接水合法	丙酮加氢转化法	乙酸异丙酯加氢转化法	乙酸异丙酯酯交换法
	气相法	液相法	气-液混相法				
本质安全	中等	中等	中等	低	较低	低	中等
优点	工业应用广泛,流程完善	原料消耗较少，流程较简单	具有成熟的工艺技术,反应条件相对缓和,对原料的利用率高,能耗低,污染排放不大,产品选择性好、纯度高	可以利用低浓度丙烯作原料。丙烯转化率高达90%以上	工艺方法流程简单，生产技术成熟	该法较为环保，生产技术已实现工业化	该工艺能耗较低，流程简单，工艺较为环保
缺点	能耗大、投资高	能耗较大	催化剂寿命短,不耐高温	流程复杂,选择性较低,水解酯类和硫酸再生需要消耗大量的蒸汽,设备腐蚀严重,废水和废气处理较为困难,对环境有一定的污染	该生产工艺存在一定的不确定因素，原料消耗较多	该工艺能耗较大，流程复杂，安全性较低	投资较高，安全性不高，原料价格昂贵

综合上述各部分进行比较，考虑到生产本身寻求经济效益、满足社会需求的目的性，生产成本高、产品质量差的合成方法必将被淘汰。丙烯直接水合法气-液混相法制备异丙醇具有成熟的工艺技术，反应条件相对缓和，对原料的利用率高，能耗低，污染排放不大，产品选择性好、纯度高，但催化剂寿命短、不耐高温。丙酮加氢转化法制备异丙醇具有工艺流程简单、生产技术成熟、能耗低的优点，但该生产工艺存在一定的不确定因素，原料消耗较多、环保和安全评价较低。丙烯间接水合法制备异丙醇可以利用低浓度丙烯作原料，丙烯转化率高达90%以上，但该法流程复杂,选择性较低,水解酯类和硫酸再生需要消耗大量的蒸汽,设备腐蚀严重，废水和废气处理较为困难，对环境有一定的污染，环保和安全评价低。丙烯直接水合法气相法工业应用广泛，流程完善，但该法能耗大、投资高。丙烯直接水合法液相法原料消耗较少，流程较简单，但能耗较大。乙酸异丙酯加氢转化法较为环保，生产技术已实现工业化，但该工艺能耗较大，流程复杂，安全性较低。乙酸异丙酯酯交换法工艺流程能耗较低，流程简单，工艺较为环保，但投资较高，安全性不高，原料价格昂贵。

在投资上，具有良好市场效益的为丙烯直接水合法气-液混相法、丙酮加氢转化法，而合成异丙醇的乙酸异丙酯加氢法和乙酸异丙酯酯交换法、丙烯间接水合法投资大。

在原料消耗上：利用丙烯直接水合法气-液混相法和丙烯直接水合法气相法制备异

丙醇原料消耗少；丙烯直接水合法液相法、丙烯间接水合法原料消耗也较少；丙酮加氢转化法消耗较多，乙酸异丙酯加氢转化法和乙酸异丙酯酯交换法原料消耗最少，但价格昂贵。

在转化率上丙烯间接水合法、丙酮加氢转化法、乙酸异丙酯加氢转化法制备异丙醇具有优势，其次为丙烯直接水合法气-液混相法、丙烯直接水合法液相法、乙酸异丙酯酯交换法和丙烯直接水合法气相法制备异丙醇；在选择性上丙烯直接水合法气-液混相法制备异丙醇具有优势，其次为丙烯直接水合法气相法、丙烯直接水合法液相法、丙烯间接水合法，再次为丙酮加氢转化法，乙酸异丙酯加氢转化法和乙酸异丙酯酯交换法制备异丙醇选择性最低。在能耗上，除丙烯直接水合法气-液混相法、丙酮加氢转化法和乙酸异丙酯酯交换法制备异丙醇能耗低之外，丙烯直接水合法液相法和乙酸异丙酯加氢转化法制备异丙醇能耗较大；丙烯直接水合法气相法和丙烯间接水合法制备异丙醇能耗大。

在流程繁简上，最简洁的方法为丙烯直接水合法气-液混相法、乙酸异丙酯酯交换法和丙酮加氢转化法，其次为丙烯直接水合法液相法和丙烯直接水合法气相法制备异丙醇，丙烯间接水合法和乙酸异丙酯加氢转化法较为复杂。

在本质环保上，丙烯直接水合法气-液混相法、丙烯直接水合法液相法和丙烯直接水合法气相法制备异丙醇满足环保需求。丙酮加氢转化法本质环保评价较低，丙烯间接水合法在环保评价方面较低。除丙烯间接水合法环保方面有待商榷，其余方法都合理。

在本质安全方面，丙烯直接水合法气-液混相法、丙烯直接水合法气相法、丙烯直接水合法液相法和乙酸异丙酯酯交换法比其余三种方法更安全。

因此，综合考虑原料消耗量、转化率、选择性、能耗、流程繁简、本质安全和本质环保可知，选用丙烯直接水合法气-液混相法作为制备异丙醇工艺方法比其他工艺方法更有优势。

所以本项目采用丙烯直接水合法气-液混相法，选用丙烯和脱盐水为反应原料，其中的丙烯和水进入非均相釜塔反应器在催化剂作用下反应生成异丙醇，粗异丙醇进行脱水、精制得到所需的高含量的异丙醇。该法有原料消耗成本低，投资低，单程转化率高，工艺技术成熟，反应条件相对温和，对原料的利用率高，能耗低，污染排放不大，产品选择性好、纯度高，环保，较安全的特点。

2.6　工艺流程的组织与设计

在选择了合适的工艺路线后，要对工艺流程进行合理的组织与设计。原料经过一系列的变化最终得到所需的产品，需要经过诸如化学反应、化学物质的转化、温度、压力及相态等的变化，物理分离等过程。将各个单元操作过程合理地组合起来便形成了一个完整的工艺流程。最常用的化工过程分层设计模型是图 2-6-1 所示的洋葱模型，由里到外逐层细化设计：

①以反应为中心，首先要对反应进行合理的设计。②分离与循环，根据反应对原料纯度及组成的需要，对原料进行分离、提纯等预处理；根据反应器产物的组成及下游市场对产品纯度及组成的要求，对产物进行分离，得到合格的产物、副产物、“三废”等，同时将未反应完的原料循环利用；此过程中，分离方法的选择、分离顺序的组织等分离序列分析和合成决定了生产效率，是一个工艺先进与否的关键。③换热系统及公用工程，反应、分离、循环过程设计完成后，过程能耗如何综合利用，达到节能的目的，需要合理地设计换热系统及公用工程。

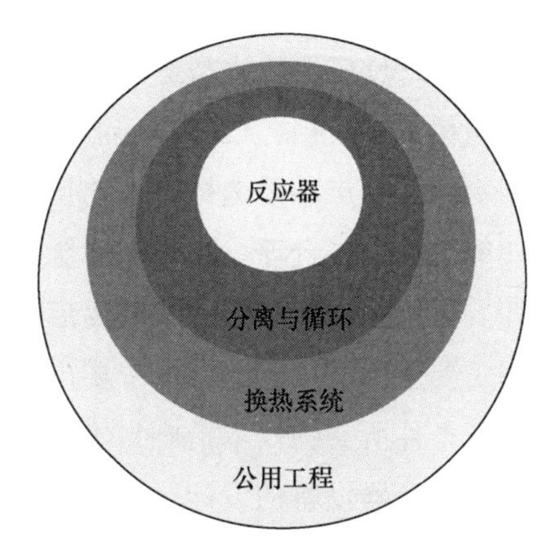

图 2-6-1　化工过程分层设计洋葱模型

2.6.1　反应网络的分析与合成及反应过程与反应器系统设计

化学反应网络是描述反应过程中分子体系内反应物分子片段、中间产物分子片段以及它们之间复杂转化关系的一种方式。通过反应网络的分析，可以优化得到从原料到产品反应的最佳途径。以 2020 年宁波工程学院“C5 的奇妙冒险”作品为例，该年题目为“以碳五烷烃为原料制备非燃料用途的化工产品”。经前期的工艺分析（详见“化工技术路线选择的依据”章节），该队设计了一条从混合碳五烷烃为原料生产异戊烯及叔戊醇的工艺路线，其反应网络如图 2-6-2 所示。首先确定原料混合碳五烷烃的来源为某化工企业连续重整装置重整拔头油，将其中的碳五烷烃分离后，将正戊烷异构化为异戊烷，异戊烷脱氧后得到异戊烯，进一步将异戊烯的同分异构体分离开后，将其中价值不高的 2-甲基-1-丁烯合成需求量更大、价值更高的叔戊醇，同时叔戊醇还可以作为异戊烯的阻聚剂使用。整个工艺过程由正戊烷异构化反应、异戊烷脱氢反应、2-甲基-1-丁烯合成叔戊醇三个反应组成，通过反应网络，将整个工艺流程有机地串联起来。

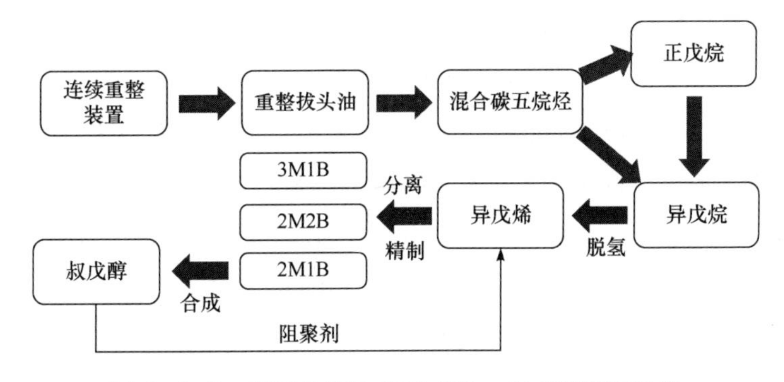

图 2-6-2　碳五烷烃生产异戊烯、叔戊醇反应网络

反应网络建立后，首先要对工艺中的反应进行分析、反应器进行设计。反应的水平、反

应条件、反应器的类型等一般是由催化剂来决定的，催化剂一般分为均相（液相）催化剂和非均相（气液相、气固相、液固相、气液固三相）催化剂两种，根据催化剂特点，结合反应和物料的特点，需选择合适的反应器，进而进行反应器的设计。在反应器设计时，除了通常说的要符合“合理、先进、安全、经济”的原则，在落实到具体问题时，要考虑到下列的设计要点：保证物料转化率和反应时间；满足物料和反应的热传递要求；注意材质选用和机械加工要求。反应器的设计主要内容包括：反应器选型；确定合适的工艺条件；确定实现这些工艺条件所需的技术措施；确定反应器的结构尺寸；确定必要的控制手段。详细设计步骤见“3.3 反应器设备的设计”。

2.6.2 分离序列的分析及分离与循环系统设计

根据化工设计的步骤，以反应为核心，在反应部分设计完成以后，需根据反应要求对原料进行分离、提纯等预处理；根据反应器产物的组成及下游市场对产品纯度及组成的要求，对产物进行分离。分离的方法有很多，如蒸馏法、升华法、萃取法、结晶法、盐析法、电泳法等，其中精馏因其可将物质分离得到非常高的纯度，且操作简单，成为石油和化工行业应用最多的方法。但其能耗最大，因其物料再沸和冷凝回流的技术特点而消耗大量能量。因此，多组分高效分离时合理的分离序列尤为重要，精馏分离序列是化工系统工程，目的是设计出能耗或总费用最小的工艺。确定多组分溶液精馏分离序列方案有下面一些原则。

（1）直接顺序流程和间接顺序流程相比较，以直接顺序流程为佳　一般来说，精馏过程的操作费用主要是塔釜加热所耗能量的费用和塔顶冷凝器冷却所耗能量的费用，一般按照物质挥发度（沸点）递减的顺序从塔顶依次采出的“直接顺序”流程更加节省能量。因此，在其他条件允许时，首选“直接顺序”流程。

（2）采用等摩乐分割或采用分离容易系数（CES）高的方案　若能将进料进行等摩尔（或接近于等摩尔）分割时，则该塔在能量消耗上与非等摩尔分割相比，可节省能量。因此，能使各塔顶、塔釜馏分的摩尔流量尽量相近的分离方案是合理的。

也可以使用 CES 为判据，定义为：

$$CES = f \times \Delta$$

式中，f 为产品（塔顶产品和塔釜产品）的摩尔流量之比：用 M_B 和 M_D 分别代表塔顶馏分和塔釜馏分的摩尔流量，则 $f = M_B / M_D$ 或 $f = M_D / M_B$，取两者中更接近 1 的那一个值作为 f 来计算 CES；Δ是两个欲分离组分的沸点差，或者用 $\Delta = (\alpha - 1) \times 100$ 来计算，α 是两个欲分离组分的相对挥发度。在确定方案时，应选择 CES 高的方案。

（3）最难分离的物质放在最后分离　难分离组分分离时，塔釜加热剂和冷凝器冷却剂用量大（需要大回流比）。如果把其放在前面分离，因有比这对难分离组分更重或更轻的组分的存在，使塔釜温度升高或塔冷凝器温度降低，会提高所需加热剂或冷却剂的级别，同时用量增大，能耗更高。因此，从节能角度，应把最难分离的物质放在最后分离。

（4）首先除去含量最大的组分　这样做可减少后继设备的尺寸，节省设备投资，同时减少后继设备热负荷，节省能量。

（5）尽早除去强腐蚀性的组分　若待分离物质中含有强腐蚀性的组分时，应尽早除去，以使后继塔无须采用耐腐蚀材料制造，从而节省设备费用。

（6）尽早把易分解或易聚合的组分分离出去　易分解组分加热分解为非目标产物，易聚合物质聚合除减少产物量以外还会堵塞设备和管道，因此，在分离易分解或易聚合组分时，除了在操作压力、温度及设备结构等方面加以考虑外，在分离序列安排上应力求减少其受热次数，减少其加热分解或聚合的概率。

（7）尽早除去易燃易爆等影响安全生产的组分　以保证生产过程中的安全性。

（8）尽早除去在操作条件下不易被液化的组分　避免其覆盖塔顶冷凝器的传热表面而降低传热效果。

（9）当要求产品的纯度很高时，一般应在蒸馏流程中安排在塔顶得到产品　因为常有固体杂质存在塔釜中，不易从塔釜获得高纯度产品。

总之，多组分物质的分离序列的组织是一个相当复杂的问题，要做到设计合理，往往要从整个车间甚至全厂的情况来统一考虑。设计时宜作多方案对比，从中选出一种相对合理的方案。以乙苯催化脱氢合成苯乙烯的工艺为例，除脱氢生成苯乙烯的主反应外，同时伴随着裂解、氢解和聚合等副反应的进行，并且转化率只控制在 35%～40%，冷凝下来的脱氢液粗苯乙烯是含有苯乙烯（ST）、乙苯（EB）、苯（B）、甲苯（T）和焦油（Tar）的一种混合物，其大致组成如表 2-6-1 所示，需分离出 99.5%以上纯度苯乙烯供工业应用。在分离和精制过程中存在两个问题，必须予以解决：①苯乙烯自聚能力很大，且随着温度升高，聚合速度加快，当受热到 100℃，即使有阻聚剂存在下，也会很快发生聚合作用，迫使生产停顿；②乙苯和苯乙烯沸点相近，分离困难。因此，我们需要对分离条件及分离序列进行合理的设计。苯乙烯常压下沸点为 145.2℃，该温度下聚合速度很大，因此工业上常采用减压蒸馏、并加阻聚剂的办法来防止聚合。减压后要求在蒸馏操作时各部分温度不得超过 90℃。而在分离序列组织上，有两种方法（图 2-6-3）。流程一：按馏分的挥发度顺序分离，先轻组分，后重组分，逐个蒸出各组分。该流程可节省能量，但是目的产品苯乙烯被加热的次数较多，聚合的可能性较大，对生产不太有利。流程二：产品苯乙烯是从塔顶取出，保证了苯乙烯的纯度，不致含有热聚合物；苯乙烯被加热的次数减少一次，减少了苯乙烯的聚合损失；苯-甲苯蒸出塔因没有苯乙烯存在，可不必在真空下操作，节省了能量。工业生产中，由于苯乙烯的特殊性，采用流程二的分离序列。

表 2-6-1　脱氢液粗苯乙烯组成

组分	EB	ST	B	T	Tar
质量组成/%	55～60	35～40	1.5	2.5	少量
沸点/℃	136.2	145.2	80.1	110.7	—

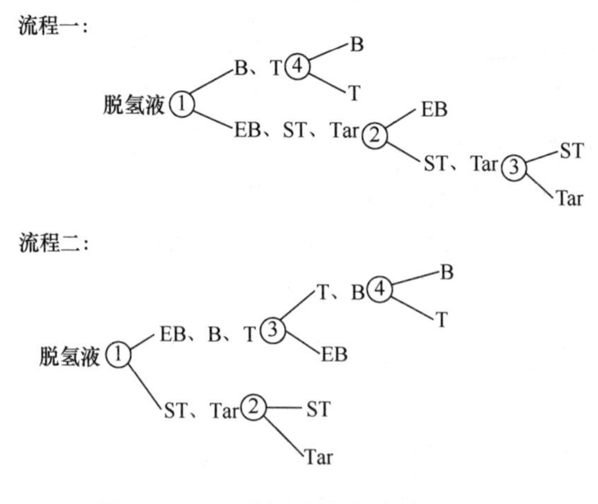

图 2-6-3　脱氢液的分离序列组织

在化工生产中，常常有反应单程转化率不高的情况。在这种情况下，需将未反应的原料与产物分离，使原料返回反应器，成为循环流程。由于原料循环，系统的总转化率（或称全程转化率）和总收率（或称全程收率）可以大大提高（大于单程转化率及单程收率），从而降低原料的消耗定额，但循环系统必须配置循环压缩机或循环泵，会增大动力消耗。

分离序列设计完成后，从每个设备出来的物质都需要有固定的去处。达到质量要求的产品、副产品进入储罐待售，未反应完的原料循环回反应器再次反应，剩下一些回收价值不高的混合物作为“三废”排放，需满足《石油化学工业污染物排放标准》《污水综合排放标准》《危险废物贮存污染控制标准》《一般工业固体废物贮存和填埋污染控制标准》等标准要求。

2.6.3　换热网络及公用工程设计

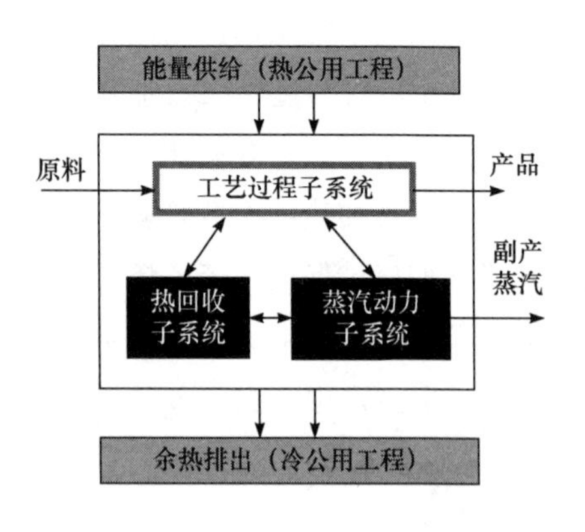

图 2-6-4　能量的综合利用系统

反应、分离、循环过程设计完成后，过程各单元操作的能耗就确定下来了，过程中有吸热也有放热，如何将这些热量合理地利用，不但关系到节能降耗也关系到整个生产的成本。洋葱模型中的换热系统是指通过内部物流之间的换热来减少对外部公用工程的依赖，提高系统能效；对于大量高温放热过程可设计蒸汽动力子系统利用热量副产蒸汽；对于不能通过换热系统换热的能量，需要冷、热公用工程提供，模型如图 2-6-4 所示，换热体系的设计详见第 4 章节能与环保。

第 3 章
化工设备选型与设计

3.1 换热器设备的设计

3.1.1 换热器的常见类型

化工生产中传热过程十分普遍，传热设备在化工厂占有极为重要的位置。物料的加热、冷却、蒸发、冷凝、蒸馏等都需要通过换热器进行热交换，换热器是应用最广泛的设备之一，大部分换热器已经标准化、系列化。已经列入标准的换热器可以直接选用，未列入标准的换热器需要进行设计。在换热器中至少要有两种温度不同的流体，一种流体温度高，放热；另一种流体温度低，吸热。在工程实践中有时也会有两种以上流体参加换热的换热器，但其基本原理类似。

换热器种类很多，按热量交换原理和方式，可分为混合式、蓄热式和间壁式三类。间壁式换热器有夹套式、管式和板式换热器。管壳式换热器又称列管式换热器，该类换热器具有可靠性高、适应性广等优点，在各工业领域中得到最广泛的应用。列管式换热器可根据其结构特点，分为固定管板式、浮头式、U 形管式、填料函式和釜式重沸器五类。各类换热器的结构分类及特点见表 3-1-1。管壳式换热器优缺点对比见表 3-1-2。

表 3-1-1　换热器的结构分类及特点

换热器型式		换热器特点	相对费用
管壳式	固定管板式	使用广泛，已系列化；壳程不易清洗；用于管壳温差较小的情况（一般≤50℃），管壳两物流温差大于 60℃时应设置膨胀节，最大温差不大于 120℃	1.0
	浮头式	壳程易清洗；管壳物料温差大于 120℃，管内外均能承受高压，可用于高温高压场合	1.22
	U 形管式	制造、安装方便，造价较低；管程耐高压；但结构不紧凑、管子不易更换和不易清洗	1.01
	填料函式	其缺点同浮头式，造价高，不宜制造大直径	1.28

续表

换热器型式		换热器特点	相对费用
板式	板翅式	紧凑、效率高，可多股物料同时换热，使用温度不大于 150℃	0.6
	螺旋板式	制造简单、紧凑，可用于带颗粒物料，温位利用好，不易检修	0.6
	伞板式	制造简单、紧凑、成本低、易清洗，使用压力不大于 1.2MPa，使用温度不大于 150℃	0.6
	波纹板式	紧凑、效率高、易清洗，使用温度不大于 150℃，使用压力不大于 1.5MPa	0.6
管式	空冷器	投资和操作费用一般较水冷低，维修容易，但受周围空气温度影响大	0.8～1.8
	套管式	制造方便、不易堵塞，耗金属多，使用面积不宜大于 $20m^2$	0.8～1.4
	喷淋管式	制造方便，可用海水冷却，造价较套管式低，对周围环境有水雾腐蚀	0.8～1.1
	箱管式	制造简单，占地面积大，一般作为出料冷却	0.5～0.7
液膜式	升降膜式	接触时间短，效率高，无内压降，浓缩比不大于 5	
	刮板薄膜式	接触时间短，适于高黏度、易结垢物料，浓缩比 11～20	
	离心薄膜式	受热时间短，清洗方便，效率高，浓缩比不大于 15	
其他型式	板壳式热管	结构紧凑、传热好、成本低、压降小，较难制造	

表 3-1-2　管壳式换热器优缺点对比

种类	优点	缺点
浮头式换热器	管束可以抽出，方便清洗；介质温度不受限制；可在高温高压下工作，一般温度≤450℃，压力≤6.4MPa；可用于结垢比较严重的场合	小浮头易发生内漏；金属材料耗量大，成本高 20%；结构复杂
固定管板式换热器	传热面积比浮头式换热器大 20%～30%；旁路漏流较小；锻件使用较少，成本低 20%以上；没有内漏	壳体和管子壁温差一般宜小于等于 50℃，大于 50℃时应在壳体上设置膨胀节；管板与管头之间易产生温差应力而损坏；壳程无法清洗；管子腐蚀后连同壳体一起报废、壳体部件寿命决定于管子寿命，故设备寿命相对较低；不适用于壳程易结垢场合
U 形管式换热器	管束可抽出来机械清洗；壳体与管壁不受温差限制，可在高温、高压下工作，一般适用温度≤500℃，压力≤10MPa；可用于壳程结构结垢比较严重的场合；可用于管程易腐蚀场合	在管子的 U 形处冲蚀，应控制管内流速；管程不适用于结垢较严重的场合；单管程换热器不适用；不适用于内导流筒，故死区较大
填料函式换热器	管束可抽出机械清洗，介质间温差不受限制，可用于结垢比较严重的场合；可用于管程腐蚀较重的场合；金属耗量较浮头低 10%左右；适用温度可达 200℃，压力可达 2.5MPa	密封处易漏；不适用于有毒、易燃、易爆、易挥发及贵重介质场合
双壳程换热器	传热面积可减少 10%～30%；减少设备数量和金属耗量；传热效率提高；适用于大型化装置；适用于串联台数较多；适用于高温、高压场合	壳程压降约提高 4 倍；分程隔板与壳体密封片处易泄露；壳体直径圆度要求较高

续表

种类	优点	缺点
外导流筒换热器	进出口压降降低90%以上；进出口处流动死区，旁路漏流减小，可提高传热有效面积 7%以上；在DN325～1800范围内，可增加5%～16%传热面积；总传热效率相应提高12%～23%	金属耗量增加 10%（按相同直径比较）；制造难度加大，外导流筒处焊缝要求100%射线探伤
折流杆换热器	不易发生诱导振动损失；传热死区小，传热效率提高20%以上；压降小；抗垢性能良好；适用于换热器大型化，特别是核电换热应用	在低雷诺数 Re<6000（液相）、Re<10000（气相）热效率较低；造价提高3%～5%
高效重沸器	有自清洁作用；给热系数比光管提高3.3～10倍以上；总传热系数提高40%以上；节约设备重量25%以上；适用于塔底重沸器、侧线虹吸式重沸器；适用于化工、制冷系统重沸器或再沸器；抗腐蚀性能良好	在重油设备上，如渣油、原油设备无应用历史；造价上升10%～15%;不适用于有湿硫化氢场合

3.1.2 换热器选型的基本原则

(1) 基本要求　换热器的类型很多，每种型式都有特定的应用范围。因此，针对具体情况正确地选择换热器的类型是很重要的。换热器选型时需要考虑的因素是多方面的，主要有：选用的换热器首先要满足工艺及操作条件要求，在工艺条件下长期运转，安全可靠，不泄露，维修清洗方便，满足工艺要求的传热面积，尽量有较高的传热效率，流体阻力尽量小，并且满足工艺布置的安装尺寸等。

在换热器选型中，除考虑上述因素外，还应对结构强度、材料来源、加工条件、密封性、安全性等方面加以考虑。所有这些又常常是相互制约、相互影响的，通过设计的优化加以解决。因此，应综合考虑工艺条件和机械设计的要求，正确选择合适的换热器型式来有效地减少工艺过程的能量消耗。

对工程技术人员而言，在设计换热器时，对于型式的合理选择、经济运行和降低成本等方面应有足够的重视，必要时，还得通过计算来进行技术经济指标分析、投资和操作费用对比，从而使设计达到该具体条件下的最佳设计。

(2) 介质流程　介质走管程还是走壳程，应根据介质的性质及工艺要求，进行综合选择。以下是常用的介质流程安排。

① 为了节省保温层和减少壳体厚度，高温物流一般走管程；

② 较高压力的物流应走管程；

③ 黏度较大的物流应走壳程，在壳程可以得到较高的传热系数；

④ 腐蚀性较强的物流应走管程，可以降低对外壳材料的要求；

⑤ 毒性介质走管程，泄漏的概率小；

⑥ 对压力降有特定要求的工艺物流应走管程，因管程的传热系数和压降计算误差小；

⑦ 较脏和易结垢的物流应走管程，以便清洗和控制结垢。若必须走壳程，则应采用正方形管子排列，并采用可拆式（浮头式、填料函式、U形管式）换热器；

⑧ 流量较小的物流应走壳程，易使物流形成湍流状态，从而增加传热系数；

⑨ 传热膜系数较小的物流（如气体）应走壳程，易于提高传热膜系数。

（3）终端温差　换热器的终端温差通常由工艺过程的需要而定，但在确定温差时，应考虑到对换热器的经济性和传热效率的影响。在工艺过程设计时，应使换热器在较佳范围内操作，一般认为理想终端温差如下：

① 热端的温差，应在20℃以上；

② 用水或其他冷却介质冷却时，冷端温差可以小一些，但不要低于5℃；

③ 当用冷却剂冷凝工艺流体时，冷却剂的进口温度应当高于工艺流体中最高凝点组分的凝点5℃以上；

④ 空冷器的最小温差应大于20℃；

⑤ 冷凝含有惰性气体的流体时，冷却剂出口温度至少比冷凝组分露点低5℃。

（4）流速　流速提高，流体湍流程度增加，可以提高传热效率有利于冲刷污垢和沉积，但流速过大，磨损严重，甚至造成设备振动，影响操作和使用寿命，能量消耗亦将增加。因此，主张有一个恰当的流速，根据经验，一般主张流体流速范围见表3-1-3。

表3-1-3　常见流体流速表

直管内常见适宜流速		壳程内常见适宜流速	
物质	流速/（m/s）	物质	流速/（m/s）
冷却水（淡水）	0.7～3.5	冷却水（淡水）	0.7～3.5
冷却用海水	0.7～2.5	冷却用海水	0.7～2.5
低黏度油类	0.8～1.8	低黏度油类	0.8～1.8
高黏度油类	0.5～1.5	高黏度油类	0.5～1.5
油类蒸气	5.0～15.0	油类蒸气	5.0～15.0
气液混合流体	2.0～6.0	气液混合流体	2.0～6.0

（5）压力降　压力降一般考虑随操作压力不同而有一个大致的范围。压力降的影响因素较多，但希望换热器的压力降在下述参考范围内或附近，常见压降见表3-1-4。

表3-1-4　常见压降表

操作压力 P/MPa	压力降 ΔP/MPa
真空（0～0.1绝压）	P/10
0～0.7	P/2
0.07～1.0	0.035
1.0～3.0	0.035～0.18
3.0～8.0	0.07～0.25

(6) 传热膜系数　传热面两侧的传热膜系数如 α_1、α_2 相差很大时，α 值较小的一侧将成为控制传热效果的主要因素，设计换热器时，应尽量增大 α 较小这一侧的传热膜系数，最好能使两侧的 α 值大体相等。计算传热面积时，常以 α 小的一侧为基准。

增加 α 值的方法有:

① 缩小通道截面积，以增大流速;

② 增设挡板或促进产生湍流的插入物;

③ 管壁上加翅片，提高湍流程度也增大了传热面积;

④ 糙化传热表面，用沟槽或多孔表面，对于冷凝、沸腾等有相变的传热过程来说，可获得大的膜系数。

(7) 污垢系数　换热器使用中会在壁面产生污垢，这是无法避免的，在设计换热器时应予认真考虑。由于目前对污垢造成的热阻尚无可靠的公式，不能进行定量计算，在设计时要慎重考虑流速和壁温的影响。选用过大的安全系数，有时会适得其反，传热面积的安全系数过大，将会出现流速下降，自然的“去垢”作用减弱，污垢反会增加。有时在设计时，考虑到有污垢的最不利条件，但新开工时却无污垢，造成过热情况，有时更有利于真的结垢，所以不可不慎。应在设计时，从工艺上降低污垢系数，如改进水质、消除死区、增加流速、防止局部过热等。

常见化工流体污垢热阻系数见表 3-1-5。

表 3-1-5　常见化工流体污垢热阻系数

流体名称	污垢热阻/($m^2\cdot℃/W$)	流体名称	污垢热阻/($m^2\cdot℃/W$)	流体名称	污垢热阻/($m^2\cdot℃/W$)
有机化合物蒸气	0.000086	压缩空气	0.00018	轻石脑油	0.00018
溶剂蒸气	0.000172	盐水	0.000172	煤油	0.00035
可聚合有机蒸气	0.000528	乙酸溶液	0.000176	汽油	0.00035
天然气	0.000172	循环水	0.00018	重油	0.0007
焦炉气	0.000172	有机化合物液体	0.0002	沥青油	0.00088
烟道气	0.00088	酸性气体	0.00035	液化气	0.0002
水蒸气	0.000088	乙酸乙烯酯溶液	0.0002	轻循环油	0.00035
工厂排气	0.00176	制冷剂液体	0.0002	硬水	0.00053
制冷剂蒸气	0.00035	循环气	0.0002	有机热载体蒸气	0.0002

(8) 换热管

① 管径越小换热器越紧凑、越便宜。但是，管径越小换热器的压降越大。对于易结垢的物料，为方便清洗，采用外径为 19mm 的管子。对于有气、液两相的工艺物流，一般选用较大的管径。国内常用换热管规格见表 3-1-6。

表 3-1-6 国内常用换热管规格

材料	钢管标准	外径×厚度/（mm×mm）
碳钢	GB/T 8163—2018	10×1.5
		14×2
		19×2
		25×2
		25×2.5
		32×3
		38×3
		45×3
		57×3.5
不锈钢	GB/T 14975—2012 GB/T 14976—2012	10×1.5
		14×2
		19×2
		25×2
		32×2
		38×2.5
		45×2.5
		57×2.5

② 无相变换热时，管子较长，传热系数增加。在相同传热面积时，采用长管管程数少，压力降小，而且每平方米传热面积的造价也低。但是，管子过长给制造带来困难，因此，一般选用的管长为 4～6m。对于大面积或无相变的换热器可以选用 8～9m 的管长。

③ 管子在管板上的分布主要是正方形分布和三角形分布两种形式。三角形的分布有利于壳程物流的湍流。正方形分布有利于壳程清洗。为了弥补各自的缺点，产生了转过一定角度的正方形分布和留有清理通道的三角形分布两种形式。三角形分布一般是等边三角形的，有时为了工艺的需要可以采用不等边的三角形分布。不常用的还有同心圆式分布，一般用于小直径的换热器。

④ 管心距是两相邻管子中心的距离。管心距小、设备紧凑，但将引起管板增厚、清洁不便、壳程压降增大，一般选用范围为（1.25～1.5）d（d 为管外径）。

⑤ 管程数有 1、2 管程或 4 管程。管程数增加，管内流速增加、给热系数增加。但管内流速要受到管程压力降等限制，在工业上常用的管内流速如下：水和相类似的液体流速一般取 1～2.5 m/s；对大冷凝器的冷却水流速可增加到 3 m/s；气体和蒸汽的流速可在 8～30 m/s

的范围内选取。

⑥ 所需的换热面积大，采用多个换热器并联，而不采用串联，避免压力降过高，影响传热系数。

3.1.3　换热器设计模拟

换热器
EDR 模拟

运用专业软件如 Aspen EDR、HTRI 等对换热器进行详细设计。其中设计过程有几点需要注意：

① 换热器流态合理，换热器内冷、热流股的流态均应为湍流态（$Re>6000$），如果部分流股存在两相，则要求主要相态为湍流状态。

② 传热系数基于传热膜系数、固壁热阻和垢层热阻，要输入合理的污垢热阻，常见污垢热阻系数见表 3-1-5。

③ 换热面积满足设计需求，实际传热面积应比计算所需传热面积大 30%～50%。

④ 换热器压降合理，无合理的特殊说明，出口绝压小于 0.1 MPa（真空条件）时压降不大于进口压强的 40%；出口绝压大于 0.1MPa 时压降不大于进口压强的 20%。

⑤ 此外，换热器模拟中出现的警告也要进行区分对待：一种为不会实质性影响计算设计结果合理性的（如版本或系统原因警告），一般不需要消除；另一种为有可能影响设计计算结果合理性的（如压降警告、列管数警告等），则需要对换热器设计参数进行调整和优化，消除相关的警告。

3.1.4　典型换热器设计实例

换热器
模拟实例

以 2021 年全国大学生化工设计竞赛一等奖（衢州学院“糯米团子”团队）为例。云南石化年产 1.1 万吨异丙醇项目。参赛学生：盛庆宏、夏理想、吴正红、胡燕妮、杨桑妮。

在对工艺流程的换热器设计和选型中，先按照实际工业实施情况及成本因素，利用 Aspen Energy Analyzer，对车间进行了热集成，优化换热网络，然后利用 Aspen Plus，针对特定的换热任务，确定合适的换热工艺参数，再根据国家标准 GB/T 151—2014《热交换器》以及《化工工艺设计手册》，使用 Aspen Exchanger Design and Rating 进行换热设备的详细设计，以此为参考从工艺手册上选取换热器，最后利用 SW6-2011 对设计的换热器进行机械强度的设计和校核。利用软件设计换热器所用软件见表 3-1-7。

表 3-1-7　换热器设计用软件一览表

名称	用途
Aspen Plus V11	换热器工艺参数设计
Aspen Exchanger Design and Rating V11	换热器结构设计
SW6-2011	换热器机械强度设计与校核

3.1.4.1　设计条件确定

（1）流股参数确定及主要介质组成　流股参数见表 3-1-8。

表 3-1-8　流股参数一览表

项目	壳程入口	壳程出口	管程入口	管程出口
压力/bar	60	59.95	60	59.95
温度/℃	255.7	115	101.546	103.638
气相分数	1	1	0	0
密度/（kg/m^3）	57.41	78.2	916.652	914.427
质量流量/（kg/h）	1107.35	1107.35	34263.8	34263.8
体积流量/（m^3/h）	19.288	14.156	37.3793	37.4703
总摩尔流量/（kmol/h）	26.3195	26.3195	1901.93	1901.93
分组成摩尔分数				
H_2O	0	0	1	1
C_3H_6	0.992902	0.992902	1.09×10^{-16}	1.09×10^{-16}
C_2H_4	9.5497×10^{-5}	9.5497×10^{-5}	0	0
C_2H_6	0.0014324	0.0014324	0	0
C_3H_8	0.0055699	0.0055699	0	0
IPA	0.009517	0.009517	3.872×10^{-7}	3.872×10^{-7}
DIPE	0.004348	0.004348	1.14×10^{-12}	1.14×10^{-12}
ETHYL-01	0.002138	0.002138	2.11×10^{-17}	2.11×10^{-17}
介质	工艺气体	工艺气体	工艺流体	工艺流体

（2）管程、壳程的设计压力及设计温度　该换热器的壳程最高工作温度为 255.702℃，管程最高工作温度为 103.638℃，进出口温差大于 15℃，符合本项目最经济温差。设计温度以工作温度为依据，一般为工作温度+（15～30）℃。这里取壳程设计温度为 280℃，管程设计温度为 130℃。

该换热器的操作压力为壳程 6MPa，管程 6MPa。换热器的设计压力为设计温度下的最大工作压力，一般为正常工作压力的 1.1 倍。这里取壳程设计压力为 6.4MPa，管程设计压力为 6.4MPa。EDR 中换热器的压降设置为自动默认值，也可自己设置压降，出口绝压小于 0.1MPa（真空条件），压降不大于进口压强的 40%，出口绝压大于 0.1MPa，压降不大于进口压强的 20%。

（3）传热系数及污垢热阻　传热系数基于传热膜系数、固壁热阻和垢层热阻计算得到。

其中传热膜系数和固壁热阻为 EDR 自动默认值。

该换热器为冷却换热器，壳程介质主要为丙烯；管程介质为水。根据《化工工艺设计手册》（第五版）给的污垢热阻经验系数，确定本换热器壳程和管程介质污垢热阻均为 $0.00018m^2 \cdot K/W$ 。

（4）流体空间选择　根据流体空间选择原则，要求流量小、被冷却的流体宜走壳程，便于散热，且水宜走管程。故选择热流体走壳程，冷流体走管程。

（5）选用材质　由于壳侧主要为丙烯，考虑到丙烯泄漏对环境会造成污染，以及综合强度经济性，壳侧选择 S31608 材质，管侧走水，选用 Q345R 材质。

（6）初选换热面积　根据 Aspen Plus 全流程模拟得到该换热器大约需要换热面积 $5.88m^2$，见图 3-1-1。

换热器详细信息

热负荷计算值	21778.3	cal/sec
换热器面积要求	5.87675	sqm
实际换热器面积	5.87675	sqm
超过(低于)设计百分比	0	
平均 U (污)	0.0203019	cal/sec-sqcm-K
平均 U (净)		
UA	381.017	cal/sec-K
LMTD (校正)	57.1583	C
LMTD 校正因子	1	
热效率		
传质单元数		
串联壳数	1	
并联壳数		

图 3-1-1　Aspen 模拟所得换热面积

3.1.4.2　换热器结构参数的确定

（1）换热器结构形式选择

① 前端管箱的确定。由于管侧流体有结垢倾向，为了易于清洗污垢，选用 B 型前端管箱。

② 壳体型式选择。换热器的壳体选用使用最广泛的壳体型式，E 型壳体。

③ 后端管箱确定。后端管箱采取工业上常用的 M 型后端管箱。

故在换热器具体形式上，选择 B 型前端封头管箱，单管程 E 型壳体，以及常用的 M 型后端管箱。

（2）EDR 初步设计结果　EDR 初步设计结构参数见图 3-1-2。

根据初步设计结果，对换热器各项数据进行调整，并对调整后的换热器进行校核。

（3）换热管直径与计算长度

① 管子外形。管子外形选择应用面最广的光滑管。

② 换热管直径。管径越小换热器结构越紧凑，越便宜。但是，管径越小，换热压力降越大，为了满足允许的压力降，一般使用外径为 19mm 的管子。同时，虽然本换热器工艺流体污垢热阻较小，考虑到经济成本，以及可以利用换热器结构来解决结构问题等因素，综合考虑，使用 19mm 的管径。

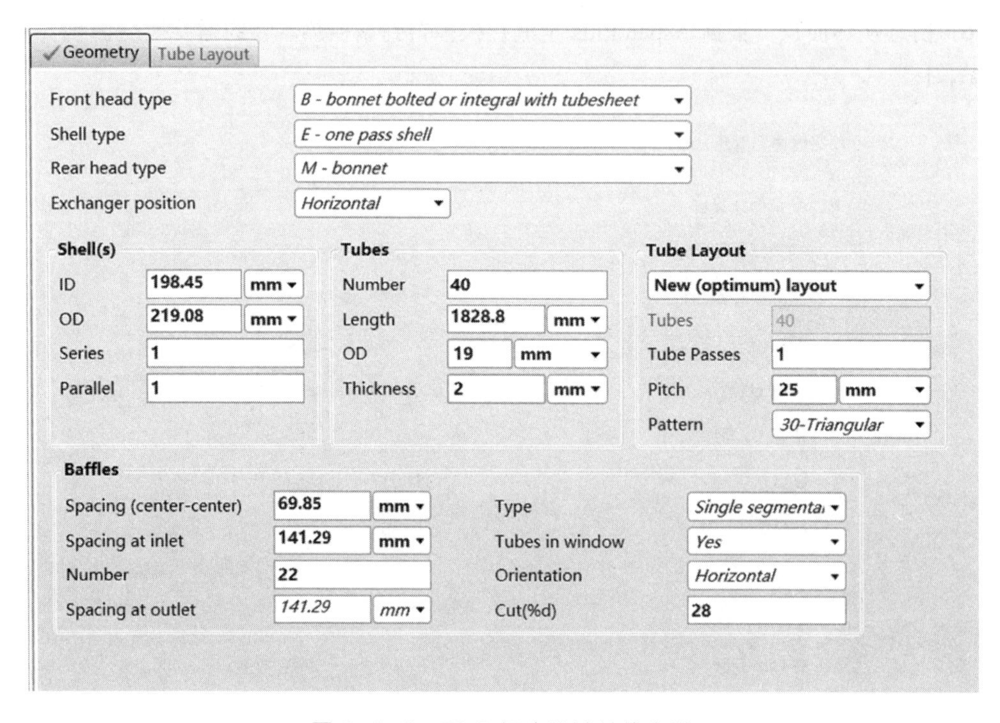

图 3-1-2　EDR 初步设计结构参数

③ 管子排列方式和管间距。管子在管板上的排列方式主要有正方形和三角形两种型式，见表 3-1-9。三角形排列有利于壳程流体形成湍流流动状态，正方形排列方式有利于壳程的清洗。为了弥补两种排列方式各自的缺点，产生了转过一定角度的正方形排列方式和留有清理通道的三角形排列方式。表中是几种排列方式的应用场合。

表 3-1-9　排列方式分类和应用场合

排列方式	特点及应用场合
正三角形排列	流体方向与正三角形的顶点垂直，应用最普遍，其传热系数高于正方形排列。一般适用于不产生污垢或生成污垢但能以化学方式处理，以及允许压力降较高的操作
转角三角形排列	流体方向与正三角形的一边平行，应用不如上述左右交错的三角形那样普遍，传热系数也不如它高，但高于正方形排列。使用情况与上述正三角形排列相同

续表

排列方式	特点及应用场合
正方形排列	常用于要求流体压力降较低和需要机械方法清理管子外部的情况，但传热系数比正三角形排列的低
转角正方形	多用于要求流体压力降较低（但又不如正方形排列的那样低）和需要机械方法清理管子外部的情况，传热系数比正方形排列的高

本换热器要控制压力降且需要机械清洗管子外部，因此综合考虑选用正三角形的排列方式。

④ 换热管计算长度。对无相变换热，当管子较长时，传热系数增加，在相同换热面积时，采用长管管程数少，压力降小，而且每平方米传热面积的造价较低。但是管子过长给制造和安装带来困难，以整体结构稳定性考虑，管长与壳径比不宜超过6～10（对直立设备4～6），一般尽量采用标准管长或其分值。为了减少压力降以及满足换热管在管板上的安装要求，参考EDR初步设计的结果以及结合GB/T 28712.2—2012《固定管板式热交换器》上推荐的标准换热器型号，本换热器采用的管长为2000mm。

⑤ 管程数。管程数目增加，管内流速增大，总传热系数也增加，且管内流体为液体，结合EDR初步计算结果，本换热器采取单管程。

（4）壳层直径　一般来说，单台换热器的传热面积越大，其单位传热面积的金属耗量则越低。壳径数值经过EDR多次校核，考虑到压降大小及换热面积30%～50%的裕量。

$$D = t(n_c - 1) + 2b' = 218.1(\text{mm})$$

$$\text{管子中心距}t = 25\text{mm}$$

$$\text{横过管束中心线的管数}n_c = 1.1\sqrt{n} = 7.9(\text{管子按正三角形排列})$$

$$\text{管束中心线上最外层管的中心至壳体内壁的距离}b' = 1.2 \times 0.019 = 22.8(\text{mm})$$

本换热器壳径圆整为219mm。

（5）壳程折流板形式及间距　折流板可以改变壳程流体的流动方向，使其垂直于管束流动，获得较好的传热效果。几种常见折流板的优缺点见表3-1-10。

表3-1-10　常见折流板的优缺点

折流板类型	优点	缺点
单弓形折流板	传热效率高；价廉；易于生产	压力降最高；不适用于高黏度流体
双弓形折流板	压力降较单弓形折流板小	传热效率比单弓形折流板低
三弓形折流板	压力降较双弓形折流板小	传热效率比双弓形折流板低
弓形区不排管	所有的管子都得到支撑，较小管子振动；比单弓形折流板更加有效地将压力降转移到热传递	需要较小的管束或者更大的壳径；壳径增大导致费用增加
孔式折流板	流体穿过折流板孔和管子之间的缝隙流动，以增加传热效率	压力降较大，仅适用于较清洁的流体

续表

折流板类型	优点	缺点
折流杆	流体纵向穿过折流杆与换热管之间的间隙，压力降小；能有效地将压力降转移到热传递；为换热管提供支撑	要求流量大，管子排列方式较少
螺旋形折流板	壳侧不易结垢；压力降与传热效率适中；减小或消除滞留面积；减小或消除管子振动	不易制造，设计方法没有标准化；质量流率较大时管束和壳体之间的旁路流较大
盘环形折流板	径向对称流分布；减小旁路流；在相同压力降下，传热效率比双弓形折流板好；适用于气-气换热场合	造价比传统双弓形折流板高；与三角形和正方形排管方式相比，径向排列制造方式不常见；管子径向排列时，靠近壳体的角度间隙要比靠近中间的管子大，这就需要在径向管排间增加额外的非径向排列

为提高传热系数，在保证压力降的情况下，选择成本最低的单弓形折流板。

① 折流板间距。折流板间距影响到壳程流体流动方向和流速，从而影响到传热效率。最小折流板间距为壳体内径的 1/5，不应该小于 50mm。折流板间距太小会引起较大压力降，导致过量泄漏和旁路流动，并使管外的机械清洁比较困难。折流板间距与壳径的关系见表 3-1-11。

表 3-1-11　折流板与壳径关系

项目	最小	最大	一般范围	最佳值
折流板间距/壳径	1/5	最大无支撑管束长度的一半	0.3～0.6	1/3（单相流）

本换热器折流板间距根据 EDR 初步设计结果进行调整，最终调整为 100mm。

② 折流板圆缺率。单弓形折流板的缺口高度可为直径的 10%～45%，双弓形折流板的缺口高度为直径的 15%～25%。圆缺率与壳径的关系见表 3-1-12。

表 3-1-12　圆缺率与壳径的关系

项目	最小	最大	一般范围	最佳值
折流板缺口高度/壳径	>0	<壳径的一半	0～壳径的一半	0.25（单相流） 0.40～0.45（多相流） 0.15（弓形区不排管）

本换热器的圆缺率经调整取为 25%。

③ 折流板缺口方向。横缺形折流板适用于无相变的对流传热过程，可以防止壳程流体平行于管束流动，减小壳程底部液体的沉积。而在带有悬浮物或结垢严重的流体所使用的卧式冷凝器，换热器中一般采用竖缺形折流板。该换热器无相变，因此选择横缺形折流板。

（6）换热器接管设计

① 壳程入口。工艺气体体积流量为 0.00536 m^3/s，流速取 10 m/s。

壳程入口接管内径为：

$$D_i = \sqrt{\frac{4V}{\pi u}} = \sqrt{\frac{4 \times 0.00536}{3.14 \times 10}} = 0.027(\text{m}) = 27(\text{mm})$$

根据 GB/T 8163—2018 无缝钢管，材料为 16Mn，圆整后得到接管尺寸为Φ40×3。

② 壳程出口。工艺气体体积流量为 0.00393m^3/s，流速取 10m/s。

壳程出口接管内径为：

$$D_i = \sqrt{\frac{4V}{\pi u}} = \sqrt{\frac{4 \times 0.00393}{3.14 \times 10}} = 0.022(\text{m}) = 22(\text{mm})$$

根据 GB/T 8163—2018 无缝钢管，材料为 16Mn，圆整后得到接管尺寸为Φ30×3，见图 3-1-3。

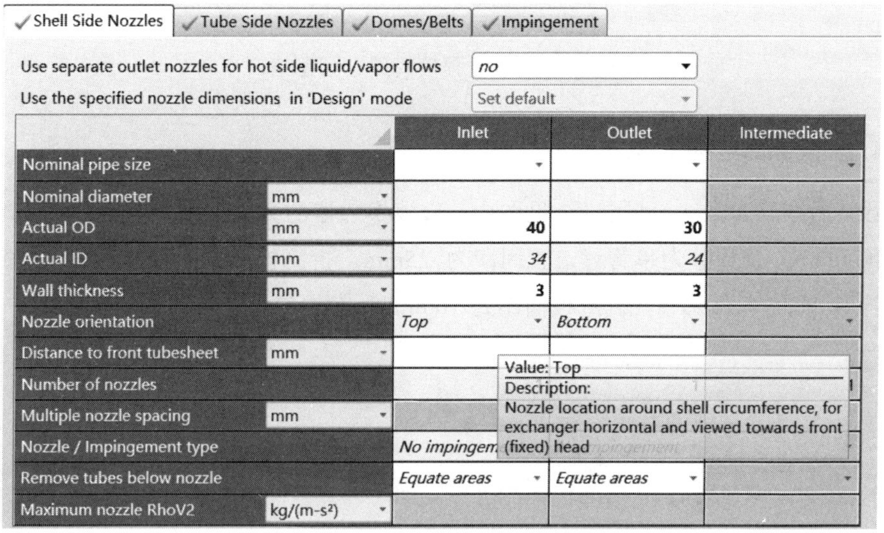

Shell Side Nozzles | Tube Side Nozzles | Domes/Belts | Impingement

Use separate outlet nozzles for hot side liquid/vapor flows: no

Use the specified nozzle dimensions in 'Design' mode: Set default

		Inlet	Outlet	Intermediate
Nominal pipe size				
Nominal diameter	mm			
Actual OD	mm	40	30	
Actual ID	mm	34	24	
Wall thickness	mm	3	3	
Nozzle orientation		Top	Bottom	
Distance to front tubesheet	mm			
Number of nozzles				
Multiple nozzle spacing	mm			
Nozzle / Impingement type		No impingem		
Remove tubes below nozzle		Equate areas	Equate areas	
Maximum nozzle RhoV2	kg/(m-s²)			

Value: Top
Description:
Nozzle location around shell circumference, for exchanger horizontal and viewed towards front (fixed) head

图 3-1-3　壳程接管尺寸圆整值

③ 管程入口。工艺流体体积流量为 0.01038m^3/s，流速取 2m/s。

管程入口接管内径为：

$$D_i = \sqrt{\frac{4V}{\pi u}} = \sqrt{\frac{4 \times 0.01038}{3.14 \times 2}} = 0.081(\text{m}) = 81(\text{mm})$$

根据 GB/T 8163—2018 无缝钢管，圆整后得到接管尺寸为Φ95×6，材料为 16Mn。

④ 管程出口。工艺流体体积流量为 0.0104 m^3/s，流速取 2m/s。

管程出口接管内径为：

$$D_i = \sqrt{\frac{4V}{\pi u}} = \sqrt{\frac{4 \times 0.0104}{3.14 \times 2}} = 0.081(\text{m}) = 81(\text{mm})$$

根据 GB/T 8163—2018 无缝钢管，圆整后得到接管尺寸为Φ95×6，见图 3-1-4，材料为 16Mn。

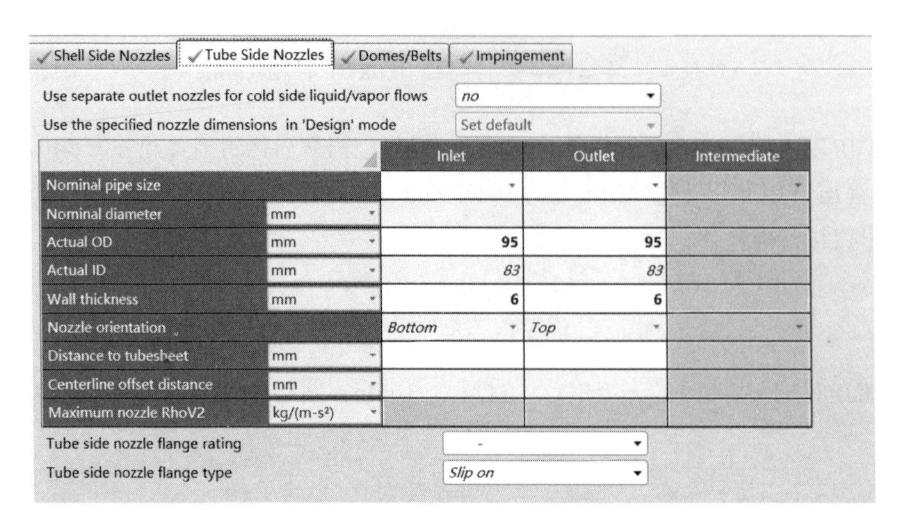

图 3-1-4 管程接管尺寸圆整值

3.1.4.3 换热器结构校核

（1）圆整后结构参数 经圆整后，见图 3-1-5，该换热器的壳径取为 219mm，管径为 19mm，管长为 2000mm，管程数为单管程，管间距为 25mm。折流板形式为单弓形折流板，折流板为横缺型，其圆缺率为 25%。折流板间距为 100mm，在理论值范围之内。

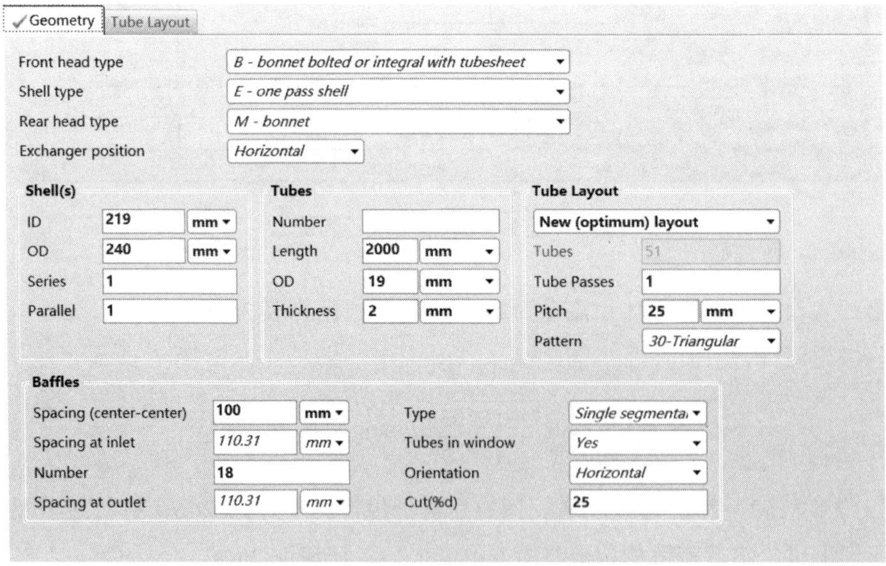

Geometry | Tube Layout

Front head type: B - bonnet bolted or integral with tubesheet
Shell type: E - one pass shell
Rear head type: M - bonnet
Exchanger position: Horizontal

Shell(s): ID 219 mm; OD 240 mm; Series 1; Parallel 1

Tubes: Number; Length 2000 mm; OD 19 mm; Thickness 2 mm

Tube Layout: New (optimum) layout; Tubes 51; Tube Passes 1; Pitch 25 mm; Pattern 30-Triangular

Baffles: Spacing (center-center) 100 mm; Spacing at inlet 110.31 mm; Number 18; Spacing at outlet 110.31 mm; Type Single segmental; Tubes in window Yes; Orientation Horizontal; Cut(%d) 25

图 3-1-5 圆整后结构参数

（2）选型结果 由上述计算结果可以看到图 3-1-6 计算结果图，换热器换热面积为 6.1m^2，设计余量为 34%，符合设计要求；流体雷诺数大于 6000，可以判断为湍流；流态分布合理，无气液混合进出料；壳程压降为 0.045bar，小于 12bar，管程压降为 0.05bar，小于 12bar，压降均在可接受范围内。总传热系数（含污垢热阻）为 350.7W/（m^2 · K），在经验值范围之内。

No.	Item	Unit	Shell Side In	Shell Side Out	Tube Side In	Tube Side Out	Item	Unit	Value	Value	Value
1	Size 219 X 2000	mm	Type	BEM	Hor		Connected in	1	parallel	1	series
2	Surf/Unit (gross/eff/finned)		6.1	/	5.8	/ m^2	Shells/unit	1			
3	Surf/Shell (gross/eff/finned)		6.1	/	5.8	/ m^2					
4	Rating / Checking				PERFORMANCE OF ONE UNIT						
5			**Shell Side**		**Tube Side**		**Heat Transfer Parameters**				
6	**Process Data**		**In**	**Out**	**In**	**Out**	Total heat load	kW	91.2		
7	Total flow	kg/s	0.3076		9.5177		Eff. MTD/ 1 pass MTD	°C	59.76	/	59.61
8	Vapor	kg/s	0.3076	0.3076	0	0	Actual/Reqd area ratio - fouled/clean		1.34	/	1.57
9	Liquid	kg/s	0	0	9.5177	9.5177					
10	Noncondensable	kg/s	0		0		**Coef./Resist.**	W/(m^2-K)	m^2-K/W	%	
11	Cond./Evap.	kg/s	0		0		Overall fouled	350.7	0.00285		
12	Temperature	°C	255.7	115	101.55	103.63	Overall clean	409.2	0.00244		
13	Bubble Point	°C					Tube side film	6602.4	0.00015	5.31	
14	Dew Point	°C					Tube side fouling	4386	0.00023	8	
15	Vapor mass fraction		1	1	0	0	Tube wall	22401.4	4E-05	1.57	
16	Pressure (abs)	bar	60.00001	59.95443	60	59.95038	Outside fouling	5555.6	0.00018	6.31	
17	DeltaP allow/cal	bar	12	0.04558	12	0.04963	Outside film	444.9	0.00225	78.82	
18	Velocity	m/s	0.58	0.42	1.15	1.15					
19	**Liquid Properties**						**Shell Side Pressure Drop**		bar	%	
20	Density	kg/m^3			916.65	914.42	Inlet nozzle		0.01331	29.14	
21	Viscosity	mPa-s			0.2748	0.2688	InletspaceXflow		0.00062	1.37	
22	Specific heat	kJ/(kg-K)			4.569	4.587	Baffle Xflow		0.00345	7.55	
23	Therm. cond.	W/(m-K)			0.6771	0.678	Baffle window		0.00358	7.84	
24	Surface tension	N/m					OutletspaceXflow		0.00045	0.99	
25	Molecular weight				18.02	18.02	Outlet nozzle		0.02424	53.1	
26	**Vapor Properties**						Intermediate nozzles				
27	Density	kg/m^3	57.41	78.16			**Tube Side Pressure Drop**		bar	%	
28	Viscosity	mPa-s	0.0148	0.0112			Inlet nozzle		0.01673	33.74	
29	Specific heat	kJ/(kg-K)	2.334	1.871			Entering tubes		0.00301	6.06	
30	Therm. cond.	W/(m-K)	0.0469	0.0279			Inside tubes		0.01662	33.52	
31	Molecular weight		42.07	42.07			Exiting tubes		0.00487	9.81	
32	**Two-Phase Properties**						Outlet nozzle		0.00837	16.87	
33	Latent heat	kJ/kg					Intermediate nozzles				
34	**Heat Transfer Parameters**						**Velocity / Rho*V2**		m/s	kg/(m-s^2)	
35	Reynolds No. vapor		42441.61	56247.43			Shell nozzle inlet		5.9	1999	
36	Reynolds No. liquid				57637.91	58934.08	Shell bundle Xflow	0.58	0.42		
37	Prandtl No. vapor		0.74	0.75			Shell baffle window	0.68	0.5		
38	Prandtl No. liquid				1.85	1.82	Shell nozzle outlet		8.7	5915	
39	**Heat Load**		kW		kW		Shell nozzle interm				
40	Vapor only		-91.2		0				m/s	kg/(m-s^2)	
41	2-Phase vapor		0		0		Tube nozzle inlet		1.92	3376	
42	Latent heat		0		0		Tubes	1.15	1.15		
43	2-Phase liquid		0		0		Tube nozzle outlet		1.92	3384	
44	Liquid only		0		91.2		Tube nozzle interm				
45	**Tubes**				**Baffles**		**Nozzles: (No./OD)**				
46	Type			Plain	Type	Single segmental			**Shell Side**	**Tube Side**	
47	ID/OD	mm	15	/ 19	Number	18	Inlet	mm	1 / 40	1 / 95	
48	Length act/eff	mm	2000	/ 1920.6	Cut(%d)	20.34	Outlet		1 / 30	1 / 95	
49	Tube passes		1		Cut orientation	H	Intermediate		/	/	
50	Tube No.		51		Spacing: c/c mm	100	Impingement protection		None		
51	Tube pattern		30		Spacing at inlet mm	110.31					
52	Tube pitch	mm	25		Spacing at outlet mm	110.31					
53	Insert			None							
54	Vibration problem (HTFS / TEMA)		No	/			RhoV2 violation			No	

图 3-1-6 计算结果图

校核结果均符合设计要求。

参考《化工工艺设计手册》，得 E0102 型号为 $BEM219-\frac{6.4}{6.4}-6.1-\frac{2}{19}-1\,\mathrm{I}$。

3.1.4.4 换热器机械强度校核

GB/T 1591—2018《低合金高强度结构钢》规定 2019 年 2 月 1 日起，取消 Q345R 钢材牌号改为 Q355R。因此 GB/T 713—2014《锅炉和压力容器用钢板》近几年也即将更新。但由于校核软件 SW6 还未更新 Q355R 材料，所以校核时向下选用最相近的材料 Q345R，因为 Q355R 综合性能强于 Q345R，所以如果 Q345R 校核合格，则选用 Q355R 也合格。本校核项目对换热器机械强度进行校核，校核结果略。

3.1.4.5　换热器设计汇总

换热器设计汇总见表 3-1-13，条件图见图 3-1-7，装配图见图 3-1-8。

表 3-1-13　换热器设计小结表

固定管板式换热器 E0102					
换热面积为 6.1m^2（设计余量为 34%）					
壳程			**管程**		
设计压力 Ps	6.4	MPa	设计压力 P_t	6.4	MPa
设计温度 Ts	280	℃	设计温度 T_t	130	℃
壳程圆筒内径	219	mm	管程数	1	
进口接管	Φ40×3	TOP	进口接管	Φ95×6	BOTTOM
出口接管	Φ30×3	BOTTOM	出口接管	Φ95×6	TOP
壳体材质	S31608		换热管材质	16Mn	
换热器换热管详情					
换热管管径	Φ19×2		管心距	25mm	
管长	2000mm		管排列方式	正三角形	
管数目	51	折流板（单弓形，圆缺率为 25%）间距		100mm	
计算结果					
前端管箱筒体名义厚度	δ_n=10.5mm				
后端管箱筒体名义厚度	δ_n=10.5mm				
壳程圆筒名义厚度	δ_n=10.5mm				
前端管箱封头名义厚度	δ_n=10.5mm				
后端管箱封头名义厚度	δ_n=10.5mm				
管板厚度	δ_n=75mm				
校核项目	壳程圆筒校核计算、前端管箱圆筒校核计算、前端管箱封头校核计算、后端管箱圆筒校核计算、后端管箱封头校核计算、管箱法兰校核计算、管板校核计算				
校核结果	校核合格				
法兰校核结果	校核合格				

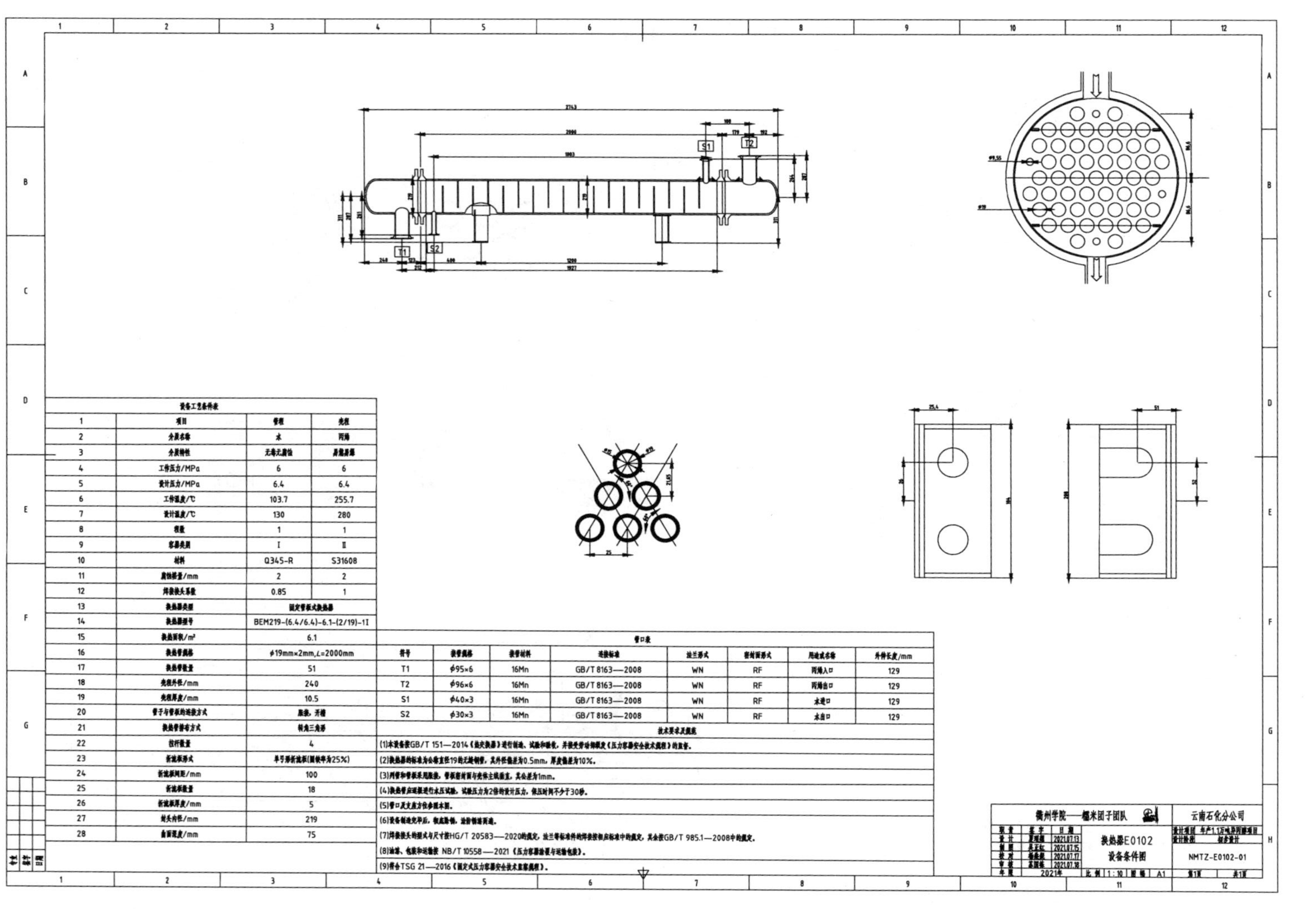

设备工艺条件表			
1	项目	管程	壳程
2	介质名称	水	丙烯
3	介质特性	无毒无腐蚀	易燃易爆
4	工作压力/MPa	6	6
5	设计压力/MPa	6.4	6.4
6	工作温度/℃	103.7	255.7
7	设计温度/℃	130	280
8	程数	1	1
9	容器类别	I	II
10	材料	Q345-R	S31608
11	腐蚀裕量/mm	2	2
12	焊接接头系数	0.85	1
13	换热器类型	固定管板式换热器	
14	换热器型号	BEM219-(6.4/6.4)-6.1-(2/19)-1I	
15	换热面积/m²	6.1	
16	换热管规格	ϕ19mm×2mm,L=2000mm	
17	换热管数量	51	
18	壳程外径/mm	240	
19	壳程厚度/mm	10.5	
20	管子与管板的连接方式	胀接，开槽	
21	换热管排布方式	转角三角形	
22	拉杆数量	4	
23	折流板形式	单弓形折流板(圆缺率为25%)	
24	折流板间距/mm	100	
25	折流板数量	18	
26	折流板厚度/mm	5	
27	封头内径/mm	219	
28	曲面深度/mm	75	

管口表							
符号	接管规格	接管材料	连接标准	法兰形式	密封面形式	用途或名称	外伸长度/mm
T1	ϕ95×6	16Mn	GB/T 8163—2008	WN	RF	丙烯入口	129
T2	ϕ96×6	16Mn	GB/T 8163—2008	WN	RF	丙烯出口	129
S1	ϕ40×3	16Mn	GB/T 8163—2008	WN	RF	水进口	129
S2	ϕ30×3	16Mn	GB/T 8163—2008	WN	RF	水出口	129

技术要求及规范

(1)本设备按GB/T 151—2014《热交换器》进行制造、试验和验收，并接受劳动部颁发《压力容器安全技术监察规程》的监督。

(2)换热器的标准为公称直径19的无缝钢管，其外径偏差为0.5mm，厚度偏差为10%。

(3)列管和管板采用胀接，管板密封面与壳体主线垂直，其公差为1mm。

(4)换热管应逐根进行水压试验，试验压力为2倍的设计压力，保压时间不少于30秒。

(5)管口及支座方位参照本图。

(6)设备制造完毕后，彻底除锈，涂防锈漆两遍。

(7)焊接接头的型式与尺寸按HG/T 20583—2020的规定，法兰等标准件的焊接按相应标准中的规定，其余按GB/T 985.1—2008中的规定。

(8)油漆、包装和运输按 NB/T 10558—2021《压力容器涂敷与运输包装》。

(9)符合TSG 21—2016《固定式压力容器安全技术监察规程》。

图3-1-7　换热器E0102设备条件图

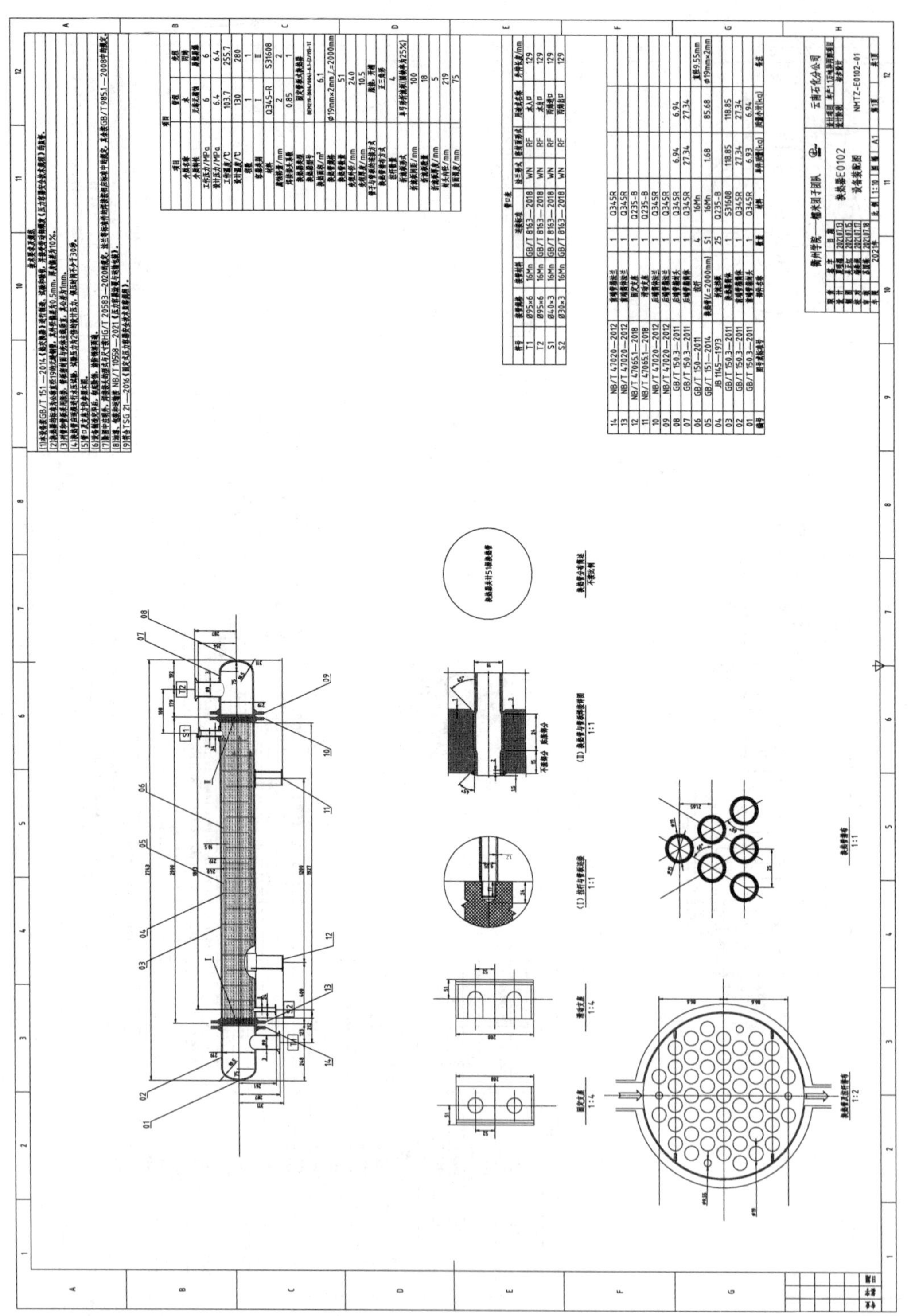

图3-1-8　换热器E0102设备装配图

3.2　塔设备的设计

3.2.1　塔设备的类型

塔设备是化工、炼油生产中最重要的设备之一，通过气液或液液两相充分接触，达到相际传热、传质，实现物料组分分离和提纯。塔设备中实现的单元操作包括精馏、吸收、解吸、萃取、增湿、气提等。在化工或炼油厂，塔设备对于整个装置的产品产量、质量和消耗定额，以及"三废"处理和环境保护等各个方面都有重大影响。据有关资料报道，塔设备的投资费用占整个工艺设备投资费用的 15%以上，有的甚至高达 75%。因此，塔设备的设计与研究，受到化工炼油等行业极大重视。

塔设备按照操作压力，可分为加压塔、常压塔和减压塔；按单元操作，可分为精馏塔、吸收塔、解吸塔、萃取塔、反应精馏塔、气提塔、增湿塔等；最为常用的分类方式是按塔内件结构，分为板式塔和填料塔，见表 3-2-1。

填料塔是指塔内装填有散堆或规整填料，作为连续相的气体在填料之间的缝隙流动，作为分散相的液体在填料表面铺展成液膜，由此，气液在填料表面接触，发生热质传递，组分浓度呈现"微分"式连续变化过程。填料塔具有结构简单、压降小、操作稳定、弹性范围大等优点，在小直径塔上具有优势，而随着规整填料的开发应用，其在大直径塔上也展现出良好性能，但填料塔同时也具有填料体积大、重量大、造价高和清理检修麻烦等缺点。

板式塔是指塔内装有塔盘，作为分散相的气体从塔盘上的开孔流过，作为连续相的液体水平流过塔盘并形成气液接触的液层，塔盘表面气体鼓泡和液体喷射，发生热质传递，组分浓度呈现明显的"级"式阶梯变化过程。板式塔大致可分为两类：一类是有降液管塔板，如筛板型、浮阀型、泡罩型、导向筛板型、多降液管型塔板等，另一类是无降液管塔板，如穿流型或波纹穿流型塔板等。板式塔具有生产能力大、效率高、维护检修方便等优点，可适用于大直径塔。

表 3-2-1　板式塔和填料塔的比较

项目	板式塔	填料塔
压降	较大（400～1067Pa/理论板）	散装填料较大（120～240Pa/理论板），规整填料较小（1.3～106.7Pa/理论板）
空塔气速	较高（气体动能因子为 0.3～2.44）	散装填料较低（气体动能因子为 0.3～2.93），规整填料较高（气体动能因子为 0.12～4.4）
塔效率	较稳定、效率较高（等板高度 HETP=0.6～1.2m）；大塔效率高于小塔	传统散装填料低（等板高度 HETP = 0.45～1.5m），塔径增大，效率会下降； 新型散装及规整填料较高（等板高度 HETP=0.10～0.75m），无放大效应

续表

项目	板式塔	填料塔
持液量	较高	较低
液气比	适应范围宽	对液体喷淋密度有一定要求
安装检修	较容易	较难
材质	一般采用金属材料制造	可用金属或非金属材料制造
造价	大直径时一般比填料塔低	塔径 800mm 以下，一般比板式塔便宜，直径增大，造价显著增加；新型填料投资较高
重量	较轻	较重

3.2.2 塔设备选型的基本原则

作为主要用于传质过程的设备，首先必须能使气液两相充分接触，以获得高的传质效率。此外，为满足工业生产需要，塔设备还需考虑下列要求：

① 生产能力大。在较大的气液流速下，仍不致发生大量的雾沫夹带、拦液或液泛等破坏正常操作的现象。

② 操作稳定、弹性大。当塔设备的气、液负荷有较大的波动时，仍能在较高传质效率下进行稳定运行，并且设备应能保证长周期连续操作。

③ 流体流动阻力小，塔压降低。阻力小，将节省动力消耗，降低操作费用。塔压降对减压塔尤为重要。

④ 结构简单，材料耗用量少，制造和安装简单，制造成本低。

⑤ 耐腐蚀和不易堵塞，方便操作、调节、清洗和维修。

其中，传质效率高、生产能力大、低阻力、操作稳定，是塔设备选型、设计的共同要求。

根据各类塔型的特点，结合工艺参数，推荐以下的塔型选择依据。

① 塔径：大塔宜用板式，小塔宜用填料；因为以单位塔板面积计算的板式塔造价随着塔径增大而减小，而填料塔与填料体积成正比。其次，大直径板式塔、小直径填料塔的效率相对较高。

② 液体流量：板式塔可适应较小的液体流量，而填料塔因为填料表面润湿，有液体喷淋密度要求，大的液体流量较为适宜。

③ 物料的腐蚀性：处理有腐蚀性物料，宜用填料塔，因为可以选用耐腐蚀的非金属塑料、陶瓷填料；如必须用板式塔，建议选用结构简单、造价便宜的筛板、穿流塔板或舌形塔板，方便因腐蚀后更换。

④ 物料的热敏性：热敏性物料宜用填料塔，为了降低塔内温度，对于热敏性物料，可

采用减压蒸馏，另外，填料塔压降小；当真空度不高时，也可选用筛板塔或浮阀塔。

⑤ 易发泡液体：填料塔适宜处理易发泡液体，因为填料能够破碎泡沫，而板式塔中因气体鼓泡，影响液体流动，且易导致液泛。

⑥ 含固物系：宜选用液流通过量大的板式塔，如泡罩塔板、浮阀塔板、栅板、舌形塔板或孔径大的筛板；不宜选用填料塔，因为容易引起堵塞。

⑦ 产生大量热效应的：有些物系溶解热或反应热大，宜选用板式塔，因为可在塔板上的液层内设置换热管，方便加热或移热。

⑧ 控制步骤：液膜控制的宜用板式塔，塔板上气体鼓泡通过湍流的液层，气相为分散相，液相为连续相，有利于减少液膜传质阻力；气膜控制的宜用填料塔，填料表面气体为连续相，以湍流型式流过，有利于减少气膜传质阻力。

⑨ 操作弹性：一般板式塔较填料塔大，对操作弹性要求高的，宜用浮阀或其他浮动型塔板的板式塔，其次泡罩塔；填料塔、无溢流塔板、穿流式塔板操作弹性小。

⑩ 侧线出料的：宜选用板式塔，方便设置物料出口。

⑪ 设备重量：如果设备重量是关键因素时，宜选用板式塔；其次，塑料填料塔设备也较轻。

⑫ 液体停留时间：出于分离过程选择性的考虑，要求液体停留时间短的，宜选用填料塔，反之，可选用板式塔；通常，填料的持液量低。

由此得到塔型的选用顺序见表 3-2-2。

表 3-2-2　各种塔型的选用顺序

考虑因素	选用顺序	考虑因素	选用顺序
塔径	小于 800mm，填料塔 大于 800mm，（1）有降液管的板式塔，（2）规整填料塔	真空塔	（1）填料塔 （2）浮阀板塔 （3）筛板塔 （4）泡罩板塔 （5）其他斜喷式板塔（斜孔板塔等）
有强腐蚀性物料	（1）填料塔 （2）穿流板塔 （3）筛板塔 （4）固舌板塔		
有污垢或污浊物料	（1）大孔筛板塔 （2）穿流板塔 （3）固舌板塔 （4）浮阀板塔 （5）泡罩板塔等	大液气比	（1）导向筛板塔 （2）多降液管板塔 （3）填料塔 （4）浮阀板塔 （5）筛板塔 （6）条形泡罩板塔
要求高操作弹性	（1）浮阀板塔 （2）泡罩板塔 （3）筛板塔	液相分层	（1）穿流板塔 （2）填料塔

3.2.3 分离过程设计模拟

分离过程设计模拟一般分为精确计算模型建立、结构参数优化、负荷性能优化等几方面的工作。

目前，对于分离过程模拟选择的方式有两种:

其一，是基于平衡级模型，也就是气、液（或液、液）经过单个平衡级接触后，达到相平衡；经过模拟计算后得到满足分离目标的平衡级（理论板数），再考虑每个理论板或平衡级的分离效率，如采用塔板，则为塔板效率，如为填料塔，则为等板高度（HETP），由此确定实际塔板数或填料高度。在精馏过程的模拟计算中，常采用这一模式；在这一方式中，塔板效率或等板高度的取值，取决于塔板或填料的工程实际运行数据。

其二，基于速率模型，也就是首先选择气液接触方式，如填料表面，考虑在单个接触单元内的气液传质速率，建模计算离开这一接触单元后的气液组成，由此计算经过一定数量的传质单元接触后的分离效果，或者达到一定效果所需要的传质单元要求。如在吸收过程模拟计算中，通过气液传质速率方程，以传质单元数和传质单元高度方式，计算填料高度。在这一方式中，气液传质系数的计算均基于关联式，其合理性决定了计算结果的准确性。

随着计算机技术的发展，各类化工专业流程模拟软件的不断开发、改进，采用专业软件完成化工分离过程和设备的设计变得越来越普遍，而手工计算的占比越来越低。现有的专业流程模拟软件，如 Aspen Plus，均支持上述两种模拟计算模式。在这一新形势下，建模者的工程经验非常重要，因为在选择分离过程的工艺参数和分离设备结构参数、传质系数关联式和填料表面性质、分析模拟计算结果等方面，建模者需要根据工程实际案例，结合基本原理来做出合理的判断。

采用专业流程模拟和设备设计软件来完成塔设备设计计算，通常包括以下几个步骤：①分离级（基于平衡级或速率）计算；②塔设备选型；③实际塔板数或填料高度的确定；④塔设备内部结构的确定，流体力学计算与校核。

例如，对于蒸馏塔的设计的程序如下:

① 列出分离要求：达到产品的质量标准；

② 确定设备操作条件：选择间歇或连续，操作压力；

③ 选择设备型式：板式塔或填料塔；

④ 确定塔板数和回流比：理论板数或级数；

⑤ 确定塔尺寸：直径，实际塔板数或级数；

⑥ 设计塔内部构件：塔板，分布器，填料支承板；

⑦ 机械设计：容器和内部构件，包括强度校核。

以下主要从基于平衡级模拟来介绍。

分离过程的模拟计算

在进行分离过程的模拟计算时，首先需要对分离过程的一些基本参数进行初值设定，主要包括以下方面。

（1）分离目标的设定　对于任何一个分离过程而言，我们首先要确定的是分离目标。比如，采用精馏过程来分离甲醇-水，如果甲醇是目标产品，那么，最直接的分离目标就是：①塔顶采出的馏出液中甲醇的含量需要达到多高，其依据是工艺设计设定的产品纯度或质量指标要求；②塔顶采出的馏出液中甲醇流量占进料甲醇流量的比例，反映了产品中着眼组分——甲醇的回收率，其高低直接影响工艺过程的经济性。若非产品塔，也可以采用轻关键组分在塔顶的回收率和重关键组分在塔底的回收率，比如初选回收率为 99.5%作为初值来模拟计算。当然，这两种方式的分离目标涉及的数值是可以相互转换的。

（2）回流比　要达到分离目标，精馏过程存在一个最小回流比 R_{min}。通常，我们需要选择合适的 R/R_{min}。在分离目标确定的前提下，回流比越大，意味着塔内上升蒸汽量越多，塔径增大，再沸器负荷增大，公用工程消耗增加，但所需的塔板数减少，设备投资费用降低。基于典型的经济评价数据的计算研究表明，最佳的 R/R_{min} 范围为 1.11～1.24。对于一些非烃类精馏或温度、分离要求较为极端的过程，最佳 R/R_{min} 范围可达到 1.05～1.4 或更宽。

除了上面的推荐范围外，在确定 R/R_{min} 时，还需要综合考虑：

① 公用工程（冷却剂、热载体）的价格。若公用工程价格昂贵，则取常规 R/R_{min} 的低限；若公用工程价格低廉，运行费对 R/R_{min} 的变化不敏感，则取高限；

② 若通过热集成，实现工艺物流的换热等方式回收热量或冷量，则可取常规 R/R_{min} 的高限值；

③ 对于产品纯度要求极高的精馏过程，塔板数对 R 的变化极为敏感，这时，可取常规 R/R_{min} 的高限值；

④ 设备价格昂贵的，可取常规 R/R_{min} 的高限值；

⑤ 相平衡数据不够精确的，可取常规 R/R_{min} 的高限值。

（3）塔压　塔压的选择需要综合考虑分离物系的性质、分离效率与其他过程之间热集成实现能量回收利用等各种因素，主要原则包括：

① 除非分离组分物性有特殊要求，如温度过高会引起物料的分解、结焦、聚合等，尽量不采用真空操作。因为附加的真空设备，会带来设备投资和运行费用的增加，同时，在真空塔设计中，还要充分考虑真空操作时塔压降的限制。

② 如果常压下能使用循环冷却水进行冷却，常压操作是首选。因为加压一方面会降低轻重关键组分的相对挥发度，回流比或塔板数增加，另一方面，设备壁厚增加，会导致设备投资增加。

③ 当需要提高塔压至 1.6MPa 以上才能使用循环冷却水冷却时，需要对比“低压+冷冻剂”和“加压+循环水”的方案后做出选择。

④ 若必须使用冷冻剂，可根据选择的冷冻剂温度，加上传热温差，确定塔顶冷凝器蒸汽冷凝温度，见表 3-2-3，由此确定塔顶压力。

表 3-2-3　塔顶冷凝器终端温度

冷却介质	终端温度/℃	冷却介质	终端温度/℃
冷冻剂:		−23℃～−24℃	5.0～6.0
−101℃	2.5～3.0	0℃～−20℃	5.0～10.0
−70℃～−75℃	3.0～4.0	冷却水	5.0～20.0
−55℃～−62℃	3.0～5.0	锅炉水	20.0～40.0
−40℃～−41℃	4.0～5.0	空气	20.0～50.0

⑤ 在实施工艺过程热集成时，可通过调节塔压，达到调整塔顶蒸汽或塔釜液相温度的目的，从而实现精馏塔与其他工艺物流之间的换热匹配，回收热量或冷量。

有了上述基本参数后，即可借助于专业流程模拟软件，如 Aspen Plus、PRO Ⅱ或 CHEMCAD 等进行分离过程建模，以上述基本参数为基础，进一步优化工艺参数。以 Aspen Plus 软件基于平衡级模型，完成精馏过程模拟为例，通常的做法是:

① 根据分离组分的物性及操作条件，确定合适的热力学方法。常用的热力学模型包括状态方程和活度系数模型，前者如 PENG-ROB 和 RK-Soave 等，后者如 NRTL、UNIFAC、Wilson 和 UNIQUAC 等。首先考虑系统中有无极性组分，如无，则可选择状态方程法；其次考察操作条件是否处于混合物临界区域附近，如是，选择状态方程法。进一步，辨别系统中是否有低沸点气体或超临界组分，如有，选择带有 Henry 定律的活度系数模型，否则，选用活度系数模型。

在使用专业软件如 Aspen 进行分离过程模拟时，当初步选择热力学方法后，可以对比 Aspen 软件给出的相图与文献数据，据此筛选出准确的热力学方法。其他，如系统中存在共沸体系，则可以利用 Aspen 软件的共沸搜索，将找到的共沸体系与文献值进行对比，等等。

② 采用 DSTWU 模块，进行简捷计算。在这一计算过程中，需要设定 R/R_{min}（系统默认的输入方式是这一比值前加上负号）、塔顶压力、分离目标（轻、重关键组分在塔顶的回收率）、冷凝器形式等，模拟计算后可以得到回流比 R、最小回流比 R_{min}、最小理论板数 N_{Tmin}、总塔板数 N_T、进料板位置 N_F、塔顶和塔底温度、热负荷、塔顶馏出液流量与进料流量比 D/F 等，还可以给出 R～N_T 之间的关系。

③ 采用 RadFrac 模块，进行严格计算。在这一计算中，可使用 DSTWU 简捷计算的结果作为初值输入。而塔顶、塔底采出物流中关键组分流量（或回收率），关键组分的含量（纯度），可以作为 RadFrac 模块设计规定目标（design specifications），可选的调节变量（Vary）包括了回流比 R、D/F（或者塔顶塔底采出流量）等。由此可得到满足分离目标的塔工艺参数。

④ 因为 DSTWU 简捷计算模块中，采用了塔顶塔底相对挥发度的平均值（也就是固定的相对挥发度）来估算回流比 R、总塔板数 N_T 和进料板位置 N_F，这些结果会存在偏差。在 RadFrac 严格计算中，可以使用灵敏度分析工具，来研究回流比 R、进料板位置 N_F、总塔板

数 N_T 等对塔顶塔底关键组分的纯度、塔顶塔底换热器负荷等的影响，由此，确定满足分离目标的合理的 R、N_T、N_F 等工艺参数。

而对于吸收单元操作，在过程模拟计算阶段，基于平衡级模型，需要确定的是吸收剂用量、总塔板数（平衡级数）等相关参数，在设定分离目标，比如气相组分中的溶质吸收率后，可以通过设计规定，结合敏感性分析，获取这些参数。

至此，分离过程模拟计算完成。

根据分离过程模拟得到的优化参数，结合相关工程经验，选择合适的塔型，并确定塔板分离效率或填料等板高度（HETP），由此得到实际的塔板数或填料高度。

下一步即可进行塔设备的设计与校核。

3.2.4　板式塔的结构设计与校核

3.2.4.1　板式塔的结构设计与校核一般程序

一般来说，板式塔结构设计与校核过程如下。

① 根据分离过程模拟结果，收集相关基础数据，包括每个分离级上的气相与液相负荷、物性数据等。

② 选择板间距（试差值）：根据经验，初选板间距（通常，塔径与板间距存在一定关联）。

③ 塔径计算：采用 Smith 法或者经验关联式等，根据气液两相流动参数（FP）及板间距等参数，计算气体负荷因子（需要校正）和液泛速度，估计塔径。

④ 根据液体流量，确定板上液体流型（U 型、单流型、双流型、阶梯流型等）。

⑤ 塔板初步布置：根据推荐的经验值，确定降液管型式及其尺寸（截面积或宽度）、溢流堰及其高度、受液盘型式及其尺寸、底隙、塔盘开孔区尺寸、孔径、开孔数及排列方式等；并校核溢流堰上液体溢流强度、堰上液头高度和底隙流速。

⑥ 严重漏液校核：计算漏液点气速，与孔速比较；若不满意，返回⑤。

⑦ 塔板阻力（压降）校核：若不满意，返回⑤。

⑧ 降液管校核（溢流液泛校核及降液管内停留时间校核）：若太大，返回⑤或②。

⑨ 塔板布置详图：确定塔板上的安定区，不开孔面积，对初选的孔间距校核，若不满意返回⑤。

⑩ 根据选定的塔径重新计算液泛百分比。

⑪ 液沫夹带校核：若过高返回③。

⑫ 优化设计：重复③～⑪，求得最小塔直径和可接受的板间距，要求所需的成本最低。

⑬ 最终设计：绘出塔板的详细布置图及负荷性能图。

常见板式塔性能参见表 3-2-4。

表 3-2-4　板式塔性能数据

类型	常用空塔气速	操作弹性	压力降	液气比	分离效率	造价	使用范围
筛板	0.8～1.0m/s	±20%	比泡罩塔板低30%	适应范围较大	板效率 0.7～0.8	比泡罩塔板低40%	塔径宜在600mm以上
浮阀	0.7～1.1m/s	±50%	～80mm H_2O/板	适应范围较大	比泡罩高 15%	比泡罩塔板低20%～40%	塔径宜在600mm以上
泡罩	0.7～0.85m/s	±25%	～85mm H_2O/板	适应范围较大	板效率 0.6～0.7	较高	塔径宜在600mm以上
浮动喷射板	0.6～1.4m/s	±55%	<20～40mm H_2O/板	适应范围较大	高于浮阀	接近浮阀	塔径宜在600mm以上
穿流栅孔	生产能力比泡罩高30%～50%	～±10%	比泡罩塔板低40%～80%	适应范围较大	比泡罩塔板低30%～60%	最低	塔径宜在600mm以上
导向浮阀	0.5～3.0m/s 生产能力比F1浮阀高20%～30%	接近F1浮阀	比F1浮阀低20%	适应范围较大	比F1浮阀高10%～20%	接近F1浮阀	塔径宜在600mm以上

注：1 mmH_2O=9.80665Pa。

传统的板式塔结构设计采用手工计算，或者使用Excel软件自行编写计算程序，完成塔盘结构设计和校验，最后对塔盘流体力学进行校核，经过反复修正结构参数，最终获得满意的结果。

现在，使用类似Aspen等软件在分离过程模拟基础上，可直接进行塔盘结构的设计（Sizing）和校核（Rating），从而大大提高设计效率。

在这种方式下，需要设计者掌握塔板参数的设置方法、能根据计算结果进行塔盘结构参数的调整。因此，下面重点介绍这些专业流程模拟软件里完成塔的设计和校核需要的基本参数选择依据、计算结果里需要关注的相关塔盘性能数据。

3.2.4.2　塔板结构设计时的参数选择

（1）塔盘上液流型的选择　塔盘上液体流型（见图3-2-1）包括U型、单流型、双流型、阶梯流型等，可根据塔径和液体流量关系（见表3-2-5）来选择。

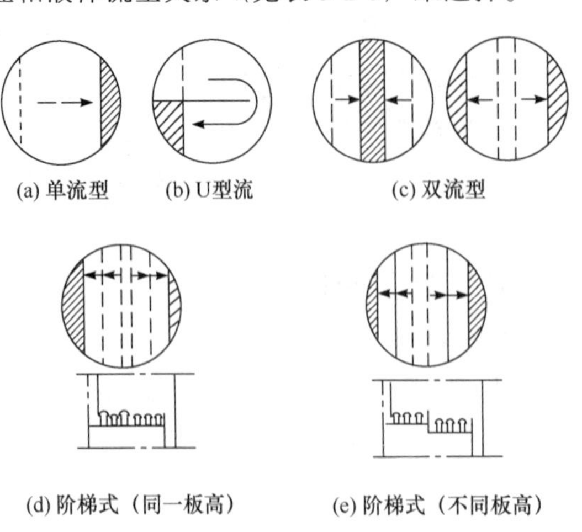

图 3-2-1　塔盘上液体流型

表 3-2-5　液体流量与塔径的关系

塔径/mm	液体流量/（m^3/h）			
	U 型	单流型	双流型	阶梯流型
600	<5	5～25		
800	<7	7～50		
1000	<7	<45		
1200	<9	9～70		
1400	<9	<70		
1600	<10	11～80		
2000	<11	11～110	110～160	
2400	<11	11～110	110～180	
3000	<11	<110	110～200	200～300
4000	<11	<110	110～230	230～350
5000	<11	<110	110～250	250～400
6000	<11	<110	110～250	250～450

（2）塔板间距 H_T 与清液层高度 h_L　在塔径计算过程中，需要初选塔板间距 H_T，一般会根据经验，预估塔径，然后根据表 3-2-6 选择 H_T 的初值，然后由塔盘水力学性能校核确认其合理性。

表 3-2-6　塔板间距 H_T 与塔径的关系

塔径/m	0.3～0.5	0.5～0.8	0.8～1.6	1.6～2.0	2.0～2.4	>2.4
塔板间距 H_T/m	0.2～0.3	0.3～0.35	0.35～0.45	0.45～0.6	0.5～0.8	>0.6

而塔板上清液层高度 h_L 一般在以下范围内选择：常压塔取 50～100mm，减压塔取 25～30mm。

（3）降液管　降液管的一般形式如图 3-2-2 所示。图 3-2-2（a）为弓形降液管，溢流堰与塔壁之间全部截面均为降液区，适用于较大直径塔。当塔径较小，可采用较小的弓形降液

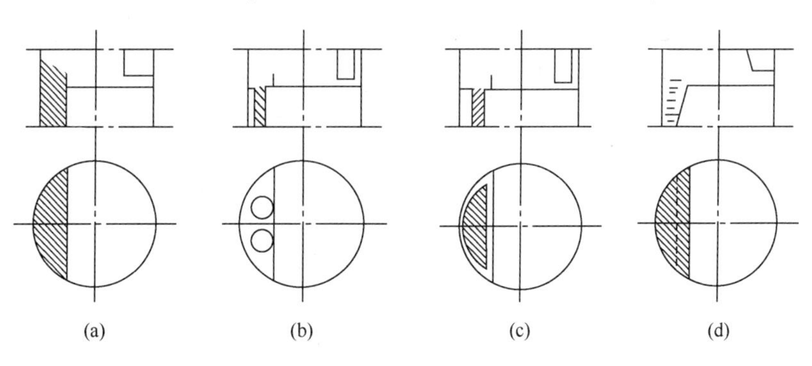

图 3-2-2　降液管的一般形式

管[图 3-2-2（c）]。而当液量较小时，可采用图 3-2-2（b）的圆形降液管。图 3-2-2（d）为倾斜式弓形降液管，适用于大直径塔和气液负荷较大的场合。

降液管是上下塔板之间液体流动的通道，也是液体夹带的气体得以分离的重要场所，其大小决定了液体在降液管的停留时间。如果降液管面积过小，液体在降液管的停留时间过短，将无法保证液体中夹带的气体充分分离，上一层塔板的气体被液体夹带到下一层，形成返混，降低分离效率；更为严重的是，可能会导致液体流动不畅，甚至引起降液管液泛。而降液管面积过大，又会占据气液传质接触区面积，影响塔板上气液分离效率。因此，降液管的截面积是塔板的重要参数，需要反复核算、合理选取。

另外，物系的发泡程度会直接影响降液管内的气液分离效率。常见物系的发泡程度见表 3-2-7，一般设计中，对于低发泡和中等发泡物系，控制降液管内液体停留时间不低于 3～4s；而对于较高发泡和严重发泡物系，停留时间可取 5～7s。

表 3-2-7　常见物系的发泡程度

发泡程度	物系
低发泡	轻烃、石脑油、煤油等
中等发泡	吸收塔、解吸塔、原油分离塔及轻烃中重组分
高发泡	无机油的吸收
严重发泡	甘油、乙二醇、酮、碱、胺类及氨的吸收与解吸

根据经验，对于降液管面积 A_d 与塔截面积 A_T 之比 A_d/A_T，单流型弓形降液管中一般取 0.06～0.12，而小塔径有时可低于 0.06，大塔径或双流型可高于 0.12。具体参考表 3-2-8～表 3-2-10。

表 3-2-8　单流型塔板的降液管参数推荐值

塔径 D/mm	塔截面积 A_T/m^2	(A_d/A_T)/%	l_w/D	弓形降液管		降液管面积 A_d/m^2
				溢流堰长 l_w/mm	堰宽 b_D/mm	
600	0.2610	7.2	0.677	406	77	0.0188
		9.1	0.714	428	90	0.0238
		11.02	0.734	440	103	0.0289
700	0.3590	6.9	0.666	466	87	0.0248
		9.06	0.614	500	105	0.0325
		11.0	0.750	525	120	0.0395
800	0.5027	7.22	0.661	529	100	0.0363
		10.0	0.726	581	125	0.0502
		14.2	0.800	640	160	0.0717
1000	0.7854	6.8	0.650	650	120	0.0534
		9.8	0.714	714	150	0.0770
		14.2	0.800	800	200	0.1120

续表

塔径 D/mm	塔截面积 A_T/m^2	(A_d/A_T)/%	l_w/D	弓形降液管		降液管面积 A_d/m^2
				溢流堰长 l_w/mm	堰宽 b_D/mm	
1200	1.1310	7.22	0.661	794	150	0.0816
		10.2	0.730	876	190	0.1150
		14.2	0.800	960	240	0.1610
1400	1.5390	6.63	0.645	903	165	0.1020
		10.45	0.735	1029	225	0.1610
		13.4	0.790	1104	270	0.2065
1600	2.0110	7.21	0.660	1056	199	0.1450
		10.3	0.732	1171	255	0.2070
		14.5	0.805	1286	325	0.2913
1800	2.5450	6.74	0.647	1165	214	0.1710
		10.1	0.730	1312	284	0.2570
		13.9	0.797	1434	354	0.3540
2000	3.1420	7.0	0.654	1308	244	0.2190
		10.0	0.727	1456	314	0.3155
		14.2	0.799	1599	399	0.4457
2200	3.8010	10.0	0.726	1598	344	0.3800
		12.1	0.766	1686	394	0.4600
		14.0	0.795	1750	434	0.5320
2400	4.5240	10.0	0.726	1742	374	0.4524
		12.0	0.763	1830	424	0.5430
		14.2	0.798	1916	479	0.6430

表 3-2-9　双流型塔板降液管参数推荐值

塔径 D/mm	塔截面积 A_T/m^2	(A_d/A_T)/%	l_w/D	弓形降液管			降液管面积 A_d/m^2
				溢流堰长 l_w/mm	堰宽 b_D/mm	堰宽 b'_D/mm	
2200	3.8010	10.15	0.585	1287	208	200	0.3801
		11.8	0.621	1368	238	200	0.4561
		14.7	0.665	1462	278	240	0.5398
2400	4.5240	10.1	0.597	1434	238	200	0.4524
		11.6	0.620	1486	258	240	0.5429
		14.2	0.660	1582	298	280	0.6424
2600	5.3090	9.7	0.587	1526	248	200	0.5309
		11.4	0.617	1606	278	240	0.6371
		14.0	0.655	1702	318	320	0.7539
2800	6.1580	9.3	0.577	1619	258	240	0.6158
		12.0	0.626	1752	308	280	0.7389
		13.75	0.652	1824	338	320	0.8744

续表

塔径 D/mm	塔截面积 A_T/m²	(A_d/A_T)/%	l_w/D	弓形降液管			降液管面积 A_d/m²
				溢流堰长 l_w/mm	堰宽 b_D/mm	堰宽 b'_D/mm	
3000	7.0690	9.8	0.589	1768	288	240	0.7069
		12.4	0.632	1896	338	280	0.8482
		14.0	0.655	1968	368	360	1.0037
3200	8.0430	9.75	0.588	1882	306	280	0.8043
		11.65	0.620	1987	346	320	0.9651
		14.2	0.660	2108	396	360	1.1420
3400	9.0790	9.8	0.594	2002	326	280	0.9079
		12.5	0.634	2157	386	320	1.0895
		14.5	0.661	2252	426	400	1.2893
3600	10.1740	10.2	0.597	2148	356	280	1.1018
		11.5	0.620	2227	386	360	1.2215
		14.2	0.659	2372	446	400	1.4454
3800	11.3410	9.94	0.590	2242	366	320	1.1340
		11.9	0.624	2374	416	360	1.3609
		14.5	0.662	2516	476	440	1.6104
4200	13.8500	9.88	0.584	2482	406	360	1.3854
		11.7	0.622	2613	456	400	1.6625
		14.1	0.662	2781	526	480	1.9410

表 3-2-10　小直径塔板降液管参数推荐值

塔径 D/mm	塔截面积 A_T/m²	(A_d/A_T)/%	l_w/D	弓形降液管		降液管面积 A_d/m²
				溢流堰长 l_w/mm	堰宽 b_D/mm	
300	0.0706	2.98	0.60	164.4	21.4	0.00209
		4.13	0.65	173.1	26.9	0.00292
		5.62	0.70	191.8	33.2	0.00397
		7.47	0.75	205.5	40.4	0.00528
		9.80	0.80	219.2	48.4	0.00693
350	0.0960	3.23	0.60	194.4	26.4	0.00311
		4.47	0.65	210.6	32.9	0.00430
		6.02	0.70	226.8	40.3	0.00579
		7.94	0.75	243.0	48.3	0.00764
		10.39	0.80	259.2	58.8	0.01000
400	0.1253	3.45	0.60	224.4	31.4	0.00434
		4.74	0.65	243.1	38.9	0.00596
		6.35	0.70	261.8	47.5	0.00798
		8.33	0.75	280.5	57.3	0.01047
		10.85	0.80	299.2	68.8	0.01363

续表

塔径 D/mm	塔截面积 A_T/m^2	(A_d/A_T)/%	l_w/D	弓形降液管		降液管面积 A_d/m^2
				溢流堰长 l_w/mm	堰宽 b_D/mm	
450	0.1590	3.63	0.60	254.4	36.4	0.00577
		4.95	0.65	275.6	44.9	0.00788
		6.58	0.70	296.8	54.6	0.01047
		8.63	0.75	318.0	65.8	0.01373
		11.20	0.80	339.2	78.8	0.01781
500	0.1960	3.78	0.60	284.4	41.4	0.00743
		5.12	0.65	308.1	50.9	0.01006
		6.79	0.70	331.8	61.8	0.01334
		8.86	0.75	355.5	74.2	0.01740
		11.48	0.80	379.2	88.8	0.02255

(4) 溢流堰　溢流堰又称为出口堰，其能维持塔板上有一定高度的液层，提供气液传质场所，并使液体较为均匀横向流过塔板。其主要尺寸有堰高 h_w 和堰长 l_w。

其中，堰高 h_w 直接决定了塔板上液层厚度，过大，液层高，将使液体夹带增加，塔板效率下降，塔板阻力增大；过小，液层低，气液传质不充分。一般而言，对于常压塔和加压塔，h_w 取 50～80mm，对于减压塔或塔板阻力有要求的，可低至 25mm。如果液体流量很大时，h_w 也可适当减小。

溢流堰长度 l_w 与塔径和降液管尺寸有关，一般情况下，当确定了塔径 D_T 后，可以选择降液管截面积 A_d，此时堰长 l_w 也随之确定，也可先选取 l_w/D_T，此时降液管截面积 A_d 随之确定。通常，对于单流型，l_w/D_T 取 0.6～0.75，对于双流型，取 0.5～0.7。溢流堰长对其上方的液头高度 h_{ow} 有影响，进而影响塔板上液层高度。通常需控制溢流强度（即单位堰长的液体体积流量）不大于 100～130m³/（m · h），如果过大，宜改用双流型或多流型塔盘结构。其次，还需通过调整堰长，保证塔板上液头高度 h_{ow} 大于 6mm，否则易造成塔板上液体分布不均匀，有些情形下液体流量过低，如果调整堰长仍然无法满足，可以考虑使用锯齿形溢流堰，或者采用 U 型塔盘结构。

(5) 受液盘和底隙　接受降液管内液体的区域称为受液盘。其型式有平型和凹型，前者简单，最为常用。凹型受液盘的凹型区域可以形成液封，有利于缓冲和重新分配液体，结构复杂，常用于大直径塔和液体流量小、且不含有固体杂质的场合。通常，凹型受液盘深度一般在 50mm 以上，但不能超过板间距的 1/3。

降液管底部与受液盘之间的距离称为底隙 h_b。为保证液体既能正常通过底隙，避免固体沉积，又防止底隙过大导致气体窜入降液管，一般设置底隙 h_b 小于溢流堰高 h_w，以形成良好的液封。通常 h_b 取 30～40mm。当选定 h_b 后，还需进行校验，即液体流经底隙的速度 u_b 不大于 0.3～0.5m/s，根据经验，一般取值范围为 0.07～0.25m/s。

(6) 塔盘布置　对于直径小于 800～900mm 的塔，通常采用整块式塔板；而对于大塔，利用人孔进行安装、检修非常方便，故多采用拼装的分块式塔板。塔板厚度需综合经济性、刚性和耐腐蚀性等多方面考虑，对于碳钢材料，一般取 3～4mm，而不锈钢可适当小一些。

根据功能划分，塔板上一般分为以下几个区域。

① 受液区和降液区：一般按降液管截面占据的面积来计算。

② 入口安定区和出口安定区：降液管底部出口不开孔区为入口安定区，可防止气体窜入降液管；靠近溢流堰处不开孔区为出口安定区，可减轻气体夹带；入口和出口安定区宽度一般为 50～100mm。

③ 边缘区：塔板边缘上靠近塔壁处一般不开孔，用于固定塔板，其宽度取 50～75mm。

④ 有效传质区：塔板上除去上述各区域以外的，为开孔（开槽）区，也是气液接触的有效传质区。在这一区域，开有气体通过的孔（槽），如筛板、舌形板等，或安装有气体分布装置，如浮阀、泡罩等。

泡罩：分为ϕ80、ϕ100 和ϕ150 三种规格，尺寸选用根据塔径选择，一般塔径低于 1000mm，选用ϕ80，塔径大于 2000mm，选用ϕ150 的泡罩。

筛板：分为小孔径筛板（开孔孔径为 3～8mm，推荐孔径为 4～5mm）和大孔径筛板（开孔 10～25mm），工业应用中以前者为主，后者常在某些特殊场合，如黏度大、易结焦的体系中使用。

浮阀：国内常用的有 F1 型、V-4 型、T 型等。常用的为 F1 型，又分为轻阀（代号 Q，～25g）和重阀（代号 Z，～32g），两种浮阀开孔直径均为 39mm。其中后者最为常用，而前者适用于处理量大并要求阻力小的系统，如减压塔，操作稳定性稍差。

对于常压或减压塔，塔板开孔率一般为 10%～14%，而加压塔一般小于 10%。

对于塔板厚度，一般碳钢塔板取 3～4mm，合金钢板取 2～2.5mm。

3.2.4.3 塔板流体力学校核时的主要性能参数

（1）液沫夹带量校核　液沫夹带量以单位质量（或物质的量）气体夹带的液体质量（或物质的量）（kg 液体/kg 气体，或 kmol 液体/kmol 气体）来表示。一般要求液膜夹带量不高于 0.1，泛点率满足：

直径小于 900mm 的塔低于 0.65～0.75；一般的大塔低于 0.80～0.82；减压塔低于 0.75～0.77。

（2）塔板阻力校核　塔板阻力包括通过阀孔（或筛孔）的干板阻力、通过塔板上液层阻力、克服阀孔（或筛孔）处的液体表面张力的阻力等。塔板阻力应满足工艺要求。

（3）降液管液泛校核　降液管内的液体流动应通畅，液层高度应低于上层塔板溢流堰顶，不至于液泛。为维持正常操作，一般控制降液管内清液层高度为降液管高度的 0.2～0.5。

（4）液体在降液管内的停留时间校核　为避免上层塔板的液体夹带气体经降液管进入下层塔板，导致返混，降低传质效率，应保证降液管内液体有足够长的停留时间，以释放出液体夹带的气体。一般，应控制该停留时间不低于 3～5s。

（5）严重漏液校核　阀孔（或筛孔）气速偏低，会导致液体从开孔处漏下，降低传质效率，严重时会导致塔无法正常操作。对于筛板，一般要求孔速为漏液点气速的 1.5～2.0 倍。而对于浮阀，通常采用 F1 型重阀，此时，操作下限取阀孔动能因子为 5～6。

（6）塔板的负荷性能图　塔板的负荷性能图通常以液体流量为横坐标，气体流量为纵坐标，图中表示出塔板操作极端情形的边界线和操作线，由此获得塔板操作区范围。主要包括以下几条曲线。

①过量液沫夹带线，对应于液沫夹带为 0.1 时的上限值；②液相下限线，对于平堰，对应堰上液头高度 h_{ow} 为 6mm 时的液体流量下限值，为一垂直线；③严重漏液线，对于筛板塔，根据漏液点校核计算时得到的液体流量下的漏液点孔速来计算严重漏液时的气体流量；对于 F1 浮阀，对应阀孔气相动能因子为 5～6 时的气体流量下限值，为一水平线；④液相上限线，对应于降液管中液体停留时间为 5s 时的液体流量上限值，为一垂直线；⑤降液管液泛线，为降液管内充气液面高度达到塔板间距 H_T 与溢流堰高 h_w 之和，即充气液面高度与堰顶平齐时的极端情形。

除此之外，一般还会给出坐标原点与操作点的连线构成的操作线，该操作线与上述边界线的交点，即为对应的塔板操作的上、下限，气相负荷的上下限之比为塔板的操作弹性。一般来说，要求塔板气相负荷的下限、上限与操作点气相负荷之比控制在 50%～120%。如果范围偏小，则应调整塔板结构尺寸来实现。

3.2.5 填料塔的结构设计与校核

填料塔广泛应用于精馏、吸收、萃取、洗涤、冷却等单元过程，近年来随着一些性能优良的新型填料、特别是规整填料及新型塔内件问世，其通量大、效率高、压降低等优点，使得填料塔技术应用范围越来越广。填料塔的合理设计也变得越来越重要。

3.2.5.1 填料塔设计与校核的一般程序

若选定塔型为填料塔，则相应的设计程序如下：

① 选择填料形式及尺寸；

② 根据填料特性（HETP 等）及分离过程模拟得到理论板数，确定塔高；

③ 根据通量，即处理气相与液相负荷，确定塔径；

④ 计算填料层压降，校核填料层的液体喷淋密度：若不符合要求，则需重新进行分离工艺模拟计算，重新确定相关工艺参数，或者转①；

⑤ 塔内部构件的选择与设计：填料支承、液体分布器和液体再分布器。

3.2.5.2 填料的分类

填料塔是连续接触式气液传质设备，主要包括填料、塔内件及筒体。填料是塔内传质传热的基础元件，决定了气液流动及接触传递方式。塔内件主要包括气体分布器、液体分布器、填料紧固装置、填料支撑装置、液体再分布器、气液进出料装置、除沫器等。筒体结构一般分为整体式和法兰连接的分段式，对于直径 800mm 以上的多采用整体式结构，填料和塔内件通过人孔送入塔内，而直径 800mm 以下的多采用分段式，填料及塔内件从筒体法兰口送入塔内。

其中，填料一般分为散堆填料和规整填料两大类。

（1）散堆填料 主要有环形（拉西环 Raschig Ring、十字环、内螺旋环、鲍尔环、Hy-Pak 环、Bialecki 环、阶梯环 CMR 等）其结构特征及主要参数见表 3-2-11，鞍形（弧鞍型、矩鞍型 Intalox Saddle、改进矩鞍填料等）结构参数见表 3-2-12，环鞍形（金属矩鞍环 IMTP、网环、共轭环、环球填料等）结构参数见表 3-2-13，球形填料结构参数见表 3-2-14。采用的材质包括金属、陶瓷、塑料、石墨或玻璃等。

表 3-2-11 环形填料结构特性参数

填料名称	公称直径/mm	个数/m^{-3}	堆积密度/(kg/m^3)	孔隙率	比表面积/(m^2/m^3)	填料因子（干）/m^{-1}
瓷拉西环	25	49000	505	0.78	190	400
	40	12700	577	0.75	126	305
	50	6000	457	0.81	93	177
	80	1910	714	0.68	76	143
钢拉西环	25	55000	640	0.92	220	290
	35	19000	570	0.93	150	190
	50	7000	430	0.95	110	130
	76	1870	400	0.95	68	80
塑料鲍尔环	25	42900	150	0.901	175	239
	38	15800	98	0.89	155	220
	50	6500	74.8	0.901	112	154
	76	1930	70.9	0.92	72.2	94
钢鲍尔环	16	143000	216	0.928	239	299
	25	55900	427	0.934	219	269
	38	13000	365	0.945	129	153
	50	6500	395	0.949	112.3	131
瓷阶梯环	50	9300	483	0.744	105.6	278
	76	2517	420	0.795	63.4	126
钢阶梯环	25	97160	439	0.93	220	273.5
	38	31890	475.5	0.94	154.3	185.5
	50	11600	400	0.95	109.2	127.4

续表

填料名称	公称直径/mm	个数/m^{-3}	堆积密度/（kg/m^3）	孔隙率	比表面积/（m^2/m^3）	填料因子（干）/m^{-1}
塑料阶梯环	25	81500	97.8	0.90	228	312.8
	38	27200	57.5	0.91	132.5	175.8
	50	10740	54.3	0.927	114.2	143.1
	76	3420	68.4	0.929	90	112.3

表 3-2-12　鞍形填料结构参数

填料材质	公称直径/mm	个数/m^{-3}	堆积密度/（kg/m^3）	孔隙率	比表面积/（m^2/m^3）	填料因子（干）/m^{-1}
陶瓷	25	58230	544	0.772	200	433
	38	19680	502	0.804	131	252
	50	8243	470	0.728	103	216
	76	2400	537.7	0.752	76.3	179.4
塑料	16	365009	167	0.806	461	879
	25	97680	133	0.847	283	473
	76	3700	104.4	0.855	200	289

表 3-2-13　环鞍形填料结构参数

填料材质	公称直径/mm	个数/m^{-3}	堆积密度/（kg/m^3）	孔隙率	比表面积/（m^2/m^3）	填料因子（干）/m^{-1}
金属	25	101160	409	0.96	185	209.1
	38	24680	365	0.96	112	126.6
	50	10400	261	0.96	74.9	84.7
	76	3320	244.7	0.97	57.8	63.1

表 3-2-14　球形填料结构参数

填料名称	公称直径/mm	个数/m^{-3}	堆积密度/（kg/m^3）	孔隙率	比表面积/（m^2/m^3）	填料因子（干）/m^{-1}
TRI	45×50	12007	48	0.96	200	49.2
Teller 花环	47	32500	111	0.88	185	—
	73	8000	102	0.89	127	
	95	3600	88	0.90	94	

（2）规整填料　规整填料是一种在塔内按均匀几何结构排布、整齐堆砌的填料，主要包括板波纹、丝网波纹、格里奇格栅、脉冲填料等，其中，以板波纹和丝网波纹填料应用最普遍。前者采用的材质有金属和陶瓷，后者有金属和塑料。目前国内常用规整填料的主要特征和参数见表 3-2-15。

表 3-2-15　规整填料的结构参数

填料名称	型号	孔隙率/%	比表面积/（m^2/m^3）	波纹倾角/（°）	峰高/mm
金属板波纹	125X	0.98	125	30	25.4
	125Y	0.98	125	45	25.4
	250X	0.97	250	30	12.5
	250Y	0.97	250	45	12.5
	350X	0.94	350	30	9
	350Y	0.94	350	45	9
	500X	0.92	500	30	6.3
	500Y	0.92	500	45	6.3
轻质陶瓷	125X	0.90	125	30	—
	250Y	0.85	250	45	
	350Y	0.80	352	45	
陶瓷	400	0.70	400	45	—
	450	0.75	450	30	
	470	0.715	470	30	

更多填料的特性数据参见兰州石油机械研究所主编的《现代塔器技术》（第二版）。

3.2.5.3　填料性能要求指标

填料的结构直接影响到塔内填料表面流体的流动力学和传质性能，因此，对填料一般有如下要求：①具有较大的比表面积；②表面润湿性好，保证有大的有效传质面积；③结构上有利于气液相分布均匀；④填料层内持液量适中；⑤具有较大的空隙率，气体通过时阻力小，不易发生液泛。

3.2.5.4　填料选择依据

在选择填料时，要求填料应具有高的分离能力、大的处理能力、低的阻力、良好的抗堵塞性能。因此，主要考虑如下几个方面：

（1）填料材质　应根据工艺系统的介质及操作温度而定。一般情况下，可以选用塑料、金属和陶瓷等材质。对于腐蚀性介质，应采用耐腐蚀材料，如陶瓷、塑料、玻璃、石墨、不锈钢等；对于温度较高的，要考虑材料的耐温性能。

（2）填料类型　能够满足设计要求的填料不止一种，要保证选择的填料能实现以较少的投资获得最佳的经济技术指标。建议首先根据实际生产经验，预选可能选用的填料，然后对其进行全面评价而定。一般说来，同一类填料中，比表面积大的填料，具有较高的分离效率，但在相同的处理量下，所需塔径较大，塔体造价会高。

（3）填料尺寸　塔径与填料直径的比值不应低于某一数值，防止填料架桥，产生沟流、短路和较大的壁效应，造成塔的分离效率下降。一般说来，填料尺寸大，处理量大，但效率低。使用大于50mm的填料，其成本的降低往往难以抵偿效率降低所带来的成本增加。所以，一般大塔常用50mm填料，而在大塔中使用小于20～25mm的填料，效率并没有明显的提高。填料尺寸与塔径的对应关系见表3-2-16。

表3-2-16　填料尺寸与塔径的对应关系

塔径/mm	填料尺寸/mm
小于300	20～25
300～900	25～38
大于900	50～80

3.2.5.5　填料塔结构设计方法

通过塔设备的工艺计算，在得到塔内气体、液体流量以及理论板数后，我们可以根据塔内气液流动参数（FP）、物性等，选择合适的填料类型和尺寸，在此基础上，即可开始计算塔结构。

（1）塔径计算　一般是根据塔内流动参数（FP）、填料结构参数以及气液物性数据，根据Eckert泛点气速关联图、Bain-Hougen泛点关联式等途径，计算塔内泛点气速。

取泛点气速的0.5～0.7作为填料塔的操作气速（空塔气速）（对于易起泡物系，取低限；对于不易起泡物系，可取高限值）。

根据塔内气体流量，即可计算塔径。经圆整后，得到实际塔径。

（2）填料高度　在手工计算中，对于吸收过程，可以根据吸收过程的传质动力学和物料衡算方程，分布计算传质单元高度和传质单元数，由此计算得到一定吸收要求的填料层高度。而对于精馏过程，则根据相平衡，利用物料、热量衡算，逐级计算，得到满足分离条件时的理论板数，再根据填料的等板高度（每块理论板对应的填料层高度，HETP）（表3-2-17），即可得到填料层高度。

在使用Aspen软件的计算中，不论是精馏还是吸收过程，若采用平衡级严格法计算模型，都会得到满足分离条件的理论板数。此时，通常需要设计人员根据工程经验，选择填料的等板高度，由此得到填料层高度。

表 3-2-17　某些填料的等板高度

填料名称	等板高度/mm		
	25mm①	38mm①	50mm①
矩鞍环	430	550	750
鲍尔环	420	540	710
环鞍	430	530	650

① 填料尺寸。

(3) 填料层分段　在塔内填料层，气液逆向流动，由于壁流效应以及填料之间可能存在的沟流、短路等，填料截面的气液分布逐渐变得不均匀，分离效率下降。为保证气液两相均匀分布和良好的接触，每经过一段填料后，需要收集液体再重新分布。一般，每经过 10～12 块理论板后，应该设置液体收集和液体再分布装置。常见的散堆填料的分段高度见表 3-2-18。

表 3-2-18　常见的散堆填料的分段高度

填料种类	填料高度与塔径之比	最大高度/m	填料种类	填料高度与塔径之比	最大高度/m
拉西环	2.5～3.0	≤6	鲍尔环	5～10	≤6
矩鞍环	5.0～8.0	≤6	阶梯环	8～15	≤6

一般的，对于规整填料，孔板波纹填料 250Y 每段高度不超过 6m，丝网波纹 500（BX）不超过 3m，丝网波纹 700（CY）不超过 1.5m。

3.2.5.6　填料塔附属部件

(1) 液体分布器　在填料塔内，液体自塔顶加入，为保证液体能均匀分布于填料表面，需设置液体分布器（初始分布器）。液体在填料层整个截面上分布是否均匀，将直接影响填料分离效率，特别是大直径、低床层高度的填料塔，尤为重要。

液体分布器的性能主要由分布器的布液点密度（单位面积上的布液点数量）、布液点的分布均匀性以及布液点的组成均匀性决定，因此，分布器上的布液孔的排布，必须合理设计。

通常需要先根据填料类型，确定布液点密度（见表 3-2-19）后，再根据塔截面积大小，确定布液孔数量。

表 3-2-19　填料的布液点密度

填料类型	布液点密度/m^{-2}
散堆填料	50～100
板波纹填料	>100
CY 型丝网填料	>300

按结构类型分，液体分布器分为多孔型和溢流型。其中，多孔型液体分布器包括排管式、环管式、筛孔盘式以及槽式等，主要是利用分布器下方的液体分布孔，将液体均匀分布于填料层上，液体流出方式均为孔流式。溢流型液体分布器主要包括槽式溢流型和盘式溢流型，与孔流型的差异主要在于其布液结构为溢流管或溢流槽上的溢流堰口（或 V 形堰口）。

(2) 液体收集与再分布器　液体收集与再分布器有两类：一类是液体收集与再分布器为相对独立的两个装置，另一类是液体收集与液体再分布集成为一体。后者主要有百叶窗式液体收集器、多孔盘式液体再分布器和截锥式液体再分布器。

(3) 气体分布装置　对于直径小于 2.5m 的塔，一般控制进气管气速 10～18m/s，位置在填料层下一个塔径的距离即可。对于大于 2.5m 的塔，进气管可深入塔内，设置朝下的开口，以实现气体在塔截面的初始均匀分布。

(4) 除沫装置　气体在顶部离开填料层时，会夹带液体。为回收这部分液体，一般需要塔顶设置除沫器。

第3章

在小塔中，常采用折流板式除沫器，它是由 50mm×50mm×3mm 的角钢制成，通过惯性除去 50 μm 以上的液滴，压降 50～100Pa。

在大塔中，常采用旋流板式除沫器，气体以旋转流方式流过旋流板，通过离心力作用向塔壁运动，实现气液分离，这种除沫器效率高，压降稍大，约 300Pa。

另外还有一种常用的除沫器——丝网除沫器，它是由金属丝网卷成高度为 100～150mm 的盘状，其压降 120～250Pa。其具体的选型设计可参考化工标准 HG/T 21618—1998。

(5) 填料支承与压紧装置　常用填料支承装置有栅格型和驼峰型等。栅格型结构简单，使用较多，常用于规整填料的支撑，其栅条间距为填料外径的 0.6～0.8 倍，也可以采用大的栅条间距，其上先堆积大尺寸填料，再堆积小尺寸填料。栅格可采用分块结构，对于大型塔，还需设置中间支撑梁。驼峰型支撑装置适合于散堆填料，采用分块制作，每块宽度约 290mm，高度约 300mm，驼峰侧壁开有条形圆孔，直径约 25mm。此种结构气体流通自由截面大，阻力小，承载力强，气液两相分布效果好，是一种性能优良的填料支撑装置。

为防止填料在装置运行过程中松动或流失，必须在填料层顶部设置填料限位装置。主要有两类，其一为依靠自身重量将填料压紧的填料压板，包括栅条形和丝网，按 1100N/m^2 设计，置于填料上端，常用于陶瓷填料；其二为将填料限定装置放置于塔壁的床层限位板，按 300N/m^2 设计，常用于金属和塑料填料。

3.2.5.7　填料塔的流体力学校核

当完成填料塔的工艺和结构参数设计后，为保证填料层气液接触良好、传质效率高、运行平稳，需要对填料塔进行流体力学校核。主要内容包括：

(1) 填料层压降　选用填料塔很重要的原因之一是压降小，因此，在设计过程中，需及时对塔内填料层压降进行校验，看是否满足设计要求。

(2) 泛点率　填料塔泛点率是指塔内操作气速（空塔气速）与泛点气速之比。一般要求泛点率在 50%～80%，对于易起泡物系，可低至 40%。

（3）填料塔的液体喷淋密度与持液量　喷淋密度指的是单位填料截面积上的液体流量[m^3/（$m^2\cdot h$）]。过低的喷淋密度无法保证填料表面润湿，而过高的喷淋密度，易引起液泛。

填料的最小喷淋密度[m^3/（$m^2\cdot h$）]为填料最小润湿速率[m^3/（$m\cdot h$）]与填料比表面积[m^2/m^3]的乘积。其中，最小润湿速率是指塔截面上单位长度填料周边的最小液体体积流量，其值可由经验公式计算或直接采用经验值。对于粒径小于 75mm 的散堆填料，可取 0.08m^3/（m·h），大于 75mm 的，可取 0.12m^3/（m·h）。对于规整填料，可查找相关填料手册，也可以取 0.2m^3/（m^2·h）。

持液量是指单位体积填料表面积存的液体体积量（m^3/m^3），是影响填料塔效率、压降和处理能力的重要参数。一般来说，陶瓷填料的持液量大于金属填料，塑料填料最低。对于同类填料，填料尺寸越大，持液量越小。

(4) 气体动能因子　气体动能因子是操作气速（空塔气速）与气相密度平方根的乘积，即:

$$F=u\cdot\sqrt{\rho_G}$$

式中，F 为气体动能因子[$kg^{1/2}$/（$s\cdot m^{1/2}$）]；u 为操作气速（m/s）；ρ_G 为气体密度（kg/m^3）。常用的气体动能因子见表 3-2-20 和表 3-2-21。

表 3-2-20　散堆填料常用的气体动能因子

填料名称	气体动能因子		
	25mm①	38mm①	50mm①
金属鲍尔环	0.37～2.68		1.34～2.93
矩鞍环	1.19	1.45	1.7
环鞍	1.76	1.97	2.2

① 填料尺寸。

表 3-2-21　规整填料常用的气体动能因子

填料规格	气体动能因子	
	金属填料	塑料填料
孔板波纹 125Y	3	3
孔板波纹 250Y	2.6	2.6
孔板波纹 350Y	2	2
孔板波纹 500Y	1.8	1.8
孔板波纹 125X	3.5	3.5
孔板波纹 250X	2.8	2.8

3.2.6 典型塔器设计实例

以甲醇-水精馏过程设计及精馏塔设计进行分析。

塔设计
模拟实例

[例]现有 12.5t/h 的甲醇-水溶液，其中，甲醇质量分数为 0.80，水的质量分数为 0.20。拟采用精馏进行分离，以生产符合 GB/T 338—2011《工业用甲醇》优等品的质量标准。

（1）甲醇-水体系的热力学方法选择　由于甲醇、水均为极性物质，不含不凝性气体或靠近超临界状态，故选择活度系数模型，初选 UNFIC。进一步，通过对比 Aspen 软件提供的 NRTL 常压下的相图与文献资料，确认 UNFIC 方法的可行性。

在 Aspen 软件的 Properties 窗口（或功能区），选择 Binary-Analysis，点击 input，在 Binary Analysis 表单下，选择：Analysis type—Txy，Component 1 选择 Methanol，Component 2 选择 Water，Compositions 下，Basis—mole fraction，Vary—Methanol，Equidistant，Start point—0，End point—1，Number of intervals—50，Pressure 下，Units—bar，List of values，Enter Values 下输入 1.013。即定义了甲醇摩尔分率自 0 增加到 1，设置 50 个等间距点，计算 1.013bar（文献能找到的相图压力）下气液组成等，输入界面见图 3-2-3。

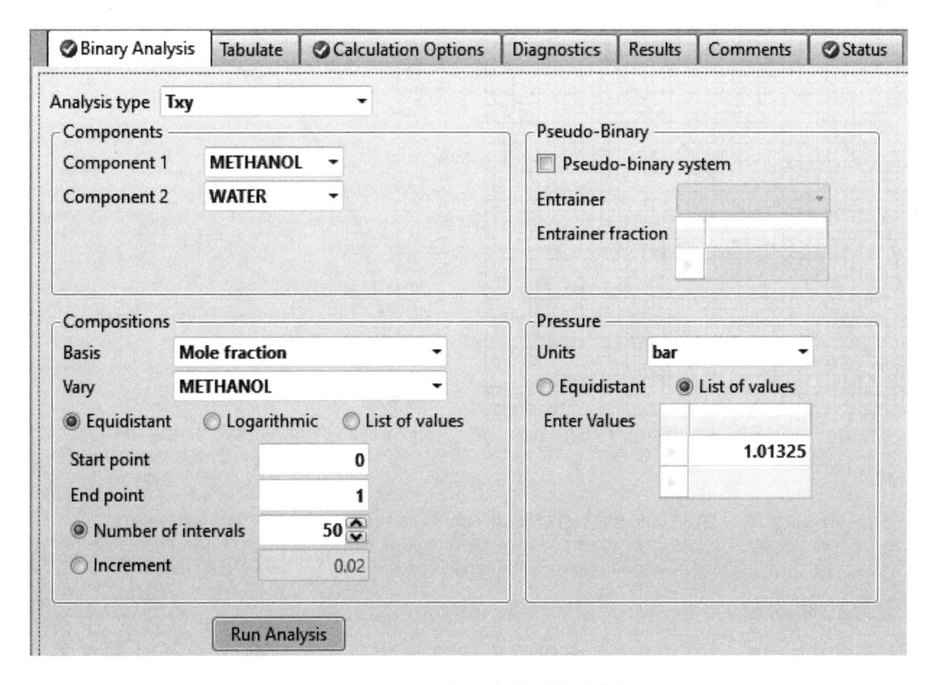

图 3-2-3　二元交互参数分析输入界面

点击 Run Analysis，开始计算。结果在 Results 中，见图 3-2-4。

计算结束后，在功能区 Plot 下选择 *y-x*，即可得到如下 1.013bar 下甲醇-水的相图 3-2-5。

将 Aspen 软件中 UNIFAC 相图与文献[《化学工程师手册》（第二版），第 13 篇 13-6]相图进行对比，表明，UNIFAC 方法能准确描述甲醇-水体系的相平衡。该方法可以选用。

Binary Analysis | Tabulate | Calculation Options | Diagnostics | Results | Comments | Status

PRES	MOLEFRAC METHANOL	TOTAL TEMP	TOTAL KVL METHANOL	TOTAL KVL WATER	LIQUID1 GAMMA METHANOL	LIQUID1 GAMMA WATER	LIQUID2 GAMMA METHANOL	LIQUID2 GAMMA WATER	TOTAL KVL2 METHANOL	TOTAL KVL2 WATER	TOTA
bar		C									
1.01325	0	100.018	7.74941	1	2.29526	1					
1.01325	0.02	96.598	6.61894	0.885328	2.17673	1.00053					
1.01325	0.04	93.819	5.77129	0.801197	2.07024	1.00207					
1.01325	0.06	91.5127	5.11494	0.737344	1.97449	1.00455					
1.01325	0.08	89.564	4.59328	0.687541	1.88827	1.0079					
1.01325	0.1	87.8911	4.16964	0.647818	1.81047	1.01207					
1.01325	0.12	86.4349	3.81935	0.615543	1.74013	1.01699					
1.01325	0.14	85.1517	3.52526	0.588911	1.67641	1.02262					
1.01325	0.16	84.0082	3.27512	0.566643	1.61854	1.02892					
1.01325	0.18	82.9792	3.05995	0.547815	1.56589	1.03584					
1.01325	0.2	82.0448	2.87304	0.53174	1.51789	1.04336					
1.01325	0.22	81.1892	2.70927	0.517898	1.47405	1.05144					
1.01325	0.24	80.4001	2.56468	0.505892	1.43394	1.06006					
1.01325	0.26	79.6673	2.43614	0.49541	1.39719	1.06918					
1.01325	0.28	78.9825	2.32118	0.486207	1.36346	1.07879					
1.01325	0.3	78.339	2.2178	0.478085	1.33246	1.08887					

图 3-2-4　二元交互参数分析结果

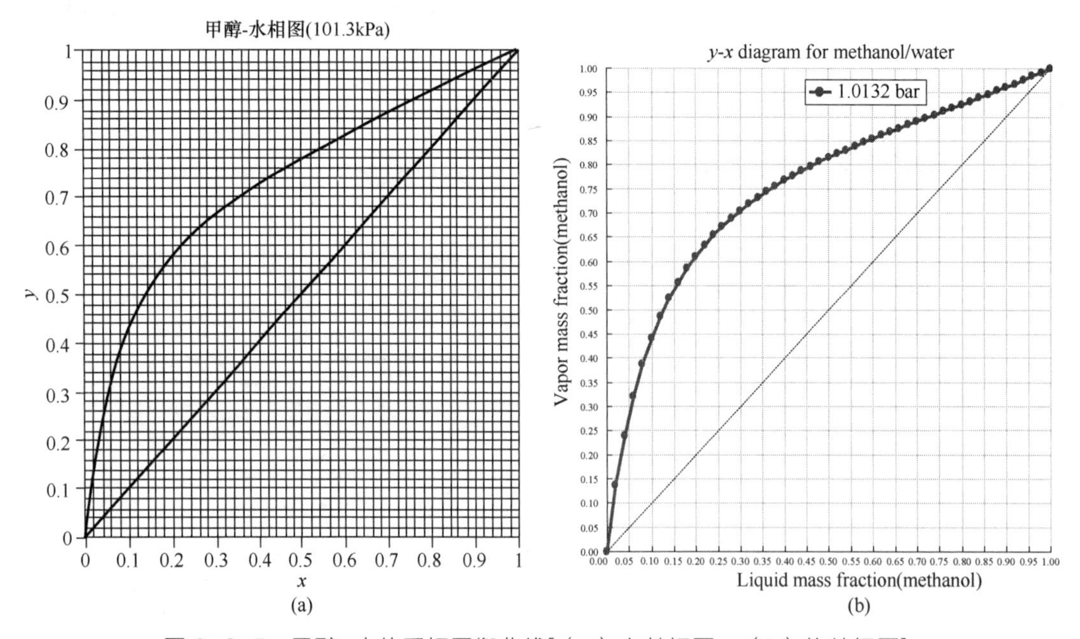

图 3-2-5　甲醇-水体系相平衡曲线[（a）文献相图；（b）软件相图]

（2）分离目标的设定

① 根据 GB/T 338—2011《工业用甲醇》优等品的要求，产品中水含量不高于 0.1%，即甲醇质量分数设定达到 0.999。

② 通过精馏分离，塔顶甲醇的回收率可初选 0.9995。

（3）使用 SEP2 模块进行初步的物料衡算　运用 Aspen 软件绘制 SEP2 模块初步物料衡算流程，如图 3-2-6（图中命名为 SEP 的模块，后续可根据模拟计算步骤，逐步添加 DSTWU 等模块及其流股）。如前所说，现在设定的分离目标为塔顶甲醇含量和甲醇回收率，为获得这一分离目标的其他表述，可以使用 Aspen 中 SEP2 模块来进行物料衡算。设置窗口见图 3-2-7。

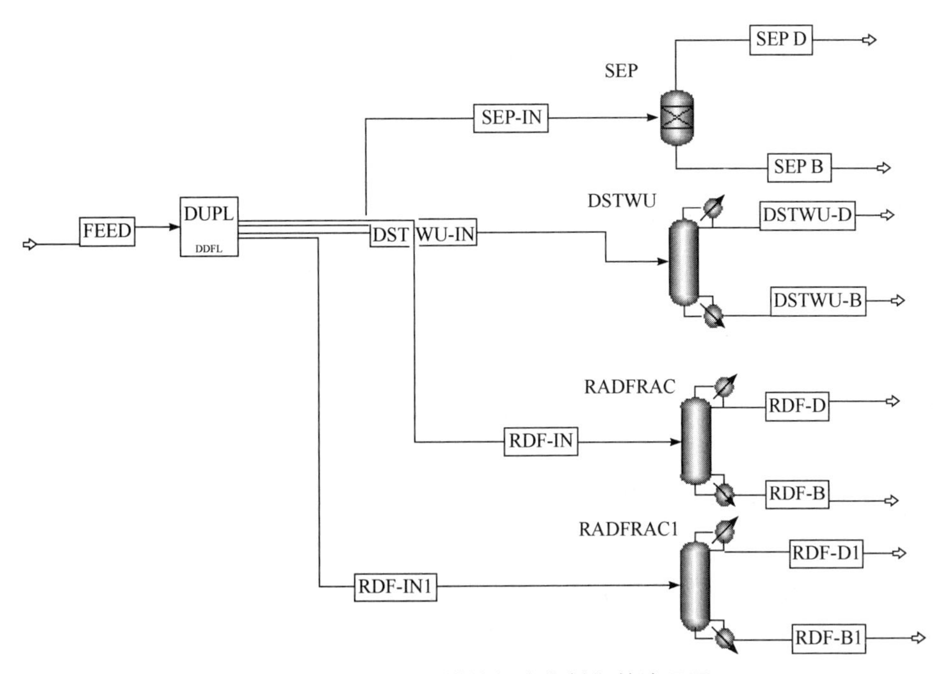

图 3-2-6　SEP2 模块初步物料衡算流程图

Specifications | Feed Flash | Outlet Flash | Utility | Comments

Substream: MIXED　　Outlet stream: SEP-D

Stream spec: *Split fraction*

Component ID	1st Spec		2nd Spec	
METHANOL	**Split fraction**	**0.9995**	**Mass frac**	**0.999**
WATER	*Split fraction*		*Mole frac*	

图 3-2-7　SEP2 模块分离目标设置界面

计算的物料衡算结果如图 3-2-8 所示。

Material | Heat | Load | Vol.% Curves | Wt. % Curves | Petroleum | Polymers | Solids

	Units	SEP-IN	SEP-B	SEP-D
Molar Density	kmol/cum	29.6273	55.0943	24.7694
Mass Density	kg/cum	821.411	993.412	793.046
Enthalpy Flow	Gcal/hr	-27.2649	-9.44384	-17.8011
Average MW		27.7248	18.0311	32.0172
+ Mole Flows	**kmol/hr**	**450.86**	**138.372**	**312.488**
+ Mole Fractions				
− Mass Flows	**kg/hr**	**12500**	**2494.99**	**10005**
METHANOL	kg/hr	10000	5	9995
WATER	kg/hr	2500	2489.99	10.005
− Mass Fractions				
METHANOL		0.8	0.00200401	0.999
WATER		0.2	0.997996	0.001
Volume Flow	cum/hr	15.2177	2.51154	12.6159

图 3-2-8　SEP2 模块初步物料衡算结果图

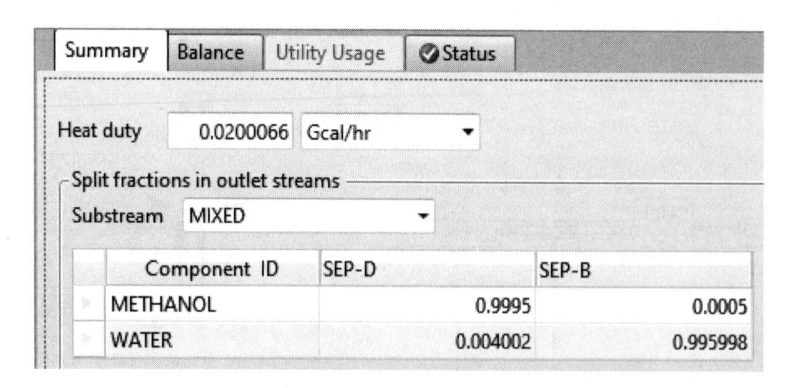

图 3-2-9　SEP2 模块初步物料衡算结果摘要图

从图 3-2-9 的结果，特别是塔顶、塔底出口物流的流量、组成等，即可作为后续精馏塔模拟的设置依据。即：塔顶轻组分甲醇回收率为 0.9995，塔顶重组分水的回收率为 0.004002。

（4）简捷法计算精馏塔的初始参数　建立 DSTWU 简捷计算法模块，将前面 SEP 衡算出来的分离目标值等参数输入。如图 3-2-10 和图 3-2-11 所示。

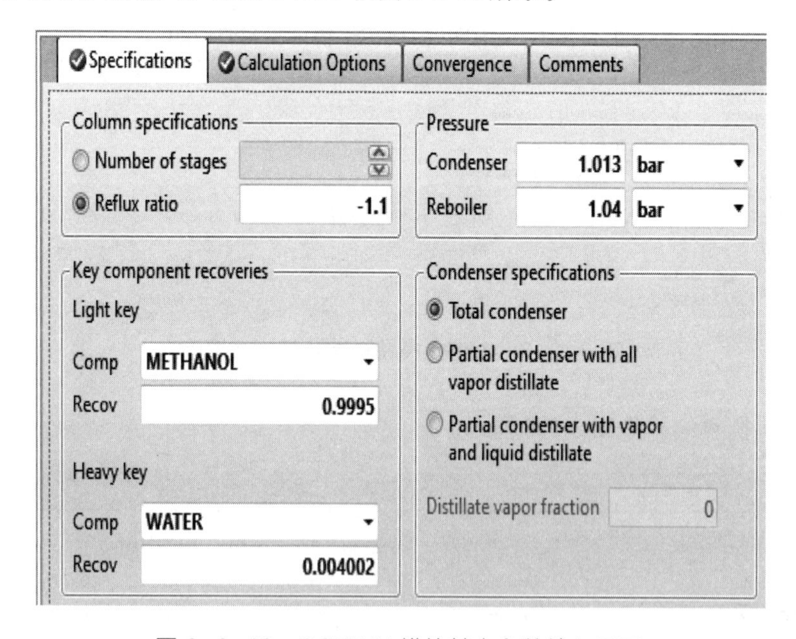

图 3-2-10　DSTWU 模块基本参数输入界面

点击 Run 运行 DSTWU 模块，得到计算结果如图 3-2-12～图 3-2-14 所示。

从图 3-2-13 可以看出，采用简捷法计算的最小回流比 R/R_{min} 为 0.4072，最小理论板数 N_{Tmin} 为 10 块板，满足分离要求的塔顶馏出液与进料的流量之比 D/F 为 0.6931，塔顶馏出液质量流量为 10005kg/h。在 R/R_{min} 为 0.4479（也就是最小回流比的 1.1 倍）时，理论板数 N_T 为 44 块，进料板位置 N_F 为第 26 块。

根据 R/R_{min}-N_T 关系（图 3-2-14 和图 3-2-15），可知当理论板数 N_T 达到 40 块以上时，回流比 R/R_{min} 变化很小。

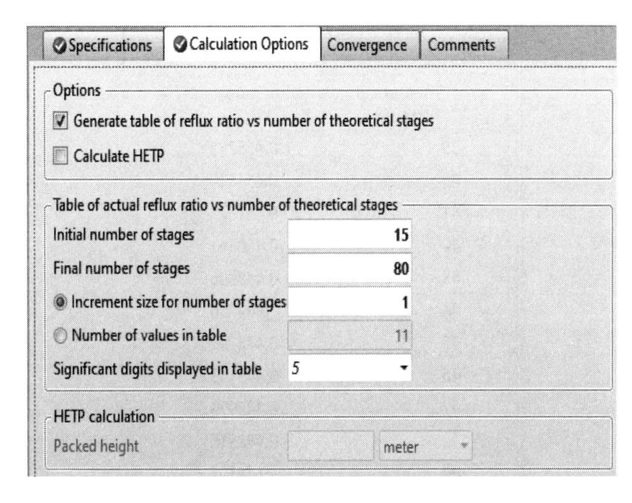

图 3-2-11　DSTWU 模块回流比与理论塔板数关系参数输入界面

Material	Units	DSTWU-IN	DSTWU-B	DSTWU-D
Average MW		27.7248	18.0311	32.0172
+ Mole Flows	**kmol/hr**	**450.86**	**138.372**	**312.488**
+ Mole Fractions				
− Mass Flows	**kg/hr**	**12500**	**2494.99**	**10005**
METHANOL	kg/hr	10000	5	9995
WATER	kg/hr	2500	2489.99	10.005
− Mass Fractions				
METHANOL		0.8	0.00200401	0.999
WATER		0.2	0.997996	0.001
Volume Flow	cum/hr	15.2177	2.72041	13.4454
+ Liquid Phase				
<add properties>				

图 3-2-12　DSTWU 模块计算结果流股信息图

Summary		
Minimum reflux ratio	0.407152	
Actual reflux ratio	0.447868	
Minimum number of stages	10.3112	
Number of actual stages	43.7655	
Feed stage	25.9572	
Number of actual stages above feed	24.9572	
Reboiler heating required	4.32018	Gcal/hr
Condenser cooling required	3.81743	Gcal/hr
Distillate temperature	64.5558	C
Bottom temperature	100.536	C
Distillate to feed fraction	0.693094	

图 3-2-13　DSTWU 模块计算结果塔设备信息摘要图

Summary | Balance | Reflux Ratio Profile

Theoretical stages	Reflux ratio
39	0.455285
40	0.453519
41	0.451875
42	0.450341
43	0.448906
44	0.44756
45	0.446294
46	0.445103
47	0.443979
48	0.442916
49	0.44191
50	0.440956
51	0.44005
52	0.439188

图 3-2-14　DSTWU 模块回流比与理论塔板数关系计算结果

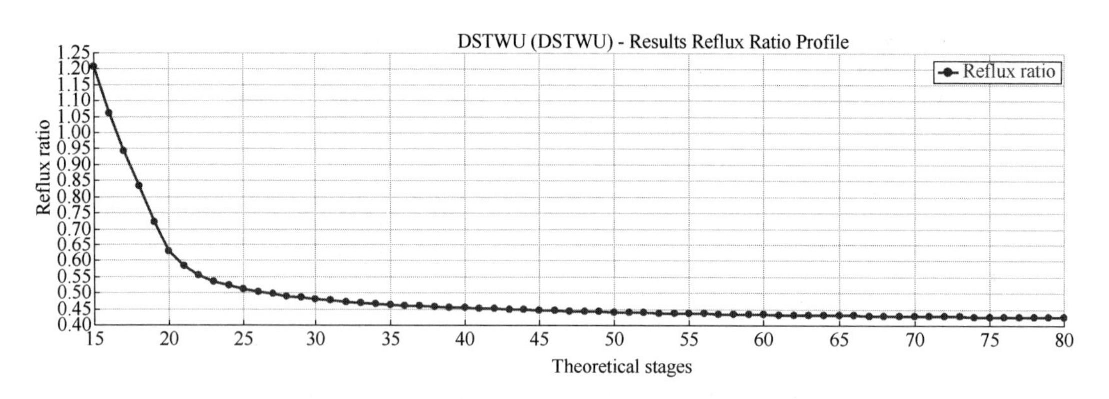

图 3-2-15　DSTWU 模块计算结果回流比与理论塔板数关系图

（5）严格法 RADFRAC 模块进行精馏塔模拟　根据简捷法计算结果，我们有了精馏塔模拟的基础数据（或初始值），即可使用 RADFRAC 严格法模块进行更为准确的分析与计算。

将 DSTWU 简捷计算的结果作为初始值输入 RADFRAC 模块中（其中，为了便于进行理论板数的敏感性分析，将总理论板数 N_T 设为 80，塔压降初设了 2.7kPa，后面可根据塔型选择计算结果进行调整）。设置界面如图 3-2-16～图 3-2-18 所示。

为保证达到分离目标，采用设计规定设置。设置两个分离目标，塔顶甲醇质量分数达到 0.999，塔顶甲醇回收率达到 0.9995，相应设置两个变量，其一为回流比，其二为塔顶馏出液采出量（实际上，这一自变量需要与 Configuration 中 operation specification 相一致）。设置界面如图 3-2-19～图 3-2-26 所示。

① Design Specifications。

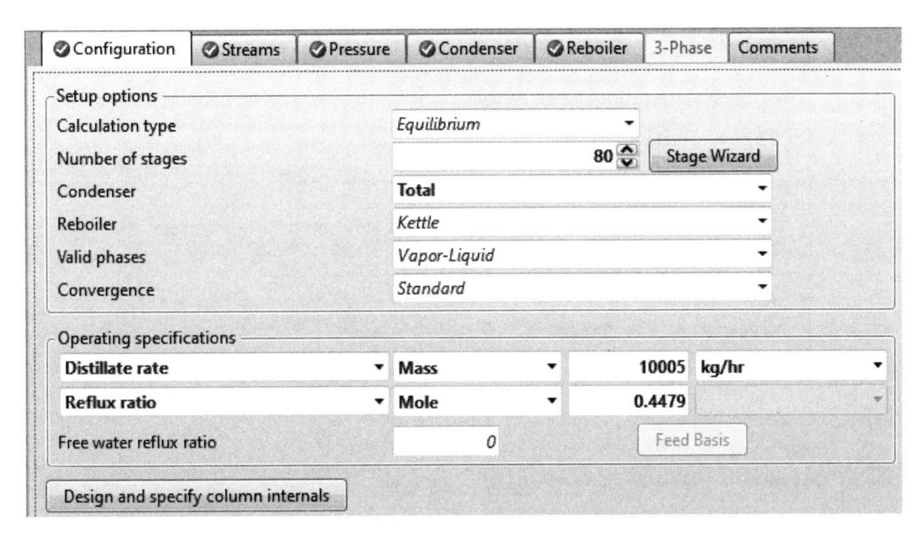

图 3-2-16　RADFRAC 模块基本参数输入界面

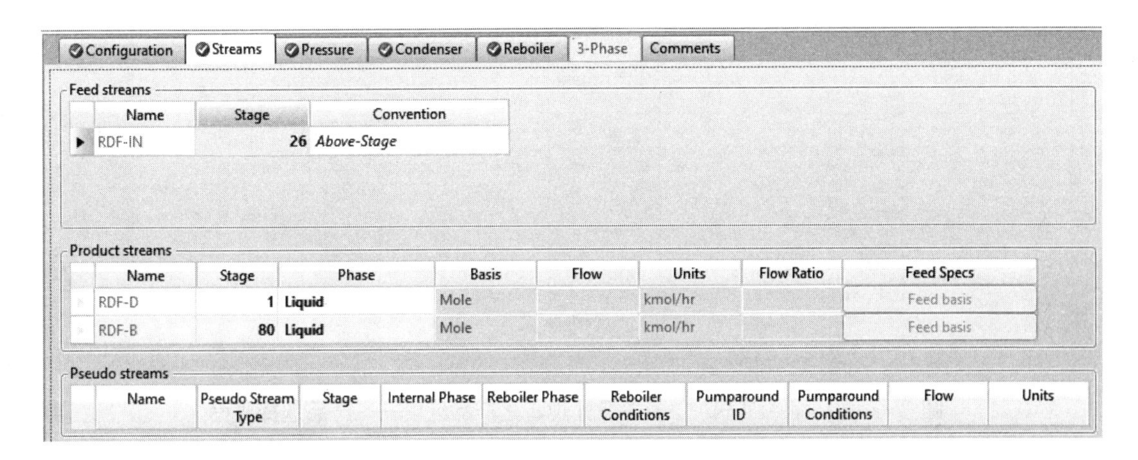

图 3-2-17　RADFRAC 模块流股信息参数输入界面

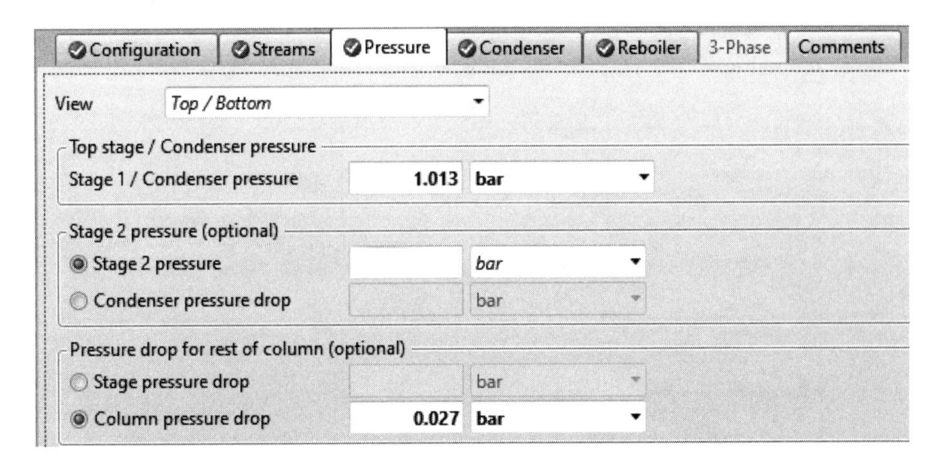

图 3-2-18　RADFRAC 模块塔压输入界面

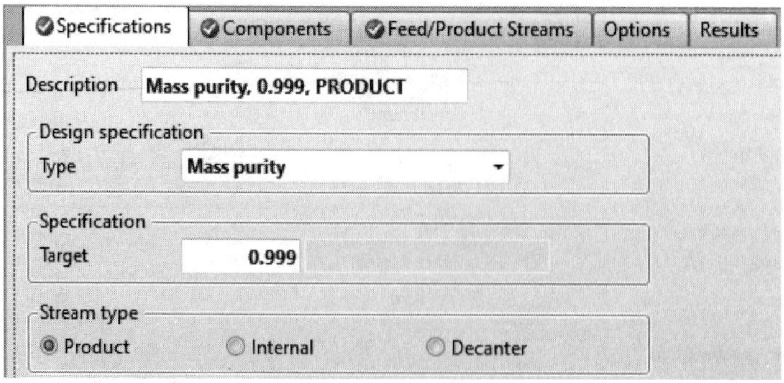

图 3-2-19　RADFRAC 模块设计规定之产品纯度——基本参数输入界面

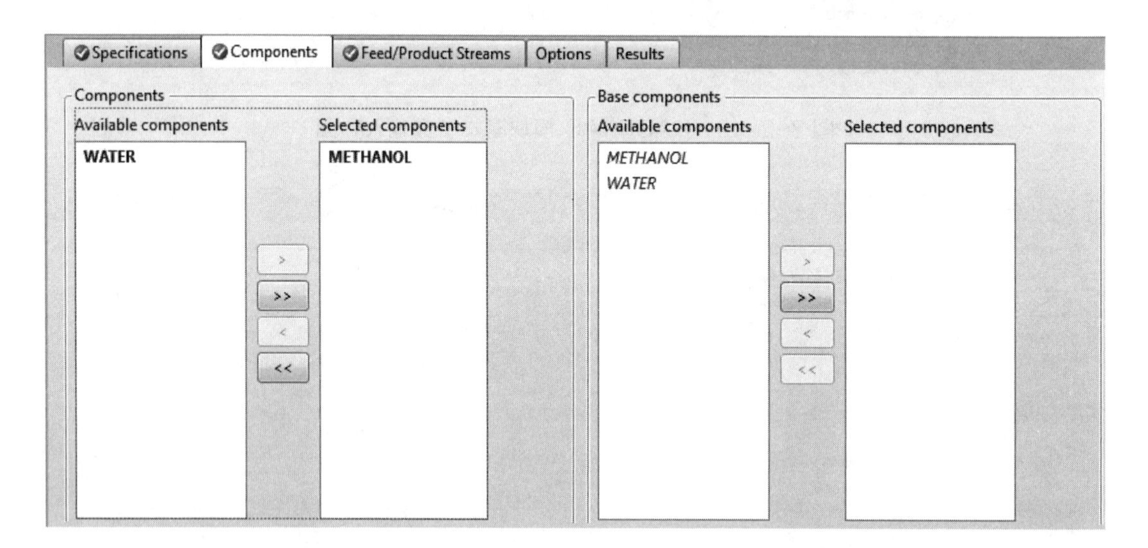

图 3-2-20　RADFRAC 模块设计规定之产品纯度——产品选择界面

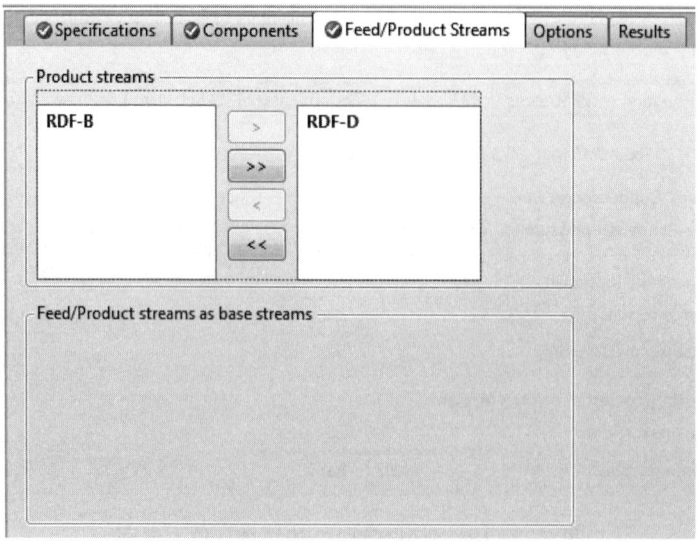

图 3-2-21　RADFRAC 模块设计规定之产品纯度——流股选择界面

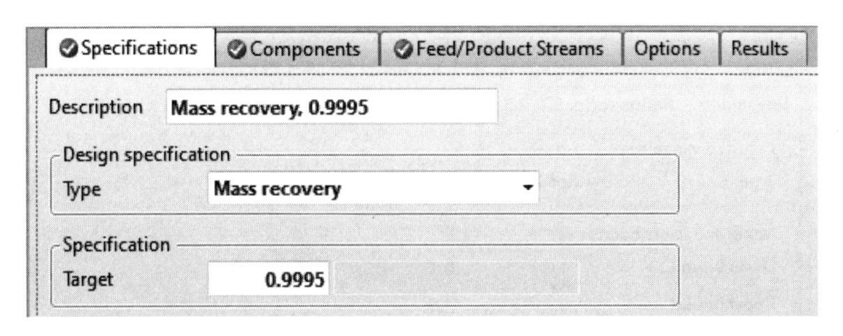

图 3-2-22　RADFRAC 模块设计规定之产品回收率——基本参数输入界面

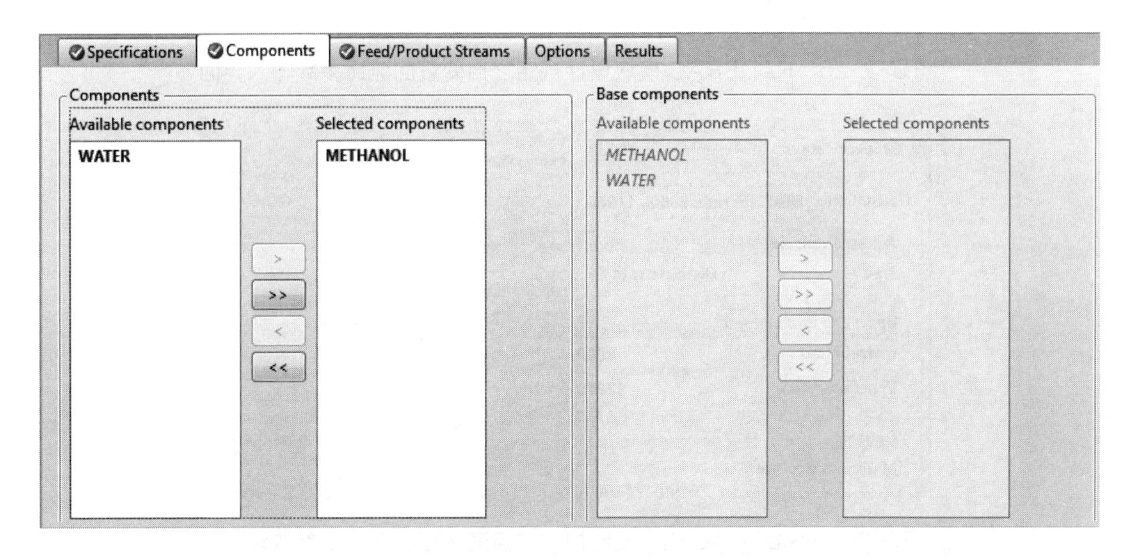

图 3-2-23　RADFRAC 模块设计规定之产品回收率——产品选择界面

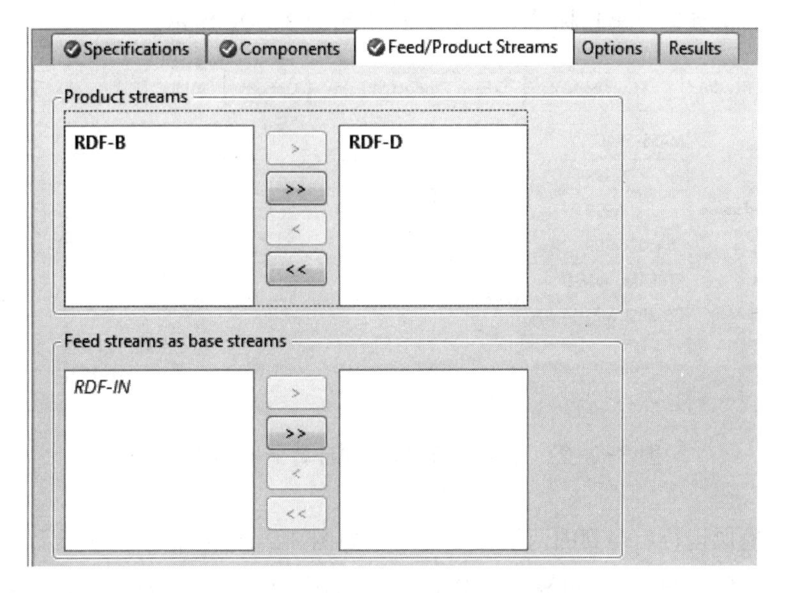

图 3-2-24　RADFRAC 模块设计规定之产品回收率——流股选择界面

② Vary。

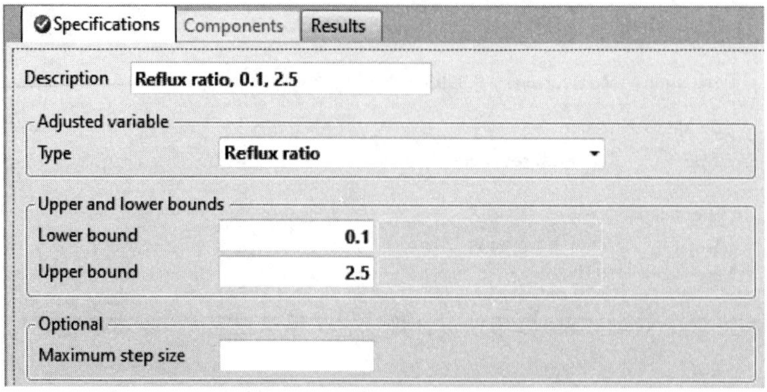

图 3-2-25 RADFRAC 模块设计规定之自变量回流比参数输入界面

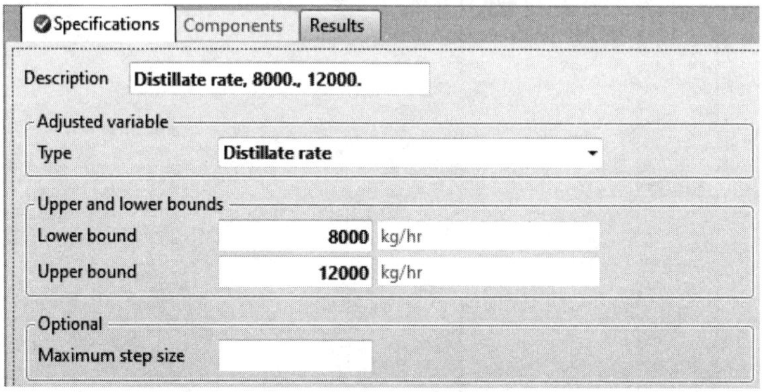

图 3-2-26 RADFRAC 模块设计规定之自变量馏出液流量参数输入界面

模拟运行后得到的分离目标结果如图 3-2-27 和图 3-2-28 所示。

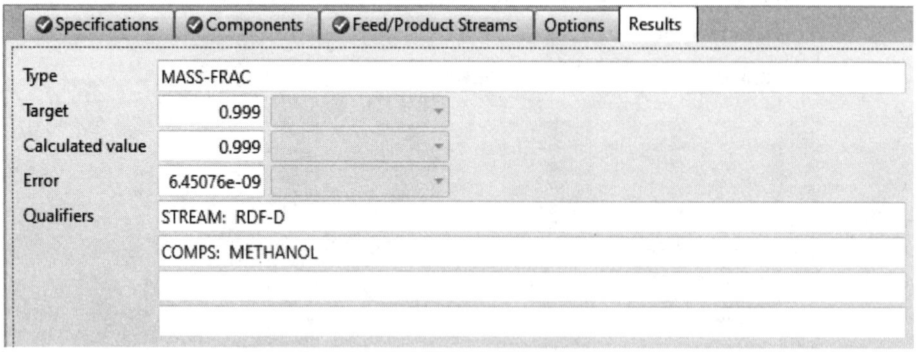

图 3-2-27 RADFRAC 模块计算结果之产品纯度

相应地，模拟运行后得到的两个自变量结果如图 3-2-29 和图 3-2-30 所示。

根据模拟结果可知，分离目标达到要求，对应的回流比 $R/R_{\min}$ 为 0.8428，远高于 DSTWU 简捷法计算结果，源自 DSTWU 简捷计算中，全塔采用了平均的相对挥发度，而严格法计算中，则进行了逐板的相对挥发度计算，塔顶（2.4710）与塔底（7.6485）差别巨大，由此导致简捷法和严格法结果的差异。

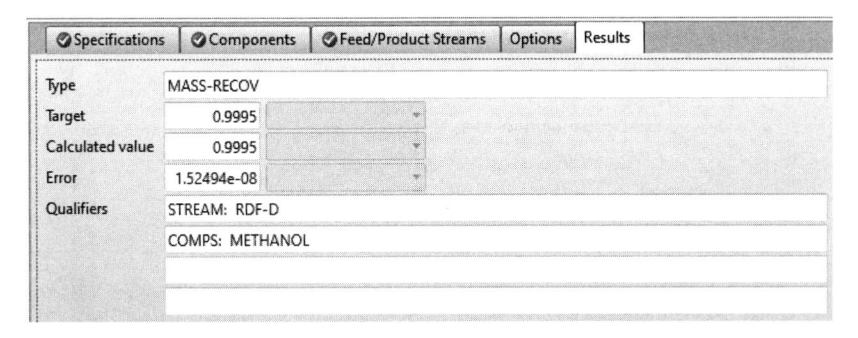

图 3-2-28　RADFRAC 模块计算结果之产品回收率

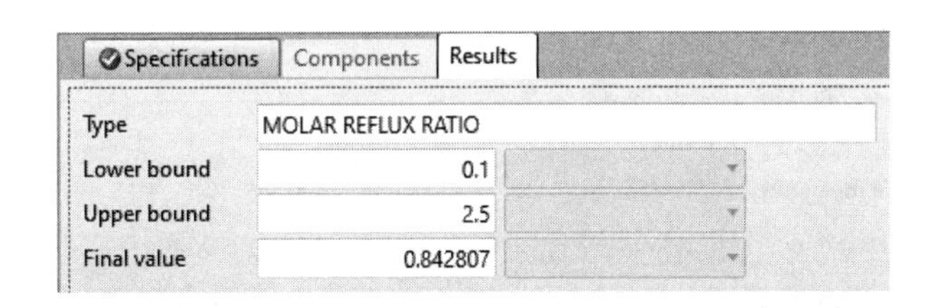

图 3-2-29　RADFRAC 模块计算结果之回流比

Specifications	Components	Results
Type	MASS DISTILLATE RATE	
Lower bound	8000	kg/hr
Upper bound	12000	kg/hr
Final value	10005	kg/hr

图 3-2-30　RADFRAC 模块计算结果之馏出液流量

全塔物料衡算结果如图 3-2-31 所示。

Material | Heat | Load | Vol.% Curves | Wt. % Curves | Petroleum | Polymers | Solids

	Units	RDF-IN	RDF-B	RDF-D	
Average MW		27.7248	18.0311	32.0172	
+ Mole Flows	**kmol/hr**	**450.86**	**138.372**	**312.488**	
+ Mole Fractions					
− Mass Flows	**kg/hr**	**12500**	**2495**	**10005**	
METHANOL	kg/hr	10000	5.00015	9995	
WATER	kg/hr	2500	2489.99	10.0051	
− Mass Fractions					
METHANOL		0.8	0.00200407	0.999	
WATER		0.2	0.997996	0.00100001	
Volume Flow	cum/hr	15.2177	2.72041	13.4454	
+ Liquid Phase					

图 3-2-31　RADFRAC 模块全塔物料衡算结果图

全塔计算结果如图 3-2-32 和图 3-2-33 所示。

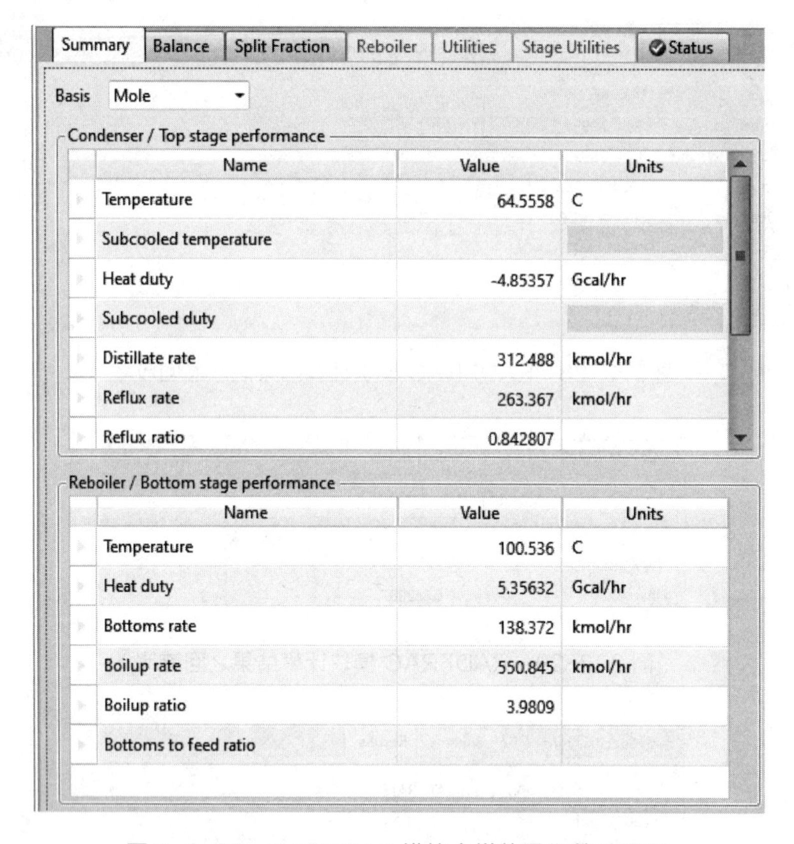

Summary | Balance | Split Fraction | Reboiler | Utilities | Stage Utilities | Status

Basis: Mole

Condenser / Top stage performance

Name	Value	Units
Temperature	64.5558	C
Subcooled temperature		
Heat duty	-4.85357	Gcal/hr
Subcooled duty		
Distillate rate	312.488	kmol/hr
Reflux rate	263.367	kmol/hr
Reflux ratio	0.842807	

Reboiler / Bottom stage performance

Name	Value	Units
Temperature	100.536	C
Heat duty	5.35632	Gcal/hr
Bottoms rate	138.372	kmol/hr
Boilup rate	550.845	kmol/hr
Boilup ratio	3.9809	
Bottoms to feed ratio		

图 3-2-32 RADFRAC 模块全塔能量衡算结果图

Summary | Balance | Split Fraction | Reboiler | Utilities | Stage Utilities | Status

Component	RDF-D	RDF-B
METHANOL	0.9995	0.000500015
WATER	0.00400203	0.995998

图 3-2-33 RADFRAC 模块分离效果计算结果图

（6）RADFRAC 严格法模型中的敏感性分析 为了获得适宜的精馏塔操作参数，可以进行参数的敏感性分析。在 Model Analysis Tools 下的 Sensitivity 新建总塔板数 N_T、进料板位置 N_F 敏感性分析。

① 总塔板数 N_T 的敏感性分析。考察进料板位置为第 26 块，总塔板数 N_T 从 30 块到 80 块变化时，达到分离目标前提下，相应的回流比、塔顶冷凝器、塔底再沸器热负荷及其之和的变化趋势。

设置界面如图 3-2-34 和图 3-2-35 所示。

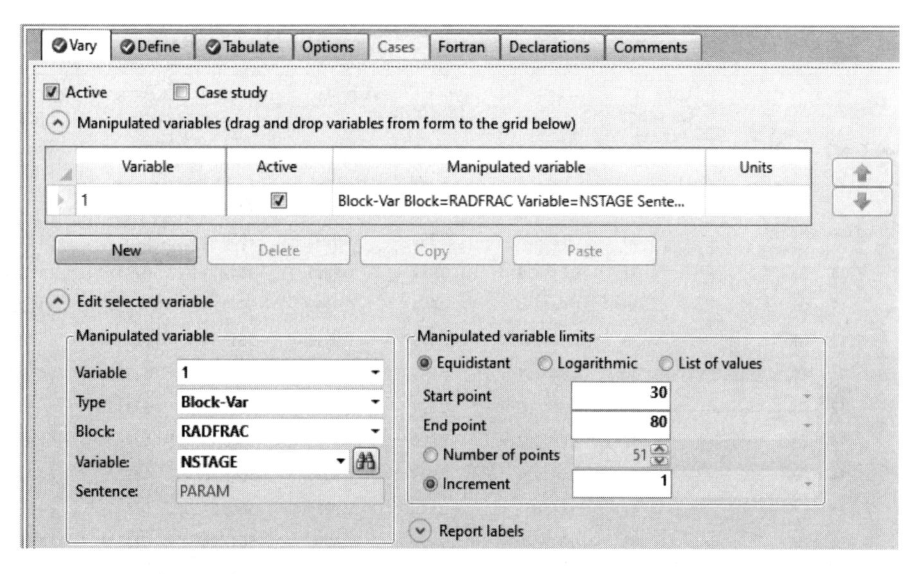

图 3-2-34　总塔板数敏感性分析基本参数输入界面

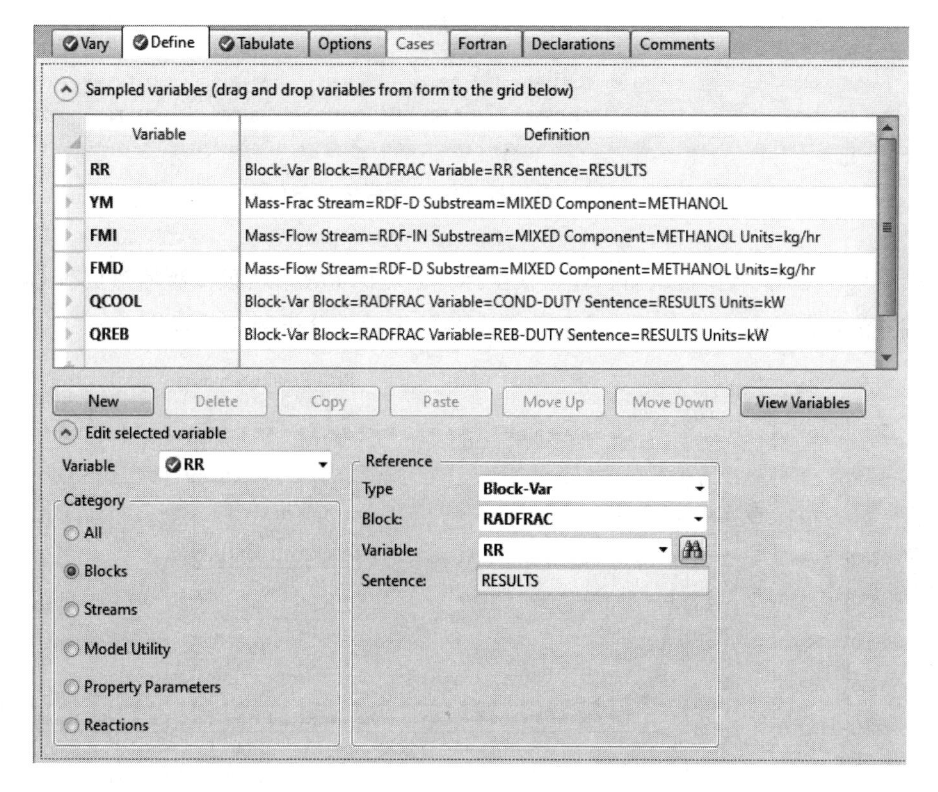

图 3-2-35　总塔板数敏感性分析因变量定义界面

运行后得到的结果如图 3-2-36 所示。可以看到，因为 RADFRAC 严格法模块中设置了分离目标，在进行敏感性分析时，所有的进料板条件下，通过调整回流比 R/R_{min} 和塔顶采出流量 RDF-D，均达到分离目标（塔顶甲醇质量分数 YM 为 0.999、塔顶甲醇回收率 FMD/FMI 为 0.9995）。

Summary | Define Variable | Status

Row/Case	Status	VARY 1 RADFRAC PARAM NSTAGE	RR	YM	FMD/FMI	QCOOL KW	QREB KW	-QCOOL+QREB
7	OK	36	0.84466	0.999	0.9995	-5650.45	6235.15	11885.6
8	OK	37	0.844419	0.999	0.9995	-5649.71	6234.41	11884.1
9	OK	38	0.844354	0.999	0.9995	-5649.51	6234.2	11883.7
10	OK	39	0.844246	0.999	0.9995	-5649.18	6233.87	11883
11	OK	40	0.844151	0.999	0.9995	-5648.88	6233.57	11882.5
12	OK	41	0.84408	0.999	0.9995	-5648.66	6233.36	11882
13	OK	42	0.844002	0.999	0.9995	-5648.42	6233.11	11881.5
14	OK	43	0.843924	0.999	0.9995	-5648.18	6232.87	11881
15	OK	44	0.843871	0.999	0.9995	-5648.01	6232.71	11880.7
16	OK	45	0.843829	0.999	0.9995	-5647.88	6232.58	11880.5
17	OK	46	0.843766	0.999	0.9995	-5647.69	6232.38	11880.1
18	OK	47	0.843732	0.999	0.9995	-5647.58	6232.27	11879.9
19	OK	48	0.84368	0.999	0.9995	-5647.42	6232.11	11879.5
20	OK	49	0.843642	0.999	0.9995	-5647.3	6231.99	11879.3
21	OK	50	0.843595	0.999	0.9995	-5647.15	6231.85	11879
22	OK	51	0.843561	0.999	0.9995	-5647.05	6231.74	11878.8

图 3-2-36　总塔板数敏感性分析计算结果

根据结果，绘制以进料板位置 N_F 为横坐标，回流比 R/R_{min} 塔顶冷凝器热负荷 QCOOL、塔底再沸器热负荷 QREB 及其两者之和为纵坐标的敏感性分析图 3-2-37。

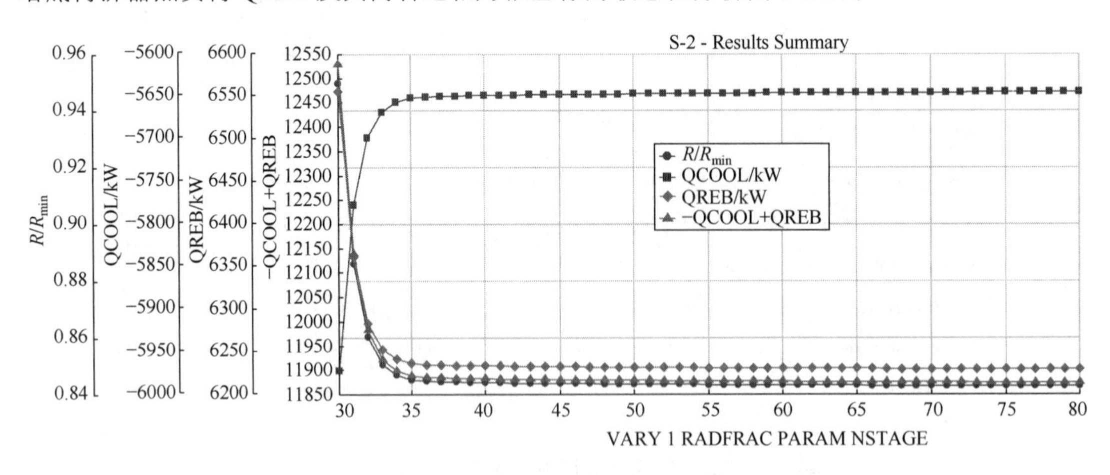

图 3-2-37　总塔板数敏感性分析结果图

从结果图 3-2-28 可以看到，总塔板数 N_T 从 35 开始，R/R_{min} 及塔顶、塔底换热器的热负荷等变化不大。在设定的进料板位置 N_F 为 26、总塔板数 N_T 为 80 时，达到分离目标所需的回流比 R/R_{min} 为 0.8429。

Summary | Define Variable | Status

Variable	Base-case value	Units
RR	0.842864	
YM	0.999	
FMI	10000	KG/HR
FMD	9995	KG/HR
QCOOL	-5644.88	KW
QREB	6229.57	KW

图 3-2-38　总塔板数为 35 时因变量计算结果

② 进料板位置的影响。根据总塔板数 N_T 的敏感性分析，选择 N_T 为 40 进行进料板位置 N_F 的敏感性分析。考查 N_F 从第 10 块到第 36 块变化时，达到分离目标前提下，相应的回流比、塔顶冷凝器、塔底再沸器热负荷及其之和的变化趋势。

设置界面如图 3-2-39 和图 3-2-40 所示。

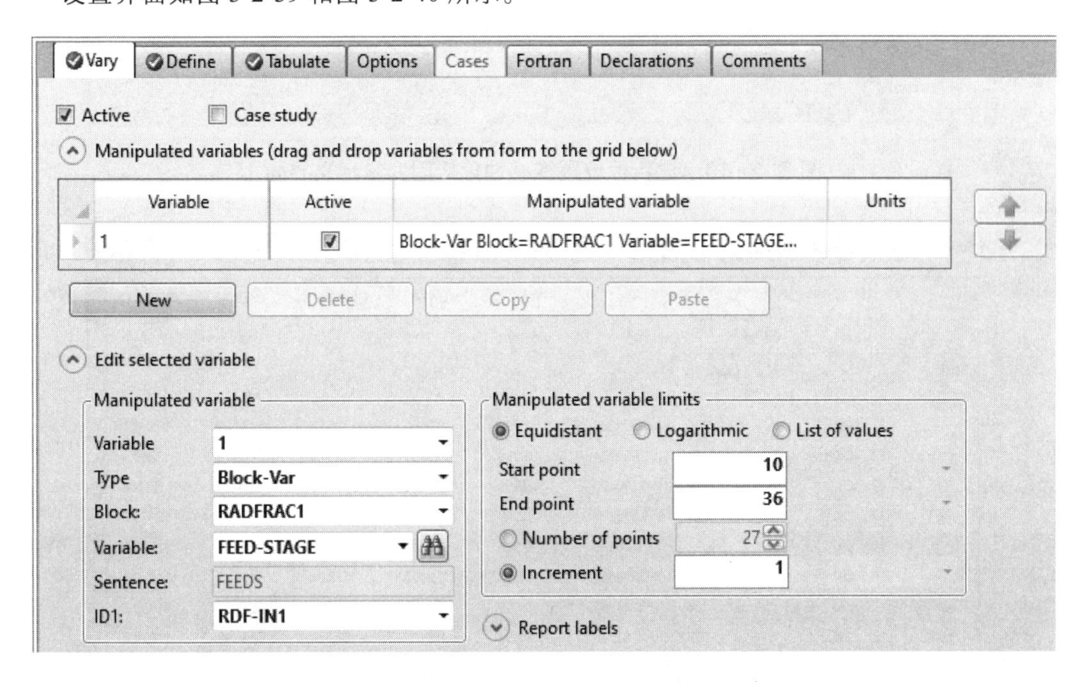

图 3-2-39　进料板位置敏感性分析基本参数输入界面

运行后得到的结果如图 3-2-41 所示。可以看到，因为 RADFRAC 严格法模块中设置了分离目标，在进行敏感性分析时，所有的进料板条件下，通过调整回流比 R/R_{min} 和塔顶采出流量 RDF-D，均达到分离目标（塔顶甲醇质量分数 YM 为 0.999、塔顶甲醇回收率 FMD/FMI 为 0.9995）。

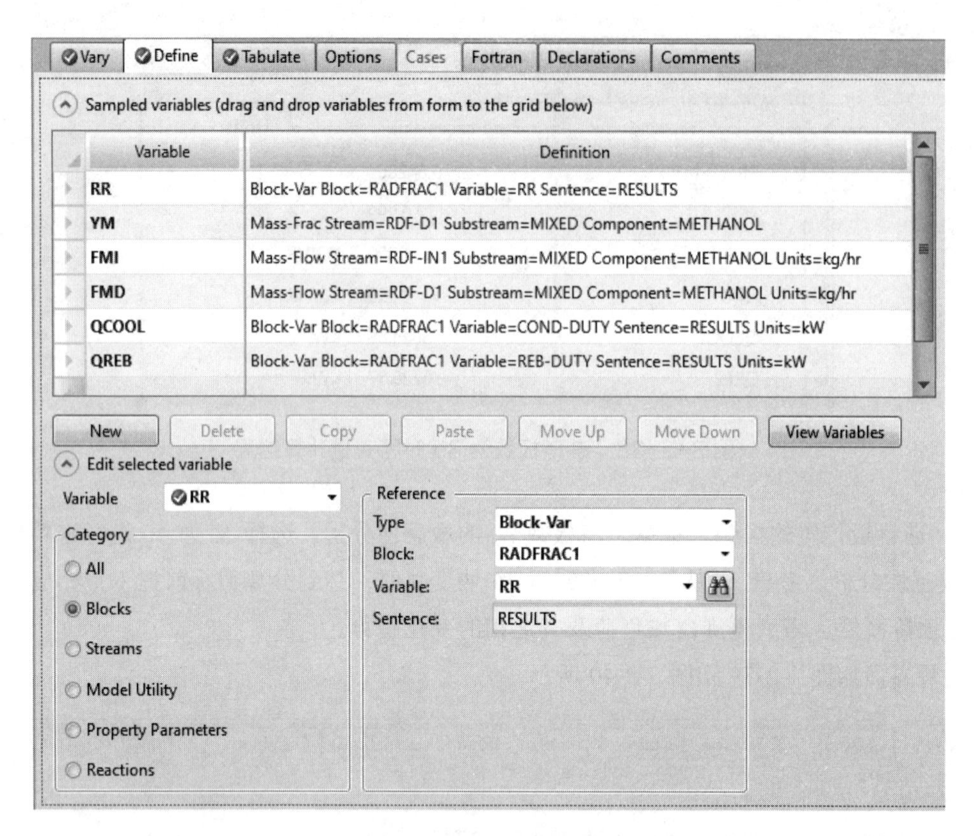

图 3-2-40　进料板位置敏感性分析因变量定义界面

Summary　Define Variable　Status

Row/Case	Status	VARY 1 RADFRAC1 RDF-IN1 FEEDS STAGE	RR	YM	FMD/FMI	QCOOL KW	QREB KW	-QCOOL+QREB
11	OK	20	0.924238	0.999	0.9995	-5894.2	6478.89	12373.1
12	OK	21	0.905924	0.999	0.9995	-5838.1	6422.79	12260.9
13	OK	22	0.890102	0.999	0.9995	-5789.63	6374.33	12164
14	OK	23	0.876367	0.999	0.9995	-5747.56	6332.26	12079.8
15	OK	24	0.86429	0.999	0.9995	-5710.57	6295.26	12005.8
16	OK	25	0.853669	0.999	0.9995	-5678.04	6262.73	11940.8
17	OK	26	0.844267	0.999	0.9995	-5649.24	6233.93	11883.2
18	OK	27	0.83578	0.999	0.9995	-5623.24	6207.93	11831.2
19	OK	28	0.8282	0.999	0.9995	-5600.02	6184.71	11784.7
20	OK	29	0.821461	0.999	0.9995	-5579.38	6164.07	11743.5
21	OK	30	0.815777	0.999	0.9995	-5561.96	6146.66	11708.6
22	OK	31	0.810513	0.999	0.9995	-5545.84	6130.53	11676.4
23	OK	32	0.806975	0.999	0.9995	-5535	6119.7	11654.7
24	OK	33	0.804905	0.999	0.9995	-5528.67	6113.36	11642
25	OK	34	0.809018	0.999	0.9995	-5541.26	6125.96	11667.2
26	OK	35	0.825727	0.999	0.9995	-5592.44	6177.14	11769.6
27	OK	36	0.88399	0.999	0.9995	-5770.91	6355.61	12126.5

图 3-2-41　进料板位置敏感性分析计算结果

根据结果，绘制以进料板位置 N_F 为横坐标，回流比 R/R_{min}、塔顶冷凝器热负荷 QCOOL、塔底再沸器热负荷 QREB 及其两者之和为纵坐标的敏感性分析图 3-2-42。

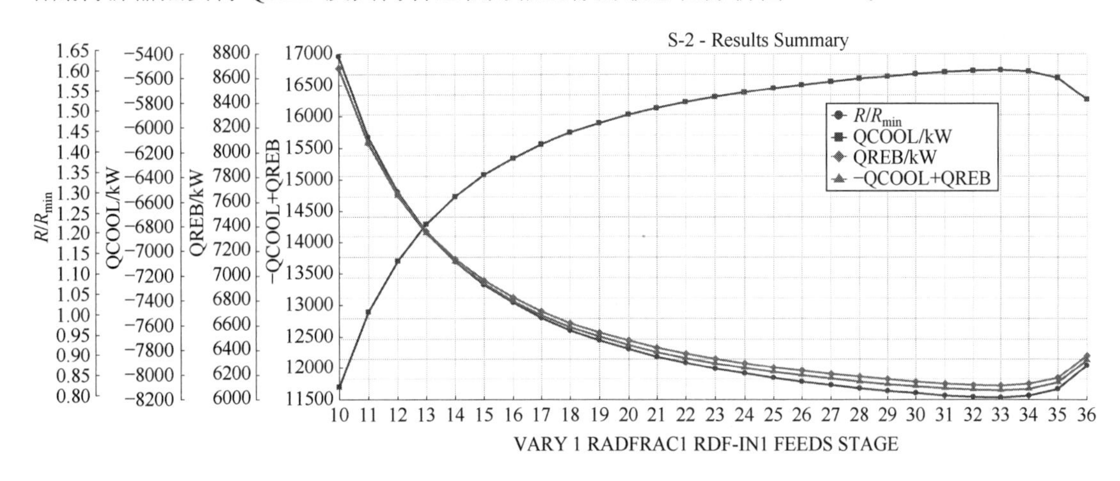

图 3-2-42　进料板位置敏感性分析结果图

从结果可以看到，进料板位置从 30 开始，R/R_{min} 及塔顶、塔底换热器的热负荷等变化不大。当进料板位置 N_F 为 33 时，回流比 R/R_{min} 和塔顶、塔底换热器热负荷最小。

由此，选择总理论板数 N_T 为 40，进料板位置 N_F 为 33，回流比 0.8049 进行后续精馏塔结构参数设计和流体力学校核。

（7）RADFRAC 严格法模型中的精馏塔结构参数设计与流体力学校核　首先在 RADFRAC 严格法模型中选择 Analysis 下的 Report 项，勾选 Include hydraulic parameters 选项，如图 3-2-43 所示。运行后在 Profiles 的界面即可看到水力学数据（Hydraulics）如图 3-2-44 所示。

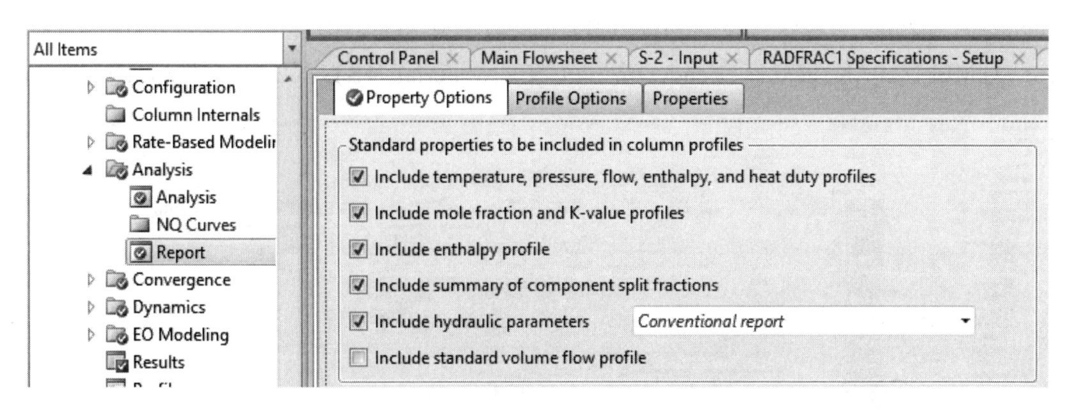

图 3-2-43　水力学数据结果显示选择界面

从结果列表中，可以看出，该塔内流量参数 FP（Flow Parameter）在精馏段（第 2 块板到第 32 块板）为 0.01768～0.01525，而在提馏段（进料板第 33 块板到第 39 块板）则为 0.04326～0.03243，均处于较低值。根据一般推荐，可以选择规整填料或通用塔板。而精馏段和提馏段的 FP 相差较大，考虑将塔体分为两段分别进行设计。

Stage	Temperature liquid from (C)	Temperature vapor to (C)	Mass flow liquid from (kg/hr)	Mass flow vapor to (kg/hr)	Volume flow liquid from (cum/hr)	Volume flow vapor to (cum/hr)	Molecular wt liquid from	Molecular wt vapor to	Density liquid from (kg/cum)	Density vapor to (kg/cum)	Viscosity liquid from (cP)	Viscosity vapor to (cP)	Surface tension liquid from (dyne/cm)	Foaming index (dyne/cm)	Flow parameter
1	64.5558	64.6132	18055.8	18055.8	24.2645	15408.9	32.0172	32.0172	744.123	1.17177	0.344859	0.0110404	18.9667		0.0396825
2	64.6132	64.6747	8036.96	18042	10.7987	15397.3	31.9806	32.0009	744.25	1.17176	0.344893	0.0110438	19.082	0.115285	0.0176753
3	64.6747	64.7406	8021.8	18026.8	10.7763	15385.6	31.9404	31.983	744.394	1.17167	0.344935	0.0110476	19.2089	0.126865	0.0176544
4	64.7406	64.8113	8005.16	18010.2	10.7516	15373.7	31.8962	31.9633	744.554	1.17149	0.344986	0.0110517	19.3483	0.13944	0.0176309
5	64.8113	64.8871	7987	17992	10.7246	15361.6	31.8477	31.9418	744.734	1.17123	0.345046	0.0110561	19.5014	0.153064	0.0176046
6	64.8871	64.9685	7967.22	17972.2	10.6952	15349.4	31.7946	31.9182	744.935	1.17087	0.345117	0.0110608	19.6691	0.167792	0.0175752
7	64.9685	65.056	7945.46	17950.5	10.6628	15336.9	31.7365	31.8924	745.159	1.17041	0.345198	0.011066	19.8528	0.183684	0.0175423
8	65.056	65.1501	7921.79	17926.8	10.6274	15324.3	31.673	31.8642	745.408	1.16983	0.34529	0.0110716	20.0536	0.200761	0.0175059
9	65.1501	65.2509	7896.02	17901	10.5889	15311.3	31.6037	31.8335	745.685	1.16914	0.345394	0.0110776	20.2727	0.219067	0.0174657
10	65.2509	65.3594	7868.03	17873	10.5471	15298.2	31.5283	31.8001	745.993	1.16831	0.345511	0.011084	20.5113	0.238631	0.0174213
11	65.3594	65.4757	7837.69	17842.7	10.5016	15284.8	31.4462	31.7639	746.333	1.16735	0.34564	0.011091	20.7707	0.259415	0.0173725
12	65.4757	65.6004	7804.19	17809.2	10.4515	15270.5	31.3572	31.7246	746.709	1.16625	0.345782	0.0110985	21.0522	0.281473	0.0173182
13	65.6004	65.7341	7768.58	17773.6	10.398	15256.4	31.2609	31.6822	747.124	1.16499	0.345938	0.0111066	21.3568	0.304584	0.0172596
14	65.7341	65.8771	7730.23	17735.2	10.3403	15241.9	31.1568	31.6364	747.581	1.16358	0.346105	0.0111153	21.6856	0.328796	0.0171959
15	65.8771	66.0299	7689.07	17694.1	10.2784	15227.2	31.0448	31.5873	748.083	1.16201	0.346285	0.0111245	22.0395	0.353965	0.0171268
16	66.0299	66.193	7645.03	17650	10.212	15212.1	30.9245	31.5346	748.633	1.16026	0.346477	0.0111344	22.4194	0.379902	0.0170521
17	66.193	66.3638	7598.13	17603.1	10.1412	15196.6	30.7957	31.4783	749.235	1.15836	0.346679	0.0111448	22.8258	0.406382	0.0169719
18	66.3638	66.5494	7545.15	17550.2	10.0616	15178.3	30.6581	31.4184	749.895	1.15627	0.346902	0.0111561	23.2599	0.434111	0.0168817

图 3-2-44　水力学数据计算结果

下面，分别选用 250Y 孔板波纹规整填料和筛板塔进行设计。

① 填料塔结构设计与流体力学性能校核。根据相关文献推荐，每米 250Y 孔板波纹规整填料相当于 2～3 块理论板，因此，选择等板高度 HETP 为 0.350m。根据分离过程模拟结果，精馏段共计 31 块理论板，填料层高度～10.85m，圆整为 11m，分为两段，每段填料层 5.5m；提馏段（包括进料板）共计 7 块理论板，填料层高度 2.45m，圆整为 2.5m。

在 RADFRAC 严格法模块下的 Column Internals（塔内件）界面，如图 3-2-45 所示，新建（Add New）塔内件 1（INT-1），进一步新增三个塔段 CS-1、CS-2、CS-3，分别输入起始理论板（Start Stage）为 2、18、33，结束理论板（End Stage）为 17、32、39；计算模式为设计（Interactive Sizing）；塔内件类型（Internal type）为填料（Packed），填料类型（Tray/Packing Type）为 MELLAPAK，供应商（Vender）为 SULZER，Material 为 STANDARD，规格（Dimension）

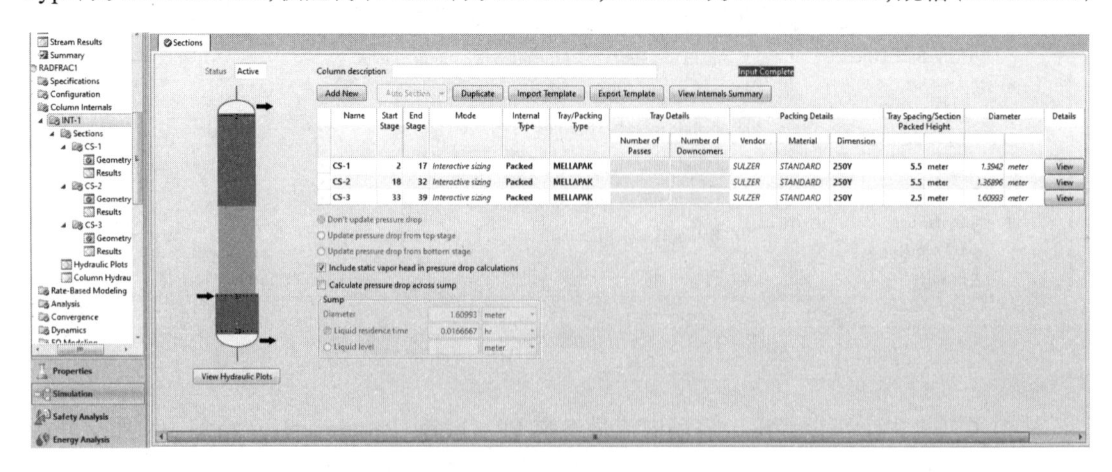

图 3-2-45　RADFRAC 模块填料塔塔内件设计界面

为 250Y，填料段高度分别为 5.5m、5.5m、2.5m。软件自动运行后给出设计计算的三段填料层初选直径为 1.3942m、1.36896m、1.60993m，其中精馏段的两层填料推荐直径相近，而提馏段与精馏段直径相差较大。

接下来进行塔径圆整和流体力学校核计算。

在 RADFRAC 严格法模块下的 Column Internals（塔内件）界面如图 3-2-46 所示，新增（Add New）塔内件 2（INT-2），于其下新增三个塔段 CS-1、CS-2、CS-3，分别输入起始理论板（Start Stage）为 2、18、33，结束理论板（End Stage）为 17、32、39；计算模式为校核（Rating）；塔内件类型（Internal type）、填料类型（Tray/Packing Type）、供应商（Vender）、Material、规格（Dimension）、填料段高度同前。输入三段填料层直径分别为 1.6m、1.6m、1.8m，即精馏段直径圆整为 1.6m，而提馏段直径圆整为 1.8m。

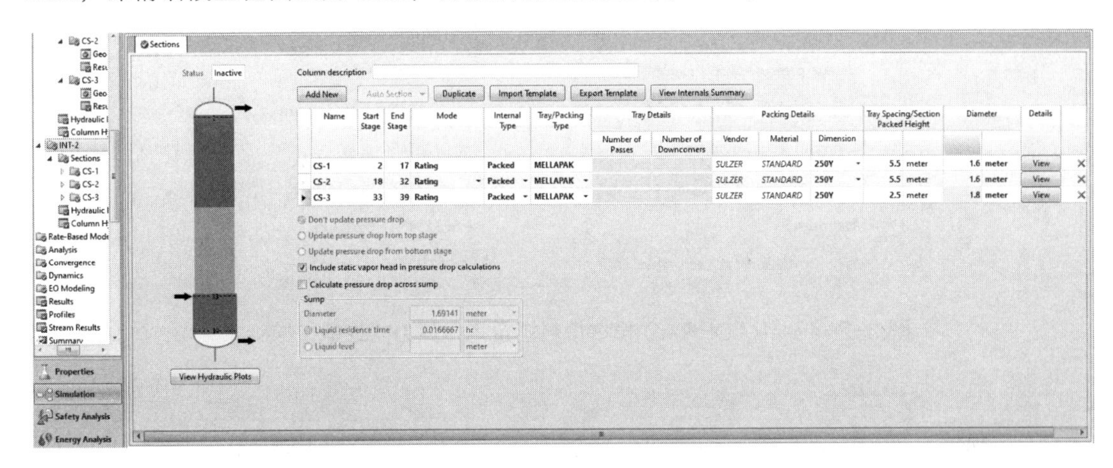

图 3-2-46 RADFRAC 模块填料塔塔内件之塔径设计

点击运行后，我们可以对三个填料段的流体力学性能进行校核分析。

首先在 INT-2 下的 CS-1 段（即精馏塔第一段），Results 下的 Summary 表单中给出了汇总的结果，如图 3-2-47 所示。

从结果中我们可以发现，该塔段最大泛点率[maximum % capacity（constant L/V）]为 60.7，最大容量因子[maximum capacity factor（Cs）]为 0.08448m/s，填料层压降为 0.770kPa（0.00770bar），每米填料层压降为 140Pa，最大液体表观流速（maximum liquid superficial velocity）（也就是填料截面的喷淋密度）为 $5.37m^3/（m^2·h）$。根据以上结果，我们可以判断，该段填料层结构参数较为合理，流体力学性能良好，预计能满足设计要求。

其次，我们可以选择 By Stage 表单下 View—Hydraulic results，可以看到每块理论板上的流体力学数据，如图 3-2-48 所示。据此，可以逐板校核流体力学性能是否满足设计要求。

采用同样的步骤，我们可以对精馏段第二层填料（CS-2）和提馏段填料层（CS-3）进行逐一的结构参数合理性和流体力学性能校核分析。

Summary | By Stage | Messages

Name CS-1 Status Inactive

Property	Value	Units
Section starting stage	2	
Section ending stage	17	
Calculation Mode	Rating	
Column diameter	1.6	meter
Packed height per stage	0.34375	meter
Section height	5.5	meter
Maximum % capacity (constant L/V)	60.7436	
Maximum % capacity (constant L)	52.1554	
Maximum capacity factor (Cs)	0.0844796	m/sec
Section pressure drop	0.770273	kPa
Average pressure drop / Height	140.05	N/cum
Average pressure drop / Height (Frictional)	13.1137	mm-water/m
Maximum stage liquid holdup	0.0177745	cum
Maximum liquid superficial velocity	5.37187	cum/hr/sqm
Maximum Fs	0.00723454	sqrt(atm)
Maximum % approach to system limit	48.8277	

图 3-2-47 RADFRAC 模块填料塔全塔流体力学性能校核结果

Summary | By Stage | Messages

View Hydraulic results

Stage	Packed height	% Capacity (Constant L/V)	% Capacity (Constant L)	Pressure drop	Pressure drop / Height (Frictional)	Liquid holdup	Liquid velocity	Fs	Cs	% Approach to system limit
	meter			bar	mm-watei	cum	cum/hr/sc	sqrt(atm)	m/sec	
2	0.34375	60.7436	52.1554	0.000490121	13.3674	0.0177745	5.37187	0.00723454	0.0844796	48.8277
3	0.6875	60.6701	52.0804	0.00048927	13.3423	0.0177604	5.3607	0.00722874	0.0844038	48.705
4	1.03125	60.5907	51.9998	0.000488365	13.3156	0.017745	5.34844	0.00722261	0.084323	48.5726
5	1.375	60.505	51.9129	0.000487403	13.2873	0.0177282	5.33497	0.00721611	0.0842369	48.4299
6	1.71875	60.4123	51.8193	0.00048638	13.2573	0.0177098	5.32022	0.00720922	0.0841451	48.2762
7	2.0625	60.3121	51.7184	0.00048529	13.2255	0.0176897	5.30408	0.00720191	0.0840471	48.1109
8	2.40625	60.204	51.6099	0.000484131	13.1917	0.0176677	5.28645	0.00719415	0.0839425	47.9334
9	2.75	60.0873	51.493	0.000482898	13.1558	0.0176438	5.26723	0.00718591	0.0838307	47.7432
10	3.09375	59.9614	51.3674	0.000481588	13.1178	0.0176177	5.24633	0.00717716	0.0837113	47.5397
11	3.4375	59.8259	51.2325	0.000480197	13.0774	0.0175894	5.22364	0.00716787	0.0835838	47.3227
12	3.78125	59.6802	51.0877	0.000478722	13.0348	0.0175587	5.19905	0.00715801	0.0834477	47.0916
13	4.125	59.5236	50.9327	0.000477159	12.9897	0.0175254	5.1725	0.00714756	0.0833026	46.8464
14	4.46875	59.3558	50.767	0.000475507	12.9421	0.0174894	5.14388	0.00713649	0.0831481	46.587
15	4.8125	59.1764	50.5902	0.000473765	12.892	0.0174507	5.11314	0.00712478	0.0829838	46.3133
16	5.15625	58.9847	50.4019	0.000471929	12.8393	0.0174089	5.08018	0.00711241	0.0828091	46.0256
17	5.5	58.7807	50.2021	0.000470003	12.784	0.0173641	5.04501	0.00709937	0.0826241	45.7244

图 3-2-48 RADFRAC 模块填料塔逐板流体力学性能校核结果

② 筛板塔结构设计及流体力学性能校核。作为一个实例，下面介绍板式塔（选择筛板

塔型）为代表来介绍板式塔结构设计及流体力学性能校核步骤（并不一定代表该工艺适合采用筛板塔）。

从塔模拟结果 Profiles 界面的 Hydraulics 流体力学表中注意到，33～36 块板与 37～39 块板的液体流量相差较大，故在 RADFRAC 严格法模块下的 Column Internals（塔内件）界面，新建（Add New）塔内件 3（INT-3），进一步新增三个塔段 CS-1、CS-2、CS-3，分别输入起始理论板（Start Stage）为 2、33、37，结束理论板（End Stage）为 32、36、39，即精馏段（2～32 块理论板）和提馏段（分两段 33～36，37～39）分别进行设计计算；计算模式（Mode）为设计（Interactive sizing）；塔内件类型（Internal Type）为塔板（Trayed），塔板类型（Tray/Packing Type）为 SIEVE（筛板），塔板上液体流型选择单流型[Number of Passes 下输入 1，根据前面塔模拟数据，塔内液体流量不大（8.7～26.9m^3/h）]，塔板间距（Tray Spacing/Section Packed Height）输入 0.5m（初步估计塔径在 1.6～2.0m 之间，推荐的塔板间距为 0.45～0.60m）。

打开 CS-1 塔段（精馏段）的 Geometry 界面，可以看到，当前默认的筛孔直径（Hole Diameter）为 12.7mm，开孔率（Hole area/Active area）为 0.1，降液管宽度（Side Downcomer Width）为 273.3mm，相应的溢流堰长度（Side Weir Length）为 1.269mm，默认的溢流堰高（Weir Height）41.67mm，降液管底隙（Downcomer Clearance）为 28.97mm。具体见图 3-2-49。

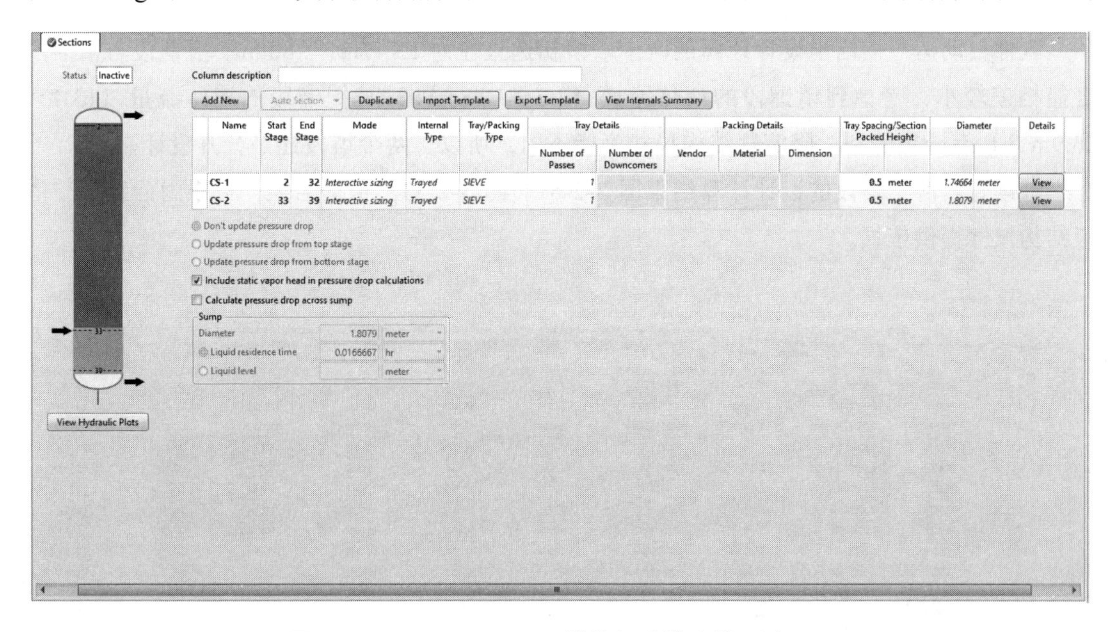

图 3-2-49　RADFRAC 模块板式塔内件设计界面

打开 CS-2 塔段（提馏段）的 Geometry 界面，可以看到，当前默认的筛孔直径（Hole Diameter）为 12.7mm，开孔率（Hole area/Active area）为 0.1，降液管宽度（Side Downcomer Width）为 282.9mm，相应的溢流堰长度（Side Weir Length）为 1.314mm，默认的溢流堰高（Weir Height）41.67mm，降液管底隙（Downcomer Clearance）为 28.97mm。具体见图 3-2-50。

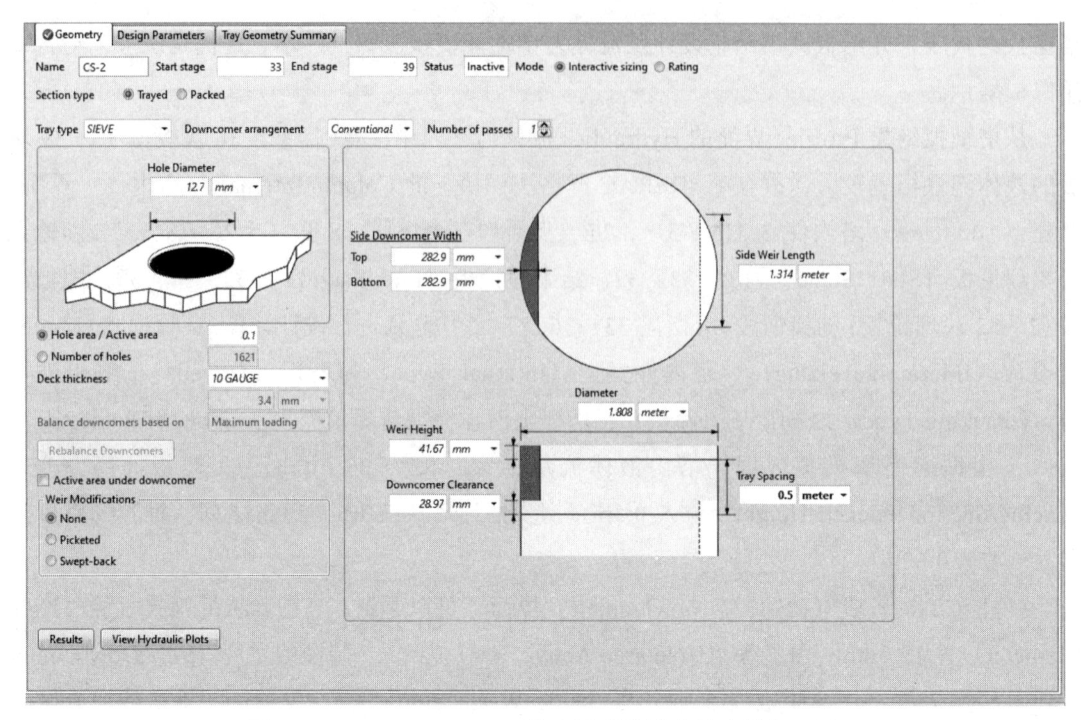

图 3-2-50　RADFRAC 模块板式塔塔内件之塔径设计

软件自动运行后给出设计计算的两个塔段初选直径为 1.747m、1.808m，提馏段与精馏段直径相差较小，考虑到精馏段的液体流量（8.7～10.8m^3/h）与提馏段的液体流量（13.4～26.9m^3/h）有一定差别，降液管结构尺寸可能不同，所以，两个塔段还是分开设计。

继续查看两个塔段的设计计算结果图 3-2-51～图 3-2-53，根据结果，可以为后续调整塔板结构尺寸提供依据。

View: Hydraulic results

Stage	% Jet flood	Total pressure drop (bar)	% Downcomer backup (Aerated)	Dry pressure drop (bar)	Dry pressure drop (Hot liquid height) (mm)	Total pressure drop (Hot liquid height) (mm)	Downcomer backup (Aerated) (mm)	Downcomer backup (Unaerated) (mm)	% Downcomer backup (Unaerated)	% Side downcomer choke flood
2	80.0002	0.00689116	33.7149	0.00538116	73.7287	94.4175	182.622	110.806	20.4565	8.13487
3	79.9268	0.00688446	33.6818	0.00537254	73.5964	94.3076	182.443	110.698	20.4366	8.11718
4	79.8493	0.00687743	33.6466	0.00536343	73.4557	94.1909	182.252	110.583	20.4153	8.09773
5	79.7675	0.00687003	33.609	0.00535378	73.3059	94.0669	182.049	110.46	20.3927	8.07638
6	79.6809	0.00686224	33.5689	0.00534356	73.1462	93.9349	181.832	110.329	20.3685	8.05295
7	79.5891	0.00685403	33.5261	0.00533272	72.9759	93.7942	181.6	110.189	20.3426	8.02729
8	79.4918	0.00684536	33.4804	0.00532122	72.7941	93.6443	181.352	110.04	20.3151	7.99925
9	79.3886	0.00683622	33.4315	0.00530902	72.6002	93.4845	181.087	109.88	20.2856	7.96866
10	79.279	0.00682657	33.3792	0.00529607	72.3933	93.3141	180.804	109.71	20.2541	7.93535
11	79.1627	0.00681639	33.3234	0.00528233	72.1727	93.1326	180.502	109.528	20.2205	7.89918
12	79.0393	0.00680566	33.264	0.00526777	71.9376	92.9392	180.18	109.334	20.1847	7.85997
13	78.9084	0.00679436	33.2006	0.00525236	71.6874	92.7335	179.836	109.127	20.1465	7.8176
14	78.7697	0.00678247	33.1331	0.00523606	71.4214	92.5149	179.471	108.907	20.1058	7.77193
15	78.6228	0.00676999	33.0614	0.00521886	71.1391	92.2829	179.083	108.673	20.0627	7.72285
16	78.4676	0.00675691	32.9854	0.00520074	70.8402	92.0371	178.671	108.425	20.017	7.67027
17	78.3038	0.00674325	32.9051	0.0051817	70.5243	91.7774	178.236	108.163	19.9686	7.61414
18	78.1313	0.006729	32.8203	0.00516174	70.1914	91.5037	177.777	107.887	19.9176	7.55444
19	77.9502	0.0067142	32.7312	0.00514088	69.8416	91.2159	177.294	107.596	19.864	7.49118
20	77.7605	0.00669887	32.6377	0.00511917	69.4752	90.9143	176.788	107.292	19.8077	7.42447
21	77.5623	0.00668308	32.5401	0.00509664	69.0927	90.5992	176.259	106.974	19.749	7.35438
22	77.3561	0.00666685	32.4386	0.00507336	68.6951	90.2715	175.709	106.643	19.688	7.28112
23	77.1424	0.00665025	32.3334	0.00504941	68.2836	89.9319	175.139	106.301	19.6247	7.20497

图 3-2-51　RADFRAC 模块板式塔逐板流体力学性能校核结果（1）

首先是 CS-1（精馏段）的结果（Results）界面的逐板结果（By Tray）——水力学计算结果（Hydraulic results）。

View　Hydraulic results

Stage	Side weir loading	Liquid mass rate / Column area	Liquid volume rate / Column area	Fs (net area)	Fs (bubbling area)	Cs (net area)	Cs (bubbling area)	Side downcomer exit velocity	Approach to system limit (%)	Height over weir (Aerated)
	cum/hr-meter	kg/hr-sqm	cum/hr/sqm	sqrt(atm)	sqrt(atm)	m/sec	m/sec	m/sec		mm
2	8.50971	3354.62	4.50737	0.00674507	0.0075882	0.0787639	0.0886094	0.0816045	45.5204	37.4432
3	8.49202	3348.29	4.49801	0.00673966	0.00758212	0.0786932	0.0885298	0.0814349	45.406	37.3778
4	8.4726	3341.35	4.48772	0.00673394	0.00757569	0.0786179	0.0884452	0.0812486	45.2827	37.3064
5	8.45127	3333.75	4.47642	0.00672789	0.00756887	0.0785377	0.0883549	0.0810441	45.1497	37.2284
6	8.4279	3325.43	4.46404	0.00672146	0.00756165	0.0784521	0.0882586	0.08082	45.0064	37.1433
7	8.40232	3316.33	4.45049	0.00671464	0.00755397	0.0783606	0.0881557	0.0805746	44.8523	37.0506
8	8.37437	3306.4	4.43569	0.0067074	0.00754582	0.078263	0.0880458	0.0803067	44.6868	36.9498
9	8.3439	3295.6	4.41955	0.0066997	0.00753716	0.0781586	0.0879284	0.0800145	44.5095	36.8401
10	8.31074	3283.85	4.40199	0.00669152	0.00752797	0.0780471	0.0878029	0.0796965	44.3198	36.7212
11	8.27475	3271.12	4.38292	0.00668284	0.0075182	0.077928	0.087669	0.0793513	44.1174	36.5924
12	8.23576	3257.34	4.36227	0.00667363	0.00750783	0.0778009	0.087526	0.0789774	43.9021	36.4533
13	8.19364	3242.48	4.33996	0.00666386	0.00749684	0.0776653	0.0873735	0.0785735	43.6735	36.3032
14	8.14827	3226.49	4.31593	0.00665351	0.0074852	0.077521	0.0872111	0.0781384	43.4317	36.1418
15	8.09953	3209.34	4.29012	0.00664257	0.00747289	0.0773676	0.0870385	0.0776711	43.1767	35.9688
16	8.04735	3191	4.26248	0.00663103	0.00745991	0.0772047	0.0868553	0.0771707	42.9088	35.7836
17	7.99168	3171.46	4.23299	0.00661888	0.00744624	0.0770322	0.0866612	0.0766368	42.6283	35.5863
18	7.93249	3150.72	4.20164	0.00660612	0.00743188	0.07685	0.0864563	0.0760692	42.3358	35.3767
19	7.86981	3128.79	4.16844	0.00659276	0.00741685	0.0766581	0.0862404	0.0754681	42.0322	35.1548
20	7.80375	3105.72	4.13345	0.00657882	0.00740117	0.0764566	0.0860137	0.0748347	41.7184	34.921
21	7.73439	3081.53	4.09671	0.00656433	0.00738487	0.0762457	0.0857764	0.0741695	41.3956	34.6755
22	7.66194	3056.31	4.05834	0.00654932	0.00736799	0.0760258	0.085529	0.0734748	41.0653	34.4191
23	7.58667	3030.15	4.01846	0.00653384	0.00735057	0.0757975	0.0852722	0.0727529	40.729	34.1526

图 3-2-52　RADFRAC 模块板式塔逐板流体力学性能校核结果（2）

View　Hydraulic results

Stage	(net area)	Cs (bubbling area)	Side downcomer exit velocity	Approach to system limit (%)	Height over weir (Aerated)	Height over weir (Unaerated)	Side downcomer volume	Side downcomer residence time	Side downcomer apparent residence time	Side downcomer velocity from top	Side downcomer velocity from bottom
		m/sec	m/sec		mm	mm	cum	sec	sec	m/sec	m/sec
2	0.0787639	0.0886094	0.0816045	45.5204	37.4432	7.06723	0.0265497	8.84999	39.9345	0.0125205	0.0125205
3	0.0786932	0.0885298	0.0814349	45.406	37.3778	7.05782	0.0265238	8.85976	40.0177	0.0124945	0.0124945
4	0.0786179	0.0884452	0.0812486	45.2827	37.3064	7.04745	0.0264963	8.87084	40.1094	0.0124659	0.0124659
5	0.0785377	0.0883549	0.0810441	45.1497	37.2284	7.03602	0.0264668	8.88335	40.2106	0.0124345	0.0124345
6	0.0784521	0.0882586	0.08082	45.0064	37.1433	7.02344	0.0264355	8.89742	40.3222	0.0124001	0.0124001
7	0.0783606	0.0881557	0.0805746	44.8523	37.0506	7.00963	0.0264019	8.9132	40.4449	0.0123625	0.0123625
8	0.078263	0.0880458	0.0803067	44.6868	36.9498	6.99449	0.0263661	8.93081	40.5799	0.0123214	0.0123214
9	0.0781586	0.0879284	0.0800145	44.5095	36.8401	6.97793	0.0263279	8.95042	40.7281	0.0122765	0.0122765
10	0.0780471	0.0878029	0.0796965	44.3198	36.7212	6.95987	0.026287	8.97219	40.8906	0.0122278	0.0122278
11	0.077928	0.087669	0.0793513	44.1174	36.5924	6.94019	0.0262434	8.99627	41.0685	0.0121748	0.0121748
12	0.0778009	0.087526	0.0789774	43.9021	36.4533	6.91883	0.0261969	9.02283	41.2629	0.0121174	0.0121174
13	0.0776653	0.0873735	0.0785735	43.6735	36.3032	6.89568	0.0261473	9.05206	41.475	0.0120555	0.0120555
14	0.077521	0.0872111	0.0781384	43.4317	36.1418	6.87067	0.0260946	9.08411	41.7059	0.0119887	0.0119887
15	0.0773676	0.0870385	0.0776711	43.1767	35.9688	6.84373	0.0260386	9.11915	41.9569	0.011917	0.011917
16	0.0772047	0.0868553	0.0771707	42.9088	35.7836	6.8148	0.0259793	9.15736	42.2289	0.0118402	0.0118402
17	0.0770322	0.0866612	0.0766368	42.6283	35.5863	6.78384	0.0259165	9.19888	42.5231	0.0117583	0.0117583
18	0.07685	0.0864563	0.0760692	42.3358	35.3767	6.75083	0.0258503	9.24384	42.8404	0.0116712	0.0116712
19	0.0766581	0.0862404	0.0754681	42.0322	35.1548	6.71576	0.0257807	9.29237	43.1816	0.011579	0.011579
20	0.0764566	0.0860137	0.0748347	41.7184	34.921	6.67869	0.0257077	9.34452	43.5471	0.0114818	0.0114818
21	0.0762457	0.0857764	0.0741695	41.3956	34.6755	6.63962	0.0256315	9.40037	43.9377	0.0113798	0.0113798
22	0.0760258	0.085529	0.0734748	41.0653	34.4191	6.59868	0.0255523	9.45992	44.3531	0.0112732	0.0112732
23	0.0757975	0.0852722	0.0727529	40.729	34.1526	6.556	0.0254702	9.52309	44.7932	0.0111624	0.0111624

图 3-2-53　RADFRAC 模块板式塔逐板流体力学性能校核结果（3）

可以发现，2～32 块板的泛点率(%Jet flood)在 77%～80%，每块塔板的压降(Total pressure drop)0.665～0.69kPa，充气时降液管持液量[%Downcomer backup(Aerated)]为 32.3%～33.7%，溢流堰上溢流强度（Side weir loading）为 7.59～8.51m³/（m · h），堰上液头高度[Height over weir（Aerated）]为 34.6～37.4mm，降液管内停留时间（Side downcomer residence time）为

9.5～8.8s，降液管底隙流速（Side downcomer velocity from bottom）为～0.01m/s。上述结果基本符合前面介绍的塔板设计要求。可以调整的是，降液管宽度适当减小，以减小液体停留时间，同时增大气体鼓泡的流通截面，从而降低泛点率。

类似地，可以分析 CS-2 和 CS-3 两个塔段（提馏段）的设计计算结果。

另外，从 INT-3 塔内件下的塔板流体力学性能负荷图 3-2-54 和图 3-2-55（Hydraulic plots）中发现，自第 2 块～第 32 块精馏段，操作点已超过雾沫夹带线；第 37 块板操作点接近雾沫夹带线。

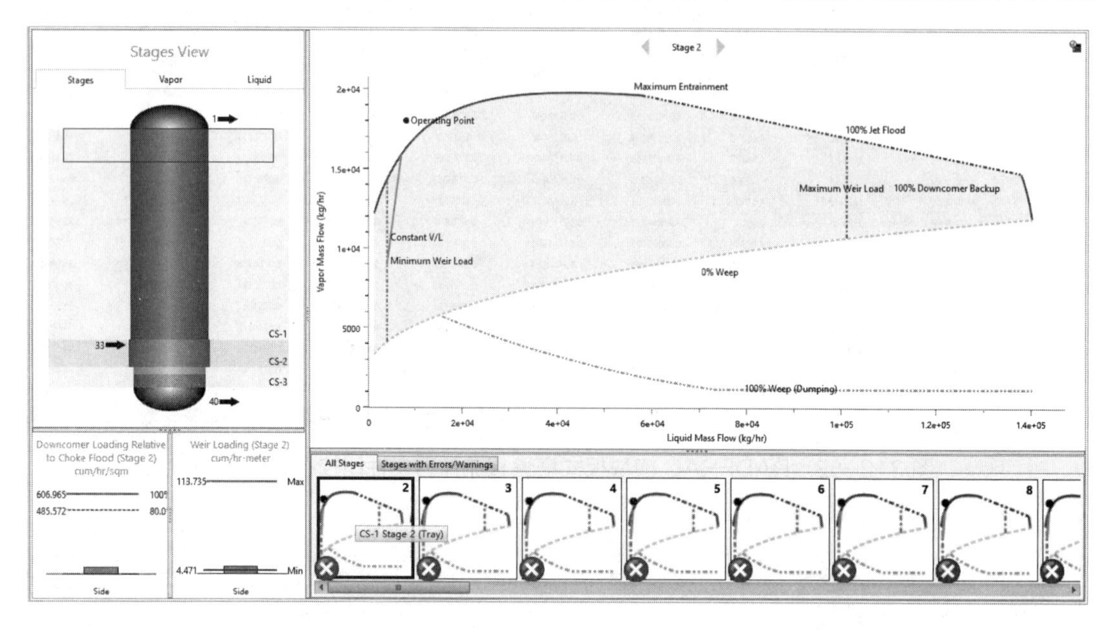

图 3-2-54　RADFRAC 模块塔板流体力学性能负荷校核不合格塔段图

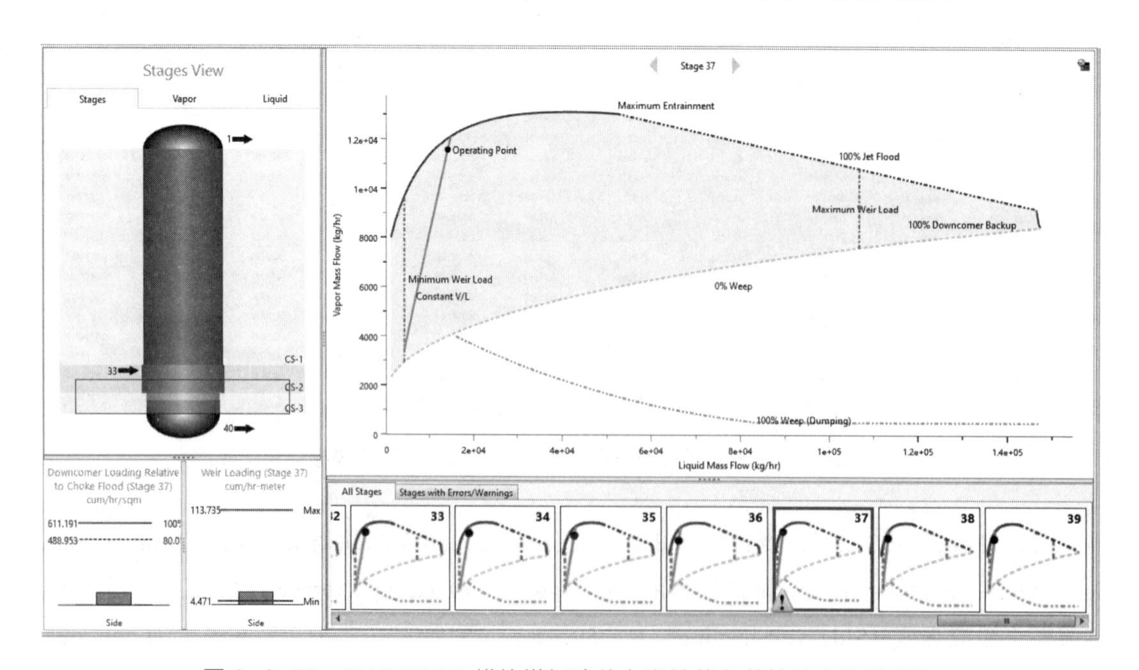

图 3-2-55　RADFRAC 模块塔板流体力学性能负荷校核合格塔段图

在后续的塔板结构校核时，必须通过调整塔径、开孔率和降液管宽度等结构参数，以满足流体力学性能负荷要求。

下面对两个塔段分别进行流体力学校核计算。

同样，在 RADFRAC 严格法模块下的 Column Internals（塔内件）界面如图 3-2-56，新建（Add New）塔内件 4（INT-4），新增三个塔段 CS-1、CS-2 和 CS-3，分别输入起始理论板（Start Stage）为 2、33、37，结束理论板（End Stage）为 32、36、39，即分为一个精馏段和两个提馏段进行校核；计算模式（Mode）为校核（Rating）；塔内件类型（Internal Type）为塔板（Trayed），塔板类型（Tray/Packing Type）为 SIEVE（筛板），塔板上液体流型选择单流型（Number of Passes）下输入 1，塔板间距（Tray Spacing/Section Packed Height）一栏，CS-1（精馏段）输入 0.60m，CS-2（提馏段）输入 0.60m，CS-3（提馏段）输入 0.40m，塔径（Diameter）均输入 1.8m。

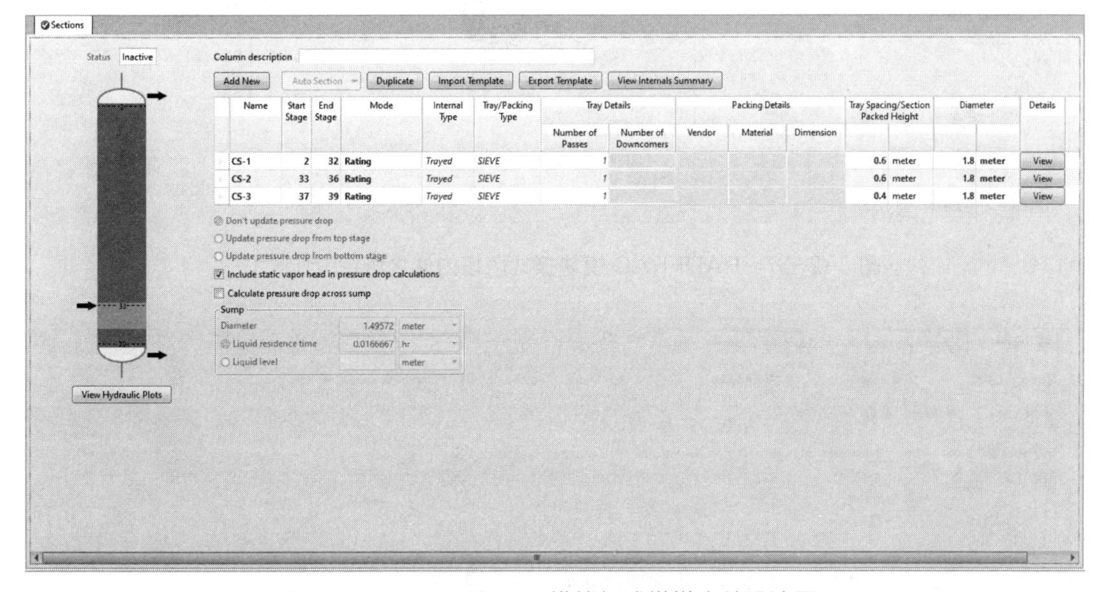

图 3-2-56　RADFRAC 模块板式塔塔内件设计界面

对于 CS-1 塔段（精馏段），结合设计计算的结果图 3-2-57，调整降液管宽度（Side Downcomer Width）设置为顶部（Top）275mm，底部（Bottom）225mm。溢流堰高度（Weir Height）50mm，降液管底隙（Downcomer Clearance）35mm，塔板间距（Tray Spacing）0.6m，开孔率（Hole area/Active area）为 0.12，以解决克服雾沫夹带严重的问题。

对于 CS-2 塔段（提馏段），结合设计计算的结果图 3-2-58，调整降液管宽度（Side Downcomer Width）设置为顶部（Top）和底部（Bottom）均为 314mm。溢流堰高度（Weir Height）50mm，降液管底隙（Downcomer Clearance）35mm，塔板间距（Tray Spacing）0.6m，开孔率（Hole area/Active area）为 0.10，以保证降液管内停留时间大于 4s。

对于 CS-3 塔段（提馏段），结合设计计算的结果图 3-2-59，调整降液管宽度（Side Downcomer Width）设置为顶部（Top）和底部（Bottom）均为 275mm。溢流堰高度（Weir Height）

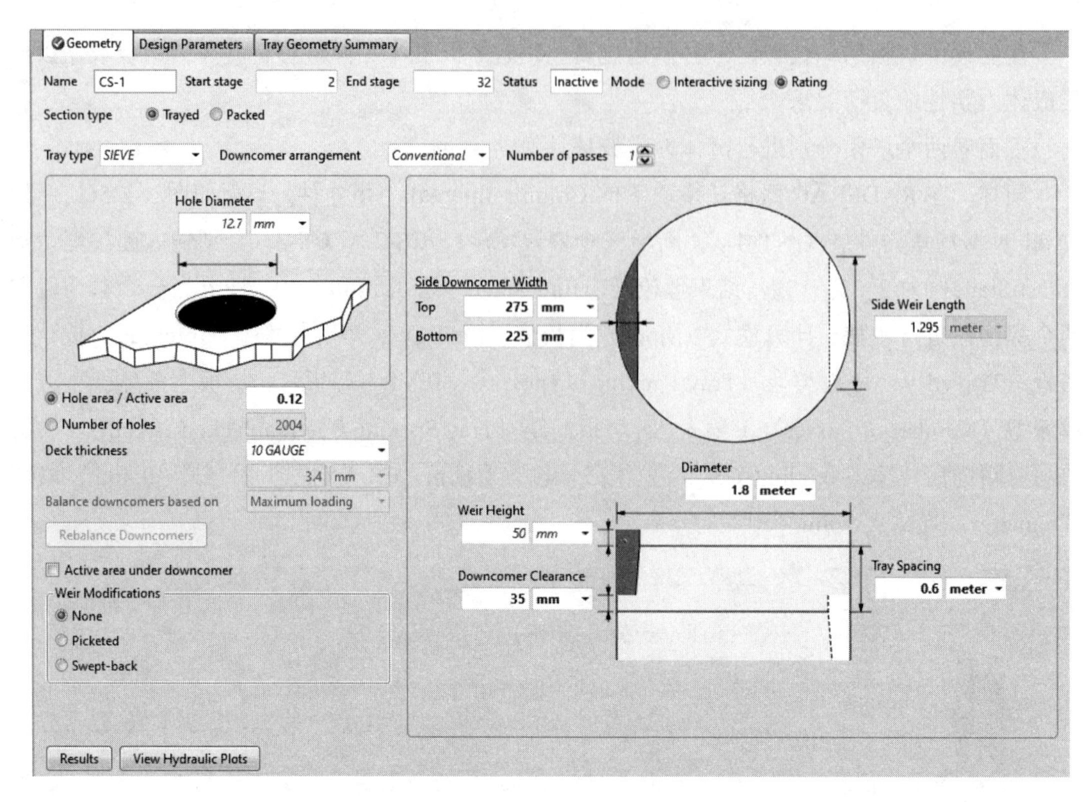

图 3-2-57　RADFRAC 模块板式塔塔内件之塔径设计（1）

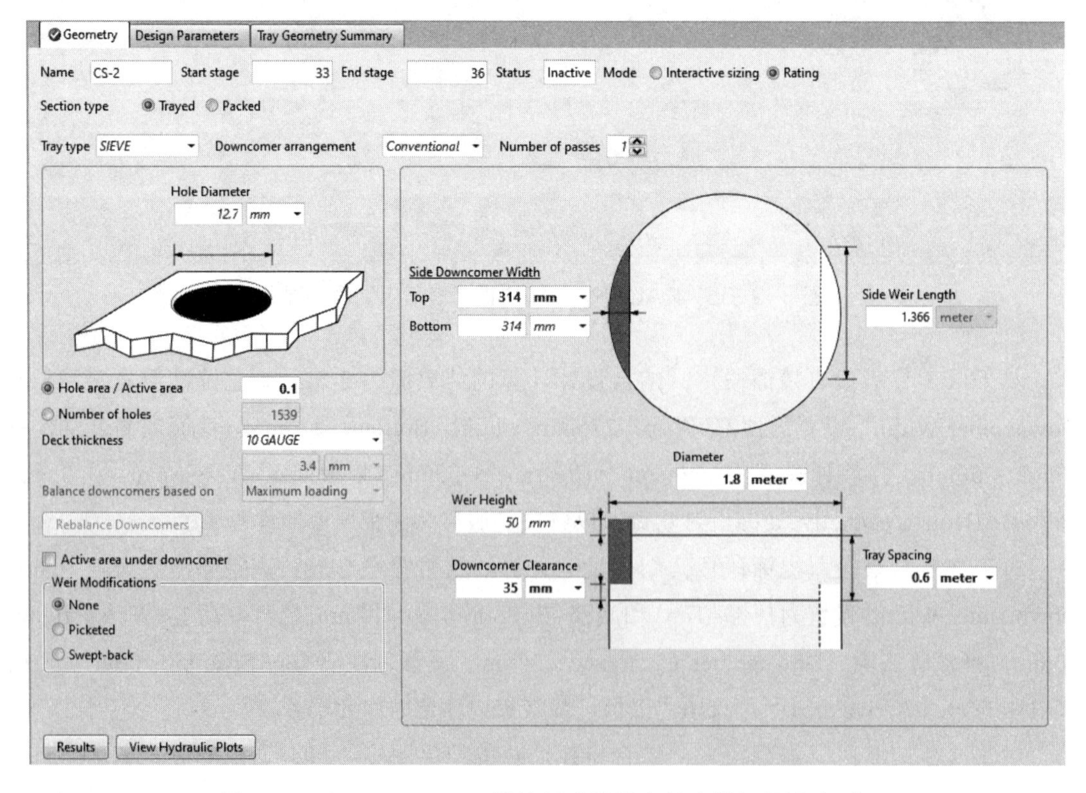

图 3-2-58　RADFRAC 模块板式塔塔内件之塔径设计（2）

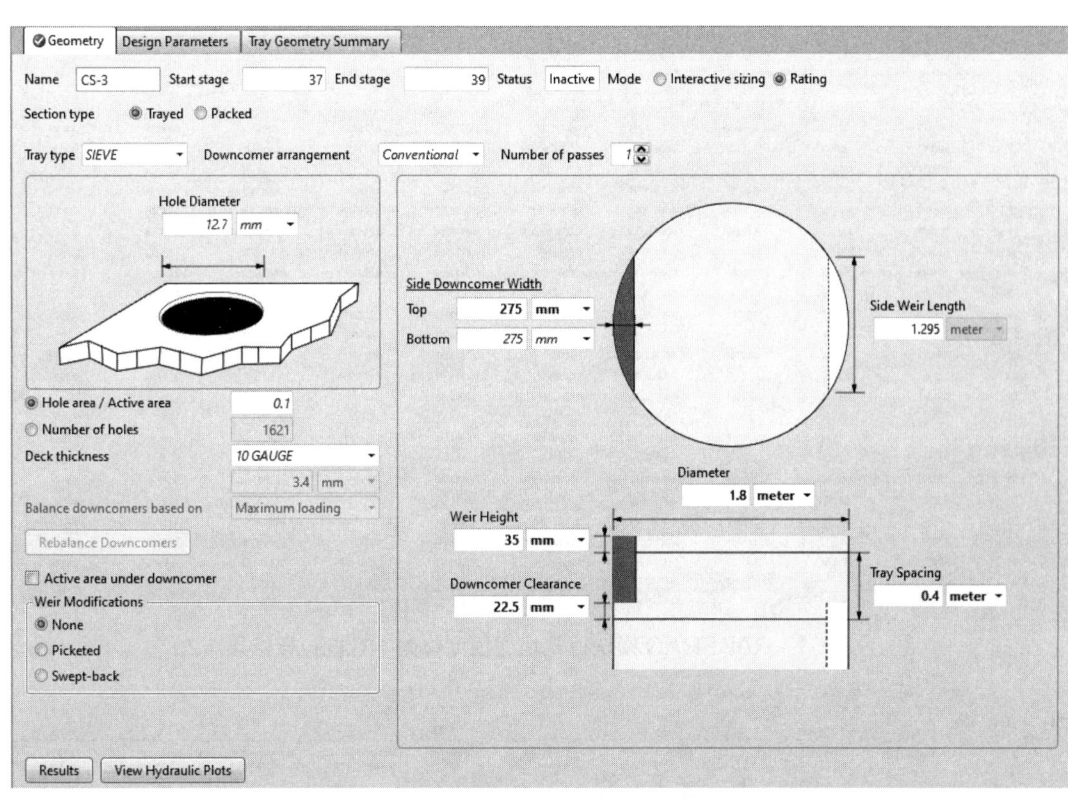

图 3-2-59　RADFRAC 模块板式塔塔内件之塔径设计（3）

35mm，降液管底隙（Downcomer Clearance）22.5mm，塔板间距（Tray Spacing）0.4m，开孔率（Hole area/Active area）为 0.10，以解决克服雾沫夹带严重的问题。

点击运行，得到三个塔段流体力学校核结果， 如 CS-1 塔段（精馏段），CS-1 下 By Tray 界面查看 Hydraulic results，如图 3-2-60～图 3-2-62 所示。

Stage	% Jet flood	Total pressure drop	% Downcomer backup (Aerated)	Dry pressure drop	Dry pressure drop (Hot liquid height)	Total pressure drop (Hot liquid height)	Downcomer backup (Aerated)	Downcomer backup (Unaerated)	% Downcomer backup (Unaerated)	% Side downcomer choke flood
		bar		bar	mm	mm	mm	mm		
11	63.8636	0.00472377	21.3629	0.00289758	39.5898	64.5412	138.859	84.2588	12.9629	7.02871
12	63.7633	0.00472004	21.3433	0.00288956	39.4604	64.4577	138.731	84.1825	12.9512	6.99375
13	63.6586	0.00471629	21.3228	0.00288123	39.3248	64.3708	138.598	84.1029	12.9389	6.95639
14	63.5466	0.00471231	21.3007	0.00287233	39.1795	64.2774	138.455	84.0172	12.9257	6.91587
15	63.4282	0.0047082	21.2773	0.00286295	39.0254	64.1784	138.302	83.9261	12.9117	6.87234
16	63.3037	0.00470401	21.2526	0.00285312	38.8629	64.0743	138.142	83.8302	12.897	6.82587
17	63.1721	0.00469968	21.2264	0.00284278	38.6911	63.9641	137.971	83.7286	12.8813	6.77622
18	63.0334	0.00469521	21.1987	0.00283193	38.5098	63.8476	137.791	83.6211	12.8648	6.72335
19	62.8874	0.00469062	21.1694	0.00282055	38.3188	63.7247	137.601	83.5077	12.8473	6.66726
20	62.734	0.00468592	21.1387	0.00280868	38.1184	63.5955	137.401	83.3884	12.829	6.60799
21	62.5753	0.00468127	21.1068	0.00279649	37.9109	63.462	137.195	83.2651	12.81	6.54609
22	62.4061	0.00467628	21.0728	0.00278354	37.6904	63.3188	136.973	83.1331	12.7897	6.48043
23	62.2299	0.0046712	21.0373	0.00277015	37.4613	63.1695	136.743	82.9957	12.7686	6.41202
24	62.0485	0.00466618	21.0009	0.00275649	37.2259	63.0159	136.506	82.8545	12.7469	6.34345
25	61.8641	0.00466134	20.9639	0.00274274	36.987	62.8601	136.266	82.7115	12.7248	6.27593
26	61.6761	0.00465661	20.9263	0.00272885	36.744	62.7012	136.021	82.566	12.7025	6.20713
27	61.4851	0.00465199	20.8882	0.00271486	36.4978	62.5399	135.773	82.4184	12.6798	6.13742
28	61.2921	0.00464752	20.8498	0.00270087	36.25	62.3771	135.524	82.2699	12.6569	6.0673
29	61.0984	0.00464322	20.8114	0.00268697	36.0023	62.2138	135.274	82.1213	12.6341	5.99727
30	60.9051	0.00463912	20.7732	0.00267324	35.7562	62.0511	135.026	81.9738	12.6113	5.92788
31	60.7137	0.00463524	20.7356	0.00265977	35.5135	61.8901	134.781	81.8282	12.589	5.85966
32	60.5262	0.00463166	20.6989	0.00264673	35.2769	61.7329	134.543	81.6865	12.5672	5.79332

图 3-2-60　RADFRAC 模块板式塔逐板流体力学性能校核结果（1）

View: Hydraulic results

Stage	Side weir loading	Liquid mass rate / Column area	Liquid volume rate / Column area	Fs (net area)	Fs (bubbling area)	Cs (net area)	Cs (bubbling area)	Side downcomer exit velocity	Approach to system limit (%)	Height over weir (Aerated)
	cum/hr-meter	kg/hr-sqm	cum/hr/sqm	sqrt(atm)	sqrt(atm)	m/sec	m/sec	m/sec		mm
11	8.1079	3079.9	4.12672	0.00618494	0.00681271	0.0721221	0.0794423	0.0700016	40.8275	34.707
12	8.06961	3066.9	4.10723	0.00617638	0.00680327	0.072004	0.0793123	0.069671	40.6281	34.5728
13	8.02874	3053.05	4.08643	0.00616747	0.00679346	0.0718802	0.0791759	0.0693181	40.4175	34.43
14	7.98442	3038.05	4.06387	0.00615794	0.00678296	0.0717471	0.0790293	0.0689355	40.1941	34.2754
15	7.93683	3021.96	4.03964	0.00614787	0.00677187	0.0716057	0.0788736	0.0685246	39.9586	34.1097
16	7.88606	3004.83	4.01381	0.00613731	0.00676023	0.0714564	0.0787091	0.0680863	39.7115	33.9333
17	7.83185	2986.57	3.98621	0.00612618	0.00674797	0.0712982	0.0785348	0.0676182	39.4527	33.7451
18	7.77415	2967.15	3.95685	0.00611447	0.00673508	0.0711307	0.0783504	0.0671201	39.1828	33.545
19	7.71296	2946.59	3.9257	0.00610218	0.00672154	0.070954	0.0781557	0.0665918	38.9023	33.3329
20	7.64834	2924.91	3.89281	0.00608933	0.00670738	0.070768	0.0779508	0.0660339	38.6122	33.1091
21	7.58092	2902.34	3.8585	0.0060761	0.00669281	0.0705749	0.0777382	0.0654518	38.3147	32.8757
22	7.50937	2878.38	3.82208	0.00606201	0.0066773	0.0703692	0.0775115	0.0648341	38.0078	32.6278
23	7.43486	2853.45	3.78416	0.00604742	0.00666122	0.0701548	0.0772754	0.0641907	37.6951	32.3696
24	7.35805	2827.81	3.74506	0.00603248	0.00664477	0.0699338	0.077032	0.0635276	37.379	32.1033
25	7.27973	2801.74	3.7052	0.00601742	0.00662818	0.0697089	0.0767842	0.0628514	37.0622	31.8319
26	7.19993	2775.22	3.66458	0.00600216	0.00661137	0.0694793	0.0765313	0.0621624	36.7456	31.5553
27	7.11907	2748.4	3.62343	0.00598676	0.00659441	0.0692459	0.0762742	0.0614643	36.4311	31.2748
28	7.03773	2721.48	3.58203	0.00597132	0.00657739	0.0690102	0.0760146	0.060762	36.1207	30.9924
29	6.95651	2694.63	3.54069	0.00595593	0.00656044	0.0687737	0.0757542	0.0600608	35.8164	30.7101
30	6.87602	2668.08	3.49972	0.00594069	0.00654366	0.0685381	0.0754946	0.0593658	35.5201	30.4301
31	6.79688	2642.02	3.45944	0.00592571	0.00652715	0.0683048	0.0752376	0.0586826	35.2336	30.1544
32	6.71993	2616.74	3.42028	0.00591116	0.00651113	0.0680767	0.0749863	0.0580182	34.959	29.886

图 3-2-61　RADFRAC 模块板式塔逐板流体力学性能校核结果（2）

View: Hydraulic results

Stage	Cs (bubbling area)	Side downcomer exit velocity	Approach to system limit (%)	Height over weir (Aerated)	Height over weir (Unaerated)	Side downcomer volume	Side downcomer residence time	Side downcomer apparent residence time	Side downcomer velocity from top	Side downcomer velocity from bottom
	m/sec	m/sec		mm	mm	cum	sec	hr	m/sec	m/sec
11	0.0794423	0.0700016	40.8275	34.707	6.95706	0.0201557	6.90972	0.0140444	0.0118671	0.0158886
12	0.0793123	0.069671	40.6281	34.5728	6.93587	0.020143	6.93814	0.014111	0.0118111	0.0158136
13	0.0791759	0.0693181	40.4175	34.43	6.91318	0.0201298	6.96888	0.0141829	0.0117513	0.0157335
14	0.0790293	0.0689355	40.1941	34.2754	6.88849	0.0201155	7.0026	0.0142616	0.0116864	0.0156466
15	0.0788736	0.0685246	39.9586	34.1097	6.86191	0.0201004	7.03929	0.0143471	0.0116167	0.0155533
16	0.0787091	0.0680863	39.7115	33.9333	6.83345	0.0200844	7.07898	0.0144395	0.0115424	0.0154539
17	0.0785348	0.0676182	39.4527	33.7451	6.80296	0.0200675	7.12198	0.0145394	0.0114631	0.0153476
18	0.0783504	0.0671201	39.1828	33.545	6.77041	0.0200497	7.16845	0.0146473	0.0113786	0.0152346
19	0.0781557	0.0665918	38.9023	33.3329	6.73578	0.0200308	7.21852	0.0147635	0.0112891	0.0151147
20	0.0779508	0.0660339	38.6122	33.1091	6.69907	0.020011	7.2723	0.0148883	0.0111945	0.014988
21	0.0777382	0.0654518	38.3147	32.8757	6.66063	0.0199905	7.32947	0.0150207	0.0110958	0.0148559
22	0.0775115	0.0648341	38.0078	32.6278	6.61972	0.0199685	7.39118	0.0151638	0.0109911	0.0147157
23	0.0772754	0.0641907	37.6951	32.3696	6.57696	0.0199457	7.45671	0.0153158	0.010882	0.0145697
24	0.077032	0.0635276	37.379	32.1033	6.53271	0.0199222	7.52568	0.0154756	0.0107696	0.0144192
25	0.0767842	0.0628514	37.0622	31.8319	6.48739	0.0198985	7.59757	0.0156421	0.010655	0.0142657
26	0.0765313	0.0621624	36.7456	31.5553	6.44103	0.0198743	7.67244	0.0158155	0.0105382	0.0141093
27	0.0762742	0.0614643	36.4311	31.2748	6.39386	0.0198498	7.75002	0.0159951	0.0104198	0.0139508
28	0.0760146	0.060762	36.1207	30.9924	6.34621	0.0198251	7.82984	0.01618	0.0103008	0.0137914
29	0.0757542	0.0600608	35.8164	30.7101	6.29844	0.0198004	7.9114	0.0163689	0.0101819	0.0136323
30	0.0754946	0.0593658	35.5201	30.4301	6.25091	0.0197759	7.99409	0.0165605	0.0100641	0.0134745
31	0.0752376	0.0586826	35.2336	30.1544	6.204	0.0197517	8.07728	0.0167534	0.00994825	0.0133195
32	0.0749863	0.0580182	34.959	29.886	6.15819	0.0197281	8.16004	0.0169452	0.00983562	0.0131687

图 3-2-62　RADFRAC 模块板式塔逐板流体力学性能校核结果（3）

从结果中可以关注主要几个参数：塔板泛点率（% Jet flood）为 60.5%～64.5%（处于 60%～85%之间），降液管持液量[% Downcomer backup（Aerated）]为 20.7%～21.5%（偏低，但处于 20%～50%之间，还可以通过调整降液管宽度等来改善），降液管内液体停留时间（Side downcomer residence time）为 6.7～8.2s（高于 4s）。

同样的方法，可以检查 CS-2 和 CS-3 塔段的流体力学性能参数。

在 INT-4 塔内件下的 Hydraulic plots 下，可以查看所有塔板的水力学性能负荷图 3-2-63～

图 3-2-65，发现所有塔板的操作点位置较为合理。典型的，如 CS-1 段第 2 块、第 33 块和第 37 块。

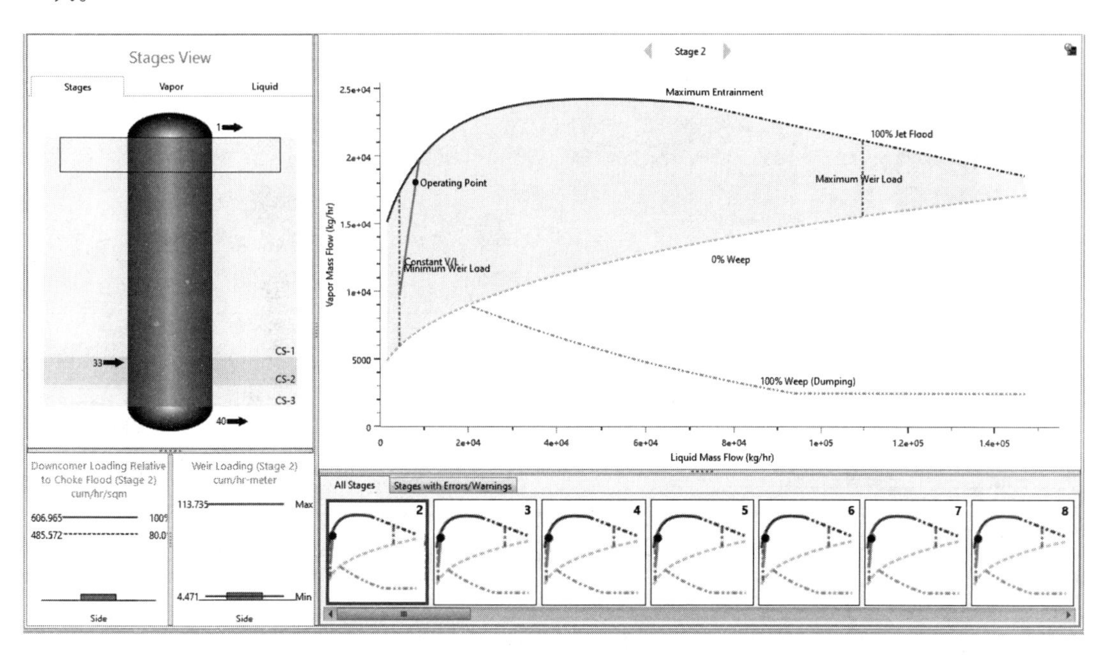

图 3-2-63　RADFRAC 模块塔板流体力学性能负荷校核合格塔段图（1）

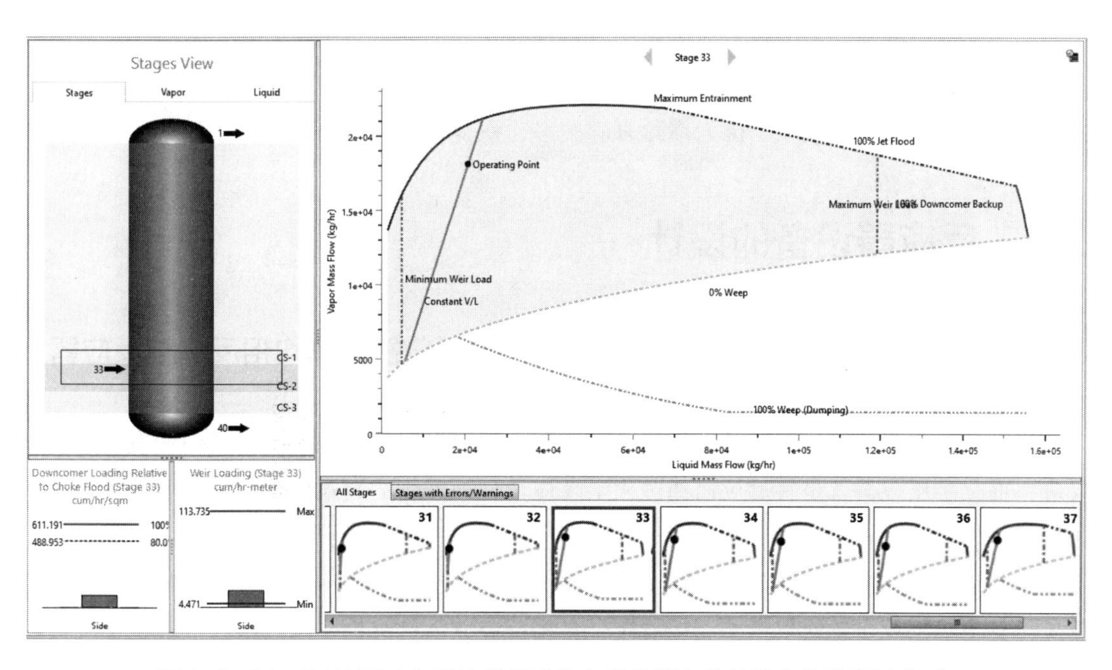

图 3-2-64　RADFRAC 模块塔板流体力学性能负荷校核合格塔段图（2）

（8）塔的结构设计　通过塔内件设计与校核，我们确定了塔径、塔内件的基本结构参数。下一步就是以此为基础，对塔体结构进行设计。

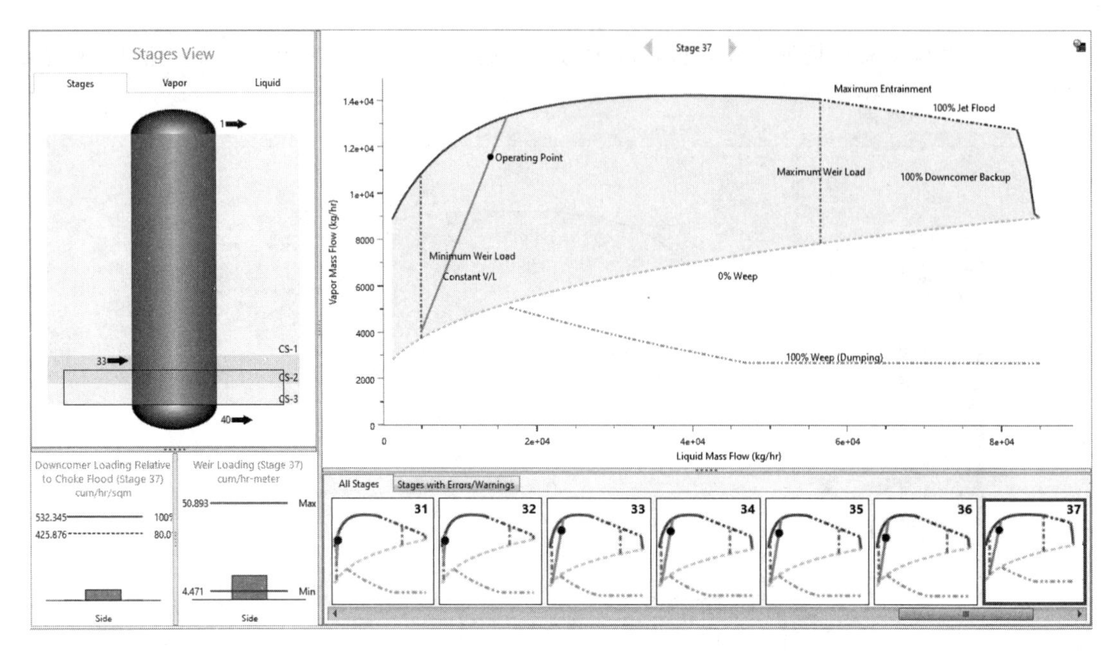

图 3-2-65　RADFRAC 模块塔板流体力学性能负荷校核合格塔段图（3）

如对填料塔，需考虑液体（再）分布器、气体分布器、塔顶除沫器、塔釜、上下封头、人（手）孔、气液进出口接管等设计；对板式塔，根据经验值确定塔板效率后，计算精馏段和提馏段实际塔板数，再考虑气体分布器、塔顶除沫器、塔釜、上下封头、人（手）孔、气液进出口接管等设计。

（9）塔设备的强度校核　因为塔体开孔较多、塔身较高，需要进行强度校核。

3.3　反应器设备的设计

3.3.1　反应器分类与基本特性：均相反应与反应器，非均相反应与反应器

当某一化学组分通过热分解、异构化或与另一个分子或原子化合时，我们说发生了化学反应。而化学反应器就是将反应物通过化学反应转化为产物的装置，是化学工业及其相关工业的核心设备。

化学反应分类（见表 3-3-1）依据很多，比如可按反应相态来分， 分为单相反应和多相反应，其中单相反应包括气相、液相反应，多相反应分为气液相、气固相、液液相、气液固相反应。按照反应热效应分，可分为吸热反应和放热反应。按照可逆性分，可分为不可逆反应和可逆反应。按照反应前后分子数的变化来分，可分为等分子反应和变分子反应等等。按照独立反应数来分，可以分为简单反应和复杂反应，其中复杂反应还包括平行反应、连串反应及其组合的更为复杂的反应。当我们研究一个化学反应时，可以将上述分类组合在一起描

述，从而构成某个化学反应的特征，如二氧化硫催化氧化反应，可称为气固相催化的、分子数减少的可逆放热反应。

表 3-3-1 化学反应的分类

分类依据	化学反应类型
（1）按照化学反应特性分类	
反应机理	单一反应、复杂反应（平行、连串、连串-平行、同时、集总反应）
反应可逆性	可逆反应、不可逆反应
反应分子数	单分子反应、双分子反应、三分子反应等
反应级数	一级反应、二级反应、三级反应、零级反应、分数级反应等
反应热效应	放热反应、吸热反应
（2）按反应物系相态分类	
均相	气相（催化、非催化）反应、液相（催化、非催化）反应
非均相	液液相反应、气液相反应、液固相反应、气固相反应、固固相反应、气液固三相反应（均包括催化、非催化反应）
（3）按照反应过程条件分类	
温度	等温反应、绝热反应、非绝热变温反应
压力	常压反应、加压反应、减压反应
操作方法	间歇反应、连续反应、半间歇-半连续反应

从化工生产角度来讲，对某个化学反应，工程师关注的除了上述特征外，还关注这个反应的热力学和动力学特性，比如，在热力学方面，关注化学反应热、化学平衡常数和平衡转化率与反应温度等条件之间的关系，达到某一反应程度时的绝热温升（降）等；在动力学方面，关注化学反应速率与反应温度、组分浓度（或分压）之间的关系。

通过对热力学和动力学特性的分析，能够获知在什么样的反应温度、组分浓度（或分压）分布条件下能获得高的反应转化率、主产品收率（选择性或得率），这就给设计人员选择合适的化学反应器提出了最有针对性的依据。

化学反应器根据操作特征也可以分成很多类别，见表 3-3-2。如按照反应相态来分，分为均相反应器和非均相反应器。均相反应器还可分为间歇反应器（BR，batch reactor）、平推流（活塞流、管式）反应器（PFR，plug flow reactor）、全混流反应器（CSTR，continuous stirred-tank reactor）以及半间歇-半连续式反应器（SBR，semi-batch reactor）等。非均相反应器可分为气固相（或液固相）的固定床反应器、流化床反应器、移动床反应器、气流床/提升管反应器，气液相的鼓泡塔、喷淋塔、板式/填料塔、鼓泡搅拌釜反应器等，气液固三相的滴流床反应器、浆态床反应器等。按照是否移热，可分为换热式和绝热式反应器；按照换热方式，前者还可细分为直接换热式和间接换热式，直接换热式即冷热流体直接混合，对于放热反应，通常也称为冷激式，间接换热式包括自己换热式和外部供（移）热式，或者分为连续换热式和段间换热式等。

表 3-3-2　化学反应器的型式与特性

化学反应器型式	适用的化学反应		
	化学反应类型	装置特点	工业应用实例
搅拌釜（单级或多级）	液相、液液相、液固相	温度、浓度均匀，易控制，产品质量可调；可间歇或连续操作	苯硝化、丙烯聚合、氯乙烯聚合、釜式高压聚乙烯、顺丁橡胶聚合等
管式	气相、液相	返混小，反应体积小，比传热面积大，管内可加内构件，如静态混合器；但对慢反应，反应管要很长，压降大	石脑油裂解、甲基丁炔醇合成、管式法高压聚乙烯
空塔或搅拌塔	液相、液液相	结构简单，返混程度与高径比及搅拌有关，轴向温差大	苯乙烯本体聚合、己内酰胺缩合、乙酸乙烯溶液聚合、尿素合成塔
通气搅拌釜	气液相	返混大，浓度、温度均匀、容易控制；气液相界面和持液量均较大；搅拌器密封结构复杂	微生物发酵
（挡板）鼓泡塔	气液相、气液固三相	气相返混小，液相返混大，如需传热，可设置换热管，温度易调节，气体压降大，流速有限制，加挡板可减小返混；气液相界面大，持液量大	乙醛氧化制乙酸、丙烯氯醇化、苯烷基化、乙烯基乙炔合成、二甲苯氧化
喷射反应器	气相、液相	流体混合好，返混较大，直接传热，速度快；操作条件限制严格，缺乏调节手段	氯化氢合成、丁二烯氯化
填料塔	液相、气液相	结构简单，返混小，压降小，床内不能控温，有温差，填料装卸麻烦；气液相界面大，持液量低于板式塔	化学吸收，CO_2脱除，合成气CO脱除，丙烯连续聚合
板式塔	气液相	逆流接触，气液返混均小，流速有限制，可在板间设置传热面；气液相界面大，持液量较大	苯连续磺化、异丙苯氧化
喷雾塔	气液相快速反应	气相返混小，结构简单，气液相界面、液体表面积大，持液量小；停留时间受塔高限制，气速有限制；无传热面，控温困难	氯乙醇制丙烯腈、高级醇连续磺化
湿壁塔	气液相	结构简单，液体返混小，温度及停留时间易调节	苯氯化
固定床（绝热、列管式）	气固相（催化、非催化）	返混小，高转化率时催化剂用量少，催化剂不易磨损，传热差，控温不容易，催化剂装卸麻烦；绝热式可采用多段结构，段间换热，投资和操作费用低；列管式为连续换热，传热面大，投资和操作费用介于绝热床和流化床之间	苯烃化制乙苯、乙烯氧化脱氢、氨合成塔，乙苯脱氢、乙炔法制氯乙烯、乙烯法制乙酸乙烯酯

续表

化学反应器型式	适用的化学反应		
	化学反应类型	装置特点	工业应用实例
流化床	气固相（催化、非催化）	传热好，温度均匀，易控制，催化剂有效系数大，颗粒输送容易，但能耗和磨损大，适用于强放热或失活快的催化反应，床内返混大，对高转化率或有串联副反应的不利，操作条件限制大、费用高	萘氧化制苯酐，催化裂化，乙烯氧氯化制二氯乙烷、氯乙烯，丙烯氨氧化制丙烯腈
移动床	气固相、液固相	返混小，床内温差大，温度调节困难；颗粒输送方便，但能耗大；适用于固体作为反应物消耗、或催化剂失活快的情形	石脑油连续催化重整、石灰石煅烧、煤气化
气流床/提升管	气固相、液固相	流体和固体同向运动，流体流速超过固体颗粒的带出速度，返混小，适用于固体作为反应物消耗、或催化剂失活快的情形	流化催化裂化、煤气化
滴流床（涓流床）	气液固三相	气体以连续相、液体以分散相通过固体催化剂表面，返混小，催化剂不易磨损；不能用传热方法调节温度，传热差，控温不容易，催化剂装卸麻烦；气液均布要求高	碳三炔烃加氢、丁炔二醇加氢、油品催化加氢
浆态床	气液固三相	气体以鼓泡形成的分散相、液体以连续相形式流动，固体催化剂颗粒悬浮于液相中，返混较大；可以设置换热面，具有较高的传热系数，控温容易；可以设置搅拌装置，加快传热和传质；催化剂细粉回收分离困难	费托合成、三相淤浆床甲醇反应器、乙烯溶剂聚合
蓄热床	气相，以固相为载热体	结构简单，材质容易解决，调节范围较广，但切换频繁，温度波动大，收率很低	石油裂解、天然气裂解、无烟块煤常压造气、废气处理（RTO）
回转式	气固相、固固相、高黏度液相，液固相	颗粒返混小，相界面小，传热面小，设备容积大	苯酐转位为对苯二甲酸、十二烷基苯磺化
螺旋挤压式	高黏度液相	停留时间均一，传热较困难，能连续处理高黏度物料	聚乙烯醇醇解、聚甲醛及氯化聚醚生产

在众多的化学反应器分类中，最为关键或首要的分类依据是相态，对于均相反应而言，化学反应器内的每一点均可以作为反应场所，也就是属于体相反应，而非均相反应，化学反应器里只有特定的点，比如气固相催化反应，只有催化剂内表面的活性位点发生表面反应，而气液相反应，气体首先需要通过相界面才能进入液相发生反应，也就是相界面起着非常关键的作用。其次，依据反应快慢，对于均相反应，预混合是需要考虑的问题，而对于非均相反应，则重点考虑通过相界面的传质扩散。不同的化学反应器，流动、传热、传质特性不同，器内流体速度、温度和浓度分布不同，由此影响实际的反应速率。化学反应器内的传递特性，构成了不同结构型式的化学反应器独特的性质。设计化学反应器，最主要的就是把握化学反应的特性，匹配适应反应特性的特定结构型式的化学反应器。化学反应器相态与特性见表 3-3-3。

表 3-3-3　化学反应器相态与特性

化学反应相态	工业应用实例	化学反应器特性	主要的化学反应器类型
均相(气相,液相)	燃烧、裂解，中和、酯化、水解	无相界面，反应速率只与温度或浓度有关	管式、釜式
气液相	氧化、氯化、加氢、化学吸收	有相界面，实际反应速率与相界面大小、相间扩散传质速率有关	釜式、塔式
气固相	燃烧、还原、固相催化	有相界面，实际反应速率与固体（催化剂）粒径、比表面积、孔径分布等影响内外扩散的因素有关	固定床、流化床、移动床、气流床
液固相	还原、离子交换	有相界面，实际反应速率与固体（催化剂）粒径、比表面积、孔径分布等影响内外扩散的因素有关	釜式、塔式
气液固三相	加氢裂解、加氢脱硫	有气液、液固相界面，传递过程复杂	滴流床、釜式、浆态床

3.3.2　选型的基本原则

3.3.2.1　形态分析法

化学反应器的选型方法可采用形态分析法（Morphological Analysis）。所谓形态分析法，是指一个问题由多种可能的解决方案，将所有可能的解决方案列举出来，形成一个逻辑结构，然后逐一设置判据，最终筛选出最优方案。它包括两个步骤：首先是分支，即针对某个目标，找出所有可能的解决方案；其次是收敛，是根据若干个判据，对分支项方案进行逐一分析，淘汰不符合判据要求的方案，从而获得最终方案。

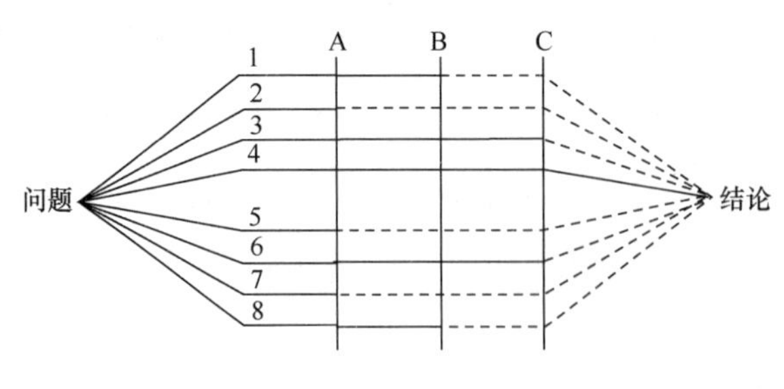

图 3-3-1　形态分析法示例

如图 3-3-1 所示，对于某个问题，假设有 8 种可能的解决方案（1～8 个分支）和 3 个判据（A、B、C）。当以 A 为判据，淘汰方案 2，5 和 7；根据判据 B，淘汰方案 1 和 8；最后使用判据 C，淘汰方案 3 和 6；此时，剩下方案 4，为最终解决方案。对于化学反应器选型，若采用形态分析法，可从反应相态、催化剂寿命、动力学的浓度特性、温度与传热特性、多相传质特性等方面设置判据，再结合前面表 3-3-2 中给出的各种化学反应器的混合特性、温度控制性能以及其他性能，进行判断筛选，淘汰不适合的方案，得到最终的化学反应器型式选择方案。若最终剩下的方案不止一个时，可以再使用定量计算进行筛选。

其实质就在于，首先分析化学反应特性，即高效的化学反应需要什么条件？如温度分布、浓度分布、催化剂活性与选择性的要求。那么我们选择的反应器，具有的特性能提供满足上述条件，能提供上述化学反应所需的反应环境。亦即化学反应特性与化学反应特性相匹配。

3.3.2.2 化学反应器选型判据

采用形态分析法进行化学反应器选型时，判据的设定是非常重要的。下面就常用的判据进行介绍。

(1) 化学反应相态　如前所述，化学反应的相态是进行化学反应器选择的第一关键判据。均相为体相反应，而非均相反应为界面反应。它决定了后续进行反应器选型的基本走向。

(2) 催化剂的寿命　通常能够实现工业化的多相催化剂，其失活大多为暂时性失活，可以通过再生使其恢复大部分活性。再生周期（或失活速度）的快慢，对化学反应器型式的选择有重要影响。从解决催化剂再生的方面来讲，若催化剂失活速度很快，意味着催化剂在反应器内停留时间很短，如几秒、几分钟或几小时，应该选择便于移出催化剂的反应器型式，如流化床、提升管；若催化剂失活速度再慢一些的，可以考虑移动床，或者多个反应器进行切换操作的型式；若催化剂失活周期达到半年或一年以上，达到与装置检修周期相当，则考虑的反应器型式限制就没有了。

(3) 根据反应动力学分析反应物浓度的影响（浓度效应）　化学反应器内物料浓度高低与混合状态相关。反应器内的混合按尺度分，可分为宏观混合和微观混合。其中，宏观混合为大尺度混合，如搅拌釜式反应器内机械搅拌形成的设备尺度循环流动。宏观混合导致返混的形成，返混越大，反应物浓度越低，产物浓度越高，如 CSTR，器内返混程度为无穷大，反应物和产物浓度与出口相同，即器内反应物浓度处于体系最低水平，而产物浓度处于最高水平。对于 PFR，返混为 0，器内反应物浓度随着反应体积的增加，沿着动力学变化曲线下降，处于最高水平。对于间歇操作的搅拌釜反应器，器内反应物浓度随着反应时间增加，沿着动力学变化曲线下降，也是处于最高水平，也就是返混为 0。而多釜串联和带循环的 PFR 反应器，返混则处于 0 到无穷大之间，可以通过调节串联的釜数和循环比达到调节返混的程度。

分析反应体系的动力学特性，就可以确定反应物浓度的高低对反应转化率、主产物选择性的影响，也就知道了我们选择的反应器内需要保持高浓度或低浓度环境，结合上面所说的不同化学反应器内返混导致的组分浓度高低分布情况，就可以对反应器型式做出判断和选择。

比如，对于简单反应，反应物的反应级数大于 0，反应物浓度越高，反应体积越小，即返混程度低有利，可以选择 PFR 或间歇反应器 BR；若反应物反应级数小于 0，反应物浓度低有利，可以选择 CSTR；若反应物反应级数等于 0，反应物浓度分布对反应结果没有影响，

PFR、CSTR 或 BR 均可行。

对于平行反应，若主反应的反应物级数高于副反应，则该反应物浓度高有利；当只有单一反应物时，选择 PFR 或 BR 有利，反之应选择 CSTR；若有多种反应物，则应根据判断的情况，逐一控制反应物的浓度高低水平。如图 3-3-2 所示，可以有各种操作方式，实现单个反应物浓度高低水平的控制。当然，对于气相反应，还可以通过加压或减压，实现反应物浓度高低的控制。

对于存在串联副反应的情形，因为主产物为中间产物，随着反应的进行，其浓度逐渐增高，这时候，能够维持主产物浓度在低水平的反应器型式更合理，也就是返混程度低更有利，即一般情形下，PFR 会优于 CSTR。当然，对于这一类型的反应体系，控制反应物的停留时间是关键。

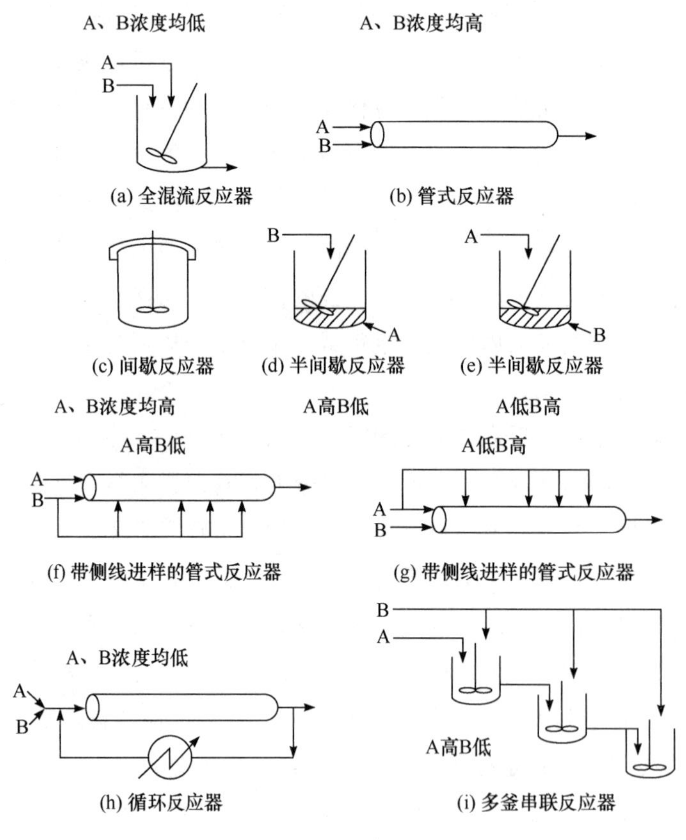

图 3-3-2 反应器型式与浓度控制方案

与设备大尺度的宏观混合相对应的是微观混合，它通过小尺度的湍流脉动将流体破碎成微团，微团之间的碰撞、合并与再分散，通过分子扩散使反应物系达到分子尺度均匀的混合过程。具有相同宏观混合状态的反应器，可以有 3 种完全不同的微观混合状态：①微观完全均匀；②微观完全离析；③微观部分混合。

就反应速率而言，微观混合的影响远小于宏观混合，但对存在平行或串联副反应的快速气相反应，以及对产物粒度和晶型分布有严格要求的催化剂和超细颗粒制备过程，微观混合会对产物分布及其质量产生重大影响，甚至成为过程成败的决定性因素，必须正确选择反应器型式、结构尺寸和操作条件，如搅拌速度、加料时间、反应物体积比，甚至是在反应器进口设置预混合装置，以保证反应在所需的微观混合程度下进行。如丁二烯气相均相热氯化反应以获得二氯丁烯，为一个快速的放热加成反应，伴随着氯代和多氯加成副反应，通过在进口处设置高速射流，实现反应物预混合和快速换热达到均一高温的反应要求，从而获得高选择性。

（4）根据反应热力学和动力学分析，确定反应器内控制温度和换热要求　对于化学反应器而言，绝热操作是最为简便、投资最省的操作方式。但化学反应均存在反应热的释放和吸收，这将直接影响反应器内的温度分布，进而影响反应效果。

从热力学角度来看，对于可逆放热反应，温度升高，平衡转化率下降；而对于可逆吸热反应，温度下降，平衡转化率下降。从动力学角度来看，若副反应的活化能高于主反应，温度升高，将导致主产物的选择性降低。另外，温度升高或下降，可能会超出催化剂活性温度范围，偏离最优温度分布要求，催化剂用量急剧增加，甚至因温度过高，催化剂表面反应机理发生改变，或导致副反应的大量发生、催化剂失活。

所以，在化学反应器选型时，首先计算化学平衡，根据希望的转化率，结合催化剂活性温度范围，确定大致的反应器操作温度范围。其次，根据催化剂性能研究或工业化装置运行数据，确定出反应器的单程转化率；根据单程转化率，计算反应器的绝热温升；根据绝热温升，结合催化剂活性温度范围和动力学分析得到的温度对主产物选择性影响，确定反应器是否需要移热控制温度。

有了这些基本判断后，即可就化学反应器型式做出选择，比如，若需在反应器内进行移热，则可选择：①反应器分段，段间采用间接换热或直接换热；②反应器内设置换热管，采取连续移热方式。具体来说，可根据绝热温升的高低和催化剂活性温度范围，可大致确定反应器分段数量。若反应器分段数少于 3～5 段，可采取多段反应器型式，如 Topsoe 氨合成反应器、SO_2 催化氧化、CO 变换等过程；但若因催化剂活性温度范围太窄，分段数太多，则反应器结构复杂，设备投资大，此时，可采用连续移热的列管式反应器，如 Lurgi 甲醇合成塔、乙苯脱氢反应器等。

对于某些强放热反应，如催化氧化、氨氧化等，绝热温升很高，固定床反应器无法实现温度的控制，这时候，可以考虑使用流化床，因为流化床内气固相处于流化状态，传热效率远高于固定床反应器，如丙烯氨氧化反应器等。

还有一种考虑和选择方向，是改变反应相态，如在气固相反应体系内加入惰性液体，成为气液固三相体系，选择浆态床反应器，通过气体鼓泡形成器内液固相的剧烈湍动，在反应器内设置换热面，利用液体传热性能好的优势，确保反应器内温度在所需范围内。这一技术用于合成气制甲醇和二甲醚、费托反应等。当然，若仅靠气体鼓泡形成的湍动程度无法实现温度控制的话，还可以考虑选择操作压力下的沸点与反应器内温度接近的溶剂，通过溶剂蒸发-冷凝回流循环的方式移热，如 PX 氧化中的乙酸汽化等，或者采用稀释反应原料、出口物料循环、催化剂稀释等方式移热，或者使用机械搅拌，即鼓泡搅拌釜式反应器， 进一步强化传热。

依据这一逻辑，绝热固定床型式是首选，若需移热，首先考虑反应器分段-段间冷却（或加热）的型式，最后考虑列管式反应器。其次，可以选择流化床反应器，但需要固体的催化剂具有一定的耐磨性。最后，可以改变反应相态，使用浆态床、溶剂蒸发-冷凝回流循环、物料稀释等，或机械搅拌强化传热的反应器型式。

（5）非均相反应体系的相际传质影响　对于非均相反应体系，因为存在相际传质，在反应表面（区）发生的反应物浓度与主体相浓度可能会存在差异，这种差异的大小取决于相际传质与反应速率的相对大小。此时，应根据它们的相对速度，判断过程阻力或控制步骤，从而为选择合理的反应器型式提供依据。

① 气液相反应　对于气液相反应，若为传质控制，此时液相反应速率大，应选择气液相间接触面大，持液量较小的反应器，如喷雾塔、喷射反应器；若为液相反应控制，相对而言传质速率大，应选择持液量大的反应器，如鼓泡塔、板式塔等。这只是两种极端情形，更为细致的判断可根据定量判据——八田数（Hatta 数）φ，其定义为：

$$\varphi=\frac{\sqrt{kC_{\mathrm{BI}}D_{\mathrm{A}}}}{k_{\mathrm{l0}}}$$

式中，k 为反应速率常数；C_{BI} 为液相反应物 B 的主体浓度；D_{A} 为气相反应物 A 在液相中的扩散系数；k_{l0} 为液相传质系数。

八田数的物理意义是液膜中的最大反应速率与通过液膜的最大物理传质速率之比。

当 $\varphi>3$ 时，分两种情况：①反应为快反应或瞬间反应，反应在气液相界面上或液膜内完成，液相主体中气相组分 A 的浓度 C_{AI} 为零，反应器的生产能力与相界面积成正比，而与持液量无关，因此，推荐选用相界面积大的反应器，如填料塔、喷雾塔等。②反应并非快反应，有部分在液相主体完成，需要有较长的液体停留时间，可选择板式塔。

当 $\varphi<0.02$ 时，反应为慢反应，主要在液相主体中进行，组分 A 的液相主体浓度 C_{AI} 接近于相界面浓度 C_{Ai}，反应器生产强度与持液量成正比，应选择鼓泡塔。

对于 $0.02<\varphi<3$ 的中速反应体系，情况比较复杂，过程阻力既可能主要在相际传质，也可能主要在液相反应，或者两者都不能忽略。此时，可以借助于参数 $a\varphi^2$ 做进一步判别（其中，a 为液相总体积与液膜体积之比，$a\varphi^2$ 的物理意义是最大液相主体反应速率与最大物理传质速率之比）。当 $a\varphi^2>>1$ 时，说明过程阻力主要在相际传质，反应仅发生在液相某一狭小区域内，应选用相界面积较大的反应器。当 $a\varphi^2<<1$ 时，说明过程阻力主要在液相，反应在整个液相主体进行，应选用持液量大的反应器。当 $a\varphi^2\approx1$ 时，说明相际传质和液相主体反应阻力都不能忽略，应选择相界面积和持液量均较大的设备，如通气搅拌釜。

各种常见气液反应器的主要传递性能指标参见表 3-3-4。

表 3-3-4　气液反应器的主要传递性能指标

类型		单位液相体积的相界面积/（m^2/m^3）	液相体积分率	单位反应器体积的相界面积/（m^2/m^3）	液相传质系数/（m/s）	单位液相体积的液膜体积
液膜型	填料塔	～1200	0.05～0.1	60～120	（0.3～2）$\times10^{-4}$	40～100
	湿壁塔	～350	～0.15	～50		10～50
气泡型	泡罩塔	～1000	0.15	150	（1～4）$\times10^{-4}$	40～100
	筛板塔	～1000	0.12	120	（1～4）$\times10^{-4}$	40～100
	鼓泡塔	～20	0.6～0.98	～20	（1～4）$\times10^{-4}$	4000～10000
	通气搅拌釜	～200	0.5～0.9	100～180		150～500
液滴型	喷洒塔	～1200	～0.05		（0.5～1.5）$\times10^{-4}$	2～10
	文丘里反应器	～1200	0.05～0.1		（5～10）$\times10^{-4}$	

② 气固相反应。对于气固相催化反应，传质和反应的相对速率并非通过反应器选型，而是通过催化剂的工程设计，即对催化剂的粒径、孔道结构和活性组分分布提出要求而解决。

对于固定床而言，催化剂颗粒小，有利于减小内扩散阻力，但床层压降急剧增大，粒径选择非常重要；而随着化工装置规模日益增大和高活性催化剂不断开发出来，固定床反应器的操作负荷越来越高，大颗粒催化剂的使用也逐渐增多。此时，催化剂活性组分的分布就非常重要。如果仍采用传统的活性组分均匀分布的设计，因为内扩散阻力的增大，催化剂有效利用系数降低，如存在串联副反应时，还会导致串联副产物增多，选择性下降。为此，研究人员开发了“蛋壳型”“蛋黄型”和“蛋白型”催化剂。所谓“蛋壳型”催化剂是指催化剂活性组分集中分布于惰性载体表面，如乙炔选择性加氢的 Pd 催化剂，不仅减少贵金属 Pd 的使用，而且减少了乙炔的过度加氢导致的乙炔损失。而“蛋黄型”催化剂是指催化剂活性组分被包埋在惰性载体内部，这类催化剂适合内扩散阻力存在有利于改善催化剂性能，如反应级数为负，或主反应级数低于副反应的，需要维持低浓度反应物的情形，如反应级数为负的贵金属催化剂上 CO 氧化等。而催化剂活性组分分布介于两层惰性载体之间的，称为“蛋白型”，适用于中等反应物浓度有利于反应的情形。

对于类似于氨氧化的 Pt 及其合金催化剂和甲醇氧化制甲醛的 Ag 催化剂，反应速率极快，催化剂内部孔道的存在会导致催化剂机械强度下降，一般采用网状结构。

对于大多数催化剂均采用多孔结构，其中，孔径小于 10nm 的称为微孔，大于 100nm 的称为粗孔；前者是催化剂活性分布的主要场所，与催化剂载体和制备方法有关，占内表面积的 90%以上，孔内扩散以克努森扩散方式进行；后者则与催化剂成型方法有关，孔内扩散以分子扩散为主，其扩散系数为前者的 100 倍，能有效减小内扩散阻力。因此，对于高活性催化剂，宜采用大孔径、小比表面积结构；而对于活性较低的催化剂，可采用小孔径、大比表面积的策略。

③ 气液固三相反应。气液固三相反应器的选型主要取决于以下因素：过程的速率控制步骤；不同流型（返混程度）的优缺点；所需辅助设备的复杂性和投资。

对于气液固三相反应，传质过程的阻力包括四部分，即：气膜阻力、气液相界面液膜阻力、液固相截面液膜阻力和固相（催化剂）内扩散阻力等。若过程的速率控制步骤为通过气膜和（或）液膜的传质，应选用气液相界面积大的反应器，如滴流床（涓流床）或带机械搅拌的浆态床反应器；若过程的速率控制步骤为通过液固相界面的传质，则应选用单位反应器体积催化剂外表面积大的反应器，即高固含率或小颗粒催化剂的反应器，如浆态床反应器；若反应速率主要由催化剂内扩散控制，应减小催化剂颗粒直径或选择异形催化剂，如浆态床反应器。当催化剂颗粒很小，若采用涓流床，床层压降会很大，这时可选用浆态床反应器。若反应为极慢反应，即使使用大颗粒催化剂，内扩散也无明显影响，可以选用滴流床（涓流床）或固定床鼓泡反应器。另外需要考虑的是，采用浆态床反应器的催化剂要分离回收，增加了生产费用。

此外，对气相转化率较低的反应过程，如加氢，常采用气相出料循环返回反应器的操作方式。有时为获得高浓度的液相产物，也可采用液相循环操作。

3.3.3 反应器设计模拟

用于化工生产的化学反应器设计需要综合考虑化学反应（反应动力学和反应热力学）、传质（对于多相反应，可能进入传质控制区域）、传热（反应过程换热——移热或加热）以及安全（化学组分的危险性，反应过程条件的控制）等要素。

反应器模拟实例

通常，一个化学反应器的设计流程如下。

① 收集主、副反应的热力学和动力学数据。其来源包括文献发表的，或者委托的实验室研究报告，可能是已建立的动力学方程，也可能是离散的实验数据，需要进行回归，从而获得动力学方程。如果是宏观动力学，需要考虑实验室研究条件下传质与工业化反应器内的传质性能是否一致；如果是本征动力学，还需要考虑工业化反应器内的传质影响（如固体催化剂的外扩散、内扩散）大小，从而判断是传质控制还是反应控制。如果是传质控制，那么化学反应动力学就不重要了，可直接使用传质速率方程来进行反应器设计计算（此时，因为催化剂表面的反应物浓度趋近于 0，宏观反应速率近似为 1 级，其传质系数即相当于反应速率常数的作用）。在使用固体催化剂的场合，我们还需要考虑失活的影响，对反应速率进行修正。

② 收集设计所需的物性数据。若采用手工或自己开发软件来计算，需要通过各种物理化学、热力学或化学工艺设计手册，查找反应体系所包含的化学组分的物性数据。若不能

直接找到，还可能需要选择合适的热力学方法，估算化学组分及其混合物的物性数据，如比热、黏度、表面张力、密度、焓、熵等。若采用专业软件来进行反应器设计，软件自带有化学物质及其物性数据库，则只需要根据体系化学组分的特点及操作条件，选择合适的热力学方法，同时对选择的热力学方法进行校验，以确保该热力学方法能正确估算单组分或混合物的物性。

③ 结合工业运行装置经验和中（小）试研究结果，确定化学反应器的工艺参数，如进料量、组成、温度、压力、单程转化率和选择性等。在进行初步设计时，可以借助已有工业运行装置的工艺参数或者中（小）试研究结果，确定如循环比、化学反应器的单程转化率和产物选择性、总转化率，根据设计产能，即可初步估算原料进料量、化学反应器进口物料流量和组成、反应器出口物料流量和组成等，亦即完成了化学反应工序初步的物料衡算。

④ 确定化学反应器型式，建立化学反应器模型，计算并优化化学反应器的基本结构参数。根据化学反应的热力学和动力学特性，利用上一节介绍的选型方法判据，选择合适的反应器型式和操作方式；根据已有的文献资料、运行装置数据和研究报告提供的基础数据，初步确定化学反应器的反应体积、操作温度和压力等，建立化学反应器模型，通过敏感性分析、优化等手段，确定化学反应器的最优结构参数和工艺参数，并获得最终的化学反应系统的物料衡算、能量衡算结果。

⑤ 选择合适的材质，进行反应器的机械设计与校核。根据化学反应器的操作温度、压力和反应组分的物化性质，确定化学反应器材质。在选定材质后，需要对化学反应器壁厚、接管、法兰、垫片等进行选型、机械设计或强度校核，以确保能安全、正常运行。

⑥ 化学反应器及其配套装置的成本估算。根据估算结果，可能会修改设计参数，重复③～⑥步，直至获得满意的结果。

我们知道，对于一个一级不可逆反应，如 A→B，反应物转化率从 90%提高至 99%，需要增加的反应体积是前期达到 90%转化率的反应体积的一倍；若是一个二级不可逆反应，后期（转化率从 90%提高至 99%）所需的反应体积是前期的十倍。那么在选择转化率的时候，到底是 90%还是 99%？转化率低，化学反应器设备费用低，如果 A、B 很容易分离，A、B 的分离成本也很低，这时候，选择低转化率可能是有利的；但如果 A、B 很难分离，这时设备和操作费用都会很高，综合化学反应和分离的总成本来考虑，低转化率可能不一定是最优的。因此，在进行化学反应器的设计时，还需要我们把化学反应器和后续的产物分离成本（包括设备费和运行费）结合在一起综合考虑。

此外，应注意因为反应器的温度限制需要选用高等级材质，或因温度过高，设计压力等级提升而带来的化学反应器费用急剧增加的情形，这时候需要在反应器的操作温度、压力与材质、结构型式之间进行权衡比较。

3.3.4 典型反应器设计实例

以塔式反应器和气固相反应器为例分析。

3.3.4.1 气固相催化反应器设计实例

气固相催化反应器型式包括固定床、流化床、移动床、提升管等，其中，固定床反应器结构最为简单、反应效率高。依据反应过程放热量的高低，可分为：①绝热单段固定床，用于绝热温升小；②多段式固定床，段间设置移热，移热方式包括直接冷激（原料气或惰性气）和间接换热（自己换热、外部介质换热等）；③连续移热式，即列管式固定床反应器，可采用管内装填催化剂或管外装填催化剂，另一侧走移（加）热介质。依据气体在反应器内的流向，还可分为轴向床和径向床，其中轴向床气体分布简单，但因气体流动距离长，床层阻力大，需要使用大颗粒的催化剂，径向床中气体流动距离短，阻力小，可以使用细颗粒的催化剂，有效利用系数大，反应效率高，但气体分布复杂。如果过程热效应非常大，采用固定床移热困难时，可以考虑使用流化床反应器，在反应器内设置换热管，气固相湍动剧烈，传热系数大，移热容易，但因流化床反应器内存在气泡的聚并与破碎，导致器内存在强烈的返混，反应效率较固定床低，且需要催化剂有好的耐磨性。若催化剂失活较快，固定床因装卸催化剂麻烦而不适用，可依据催化剂失活周期的长短，选择移动床、流化床或提升管反应器。

下面以硫化氢与甲醇气相催化反应生产甲硫醇过程为例，来介绍气固相催化反应的设计思路。

（1）化学反应特性分析　本反应器主要针对的是将火炬气脱硫提浓的高纯度 H_2S 气体与甲醇反应生成甲硫醇过程，该反应的高效温度约为 380℃，反应压力约为 10bar。该反应器设计主要的难点、也是这一反应的主要特点是：

① 反应速率、选择性易受温度影响。反应为强放热反应，催化剂活性温度范围较窄，催化剂床层温度过低会导致反应速率过低；温度过高虽然有利于加快反应速率，但是过高的反应温度会导致甲硫醚和甲硫醇的裂解，产生积碳和积硫，对甲硫醇选择性产生影响；

② 催化剂因高温易出现结焦失活。连续化生产不允许频繁停车更换催化剂，否则会导致产品质量不稳定以及额外的能量与原料消耗；维持催化剂床层不超温是关键；

③ 催化剂载体容易被破坏失活。根据《化工设备设计全书——塔设备设计》，当气相水含量超过 10%时，水与硫化氢竞争吸附及水与氧化铝之间的不可逆水合反应，使得甲硫醇得率降低 3%；而床层超温情况下，甲硫醚和甲硫醇大量裂解积碳，并进一步生成甲烷、CO 和 CO_2，会结合催化剂的晶格氧，破坏催化剂表面的铝氧结构，从而影响催化剂活性；

④ 现有反应器反应体系不稳定，不利于放大设计。中试反应器采用列管式固定床反应器，虽然很好地解决了移热问题，但列管式固定床结构复杂，投资大；反应本身压力不高，但反应温度很高，需要的蒸汽压力也就很高，对反应器壳体材料、列管材料要求进一步提高，投资也进一步增加，在控温和投资方面投入更多。

(2) 化学反应动力学　该反应对于 CH_3OH 为一连串反应，第一步反应为 CH_3OH 和 H_2S 在 K_2WO_4-γ-Al_2O_3 催化剂作用下合成反应，第二步反应为第一步中产生的 CH_3SH 和 CH_3OH 发生反应生成 $(CH_3)_2S$ 副产物，各步反应速率不同。通过简化，具体反应方程如下:

$$CH_3OH + H_2S \xrightarrow{r_1} H_2O + CH_3SH \tag{1}$$

$$2CH_3OH + H_2S \xrightarrow{r_2} 2H_2O + (CH_3)_2S \tag{2}$$

$$2CH_3OH \xrightarrow{r_3} H_2O + (CH_3)_2O \tag{3}$$

$$2CH_3SH \xrightarrow{r_4} (CH_3)_2S + H_2S \tag{4}$$

根据俄罗斯科学院西伯利亚分院的 A. V. Mashkina 和 V. Yu. Mashkin 等的研究结果，得到该反应体系的动力学见表 3-3-5。

表 3-3-5　硫化氢甲醇法合成甲硫醇反应体系动力学

原始的动力学方程	用于 Aspen 的动力学方程	动力学参数
$r_1=\dfrac{k_{MT}K_1P_{H_2S}P_{Me}}{P_{H_2O}+K_1P_{Me}+K_5P_{H_2O}^2}$	$r_1=\dfrac{k_{MT}P_{H_2S}P_{Me}}{1+\dfrac{1}{K_1}P_{Me}+\dfrac{K_5}{K_1}P_{H_2O}^2}$	$k_{DIS}(T)=0.04333\exp\left(-\dfrac{83390}{RT}\right)\text{mmol}/(\text{g}\cdot\text{h}\cdot\text{atm})$
$r_2=\dfrac{k_{DME}K_1P_{Me}^2}{P_{H_2O}+K_1P_{Me}+K_5P_{H_2O}^2}$	$r_2=\dfrac{k_{DME}P_{Me}^2}{1+\dfrac{1}{K_1}P_{Me}+\dfrac{K_5}{K_1}P_{H_2O}^2}$	$k_{MT}(T)=3.78\exp\left[-\dfrac{67.05\pm9.76}{R}\left(\dfrac{1}{T}-\dfrac{1}{633}\right)\right]\text{mmol}/(\text{g}\cdot\text{h}\cdot\text{MPa})$
$r_3=\dfrac{k_{DMS}K_1P_{H_2S}P_{Me}^2}{P_{H_2O}+K_1P_{Me}+K_5P_{H_2O}^2}$	$r_3=\dfrac{k_{DMS}P_{H_2S}P_{Me}^2}{1+\dfrac{1}{K_1}P_{Me}+\dfrac{K_5}{K_1}P_{H_2O}^2}$	$k_{DME}(T)=0.14\exp\left[-\dfrac{67.02}{R}\left(\dfrac{1}{T}-\dfrac{1}{633}\right)\right]\text{mmol}/(\text{g}\cdot\text{h}\cdot\text{MPa})$
$r_4=\dfrac{k_{DIS}P_{MT}^2}{P_{MT}^{0.5}P_{DMS}^{0.5}}$	$r_4=\dfrac{k_{DIS}P_{MT}^2}{P_{MT}^{0.5}P_{DMS}^{0.5}}$	$k_{DMS}(T)=0.68\exp\left[-\dfrac{0.53}{R}\left(\dfrac{1}{T}-\dfrac{1}{633}\right)\right]\text{mmol}/(\text{g}\cdot\text{h}\cdot\text{MPa})$
		$K_1(T)=(1618.5\pm562.8)\exp\left[-\dfrac{3.04\pm1.06}{R}\left(\dfrac{1}{T}-\dfrac{1}{633}\right)\right]$
		$K_5(T)=(2904.7\pm504.7)\exp\left[-\dfrac{-19.49\pm3.39}{R}\left(\dfrac{1}{T}-\dfrac{1}{633}\right)\right]\text{MPa}$

注：MT 代表甲硫醇(CH_3SH)，DMS 代表甲硫醚[$(CH_3)_2S$]，DME 代表二甲醚[$(CH_3)_2O$]。

通过单位换算、数据整合最终得到动力学参数见表 3-3-6。

表 3-3-6　硫化氢甲醇法合成甲硫醇反应体系动力学参数

反应项	动力学因子	活化能/（kJ/kmol）
r_1	0.000372	67050
r_2	6.8×10^{-6}	530
r_3	1.4×10^{-5}	67020
r_4	0.04333	83390

用于 Aspen 建模的输入各项参数如下。

① 对于 r_1，推动力项参数见表 3-3-7。

表 3-3-7　硫化氢甲醇法合成甲硫醇反应（1）动力学推动力项参数

组分（Component）	指数（Exponent）
CH_3OH	1
H_2S	1

吸附项参数见表 3-3-8。

表 3-3-8　硫化氢甲醇法合成甲硫醇反应（1）动力学吸附项参数

吸附项指数（Adsorption expression exponent）		1	
CH_3OH	1	0	0
H_2S	0	0	0
H_2O	0	1	2
CH_3SH	0	0	0
序号（Term no.）	1	2	3
Coefficient A	0	−7.96687	−35.0259
Coefficient B	0	325.628	3969.73
Coefficient C	0	0	0
Coefficient D	0	0	0

② 对于 r_2，推动力项参数见表 3-3-9。

表 3-3-9　硫化氢甲醇法合成甲硫醇反应（2）动力学推动力项参数

组分（Component）	指数（Exponent）
CH_3OH	2
H_2S	1

吸附项参数见表 3-3-10。

表 3-3-10　硫化氢甲醇法合成甲硫醇反应（2）动力学吸附项参数

吸附项指数（Adsorption expression exponent）		1	
CH_3OH	1	0	0
H_2S	0	0	0
H_2O	0	1	2
CH_3SH	0	0	0
序号（Term no.）	1	2	3
Coefficient A	0	−2.06687	−28.8259
Coefficient B	0	325.628	4409.73
Coefficient C	0	0	0
Coefficient D	0	0	0

③ 对于 r_3，推动力项参数见表 3-3-11。

表 3-3-11　硫化氢甲醇法合成甲硫醇反应（3）动力学推动力项参数

组分（Component）	指数（Exponent）
CH_3OH	2

吸附项参数见表 3-3-12。

表 3-3-12　硫化氢甲醇法合成甲硫醇反应（3）动力学吸附项参数

吸附项指数（Adsorption expression exponent）		1	
CH_3OH	1	0	0
H_2S	0	0	0
H_2O	0	1	2
CH_3SH	0	0	0
序号（Term no.）	1	2	3
Coefficient A	0	−2.96687	−3.34259
Coefficient B	0	325.628	5309.73
Coefficient C	0	0	0
Coefficient D	0	0	0

④ 对于 r_4，推动力项参数见表 3-3-13。

表 3-3-13　硫化氢甲醇法合成甲硫醇反应（4）动力学推动力项参数

组分（Component）	指数（Exponent）
CH_3SH	1.5
DMS	−0.5

(3) 化学反应器选型　硫化氢与甲醇合成甲硫醇反应为可逆放热的气固相催化反应，见图 3-3-3，催化剂寿命相对较长，可选的反应器型式主要有流化床、固定床，选型依据主要是温度控制与催化剂催化效率提升。

硫化氢与甲醇反应热约为−225kJ/mol，绝热温升达到 230℃，但考虑到该反应体系催化剂寿命长，不需要及时更新，流化床对催化剂颗粒的耐磨性有要求，器内返混大，需设置催化剂回收装置，结构复杂、操作要求高。综合考虑，初步选定反应器类型为固定床反应器。但因绝热温升超过了催化剂的活性温度范围（340～400℃），需要考虑反应器的移热问题。

固定床反应器主要有三种基本形式：①轴向多段绝热-段间换热的固定床反应器。流体沿轴向流经床层，床层同外界无热交换。轴向反应器，床层压降大，催化剂颗粒大，扩散阻力大，对催化剂的强度有严格要求。②径向多段绝热-段间换热的固定床反应器。流体沿径向流过颗粒床层，由于流通截面积大，流速小，流道短，具有压降小的显著特点。为此，可采用小颗粒的催化剂或固相反应物，减小内扩散的影响，反应速率及反应器的生产能力均得以增加。流体可采用离心或向心流动。径向反应器的设计关键是合理地进行气体沿轴向圆周面上的均布，故径向反应器的结构较轴向反应器复杂。以上两种形式都属绝热反应器，适用于反应热效应不大，或反应系统能承受绝热条件下由反应热效应引起的温度变化的场合。③列管式固定床反应器。由多根反应管并联构成。管内或管间设置催化剂，载热体流经管间或管内进行加热或冷却，管径通常在 25～50mm 之间，管数可多达上万根。相较于前两种绝热床层-段间换热结构，列管式固定床反应器为连续换热，结构更为复杂，适用于反应热较大的反应，同时需要考虑反应器的热稳定性。

反应器的移热方式有产物循环、分段进料、段间换热和反应器内设置移热构件四种，其中，产物循环、分段进料和段间冷激换热会增大返混，牺牲甲硫醇收率，段间间接换热在确保反应温度维持在催化剂活性温度范围内的同时，避免返混，保证了高效催化活性。

综上分析，选择采用径向多段绝热-段间间接换热的固定床反应器，在有效解决反应移热的基础上，减小返混；使用小颗粒催化剂，有效减小内扩散影响，同时，床层压降小。

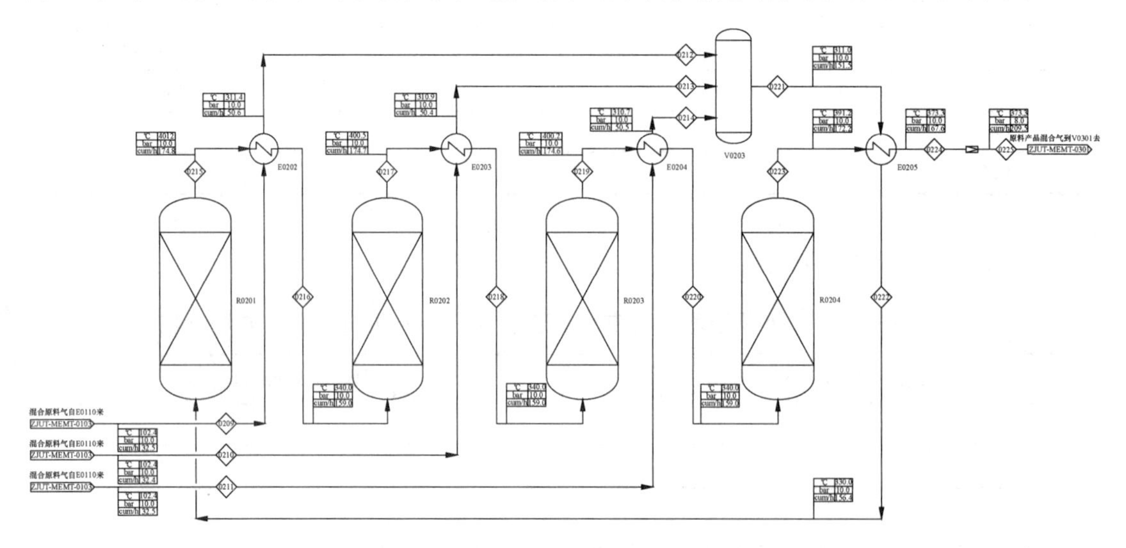

图 3-3-3　甲硫醇合成主反应器流程图

（4）反应器建模与工艺优化　采用多个 RPLUG 反应器串联方案进行模拟，具体模型如图 3-3-4 所示。

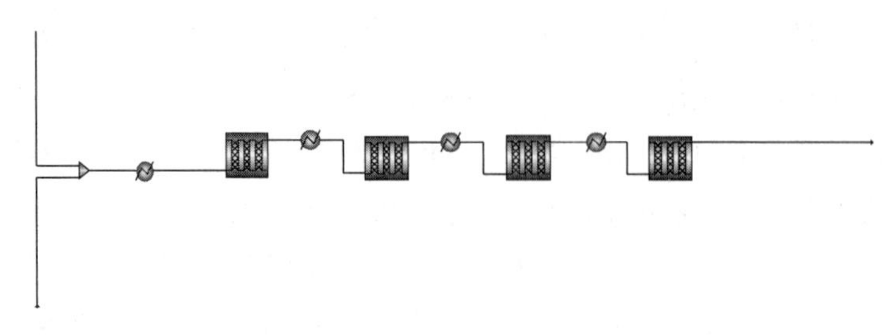

图 3-3-4　反应器 Aspen 模拟示意图

硫化氢甲醇法合成甲硫醇工艺最适宜的反应温度为 380℃，本项目取催化剂较适宜活性温度范围 340～400℃、反应压力 1.0MPa，空速 2500～3000h^{-1}，H_2S/CH_3OH 摩尔比为 2∶1。

结合动力学方程，利用 Aspen Plus 进行模拟计算，计算需遵循以下原则：

① 各催化剂床层温度在 340～400℃范围内；

② 除最后一层催化剂床层外，床层以催化剂温度上限为停止反应标准，最后一层催化剂床层以最大甲醇转化率为停止反应标准；

③ 最后一层催化剂床层出料中甲醇转化率达 88%以上。

通过模拟对比，确定需要 4 段绝热-段间间接换热的固定床反应器，模拟结果见表 3-3-14 和表 3-3-15。

表 3-3-14　段床层数据

催化剂床层编号	1	2	3	4
进口温度/℃	330	340	340	340
出口温度/℃	400	400	400	392
催化剂质量/kg	1003.05	924.02	1083.53	1165.00
甲醇转化率/%	25.47	47.39	69.32	88.00
甲硫醇选择性/%	93.61	93.01	92.08	91.16

表 3-3-15　反应器进出物流信息表

物流信息	反应器进口	反应器出口
温度/℃	330	392
压力/bar	10	10
气相分数	1	1
摩尔流量/（kmol/h）	31.186	31.185
质量流量/（kg/h）	1042	1042
体积流量/（m^3/h）	156.392	172.244
焓值/（Gcal/h）	–0.570	–0.639
摩尔分数		
H_2O	0.013	0.302
CO_2	0.019	0.019
H_2S	0.64	0.374
CH_3OH	0.329	0.039
CH_3SH	79×10^{-6}	0.242
CH_3SCH_3	180×10^{-9}	0.024
CH_3OCH_3	131×10^{-6}	283×10^{-6}

（5）反应器催化剂用量计算　根据各床层的进料体积流率、催化剂质量以及催化剂的堆密度、填充率，催化剂的效率因子 0.66，并计算出各床层的气体空速，整理至表 3-3-16。

表 3-3-16　各床层相关参数表

催化剂床层编号	1	2	3	4
进口体积流率/（m^3/h）	156.392	158.98	158.98	158.98
催化剂质量/kg	1003.05	924.02	1083.53	1165.00
催化剂体积/m^3	1.337	1.235	1.448	1.558
气体空速/h^{-1}	2880.1	3177.0	2709.3	2518.7

（6）反应器结构设计

① 反应器中心管的设计。查阅《化工工艺设计手册》中“化工流体常用经济流速表”，流速 u=6m/s 来确定中心管的直径，对于反应气处理量最大的第四段反应器有：

$$D_e = \sqrt{\frac{4V}{3600 \times \pi u}} = 102.3\text{mm}$$

经圆整后取中心管尺寸为φ125×8。

研究表明，非均匀开孔（上小下大）时催化剂床层两侧能得到更为均匀的静压差分布，使反应原料气在催化剂床层内得到更均匀的分布。故选择上小下大的非均匀开孔方式，使之能够克服由于催化剂的长期运转而造成的床层空隙率沿轴向变化的缺陷，从而使流体沿反应器轴向分布更均匀。

中心管开孔段长度为 1.7m，根据停留时间计算在不考虑催化剂阻力的情况下，进出催化剂床层的气体流速分别为 0.316m/s 和 0.037m/s；通过计算催化剂阻力的影响，当进气速为 0.9m/s，出气速为 0.081m/s，同样能保证足够的反应停留时间。

径向床层压降：757Pa

取分布管压降为床层压降的 10%

则 $\Delta P_d = 10\% \times \Delta P_b = 75.7\text{Pa}$

小孔气速：$u_r = C_d\left(\dfrac{2\Delta P_d}{\rho_f}\right)^{\frac{1}{2}}$

其中，为 C_d 孔流系数

雷诺数：$Re_p = \dfrac{d_p u \rho_f}{\mu_f} = \dfrac{1.5\times10^{-3}\times0.9\times6.663}{2.384\times10^{-5}} = 377.31$

根据 C_d 与雷诺数 Re 的关系图 3-3-5，查得 $C_d = 0.71$

则 $u_r = C_d\left(\dfrac{2\Delta P_d}{\rho_f}\right)^{\frac{1}{2}} = 0.71\times\left(\dfrac{2\times75.7}{6.663}\right)^{\frac{1}{2}} = 3.384$

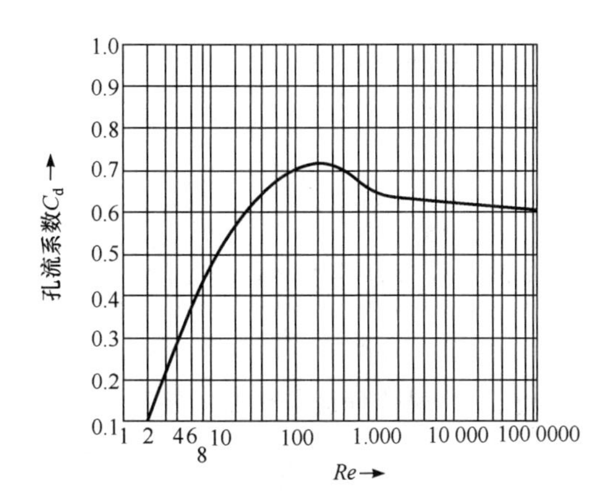

图 3-3-5　孔流系数与雷诺数关系图

开孔率：$\varphi=\dfrac{u}{u_r}=\dfrac{0.9}{3.384}=26.60\%$

开孔面积：$A_r=2\varphi\pi DL=2\times0.266\times\pi\times0.05\times1.7=0.142\left(m^2\right)$

若小孔径取 5mm，大孔径取 8mm，开孔面积按简化的各占一半计算

则开小孔数：$N_r=\dfrac{A_r}{\dfrac{\pi}{4}d_r^2}=\dfrac{0.142/2}{\dfrac{\pi}{4}\times0.005^2}\approx3600$ 个

则开大孔数：$N_r=\dfrac{A_r}{\dfrac{\pi}{4}d_r^2}=\dfrac{0.142/2}{\dfrac{\pi}{4}\times0.008^2}\approx1400$ 个

即：进气流速开孔率为 26.60%，开孔方式为圆孔、错排。上下层不同孔径，上层开孔直径 5mm，孔间距 8mm，开孔数为 3600 个；下层开孔直径 8mm，孔间距 10mm，开孔数为 1400 个。

② 反应段高度和内分布筒半径计算。以第一段反应器为例进行设计。

选取较为合适的高径比，设反应段内筒高度为直径的两倍：$(R_1-r):L=1:4$

$$\pi R_1^2L-\pi r^2L=1.337$$

式中，R_1为内分布筒半径；r为中心集气管半径；L为反应段高度。

可求得：$R_1=0.525\text{m}$，$L=1.9\text{m}$

采用同样的方法，可以得到各段反应器的内分布筒半径如表 3-3-17。

表 3-3-17　各反应段内分布筒半径、高度

反应器编号	1	2	3	4
R_1/mm	525	513	536	547
L/mm	1900	1852	1944	1988

为了统一反应器，统一选用反应器内分布筒半径圆整得 0.55m，则反应段长度为 2m。

根据《压力容器手册》，筒体顶部空间 H_a=1m；筒体底部空间 H_b=0.8m；封头高度：采用 EHA 椭圆形封头，曲面高度为 H_1=325mm；直边高度 H_2=25mm，则封头高度 $H_c = 2\times(0.325+0.025)=0.7(\mathrm{m})$。

以上可得，每段反应器高度：

$$H = L + H_a + H_b + H_c = 2+1+0.8+0.7 = 4.5(\mathrm{m})$$。

反应器筒体内径：

在π型流向反应器中，存在一个最佳分流与集流的横截面积比，公式如下：

$$\frac{S_A}{S_B}=\sqrt{\frac{k_{分}\gamma_B}{k_{集}\gamma_A}}$$

式中，$k_{分}=0.57+0.15\left(\dfrac{\omega_b}{\omega_a}\right)$，分流动量交换系数；$k_{集}=0.98+0.17\left(\dfrac{\omega_a}{\omega_b}\right)$，集流动量交换系数；A：分流；B：集流；$\gamma_A$：分流段气体密度，$\mathrm{kg/m^3}$；$\gamma_B$：集流段气体密度，$\mathrm{kg/m^3}$；$S_B = S_{中心管}$。

反应器内径可用下式表示：

$$D_{in}=\sqrt{D_j^2+\frac{S_A}{S_B}D_{zxin}^2}$$

式中，D_j 表示集流管外径；D_{in} 表示反应器内径；D_{zxin} 表示中心管内径。

则反应器内径：

$$D_{in}=\sqrt{D_j^2+\frac{S_A}{S_B}D_{zxin}^2}=\sqrt{1.2^2+\left(\frac{0.67\times6.050}{1.235\times6.663}\right)\times0.1^2}=1.2(\mathrm{m})$$

扇形筒的设计：

对于第一段反应器，S_A=0.2m^2，取扇形筒截面积为 0.02m^2/个，得到扇形筒个数为 10 个。同理得到第二、三、四段反应器的扇形筒体截面积均为 0.02m^2/个，个数均为 10 个。

根据反应气进料流量与扇形管内径计算后取扇形管厚度为 50mm。

③ 催化剂封的设计。“催化剂封”可采用挡板式，此时挡板要有足够高度，否则气体就会短路；若挡板高度过高，必然会有死角，挡板的高度一般略大于催化剂还原后的收缩高度。

催化剂的下沉与催化剂特性和装填松紧有关，在径向反应器中，由于反应器压降较小，因而催化剂装填以紧密为好。在紧密填装的条件下，催化剂下沉高度为 3%～5%（特殊的情况应以实测数据为准）。

为了防止流体自顶部回流的短路现象，在考虑了催化剂下沉高度以后还必须留有一定的高度，以避免流体回流短路现象而降低反应效果，通常此高度应等于径向流动长度的 1/3～1/2 为宜。此时，反应器催化剂段径向半径为 0.55m，为避免短路的高度需要：

$$H=\frac{1}{2}D_{内}\times(1+5\%)=\frac{1}{2}\times0.55\times1.05\approx0.3(\text{m})$$

④ 反应器压降计算。一般固定床反应器压降不宜超过床内压力的 15%，由《基本有机化学工程》可查得如下计算公式：

$$\frac{\Delta P}{H}=\frac{G}{\rho_{g}gd_{p}}\frac{1-\varepsilon}{\varepsilon^{3}}\left[\frac{150(1-\varepsilon)\mu}{d_{p}}+1.75G\right]$$

式中，ΔP为床层压力降，kg/m^2；G为质量流速，$\text{kg}/(\text{m}^2\cdot\text{s})$；$\rho_{g}$为气体密度，$\text{kg}/\text{m}^3$；$g$为重力加速度，$\text{m}/\text{s}^2$；$\varepsilon$为固定床层孔隙率；$d_{p}$为催化剂颗粒当量直径，m；$\mu$为气体黏度，$\text{Pa}\cdot\text{s}$或$(\text{kg}/\text{m}\cdot\text{s})$。

在径向固定床反应器内气流通道截面随距中心轴的半径 r 大小而改变，因此质量流速 G 也随之改变，$G=W/(2\pi rL)$，将径向床压力降写成微分式：

$$\text{d}(\Delta P)=\left[\frac{150(1-\varepsilon_{B})\mu}{d_{s}G}+1.75\right]\times\frac{G^{2}}{\rho_{f}d_{s}}\left(\frac{1-\varepsilon_{B}}{\varepsilon_{B}^{3}}\right)\text{d}r$$

或

$$\text{d}(\Delta P)=\left[\frac{150\mu}{\rho_{f}d_{s}^{2}}\times\frac{(1-\varepsilon_{B})^{2}}{\varepsilon_{B}^{3}}\times\frac{W}{2\pi rL}+\frac{1.75}{\rho_{f}d_{s}}\left(\frac{(1-\varepsilon_{B})}{\varepsilon_{B}^{3}}\right)\times\left(\frac{W}{2\pi rL}\right)^{2}\right]\text{d}r$$

此时，径向距离变化由 $r_{1}=0.05\text{m}$ 增至 $r_{2}=0.55\text{m}$，故将数据代入下式计算：

$$\Delta P=\frac{150\mu}{\rho_{f}d_{s}^{2}}\times\frac{(1-\varepsilon_{B})^{2}}{\varepsilon_{B}^{3}}\times\frac{W}{2\pi L}\ln\frac{r_{2}}{r_{1}}+\frac{1.75}{\rho_{f}d_{s}}\left[\frac{(1-\varepsilon_{B})}{\varepsilon_{B}^{3}}\right]\left(\frac{W}{2\pi L}\right)^{2}\left(\frac{1}{r_{1}}-\frac{1}{r_{2}}\right)$$

将数据代入得到径向固定床床层压降 $\Delta P=756.894\text{Pa}<0.15\times1\text{MPa}=0.15\text{MPa}$，在合理压降范围内。并采用比较大的侧壁穿孔压降或床层压降来平衡流道静压差的差别。

⑤ 接管设计

a. 反应器进料管。根据 Aspen Plus 流程模拟结果得到反应器进口的总体积流量为 156.392m^3/h，进入反应器的气体流速取 6m/s，管的直径为：

$$d=\sqrt{\frac{4V}{\pi u}}=\sqrt{\frac{4\times156.392}{3.14\times5\times3600}}=0.10520(\text{m})$$

采用无缝钢管，钢管公称直径 DN=120mm。

b. 反应器出料管。根据 Aspen Plus 流程模拟结果得到反应器进口的总体积流量为 159.02m^3/h，进入反应器的气体流速取 6m/s，管的直径为：

$$d=\sqrt{\frac{4V}{\pi u}}=\sqrt{\frac{4\times156.392}{3.14\times5\times3600}}=0.10520(\text{m})$$

采用无缝钢管，钢管公称直径 DN=120mm。

选择标准法兰，密封效果较好的对焊法兰，由不同的公称直径选用相应的法兰。

（7）反应器强度设计　将上述结果汇总，得到反应器强度设计与校核的基本条件（如表 3-3-18 所示）。

表 3-3-18　反应器强度设计条件一览表

项目	数值及计算
设计压力/MPa	1.1
设计温度/℃	415
介质名称	甲醇、硫化氢、甲硫醇、甲硫醚、水
催化剂段直径	1.2m
催化剂段高度	2.0m
反应器内径	1.4m
反应器高度	4.5m

① 反应器筒体壁厚。已知工作压力 p_w 为 10bar，即 1MPa。则有：

设计压力 $p=(1.05\sim1.1)p_w$，取 $p=1.1p_w=1.1\times1=1.1(\text{MPa})$，忽略气体静压 p_L；

计算压力 $p_c=p+p_L=p=1.1\text{MPa}$；

反应器内操作温度 $T_w=400℃$，

设计温度 $T_c=T_w+15℃=415℃$

由于工作压力大于 0.1MPa，且本反应体系要做好严格密封工作，防止产品气 CH_3SH、$(CH_3)_2S$ 与原料气 H_2S 泄漏对环境带来的影响，故采用双面焊对接接头，进行全部无损探伤检测，即：焊缝系数 $\phi=1.0$（双面对接焊，局部无损探伤检测）。

对于同一硬度的钢材，H_2S 浓度越高，越容易产生硫化物应力腐蚀开裂。当 H_2S 浓度降低，则发生硫裂的时间就会延长，钢材强度也可以高一些。当硫化氢浓度低于某一定值后，甚至高强钢也不产生硫化物应力开裂。《固定式压力容器安全技术监察规程》规定：H_2S 分压≥0.00035MPa，即相当于常温在水中的溶解度≥10^{-5}才构成应力腐蚀环境；且硫化物腐蚀开裂通常在室温下发生的概率最多，温度大于 65℃产生的破裂的事例极少，这与 H_2S 在水中的溶解度有关。温度升高，降低了 H_2S 在水中的溶解度。根据操作压力和反应器会出现的最高温度（400℃），重点考虑反应器的使用寿命和抗腐蚀能力，最终决定选用反应器材料为 S31608 钢材，再查标准《压力容器设计手册》，得：

许用应力 $[\sigma]^t=80\text{MPa}(400℃)$

钢板负偏差 $C_1=0.3\text{mm}(\text{GB/T 24511})$

腐蚀裕量 $C_2=3\text{mm}$

由设计厚度公式 $\delta_d=\dfrac{p_cD_i}{2[\sigma]^t\phi-p_c}+C_2$，得

设计厚度 $\delta_d=\dfrac{1.1\times1400}{2\times80\times1-1.1}+3=12.691(\text{mm})$

名义厚度 $\delta_c=\delta_d+C_1+\varDelta=13\text{mm}$

② 反应器封头设计。

封头厚度计算公式 $\delta_d=\dfrac{Kp_cD_i}{2[\sigma]^t\phi-0.5p_c}+C_2$

设计厚度 $\delta_d=\dfrac{1.1\times1400}{2\times80\times1-0.5\times1.1}+3=12.66(\mathrm{mm})$

名义厚度 $\delta_n=\delta_d+C_1+\Delta=13\mathrm{mm}$

$\delta_n\geqslant0.3\%D$，符合要求（GB 150—2011）。

③ 压力试验。设计压力为1.1MPa，设计温度为400+15=415℃，查表得该温度下许用应力为81MPa。

水压试验如下：

$$P_T=1.25p_c\frac{[\sigma]}{[\sigma]^t}=1.25\times1.1\times\frac{80}{81}=1.358(\mathrm{MPa})$$

$$\sigma_T=\frac{P_T(D_i+\delta_e)}{2\delta_e}=\frac{1.358\times(1400+13-3-0.3)}{2\times(13-3-0.3)}=98.679(\mathrm{MPa})$$

$$0.9\phi\sigma_s=0.9\times1\times520=468(\mathrm{MPa})\geqslant\sigma_T$$

故满足水压试验要求。接下来即可进行机械强度校核。

(8) 反应器设计计算结果汇总　汇总表见表3-3-19。

表3-3-19　反应器设计参数一览表

项目	数值及计算
设计压力/MPa	1.1
设计温度/℃	415
反应器直径 D/mm	1400
各段反应器高度/m	4.5
催化剂段直径/m	1.2
催化剂段高度/m	2
反应器段数	4
封头壁厚/mm	13
筒体壁厚/mm	13
反应器筒体材料	S31608
催化剂用量/t	4.2
中心管尺寸	ϕ125×8
开孔段长度/mm	1700

续表

项目	数值及计算
催化剂封段高度/mm	300
开孔率	26.60%
开孔直径	5mm/8mm
进料管尺寸/mm	ϕ108×4
出料管尺寸/mm	ϕ108×4
扇形管厚度/mm	50
扇形管个数	10 个
扇形管截面积/m^2	0.02
壳体直径/mm	1400
接管法兰	DN100 对焊法兰
法兰复核	合格

(9) 反应器设计结构图、工艺条件图　这里仅给出反应器设计简图（图 3-3-6）和反应器工艺条件图（图 3-3-7）。

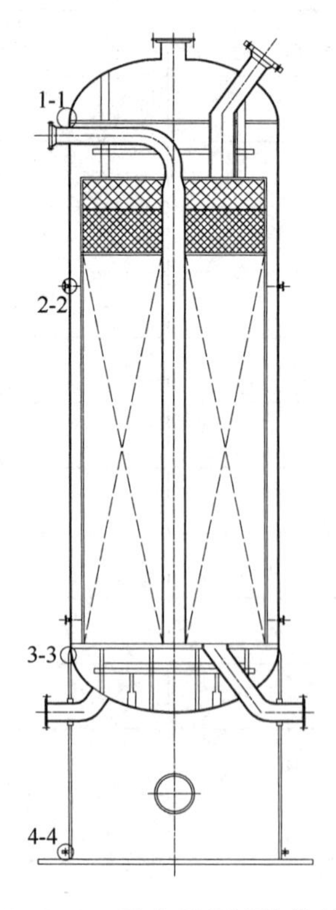

图 3-3-6　反应器设计结构简图

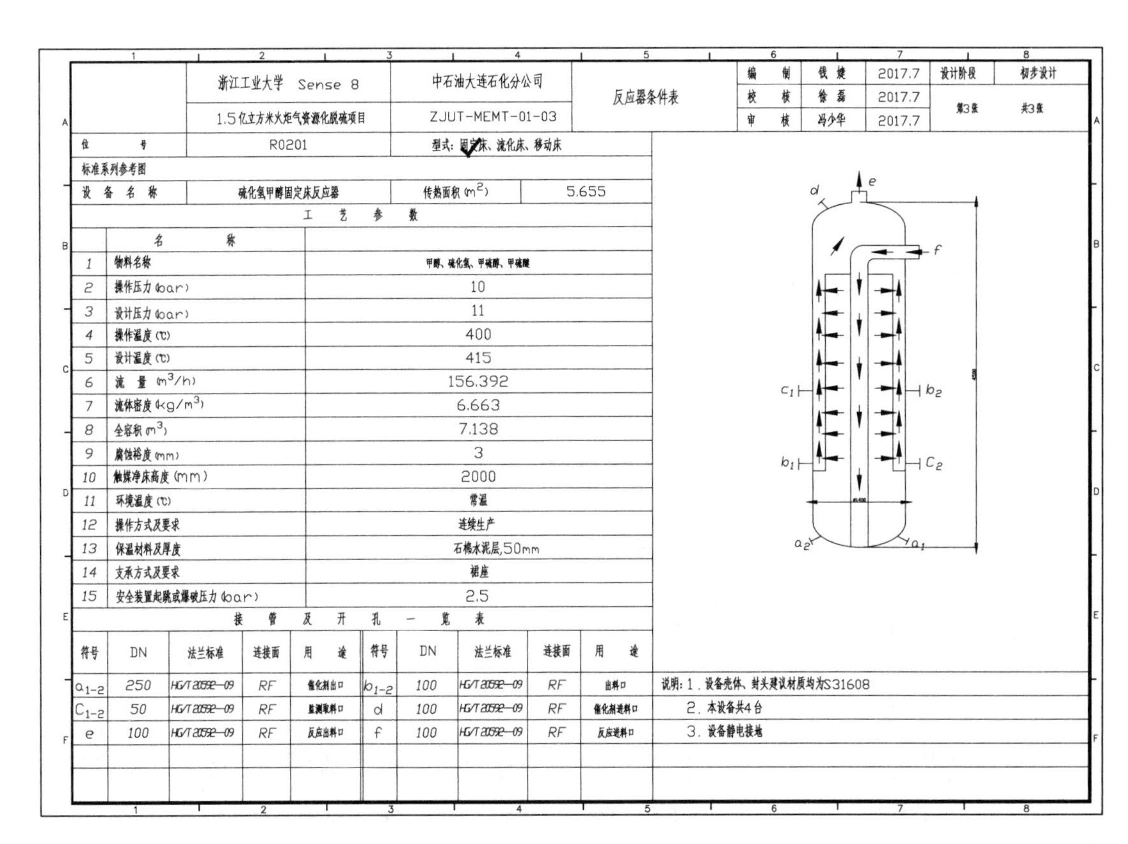

浙江工业大学 Sense 8	中石油大连石化分公司	反应器条件表	编　制	钱 婕	2017.7	设计阶段	初步设计
1.5亿立方米火炬气资源化脱硫项目	ZJUT-MEMT-01-03		校　核	徐 磊	2017.7	第3张	共3张
			审　核	冯少华	2017.7		

位　号	R0201	型式：固定床、流化床、移动床	
标准系列参考图			
设备名称	硫化氢甲醇固定床反应器	传热面积（m^2）	5.655

工艺参数		
	名　　称	
1	物料名称	甲醇、硫化氢、甲硫醇、甲硫醚
2	操作压力（bar）	10
3	设计压力（bar）	11
4	操作温度（℃）	400
5	设计温度（℃）	415
6	流　量（m^3/h）	156.392
7	流体密度（kg/m^3）	6.663
8	全容积（m^3）	7.138
9	腐蚀裕度（mm）	3
10	触媒净床高度（mm）	2000
11	环境温度（℃）	常温
12	操作方式及要求	连续生产
13	保温材料及厚度	石棉水泥层,50mm
14	支承方式及要求	裙座
15	安全装置起跳或爆破压力（bar）	2.5

接管及开孔一览表

符号	DN	法兰标准	连接面	用　途	符号	DN	法兰标准	连接面	用　途
a_{1-2}	250	HG/T 20592—09	RF	催化剂出口	b_{1-2}	100	HG/T 20592—09	RF	出料口
c_{1-2}	50	HG/T 20592—09	RF	监测取料口	d	100	HG/T 20592—09	RF	催化剂进料口
e	100	HG/T 20592—09	RF	反应出料口	f	100	HG/T 20592—09	RF	反应进料口

说明：1．设备壳体、封头建议材质均为S31608

2．本设备共4台

3．设备静电接地

图 3-3-7　反应器工艺条件图

3.3.4.2　塔式反应器设计实例

塔式反应器是结合了釜式反应器温度控制均匀和塔器段能及时移走反应产物的优势，适用于受平衡限制、或需要及时移走部分产物的气液两相或气液固三相反应的场合。

下面以丙烯水合制异丙醇的化学反应器为例来说明其设计思路。

(1) 化学反应特性及动力学　丙烯和水是通过强离子交换树脂催化剂作用，在一定温度与压力下，直接水合生成异丙醇，该反应为放热反应，遵循正碳离子（$CH_3—C^+H—CH_3$）反应机理。

主反应：

$$CH_3-CH=\!=CH_2+H_2O\longrightarrow CH_3-CH(OH)-CH_3$$

副反应：

$$CH_3-CH=\!=CH_2+CH_3-CH(OH)-CH_3\longrightarrow(CH_3)_2CH-O-CH(CH_3)_2$$

气-液混相直接水合反应动力学参考 Petrus 等人的"Kinetics and equilibria of the hydration of propene over a strong acid ion exchange resin as catalyst"研究，实验得到产物中的化合物包含了水、丙烯、异丙醇和二异丙醚。使用符号 P、W、A、E 分别表示丙烯、水、异丙醇、二异丙基醚，反应机理如下：

$$P+H^+ \underset{K_{-1}}{\overset{K_1}{\rightleftharpoons}} C_3^+$$

$$C_3^+ + W \underset{K_{-2}}{\overset{K_2}{\rightleftharpoons}} A + H^+$$

$$C_3^+ + A \underset{K_{-3}}{\overset{K_3}{\rightleftharpoons}} E + H^+$$

根据这一机理，得到相应的化学反应动力学方程：

$$r_P = k_{p^+}\left[H^+\right]_{IE}\left(\frac{D}{K_1[W]_L} - [P]_L\right)$$

$$r_A = k_{a^+}\left[H^+\right]_{IE}(D - [A]_L) - k_{e^+}\left[H^+\right]_{IE}\left(\frac{D[A]_L}{K_2[W]_L} - [E]_L\right)$$

$$r_E = k_{e^+}\left[H^+\right]_{IE}\left(\frac{D[A]_L}{K_2[W]_L} - [E]_L\right)$$

其中，$D = \dfrac{k_{p^+}[P]_L + k_{a^+}[A]_L + k_{e^+}[E]_L}{\dfrac{k_{p^+}}{K_1[W]_L} + k_{a^+}\dfrac{k_{e^+}[A]_L}{K_2[W]_L}}$

生成异丙醇、异丙醚反应的活化能分别为 149kJ/mol 和 142kJ/mol，指前因子分别为 $6.21\times10^{12}\mathrm{m^3/(eq\cdot s)}$ 和 $8.53\times10^{11}\mathrm{m^3/(eq\cdot s)}$（eq 为酸的当量数，本文献取 1mol）。换算为 Aspen 采用的单位后，生成异丙醇、异丙醚反应指前因子经过换算后，分别为 $6.21\times10^{15}\mathrm{m^3/(kmol\cdot s)}$ 和 $8.53\times10^{14}\mathrm{m^3/(kmol\cdot s)}$。该动力学可用于 Aspen 模拟使用。

（2）化学反应器选型　非均相釜塔反应器适用性大、操作弹性大、连续操作时温度与浓度容易控制、产品质量均一，实现了分离与反应的集成一体化。其中，连续釜式反应器内强烈的搅拌作用，使得反应器内的物料得到了充分接触，这对于化学反应或传热来说，都是十分有利的；此外，连续釜式反应器的操作稳定，适用范围较广，容易放大，也是其他类型连续反应器所不及的。而填料塔内液体沿填料表面向下流动，以细小液滴的方式分散于气体中，气体为连续相，液体为分散相，具有相接触面积大、气相压降小和不易造成溶液起泡等优点；填料塔还是气液反应和化学吸收的常用设备。

本项目采用塔式与釜式反应器的集成，丙烯以气相进入非均相釜塔反应器，水以液相进入非均相釜塔反应器，进行气液混相反应。反应完的大部分产物经釜底出料管排出，少部分异丙醇、原料丙烯和异丙醚蒸汽上升进入填料塔式反应器，进行水洗分离，绝大部分异丙醇回到非均相釜塔反应器的釜体，丙烯和二异丙醚从塔顶出去，经丙烯回收塔分离后丙烯循环至非均相釜塔反应器釜体进行再利用。其结构示意图如图 3-3-8 所示。

（3）反应条件的选择　本反应选择 DNW 型耐温树脂催化剂，采用以苯乙烯-二乙烯苯为原料，经聚合、物理结构稳定化、吸电子基团化、磺化和活性基团稳定化 5 步工艺过程制备而成。DNW 型耐温树脂催化剂主要活性基团为磺酸基团，且该催化剂在非均相釜塔反应器中易于反应物分离，产物纯度比均相催化过程高，能够连续操作，对设备腐蚀性小，耐温性

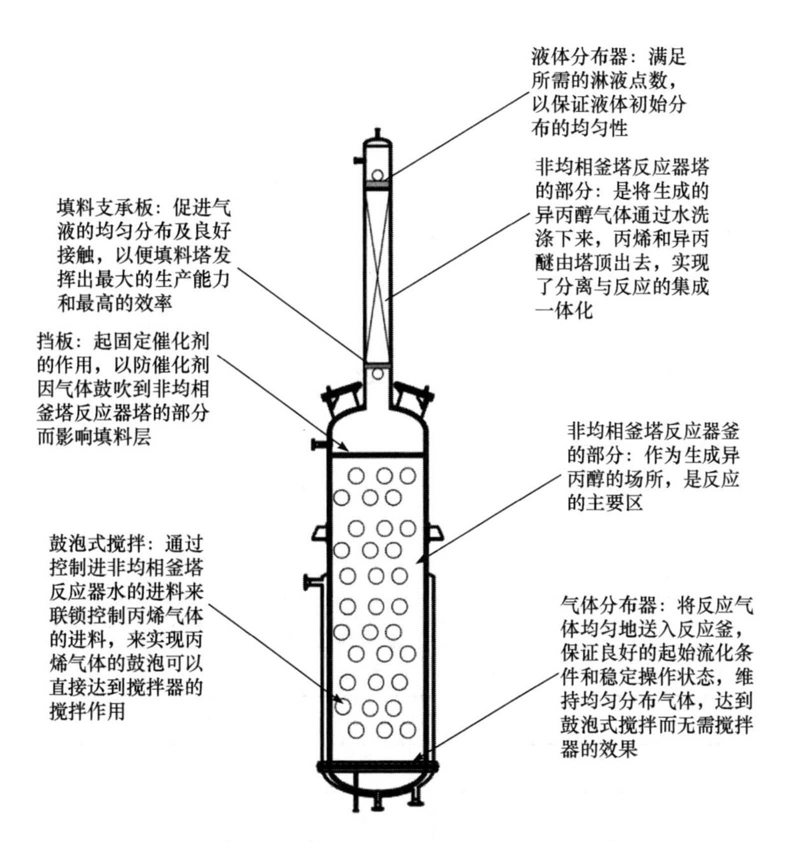

图 3-3-8　非均相釜塔反应器结构示意图

能较好，所以选用 DNW 型耐温树脂催化剂。催化剂不但具有较好的热催化性能，而且具有较好的活性和选择性，性能达到了国外同类树脂催化剂水平。在使用上具有腐蚀性低、无污染、工艺操作简便、节省能源、可实现连续化生产的特点。催化剂性能见表 3-3-20。

表 3-3-20　DNW 型催化剂性能表

项目	指标
外观	均匀球体
外形尺寸 d_p	5mm
颗粒堆积密度 ρ_B	1262kg/m^3
孔隙率 ε_p	0.45

依据相关文献研究成果，选择反应温度为 130℃、压力为 6MPa。

(4) 化学反应器的模拟与条件优化　根据化学反应器兼具釜式和塔式功能的特点，采用 CSTR 和 Radfrac 模块的组合模拟塔式反应器（如图 3-3-9）。经过模拟与优化，得到表 3-3-21 的物料信息。

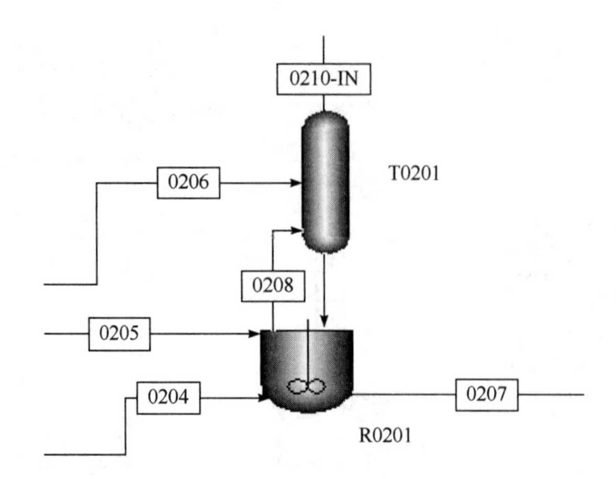

图 3-3-9　非均相釜塔反应器 Aspen 模拟流程图

表 3-3-21　入口和出口的操作条件及流股信息

条件/信息	单位	进料	进料	进料	出料	出料
相态		汽相	液相	液相	液相	汽相
温度	℃	130	130	130	130	135.191
压力	bar	60	60	60	60	60
汽相摩尔分数		1	0	0	0	1
液相摩尔分数		0	1	1	1	0
摩尔焓	J/kmol	22666790	-2.8×10^{8}	-2.8×10^{8}	-2.8×10^{8}	-2914999
质量密度	kg/m^3	125.1902	885.7742	885.7742	683.6733	120.9563
摩尔流量	kmol/h	107.1495	1301.926	600.007	1894.942	88.00946
摩尔分数						
H_2O		1.82×10^{-12}	1	1	0.985895	0.089979
C_3H_6-2		0.999999	0	0	0.000773	0.90393
C_2H_4		2.28×10^{-8}	0	0	4.10×10^{-11}	1.44×10^{-8}
C_2H_6		7.01×10^{-7}	0	0	1.03×10^{-9}	4.91×10^{-7}
C_3H_8		3.90×10^{-7}	0	0	1.85×10^{-10}	3.73×10^{-7}
IPA		6.06×10^{-13}	3.64×10^{-9}	3.64×10^{-9}	0.013326	0.002468
DIPE		2.04×10^{-9}	1.14×10^{-14}	1.14×10^{-14}	6.36×10^{-6}	0.003622
ETHYL-01		3.35×10^{-49}	3.94×10^{-16}	3.94×10^{-16}	0	0
质量流量	kg/h	4508.92	23454.56	10809.28	35236.79	3535.989
体积流量	m^3/h	36.01656	26.47916	12.2032	51.5404	29.23362

（5）非均相釜塔反应器催化剂用量计算　催化剂总质量 M_{cat}（kg）是决定反应器主要尺寸的基本依据，计算公式如下：

$$M_{cat}=\frac{M_0}{S_V}$$

式中，M_0为原料气质量流量，kg/h；S_V为空速，h^{-1}。

丙烯水合反应是在非均相釜塔反应器中进行，由该工艺的操作条件以及各反应物体积，反应釜内物料停留时间为 $\tau=0.184h$ 。

计算所得催化剂质量为 820kg，催化剂体积为 $0.65m^3$。

考虑到本反应是气液相反应，采用鼓泡式搅拌，因此本设计取装料系数 0.48。

非均相釜塔反应器液相进料体积流量为 $38.6824m^3/h$ ，停留时间 t=0.184h ，液相占反应器体积为 $7.12m^3$ 。

非均相釜塔反应器汽相进料体积流量为 $36.0166m^3/h$ ，停留时间 t=0.184h ，汽相占反应器体积为 $6.63m^3$ 。

$$V_g=V_{液相}+V_{汽相}+V_{催化剂}=14.4m^3$$

故釜式反应器部分总体积 $V=\frac{V_g}{\eta}=30m^3$

(6) 非均相釜塔反应器釜部分结构设计计算

① 釜直径计算。根据设计要求，本设计选取 $H_1/D_1=3.7$ 。

为了简便计算，忽略封头多包含的容积，则

$$D_1=\sqrt[3]{\frac{4V}{\pi\frac{H_1}{D_1}}}=2.18m$$

将所得结果根据 GB/T 9019—2015 进行圆整，圆整为标准直径：$D_1=2200mm$ 。

② 釜高度计算。

$$H_1=\frac{V-V_{封}}{V_{1m}}$$

式中，$V_{封}$为根据釜体直径查得对应封头尺寸；V_{1m}为 1 米高的容积。

计算所得釜体高度为 7.52m，圆整得：H_1=8700mm

圆整后高径比 H_1/D_1=3.5 ，符合要求。

③ 釜的换热面积。该反应器的反应温度是 130℃，反应是放热反应，为使反应器反应温度稳定在 130℃，需设置换热。拟冷却介质为冷却水进行换热，冷却水进料温度为 20℃，出料温度为 25℃。

由 Aspen 得：反应器需移走的热量 $Q_R=364.5kW$ 。

因为进料物质与出料物质不一样，所以进、出料 c_p 不同。反应釜内恒温，所以

$$S=\frac{Q_C-V_D\rho c_p(T-T_o)}{K(T-T_C)}=\frac{Q_R-(V\rho c_pT-V_D\rho_o c_{po}T)}{K(T-T_C)}$$

式中，Q_R为放热速率；Q_C为移热速率；c_p为比热容；V为体积流量；下标 o 表示进料，

无下标表示出料。

查阅《化工工艺设计手册》，可以得到夹套式传热系数为 $K = 350\text{W}/(\text{m}^2 \cdot ℃)$

由此，计算所得换热面积为 $S = 9.7\text{m}^2$

拟采用外夹套式换热，下一步核算夹套高度。

④ 釜的外夹套高度设计。根据《化工设备机械基础》，结合筒体内径，选取夹套内径 $D_2 = 2600\text{mm}$

$$H_2 = \frac{(\eta V - V_{封})}{V_{1\text{m}}} = 4.33\text{m}$$

经圆整，$H_2 = 4400\text{mm}$

夹套的换热面积：

$$F_{封} + F_{筒} = F_{封} + H_2 F_{1\text{m}} = 5.5229 + 4.4 \times 6.81 = 35.4869(\text{m}^2) > 9.7(\text{m}^2)$$

夹套的高度小于釜体的高度，夹套所包围罐体的表面积大于工艺要求的传热面积，且富余量也满足要求，所以选用夹套换热是合理的，此换热效果也合理。

(7) 非均相釜塔反应器塔的部分设计计算

总板数与加料板的确定。根据 Aspen 模拟，优化后得出：理论板数为 5 块，加料板位置为第 1 块。设计条件如下汇总表 3-3-22。

表 3-3-22　设计条件汇总表

设计温度/℃	150	设计压力/MPa	6.6
理论板数	5	加料位置	1
填料高度/m	4	材料	Q345R

完成塔段的模拟后，接下来是塔内件的选择、塔工艺设计与校核、机械设计与强度校核，其工作思路类似前面介绍的塔设备设计。这里不再一一展开叙述。

3.4　新型过程设备的设计

采用新型的过程设备，实现过程强化是实现工业生产节能、降耗、减排的最有效的手段，在当前我国“碳中和、碳达峰”的战略背景下更具有积极的意义。下面从化工生产常见过程设备强化和集成的角度来介绍一些常见的新型过程设备。

3.4.1　新型分离过程设备

3.4.1.1　热泵精馏塔

所谓热泵，是指依靠机械功为补偿或消耗，以逆循环方式，使热量由低温物体流向高温物体的机械装置。热泵采用的循环工质为低沸点介质，主要包括蒸发器、压缩机、冷凝器和膨胀阀等。其工作过程如下：来自蒸发器的低温低压蒸汽经压缩机加压升温，流经冷凝器后放出热量而降温冷凝，此时可采用高温的冷却剂，如循环水等；冷凝的液相工质经膨胀阀减压并降温，其后流经蒸发器，吸收低温物体的热量，自身汽化后进入压缩机，如此循环，实现了低品位热量由低温流向高温物体而得到回收利用。

将热泵运用于精馏过程，主要是实现塔顶低温的蒸汽冷凝放出的热量向塔底高温的液体汽化吸热转移。其方式有如图 3-4-1 所示的几种。

（1）精馏塔闭式热泵流程　其特征是通过外来的制冷工质为媒介，使塔顶低温蒸汽的热量转移到塔底高温液体再沸处，塔内物料与热泵循环工质是相对独立的。

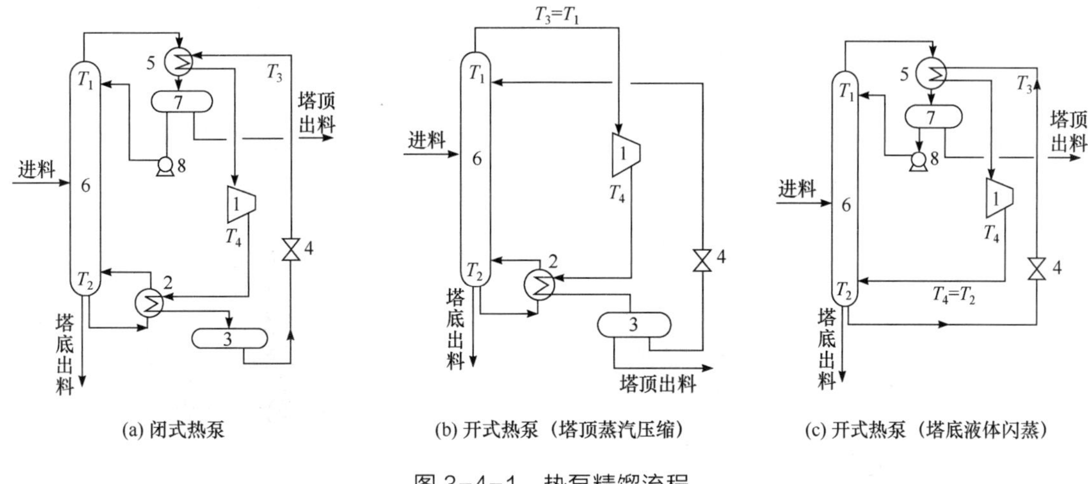

图 3-4-1　热泵精馏流程

（2）精馏塔开式热泵流程　主要有两种形式：其一为塔顶蒸汽压缩流程，即直接使用塔顶蒸汽为热泵循环工质，经压缩后进入塔底再沸器降温液化，放出热量供给塔底釜液再沸。其二为塔底液体闪蒸流程，塔底高温液体经膨胀阀减压降温，进入塔顶冷凝器，吸收塔顶蒸汽冷凝放出的热量而被汽化，经压缩机压缩后进入塔底作为上升蒸汽。相比于闭式流程，开式流程实现了塔顶蒸汽与塔底釜液的直接换热，提高了热力学效率，节省了能量，也省略了一个换热设备，减少了投资。

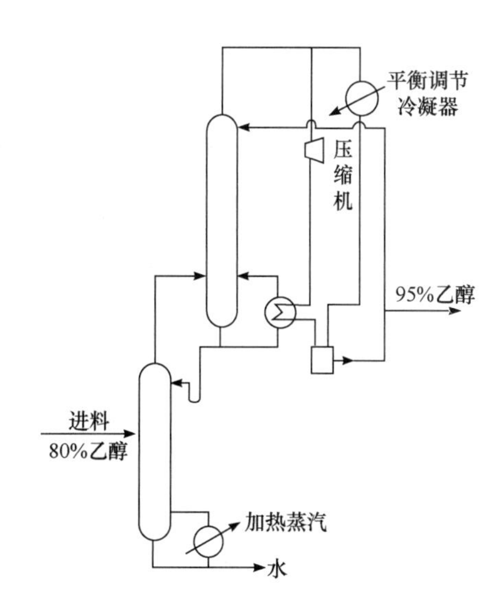

图 3-4-2　双塔式热泵精馏流程

通常，当塔顶产品具有较好的压缩性能时，可选择塔顶蒸汽压缩流程，否则，可选择塔底液体闪蒸流程。

由于压缩比的限制，通常热泵精馏用于塔顶产品和塔底产品沸点差较小的情形，如乙烯和乙烷的分离。而当塔顶塔底温差较大时，可采用双塔式热泵流程（如图 3-4-2

所示），在塔顶蒸汽和塔中部液体之间建立热泵循环流程，也可以收到比较好的节能效果。

3.4.1.2　超重力旋转床

（1）超重力旋转床技术简介　旋转床（rotating bed）主要是利用旋转产生的数百甚至数千倍于重力场的离心力场来代替重力场，从而使得两相流体间的接触传递或反应过程得到强化，实现离心场中流体接触。液体受离心力及旋转剪切作用被切割成尺寸更小的液丝、液滴和液膜，加快了气液相界面的更新速率，提高了气液两相间的相对速度，减小了气液两相间的传质阻力，打破了气速受限于液速的局面，在很大程度上强化了气液两相间的传质过程。

（2）超重力旋转床结构　目前，旋转床的结构一般分为立式和卧式两种，它主要由转子、密封、填料、壳体、联轴节、轴、液体分布器等部分组成。转子是其核心部分，转子有不同的结构形式，一般由多孔填料构成，通过转轴与电机连接，以每分钟数百转至数千转的速度旋转，提供超重力环境。

以前公开研究的旋转床主要有填料式、折流式、喷雾式等，其中填料式旋转床研究得最多。逆流与错流旋转填料床为典型 RPB 最为常见的两种结构，如图 3-4-3 所示。

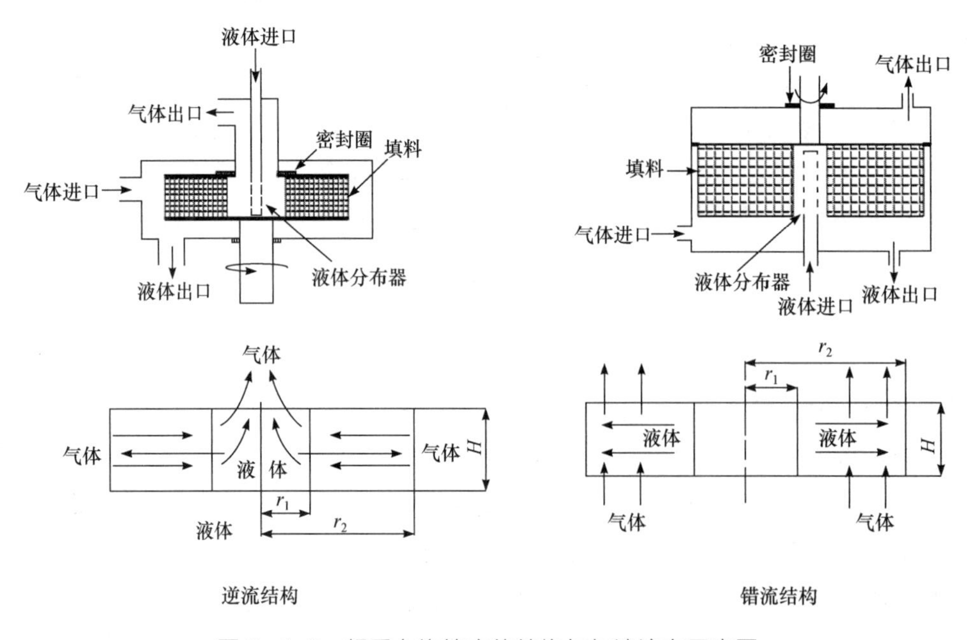

图 3-4-3　超重力旋转床的结构与气液流向示意图

（3）旋转床工作原理　填料或折流板固定在转子上并随电机带动而旋转；液体通过液体分布器喷向填料层，液体被旋转的填料由内缘甩向外缘，直至碰撞空腔内壁最后从液体出口离开旋转床；气相由于压差的作用根据气液接触方式的不同从填料不同方向进入旋转床，在气液接触过程中发生相间的扩散-反应传质过程。

气体从转子外缘进入，沿着由同心圈上的气孔以及同心圈之间的环隙所形成的 S 形路径流动直至到达转子中心，气体在同心圈之间以螺旋上升和螺旋下降的方式运动。液体被旋转的分布器甩出后，大部分沿着径向依次穿过同心圈上的液孔，与同心圈之间流动的气体进行错流接触。此外，液体中的小部分会沿着同心圈底部的无孔区流到动盘上。在离心力场中，动盘上的液体会沿同心圈上爬，直至到达液孔时再次被甩出。在此过程中，液体与气体进行逆流接触。工作原理如图 3-4-4 所示。

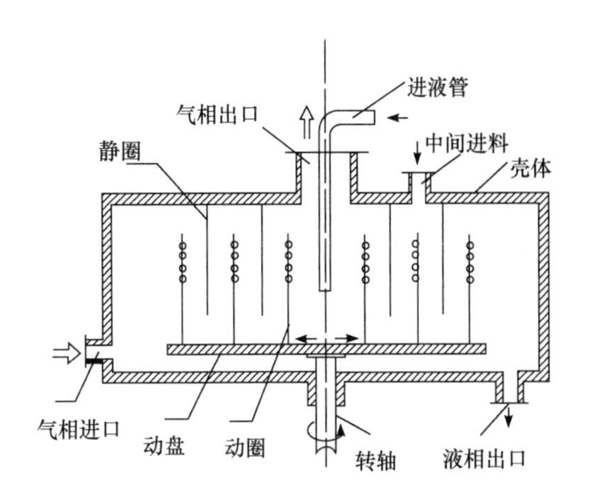

图 3-4-4 超重力旋转床工作原理示意图

(4) 旋转床特点 作为气液传质的强化传质新型设备，与传统的塔器设备相比，超重力旋转床有如下优点：

① 强化气液两相间的传质过程；

② 安装、操作以及维修方便、降低操作费用和维修费用；

③ 缩短物料停留时间；

④ 减小气体通过设备的气相压降，降低动力消耗；

⑤ 通用性强，应用范围广；

⑥ 减小设备体积和占地面积，降低设备和场地投资费用。

但旋转床也存在一些缺点：

① 超重力旋转床是动设备，加工精度要求高，密封措施需完善；

② 需要用外加的电机带动转鼓转动，能耗需要进一步考虑；

③ 超重力旋转床技术尚未成熟，还需进一步研究。

(5) 超重力旋转床应用 旋转床因其具有重力场中的填料塔、鼓泡塔以及筛板塔等传统塔设备无法比拟的独特优势，现已被广泛应用于吸收、解吸、精馏以及纳米材料制备等多个领域，一些具体应用如表 3-4-1 所示。

表 3-4-1 超重力旋转床的应用

应用领域	应用实例
脱硫除尘	中北大学将旋转填料床应用于烟气同时脱硫除尘工艺中，液体用量大大降低，除尘效率提高，设备体积减小，能耗降低
氨氮废水吹脱	中北大学将旋转填料床应用于某化肥厂甲醇装置的氨氮废水处理工艺中，氨的单程吹脱率提高，气液比降低，能耗明显降低
海水脱氧	英国 Newcastle 大学将旋转填料床应用于海水脱氧工艺中，经过旋转填料床处理后海水中最终的氧含量为 20μg/kg
有机挥发物脱除	美国海岸警卫队将旋转填料床应用于地下水有机挥发物处理工艺中，其有机挥发物可脱除到 1μg/kg 左右
精馏	浙江工业大学将旋转填料床应用于工业生产中的连续精馏过程，填料等板高度大大提高
纳米材料制备	中北大学将旋转填料床应用于纳米硫酸钡生产工艺中，制备的纳米硫酸钡产品，具有较高的比表面积和分散性能。北京化工大学将超重力技术用于纳米碳酸钙的制备并工业化

（6）应用设计实例　2018年浙江工业大学“稀烯惜兮”团队“年产6.8万吨MMA/PMMA项目”中的甲醇-水分离过程选用了超重力折流板旋转床技术，如图3-4-5所示。需要处理的甲醇-水溶液流量461.4kg/h，其中甲醇质量分数为0.172，水的质量分数0.765，其余为有机轻组分。采用RPB技术将甲醇提浓至质量分数60%以上。设计超重力折流板旋转床精馏装置如下图，其中，旋转床填料层内半径100mm，外半径350mm，高度1000mm，转速500r/min，转子功率0.7kW，配备电机Y90S-2，额定功率1.5kW，采用迷宫密封和O型圈密封，外壳尺寸为内径800mm，壁厚10mm，壳体与转子间距15mm，轴向高度1500mm。

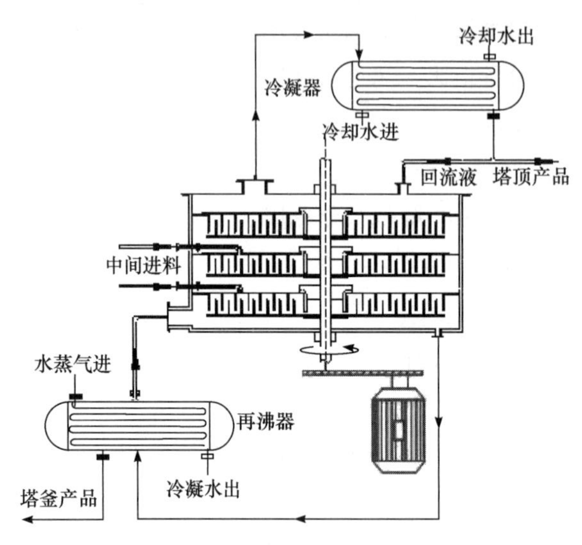

图3-4-5　超重力折流板旋转床精馏塔

3.4.1.3　撞击流-旋转填料床在萃取过程中的应用

近年来对萃取设备有影响的新型技术主要有超声波、膜、撞击流和旋转流技术。其中最引人注意的是1998年刘有智教授等提出的超重力液-液接触机制与技术——撞击流-旋转填料床（impinging stream-rotating packed bed，简称 IS-RPB）。将其用于萃取过程的优点有：

① IS-RPB 作为萃取器效率高。在适宜的操作条件下，IS-RPB传质效率高，两相达到平衡所需要时间短。

② IS-RPB 作为萃取器应用受物系影响小，具有很强的适应性，应用范围极为广泛。

③ IS-RPB 作为萃取器使用时，其处理能力大，设备费用及操作费用都比较小，从而可以创造出很好的经济效益。

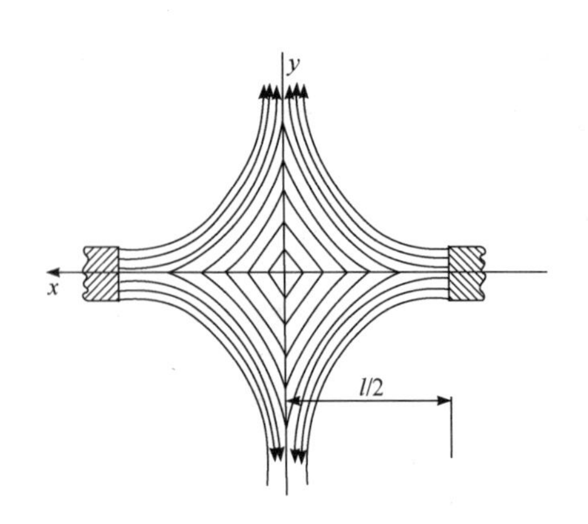

图3-4-6　撞击流（IS）流体流动示意图

（1）IS-RPB萃取器的基本原理

① 撞击流。两股液体射流相互对撞（如图3-4-6）产生垂直于轴向的扇形液面，液片随着离开撞击点而变

薄，导致接触面和流速增大，造成曲折和膨胀波，随后破裂成带状和颗粒状。激射的高度湍动通过流体动力或冲击波为破碎液体提供了附加的机制。撞击速度足够高，使得反应器中发生混乱的运动，流动使反应层变得足够薄，以致在比反应时间短的时间内，分子扩散作用使混合达到分子水平，显著改善了混合传质的性能。

② 旋转流。利用旋流场的强剪切和高湍流及其对液滴的破碎来进行传质分离，高湍流和强剪切可以极大增加界面扰动和主体液相及液滴的内循环，并且液滴不断地聚结破碎也增加了液滴的表面更新率，从而增加传质系数。同时利用旋流聚结和离心分离作用进行相分离。充满填料的转子在轴的带动下以每分钟数百至数千转的速度旋转，产生 100～1000g 的超重力场。

③ IS-RPB。利用两股高速射流相向撞击，形成初次混合，经撞击混合形成的撞击雾面沿径向进入旋转填料床内侧，撞击混合较弱的撞击雾面边缘在旋转填料床中得到进一步混合强化，整体混合效果提升，实现了撞击流与旋转床的耦合效果。

第3章

(2) IS-RPB 液-液接触过程分析　在 IS-RPB 内，撞击流的装置被设置在转子中心部位的填料空腔内，两个射流喷嘴同轴同心相向设置，与转子的转轴同心或平行。两喷嘴的轴向安装位置要求与填料轴向厚度的中心线对称。IS-RPB 装置如图 3-4-7 所示。其工作流程是：两股加压的流体自进口 1、2 分别进入后，自喷嘴以射流的形式喷出，两股射流相遇发生撞击，形成垂直于射流方向的圆（扇）形薄雾（膜）面，在其过程中两股流体进行了混合，该雾面边缘随即进入旋转填料床的内腔，流体在高速旋转填料作用下沿填料孔隙向外缘流动，并在此期间液体被多次切割、凝并及分散，从而得到进一步的混合。最终，液体在离心力的作用下从转鼓的外缘甩到外壳上，在重力的作用下汇集到出口处，经出口排出，这样就完成了液-液接触混合的过程。

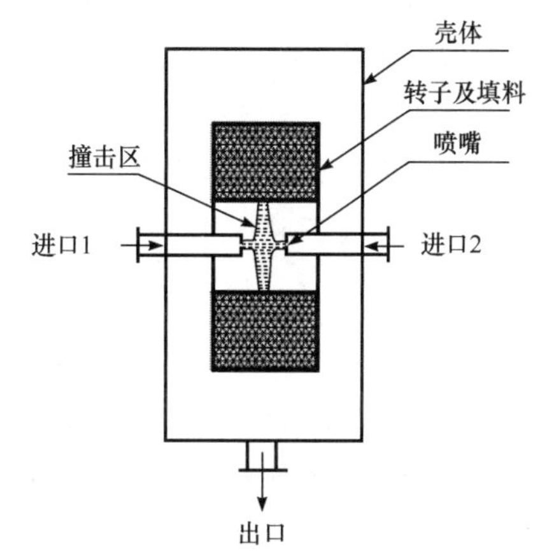

图 3-4-7　IS-RPB 主体结构示意图

(3) IS-RPB 应用于氯仿萃取　由于 IS-RPB 技术适应性非常广泛，理论上说适用于所有的液-液萃取过程。如 MMA 合成及分离工段存在氯仿萃取单元，可采用 IS-RPB 萃取器。其 IS-RPB 萃取操作示意图如图 3-4-8 所示。

根据相关文献显示，IS-RPB 萃取器设计时主要考虑的设计参数有：撞击喷嘴直径 d_0，撞击初速度 u_0，转鼓平均半径 $d_{平均}$，旋转填料床的超重力因子 β，在撞击流喷射器方面其主要的影响因素为撞击初速度，在旋转填料床方面主要影响因素是超重力因子。

撞击速度可以通过控制液体流量、改变喷嘴直径来调节，为保证液-液两相间良好的传质，撞击初速度一般控制在 5～20m/s 范围内。在喷嘴处，液体自喷嘴射出，为自由射流，液体流速存在梯度，当两同相液体在流速最大时撞击有利于混合。据此，喷嘴间距 $L=(0.6～4.0)\ d_0$。

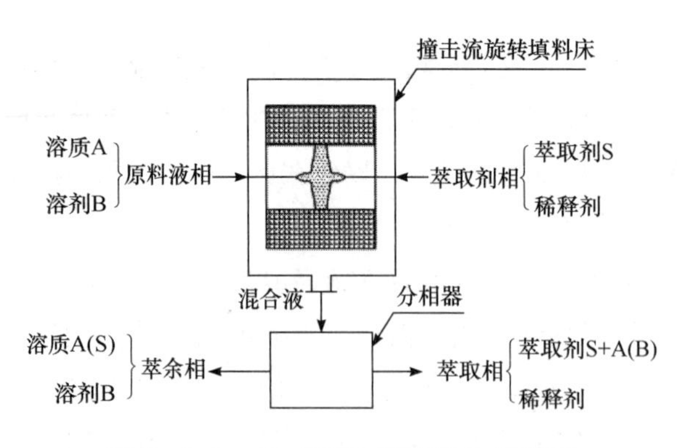

图 3-4-8　IS-RPB 萃取操作示意图

撞击流传递活性区是直径为喷嘴直径 8～10 倍、厚度约为撞击间距 1/2 的一个薄层区，在该区域内，液体的初速度可使液体以一定的速度进入填料层内缘。在设计时通常选取旋转床内径为喷嘴直径的 10～25 倍。

对于液体混合与传质而言，旋转填料床内剧烈的混合是由于在填料内缘处，有一定速度的液体与填料碰撞而产生的。在填料主体部分，液体与填料的周向速度基本相同，不存在剧烈混合。在设计时，保证径向填料厚度在 3～8cm 的范围内。

撞击流传递活性区厚度约为撞击间距的 1/2，为使撞击流过程强化手段充分发挥作用，同时保证撞击后的液体能够全部进入旋转床，旋转床厚度为撞击间距的 2 倍。

超重力因子定义为超重力加速度与重力加速度的比值，是个无量纲量。

$$\beta=\frac{\omega^2 r}{g}=\frac{N^2 r}{900}$$

式中，β为超重力因子；ω为转子角速度，1/s；r是转子半径，m；N为转子转速，r/min，转速范围一般取为 400～2400r/min。

从定义式可以看出，当转速一定时超重力因子随转子的直径而变化，其值沿转子的径向成线性变化关系，超重力场可以看作一个平面场，超重力场的平均值就是其面积平均值。

$$\bar{\beta}=\frac{\int_1^2 \beta\cdot 2\pi r\mathrm{d}r}{\int_1^2 2\pi r\mathrm{d}r}=\frac{2\omega^2\left(r_1^2+r_1r_2+r_2^2\right)}{3(r_1+r_2)g}$$

式中，$\bar{\beta}$为超重力因子的面积平均值；r_1为旋转填料的内径，m；r_2为旋转填料的外径，m；g为重力加速度，m/s^2。

超重力因子随转速的增加而增大，通过调节转子的转速来调节超重力场的强弱。即此超重力场为可以随意调节和控制的一种环境，超重力因子反映了其与恒定的重力场的区别，一般来说，$\bar{\beta}$在 15～500 的范围内，可满足工业要求。

3.4.1.4　膜分离过程

（1）膜分离的基本概念　为有效解决环境污染、节能减排、民生保障等问题，需要大力发展膜分离应用技术。作为解决这三个重要问题的共性技术之一，膜分离方法被认为是 21 世纪中后期最具有发展前途的高新技术之一。与传统的物理、化学吸附等分离方法相比，膜分离方法具有无污染、分离条件温和、设备简单、能耗低、操作简单、易与其他技术集成、分离过程不发生相变等优点。

膜分离过程（见图 3-4-9）就是将分离用膜隔离内外环境，在浓度、压力等化学、物理势能差的推动下，根据流体或者气体等混合组分透过分离膜的速率、方式不同，使之在膜的两侧分别聚集，以达到混合物分离、滤出物精制、浓缩及回收利用的目的。膜分离技术的核心在于膜，膜材料类型和制膜的工艺共同决定膜的性能。

气体膜分离方法在工业产品气的制取、废气的综合利用及环境保护方面的应用等都展示出了广阔的前景。

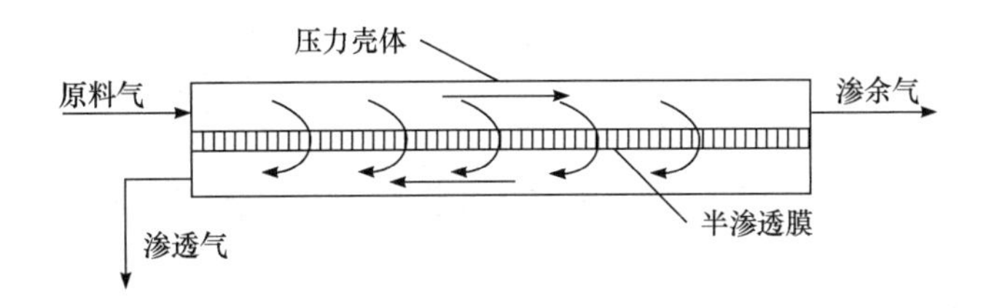

图 3-4-9　膜分离过程示意图

（2）气体分离膜的分类　气体分离膜主要分为聚合物膜和无机膜两大类。近年来，无机材料制成的膜正在不断开发出来，常见的有金属膜、合金膜和金属氧化物膜，例如金属钯膜、金属银膜以及钯-镍、钯-金、钯-银膜和氧化钛及氧化锆膜等。而聚合物膜是以有机高分子聚合物为材料制备成的薄膜。聚合物膜具有易加工、可扩展性和可调性强等优势，并已实现商业化，成功应用于一些工业气体分离过程，在当前全球膜分离市场上占据主导地位。目前能够在工业上实现大规模应用的气体分离聚合物膜材料包括聚酰亚胺、乙酸纤维素、聚砜、聚苯醚和聚橡胶等。

（3）气体膜分离的机理　气体膜分离的基本原理是根据混合气体中各组分在压力的推动下透过膜的传递速率不同，从而达到分离目的。气体分离膜包括多孔膜和非多孔膜（见图 3-4-10），因使用的材质不同，气体通过膜的传递扩散方式不同，也就形成了两种膜分离机理：其一，气体通过多孔膜的微孔扩散机理；其二，气体通过非多孔膜的溶解-扩散机理。

① 微孔扩散机理。多孔介质中气体传递机理包括分子扩散、黏性流动、克努森扩散及表面扩散等。由于多孔介质孔径及内孔表面性质的差异使得气体分子与多孔介质之间的相互作用程度有所不同，从而表现出不同的传递特征。

混合气体通过多孔膜的传递过程以分子流为主，其分离过程应尽可能满足下述条件：a. 多孔膜的微孔孔径必须小于混合气体中各组分的平均自由程，一般要求多孔膜的孔径在（50～300）$\times 10^{-10}$m；b. 混合气体的温度应足够高，压力尽可能低。高温、低压都可提高气体分子的平均自由程，同时还可避免表面流动和吸附现象发生。

② 溶解-扩散机理。气体通过非多孔膜的传递过程一般用溶解-扩散机理来解释，气体透过膜的过程可分为三步：a. 气体在膜的上游侧表面吸附溶解的吸着过程；b. 吸附溶解在膜上游侧表面的气体在浓度差的推动下扩散透过膜的扩散过程；c. 膜下游侧表面的气体解吸过程。一般来说，气体在膜表面的吸附和解吸过程都能较快地达到平衡，而气体在膜内渗透扩散过程较慢，是气体透过膜的速率控制步骤。

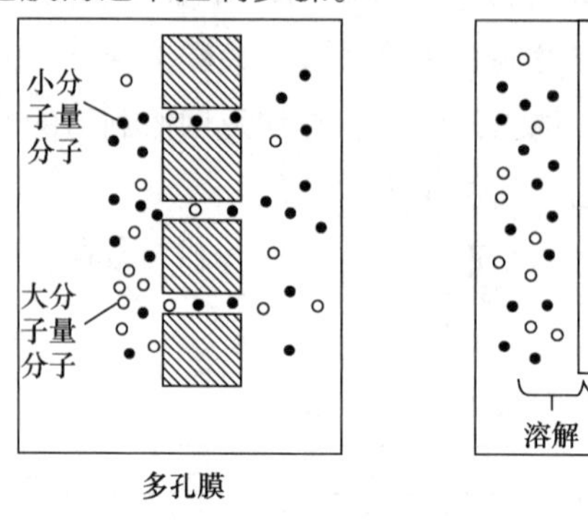

图 3-4-10　多孔膜和非多孔膜的气体分离机理示意

(4) 气体膜分离器　目前，工业上常用的膜分离器主要有平板式、圆管式、螺旋卷式、中空纤维式和毛细管式五种类型，用于气体分离的主要有圆管式、中空纤维式及螺旋卷式，具体见表 3-4-2 气体膜分离器的主要特征。

表 3-4-2　气体膜分离器的主要特征

项目	膜器件类型		
	中空纤维	螺旋卷式	圆管式
生产成本/(USD/m^2)	5～20	30～100	50～200
填装密度	高	适中	低
抗污染能力	差	适中	很好
产生压降	高	适中	低
适合高压操作	适合	适合	有一定困难
限于专门类型膜	是	否	否

① 圆管式膜分离器。圆管式膜组件（图 3-4-11）其结构主要是把膜和支撑体均制成管状，使两者装在一起，或者将膜直接刮制在支撑管内（或管外），再将一定数量的这种膜管以一定方式连成一体而组成，其外形极似列管式换热器。圆管式膜组件分内压型和外压型两种。

a. 内压型管。图 3-4-11 为内压型管式膜组件的结构示意图。其中膜管是一类支撑材料并被镶入耐压管内。膜管的末端以橡皮垫圈密封。原料气是由管式组件的一端进入，于另一端出。进气透过膜后，于支撑耐压管中汇集，再由管上的细孔中流出。具体使用时是把许多这种管式组件以并联或串联的形式组装成一个大的膜组件。

b. 外压型。与内压型圆管式相反，分离膜是被制在管的外表面上的。进气的透过方向是由管外向管内的。

图 3-4-11　圆管式膜渗透组件图

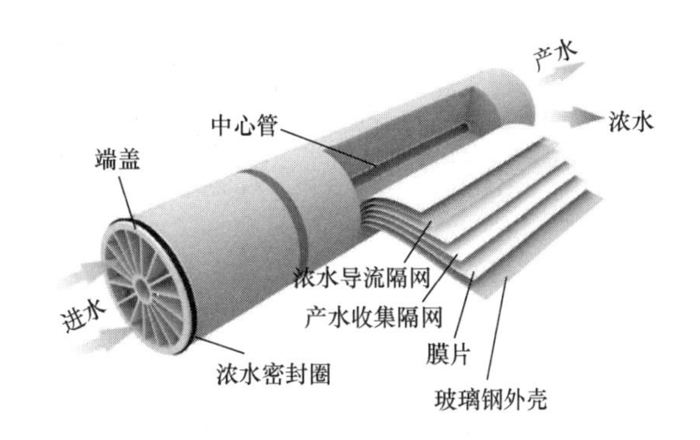

图 3-4-12　螺旋卷式膜分离器示意图

② 螺旋卷式膜分离器。螺旋卷式膜分离器（图 3-4-12）由平板膜制成。将两张膜的三边密封，组成一个膜叶。与平板式膜分离器相似，为使两张膜间保持间隙便于渗透气流过，在两片平板膜中夹入一层多孔支撑材料。在膜叶上铺有隔网，将多层膜叶卷绕在带有小孔的多孔管上，形成膜卷，最后将膜卷装入圆筒形的外壳中，形成一个完整的螺旋卷式膜分离器。使用时，高压侧原料气流过膜叶的外表面，渗透组分透过膜，流过膜叶内部并经多孔管流出分离器。在螺旋卷式膜分离器中，原料气与渗透气间的流动既非逆流也非并流。膜分离器内每一点处原料气与渗透气的流动方向互相垂直。这一结构使膜分离器的端面成为气流分布装置，因此膜分离器的结构参数，如支撑层厚度和中心管尺寸等，会影响膜分离器内流动特性。

螺旋卷式膜分离器的优点是结构简单，造价低廉，填装密度较高。由于隔网的作用，气体分布和交换效果良好。缺点是渗透气流程较长，膜必须粘接且难以清洗等。

③ 中空纤维式膜分离器。中空纤维式膜分离器（图 3-4-13）的核心部分是中空纤维膜（又称膜丝），通常是把几万至几十万根中空纤维膜平行放于分离器内，其中一端全部封死，而另一端只封住中空纤维束的间隙。将膜丝内和膜丝外隔成可耐一定压力的流道，然后装入耐压的外壳中，将封头和管板分别与外壳密封即成分离器。

中空纤维膜是一种自身支撑的分离膜，加工中必须考虑膜支撑问题。另外膜的活性层既可涂覆在纤维内侧，也可涂在纤维外侧。其操作方式既可采用内压式，也可采用外压式。

该膜分离器在气体分离中使用较多，优点是装填密度很高（高达 1600～3000m^2/m^3）、单位膜面积的制造费用较低、耐压稳定性高，特别是外压式操作。其缺点是对原料气的预处理要求较高，在某种情况下，纤维管中的压力损失较大。此外，对原料气的压力要求也较高。

（5）应用案例　2021 年宁波工程学院“醇风习习”团队针对酯加氢过程中大量过量的氢气分离循环问题，在对比了变压吸附、深冷和膜分离技术的优缺点后，选择了膜分离方案。该项目选择膜分离器的类型为中空纤维式。分离膜选择一种耐热性、耐腐蚀性佳，且适合高压操作，对氢气的选择性较高、通量较大的聚酰亚胺膜。建立了圆管式膜分离器的数学模型，

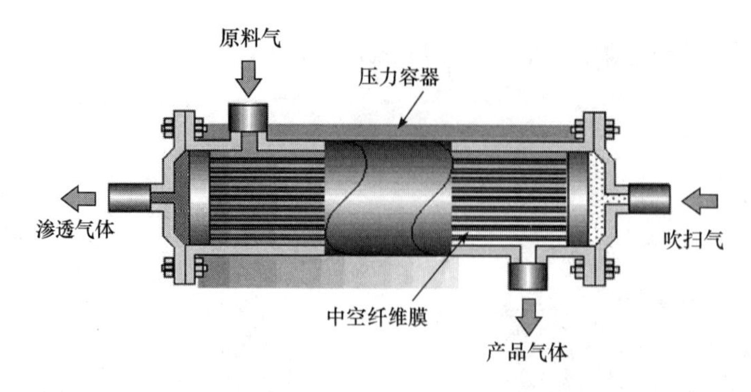

图 3-4-13　中空纤维式膜分离器示意图

编写了分离过程 C++程序。计算结果表明，针对压力 100bar，含氢气 0.9383、水 0.0019、乙醇 0.0212、异丙醇（IPA）0.0319（摩尔分数），流量 1100.49kmol/h 的酯加氢反应气，X0201 聚酰亚胺膜分离器 H_2 的回收率约为 0.95，H_2O 的透过率约为 0.46，达到所需分离要求。相应的膜分离器结构尺寸如表 3-4-3 所示。

表 3-4-3　聚酰亚胺膜分离器设计一览表

膜分离器参数	气体分离系统
生产公司	南京艾宇琦膜科技有限公司
膜管尺寸/mm	Φ25×2000
单组件管数	62
组件个数	18
膜类型	中空纤维膜
单位膜面积成本/元	800
总膜面积/m²	352
膜管内径/mm	22
膜管外径/mm	25

厂家提供单个膜组件，每个组件由多支 25mm 直径、长度 2000 mm 的膜管组成，每个膜组件面积 19.6m²，膜分离器有 18 个膜组件组成，总价 225.2 万元（含膜成本、设备成本等价格）。

3.4.1.5　（分）隔壁塔

（1）（分）隔壁塔原理及分类　隔壁精馏塔简称隔壁塔（dividing-wall column，DWC）、隔离壁塔、分壁式塔——在传统精馏塔中沿着塔体轴向焊接（或非焊接）一块隔壁，将塔体分为左右两侧，隔壁上下分别共用一段精馏段和提馏段。其设计与发明是传统精馏塔的巨大变革。图 3-4-14 给出了 Petlyuk 塔和隔壁塔的示意图。可以看出，Petlyuk 塔由预分离塔和主塔构成，预分离塔塔顶和塔底分别通过交叉流股与主塔连接。隔壁塔的隔壁上端以上共用一段精馏段，隔壁下端以下共用一段提馏段，隔壁塔左侧为预分离塔，隔壁右侧相当于 Petlyuk 塔主塔的交叉流股之间的塔段。这样三元物系 A/B/C 在单塔内实现分离得到了 A、B、C 三种产品。隔壁塔是实现热耦精馏 Petlyuk 塔的实际方法。当不考虑隔壁的传热时，两者在热力学上是等效的。

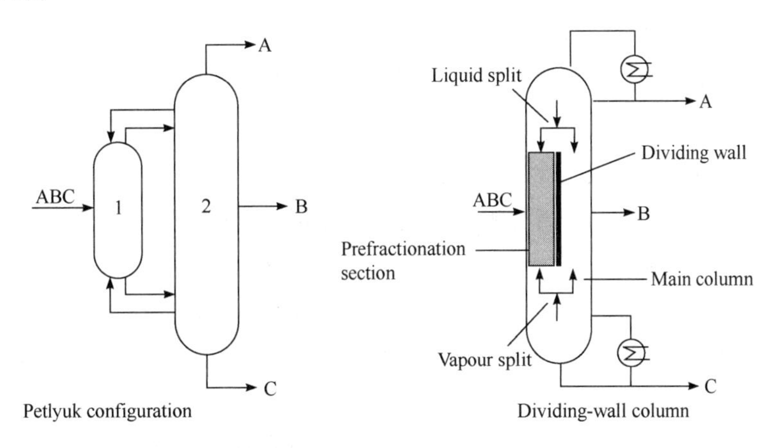

图 3-4-14　Petlyuk 塔与隔壁塔示意图

隔壁塔已用于某些三元物系的分离，其最初用来分离轻、重组分含量较小的物系。近来，隔壁塔已更广泛地用来分离烃类、醇类、醛类、酯类、缩醛类、胺类等混合物。此外，隔壁塔已应用于共沸精馏、萃取精馏和反应精馏。隔壁塔据其隔壁在塔壳中的轴向位置，可分为三种类型：隔壁在中间，隔壁在底部和隔壁在顶部。图 3-4-15 给出了三种类型隔壁塔简图。一般地，常用隔壁在中间类型分离非共沸物系，用隔壁在底部类型可实现共沸精馏，而用隔壁在顶部类型可实现轻组分的完全脱离。

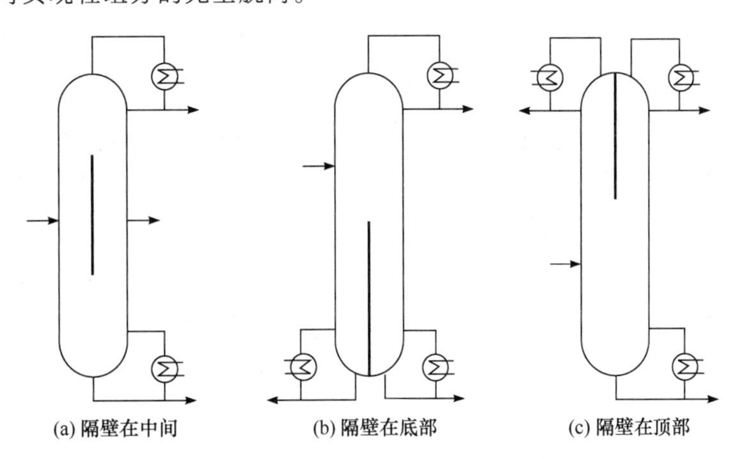

图 3-4-15　隔壁塔的三种类型

(2) 隔壁塔特点　隔壁塔是将传统的两塔分离集中为一个塔，其具有以下优点：

① 能够大幅度降低整个流程的设备投资与操作费用，而且利用内部物质耦合及内部能

量耦合等过程可以显著降低系统能耗，节约能源，提高系统的热力学效率。

② 隔壁塔巧妙地实现了两塔功能，进料侧相当于预分离塔，出料一侧相当于主分离塔，让两个塔中的能量在同一个塔中反复循环利用，极大地节省了能耗，同时还节省了冷凝器、再沸器以及管道的投资。

③ 在分离三组分混合物时，在同样的理论板数和分离要求下，采用隔壁精馏塔要比常规的双塔精馏流程所需的能量明显降低。

④ 隔壁塔尤其适合于热敏性组分的分离，这是因为在操作过程中物料只被加热一次，在塔釜中的停留时间相对较短。

但隔壁塔也存在以下不足之处:

① 结构复杂，各区域之间通过耦合物流相互连接，自由度比简单塔明显增多，从而增加了其设计优化、操作和控制的难度，尤其是隔壁塔的控制问题。

② 隔壁板精馏塔并非适用于所有的精馏分离，其对分离纯度、进料组成、相对挥发度及塔的操作压力都有一定的要求，如由于采用隔壁塔分离三组分混合物是在同一塔设备内完成，故整个分离过程的压力不能改变。

（3）工程实例　国外对隔壁塔的研究从 1933 年就开始，主要研究和工业化实施单位集中在德国 BASF、德国 LG、美国 UOP、德国 Bayer、瑞士 Sulzer 以及美国 Koch Glitsch 公司。国内对隔壁塔的研究相对较少，主要集中在中石化、中科院、浙江大学、天津大学、华东石油大学、常州大学、河北工业大学等。

① UOP 公司设计分隔壁式精馏塔应用于新的 UOP 合成直链烷基苯的路线中，节能效果显著。

② Kellogg 公司开发了抽提蒸馏与分隔壁式塔器技术相结合的工艺，从重整生成油或加氢热解汽油回收苯，投资成本降低了 20%。

③ 天津大学张敏华等人研究了隔壁塔分离乙酸乙烯酯的工艺，减少了物料返混，得到了纯度较高的乙酸乙烯酯并且降低了能耗与设备投资费用。

④ 天津大学的张卫江等人研究了隔壁塔分离甲基丙烯酸甲酯的工艺，利用总年度费用作为目标函数对精馏过程进行了全局经济优化，结果显示，隔壁塔流程可节约 43.5%的能量和 22.3%总年度费用，经济效益明显。

⑤ 北京泽华化学工程有限公司经过多年的研究，已成功实现隔板精馏国产化技术上的突破，用于某多晶硅企业氯硅烷分离装置，处理能力达到百万吨/年，设计的隔壁塔塔径 3m，塔高 60m，已于 2015 年顺利开车，在产品质量改善的前提下，实现节能 25%。目前为止，该公司已设计了 12 套大型隔壁塔。

综上所述，隔壁塔项目在国外技术成熟，在国内的研究机构及设计公司也陆续增多，例如北京泽华、天津普莱等公司的隔壁塔技术已经国产化。

（4）工程设计实例　隔壁塔是化工设计竞赛队伍历来钟爱的设备创新方案之一。例如：2018 年浙江工业大学“Pray 6”团队，采用隔壁塔实现对来自吸收塔采出液（主要含有乙酸乙烯酯、乙酸、乙炔、乙醛、巴豆醛、水）的分离，精制得到乙酸乙烯酯产品。经过物性分析，将乙炔、乙醛低沸点作为轻组分，乙酸、巴豆醛和水等高沸物作为重组分，乙酸乙烯酯作为产品分出。据此，提出了采用隔壁在塔顶的隔壁塔形式，这样的隔壁塔形式取消了塔顶的公共精馏区，避免轻组分和乙酸乙烯酯的接触，使得通过精馏能得到较高纯度的乙酸乙烯酯。

进料预分离物料共约 3601.12kmol/h，其中含 302.219kmol/h 乙酸乙烯酯。根据 Aspen Plus 模拟优化得到，主塔含 48 块理论塔板，主塔精馏段含 12 块理论塔板，副塔精馏段含 21 块理论塔板，公共提馏区含 36 块理论塔板，左、右侧塔共用一段提馏段和一个再沸器。精馏段塔直径上段为 2.3m，此段填料高度为 1.4m；精馏段塔直径下段为 4.6m，此段填料高度为 6m。被分离液从第 8 块板进料。提馏段塔直径为 4.6 米。塔高 33.6 米。隔板到上段预分离区壁的最大距离为 700mm，距侧线精馏区壁（精馏段下段）的最大距离 1850mm，隔板选用 10mm 厚的 316 号不锈钢板焊死在塔体内部，高 9200mm。综合考虑材质要求、安装维修及造价等因素，确定选择 Mellapak 填料，其中副塔分两段填料，填料分别为 Mellapak750Y 和 250Y，主塔分一段填料，填料为 Mellapak 250X，大致框图如图 3-4-16。根据工艺参数，还校核塔压降、液体喷淋密度和机械强度，提出了隔壁塔的自控方案。

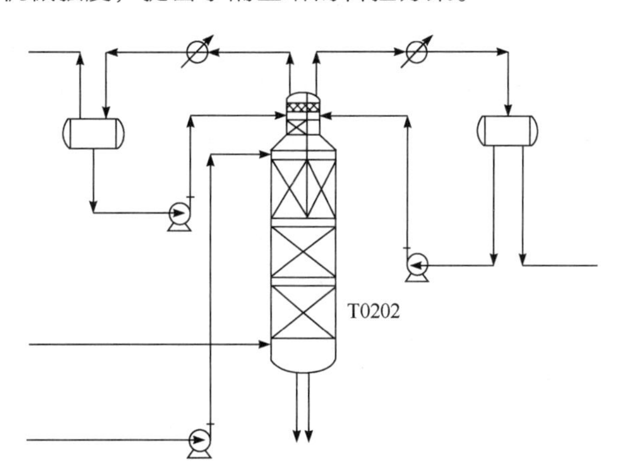

图 3-4-16 隔壁塔及其流程示意简图

3.4.2 新型换热过程设备

3.4.2.1 换热管内“洁能芯”的使用

传热效率低下和传热表面结垢造成的传热劣化问题，是多年来一直未解决的传热过程中的难题，也是制约化工等高能耗行业提高能量利用率的瓶颈问题。

“洁能芯”是北京化工大学开发的节能降耗的高新技术产品。可直接安装于传热管内，既有效解决管壳式换热器效率低下的问题，又无须改变换热器结构，如图 3-4-17 所示。

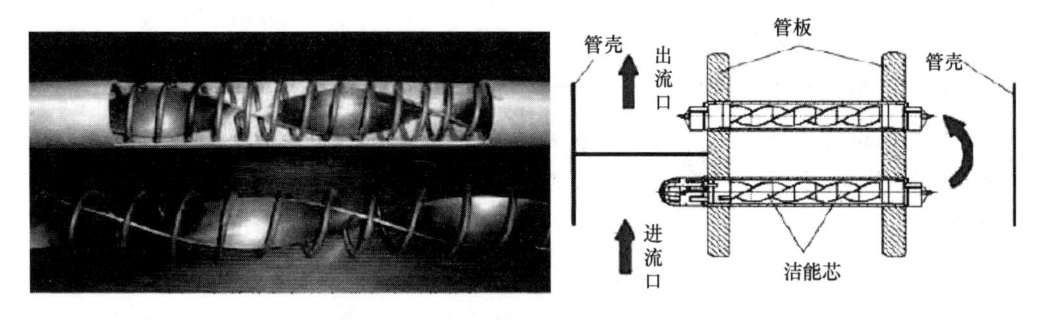

图 3-4-17　“洁能芯”构造与原理图

该装置由固定架、转子和支撑轴等部件组成。两固定架分别承插固定在换热管的两端，转子表面有螺棱，转子上有中心孔，支撑轴穿过转子的中心孔固定于固定架。在热管内放置多个转子，其总长度略小于热管长，外径小于热管内径，中心孔直径略大于支撑轴外径。支撑轴的中心线与换热管的中心线基本重合。转子在流体介质的作用下不需要外部动力即能转动自如。在介质冲击下，转子自动悬浮于换热管中心，并且当流场稳定时，可将管内转子看作整体同步转动。

使用“洁能芯”后，会使换热管内的流动发生显著变化，整体上呈有规律的三维螺旋状旋转流动。这一流动状态加剧了流体湍流强度及边界层扰动，并可以防止污垢沉积，强化传热并起到清洁作用。转子宽度内的流体在转子的导流作用下，有着明显较大的轴向速度和切向速度，由切线速度分量产生的离心力会使流体中间区域密度较大的冷流体趋于向外流动，与靠近边缘的密度较小的热流体相混合，这种径向混合现象可更有效地提高换热效率，起到强化传热的作用。

在换热管内，沿着径向与轴向，其湍流动能都呈增加趋势，沿管长方向，流体流动状态发展越来越充分，到一定程度之后管子任意横截面的大部分湍流动能的分布也趋于均匀，热量的传递也会趋于均匀，有利于换热。

传热管内的流体由于湍流度增强，温度场的分布有所改善。管内三棱转子逆时针旋转，在螺棱迎水面温度较高，背水侧温度较低，在管内热流体向管外冷流体传热过程中，与光管相比明显增强了径向对流传热效果。

“洁能芯”的主要技术特点是：①具有在线自动清洗与强化传热的双重功能；②具有自调心功能，避免刮擦管壁，保障换热设备的运行安全；③具有高效率、高可靠性等优点，节能降耗；④具有强的适应能力，能用于换热介质低流速到高流速的各种工况；⑤结构确定的洁能芯，其自转速度只与介质流速有关，不受换热管长度的限制，并可适应换热管的弯曲；⑥采用高分子材料制成，具有自润滑、耐腐、耐磨、耐高温、抗老化等特点；⑦采用流线型结构设计、介质流动阻力增加不明显，可控制在工程允许的范围内；⑧具有安装简便的特点，不需要对原换热器设备结构做任何改变。

2016 年浙江工业大学“Onepiece”团队在热碱脱碳工段热钾碱换热器中采用了带“洁能芯”的列管式换热器，以解决由于流体黏度高、传热效率低下且流体易在管内结垢，严重影响换热效果，同时还会造成换热器寿命的降低以及能耗增加等问题。

3.4.2.2 热管

热管是一种新型高效的导热元件，热导率非常大，是金属良导体（如 Ag、Cu、Al 等）的 1000～10000 倍，有超导热体或亚超导热体之称。热管是超导热元件，其最高工作温度可达 2000℃左右，最低可低至-220℃以下。

热管的基本结构和工作原理都很简单，如图 3-4-18。在一密闭的高真空金属管中，靠近内壁贴装以某种毛细结构（吸液芯），再装入某种工质即成为热管。工作时，管的一端从热源吸收热量，使工质蒸发、汽化；蒸汽流往另一端，向冷源放出热量，工质蒸汽本身冷凝液化；冷凝液借助毛细压力作用，回流至蒸发端，完成工质的自动循环及热量转移。整个热管分为三个区：蒸发段、绝热输送段和冷凝段。因为热管中的热量是依靠工质的饱和蒸汽流来输送，蒸汽流动压降很低，温差很小，即热管接近于等温工作。高导热性和等温性，是热管最重要和最独特的性能，其他特点还包括结构简单可靠、无运动部件、效率高、寿命长等。

热管的高效在于导热，故热管应该是在以热传导为主的传热情况下工作最为合适。其生产也已商品化、系列化，包括高达 11.16MW 的大型热管换热器。

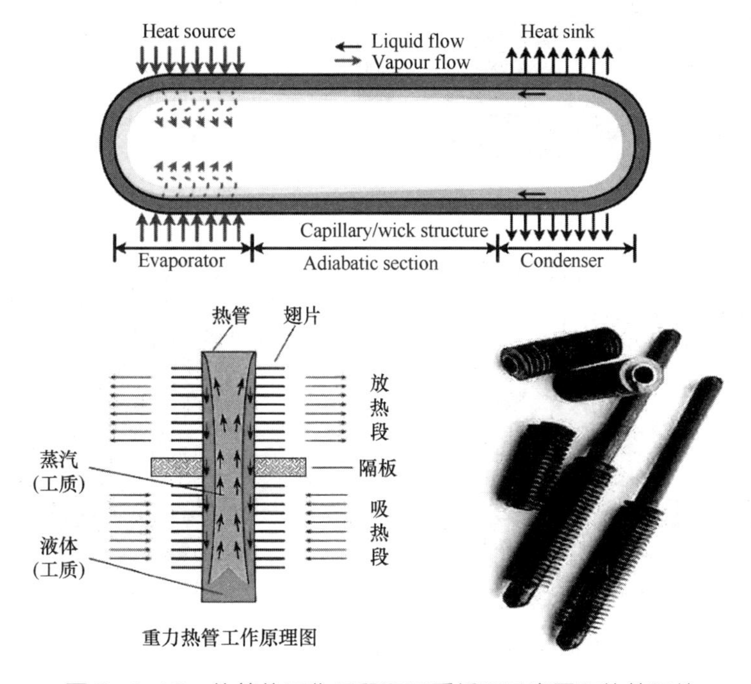

图 3-4-18 热管的工作区段和工质循环示意图和热管元件

按照凝液回流方式，可分为：吸液芯热管、重力热管、离心热管、电流体动力学热管和电渗透压力热管。其中，吸液芯热管是其最基本形式，凝液靠吸液芯的毛细作用回流，可在失重情况下工作；重力热管中不含吸液芯，凝液依靠重力回流，即冷凝段置于蒸发段之上，传热具有单向性，结构更为简单；离心热管是利用离心力实现凝液的回流，常常利用抽真空后的空心轴或回转体的内腔作为热管的工作空间，加入工质，密封即可，非常方便紧凑，其传热也是单向。

热管以其中的工质和管壳材料来命名，如：“水-不锈钢”热管、“锂-镍”热管、“钠-陶瓷”热管等。

热管已广泛应用于：①余热回收，主要用作空气预热器、热水锅炉和利用废热加热生活用水；②在电子器件冷却、均温炉、太阳能集热器、航天技术方面热管也有众多应用；③在农业上热管地热温室、热管融雪也取得了很好的效益。

热管的具体应用实例见图 3-4-19。如：①有热管的搅拌釜反应器（将搅拌釜的搅拌轴设计成热管，两端加装翅片，实现热量的转移）；②粉煤连续气化炉（构造内外两个同轴的容器，内筒为燃烧室，外筒为气化室，通过热管实现热量由燃烧室转移至气化室）；③热管换热器（将多根热管组装在一箱体中，用于液-液、液-气、气-气换热）等。

(a) 造气炉蓄热式废热锅炉

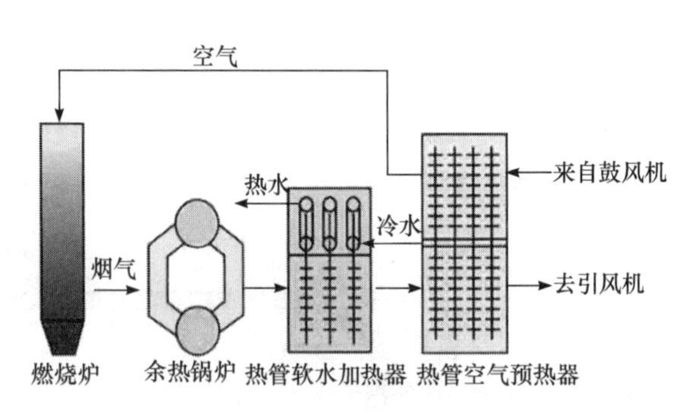

(b) 吹风气潜热回收系统

(c) 热管空气预热器/软水加热器

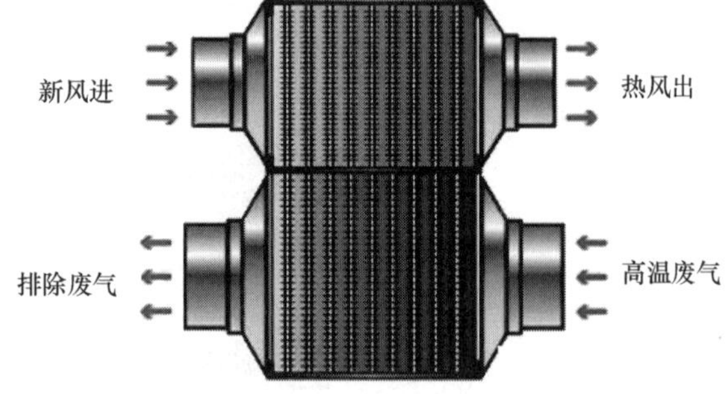

(d) 新风热量回收系统

图 3-4-19　热管换热器的应用

对于热管换热器具体的工作流体和吸液芯材料的选择、设计方法，可参考化工设备设计全书编辑委员会主编的《换热器设计》一书。

3.4.2.3　螺旋板式换热器

螺旋板式换热器（spiral heat exchange，SHE）是一种高效板式换热器，瑞典的 Rosemblad

于 1930 年最早提出这一结构，1932 年 Rosemblad 公司成批制造生产并定为专利，此后，世界许多国家相继设计制造了螺旋板式换热器。我国于 20 世纪 50 年代从苏联引进，主要用于烧碱厂的电解液加热和浓碱液冷却，60 年代开始自行设计和制造。

螺旋板式换热器是由两块平行的钢板（传热板）在专用成型卷床上卷制而成，每块钢板被同时绕成螺旋形状，应用定距柱及垫片使螺旋片互相保持一定的距离，并增加螺旋板换热器的刚度和强度，装于中心的隔板形成两个同心通道，各通道为环状的单一通道，其截面为长方形。通道两端边缘被交错闭合或密封，进出口接管分别装于两通道的边缘端，介质连续且无泄漏地流过通道并进行热交换。其结构如图 3-4-20 所示。

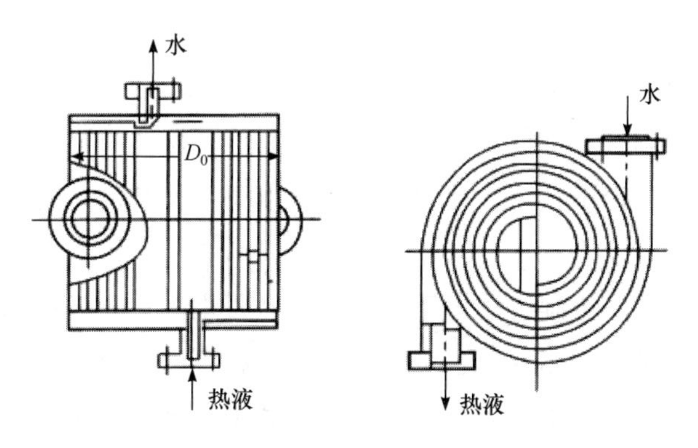

图 3-4-20　螺旋板式换热器结构

螺旋板式换热器主要特点如下。

① 传热效率高。螺旋板内不存在死区，定距柱及螺旋通道增加了流体湍动，总传热系数最高可达 2500W/（$m^2 \cdot K$）。

② 流道不易堵塞。通道内流速较高，有良好的自冲刷作用，污垢沉积速度约为管壳式的 1/10，可使用酸洗、热水清洗或蒸汽吹净等方法清洗。

③ 能利用低温热源，并能准确控制出口温度。螺旋通道内冷热流体为全逆流操作，有利于传热。允许的最小温差可达 2～3℃，能充分利用低温热源。而且，这种换热器有两个较长的均匀螺旋通道，介质在通道内可均匀加热和冷却，所以能准确控制出口温度。

④ 结构紧凑，体积小；温差应力小；制造简单，成本低；一台直径 1.5m，宽为 1.8m 的螺旋板式换热器，传热面积可达 200m^2，单位体积的传热面积为管壳式的三倍。使用的最大温差可达到 130℃左右。

⑤ 承压能力受限制，最高工作压力为 4MPa。

螺旋板式换热器的工艺设计主要考虑以下几个方面：①冷热介质流速；对于一般液体，可选 0.5～3.0m/s，常压气体可选 5～30m/s，气液混合物 2～6m/s；②合理布置螺旋通道；如使两流体呈全逆流状态；直径较大的外圈螺旋板承受较小压力，直径较小的内圈螺旋板承受较大压力，以改善螺旋板受力状态；定距柱采用等边三角形排列，有效地干扰流体流动，且便于清洗；可根据介质流量，冷热流体设置多通道，以使介质换热充分；③合理选择总传热系数；如清水-清水逆流换热，可选传热系数 1700～2200W/（m²·K），有机液-有机液逆流传热系数 350～550W/（m²·K），浓硫酸-水逆流传热系数 760～1380W/（m²·K），气-气逆流传热系数 29～47W/（m²·K），水蒸气-水错流传热系数 1500～1700W/（m²·K），有机蒸气-水错流传热系数 930～1160W/（m²·K）等。

螺旋板换热器已有行业标准《螺旋板式热交换器》（NB/T 47048—2015），《热交换器型式与基本参数 第 5 部分：螺旋板式热交换器》GB/T 28712.5—2012，可参考进行几何结构设计。具体的工艺设计计算还可参考兰州石油机械研究所主编的《换热器（第二版）》一书。

3.4.2.4　螺旋绕管式换热器

螺旋绕管式换热器（spiral wounded heat exchanger）是一种新型的、结构紧凑的高效换热器，其换热管呈螺旋绕制状，且缠绕多层，每一层与前一层之间逐次通过定距板保持一定距离，层间缠绕方向相反。由于换热管在壳体内的长度可以加长，从而缩短了换热器的外壳尺寸，使传热效率提高。

螺旋绕管可以采用单根绕制，也可采用两根或多根组焊后一起绕制。管内可以通过一种介质，称单通道型螺旋管式换热器；也可分别通过几种不同的介质，而每种介质所通过的传热管均汇集在各自的管板上，构成多通道型螺旋管式换热器，如图 3-4-21 所示。

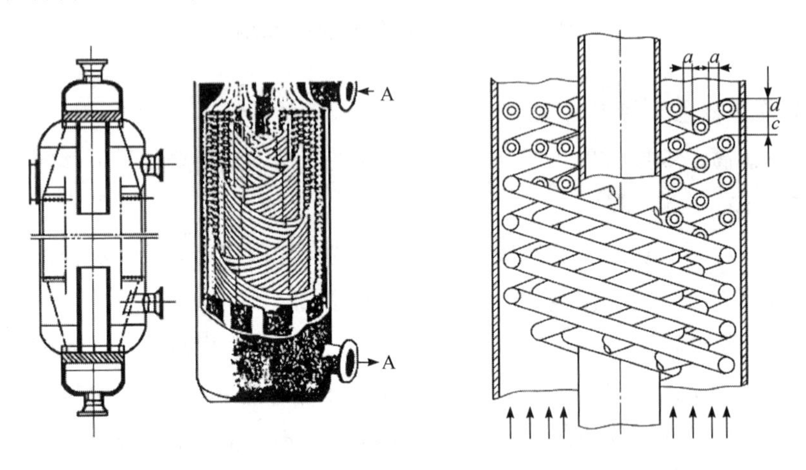

图 3-4-21　螺旋管式换热器外形与内部结构示意图

相对于普通的列管式换热器而言，螺旋绕管式换热器具有不可比拟的优势，适用温度范围广、适应热冲击、热应力自身消除、紧凑度高，由于自身的特殊构造，使得流场充分发展，不存在流动死区，尤其特别的，通过设置多股管程（壳程单股），能够在一台设备内满足多股流体的同时换热。螺旋绕管式换热器适用于同时处理多种介质，要求有多种流体换热的场合、在小温差下需要传递较大热量且管内介质操作压力较高的场合，如制氧等低温过程中使用的场合等。此外，对那些腐蚀介质要求采用特殊材料、大型工业装置操作条件苛刻以及对流道阻塞相对不敏感等场合，螺旋管式换热器则是一种较好的选择方案。其优点包括：

① 结构紧凑，单位容积具有较大的传热面积。对管径 8～12mm 的传热管，每立方米容

积的传热面积可达 100～170m²。

② 单根管子或不同的层管组均可连接在一块或多块管板上，因此不同管程的流体（多达 5 种不同流体）可同时与一种壳程流体之间进行多种介质的传热。

③ 换热管可制成双连管，且管径小，强度高，管内操作压力高，目前国外最高操作压力已超过 2000MPa。

④ 传热管为螺旋缠绕，管子呈自由状态，热膨胀可自行进行补偿。

⑤ 换热器容易实现大型化发展。到目前为止，单台设备最大换热面积已达到 25000m²。

⑥ 传热强度大，传热系数高，流体在螺旋管内流动会形成二次环流，强化传热效果。

其不足之处主要有：

① 多采用小直径管缠绕，对介质的洁净度要求高。

② 结构复杂，制作工艺难度大，材料耗费较多，芯轴对传热无效，增加了壳体直径，成本较高。

③ 所有连接部分均为焊接，在出现故障时，查漏、检修比较困难。

近年来，已被广泛应用于石油、化工（液化和蒸发、低温、高压）及核工业领域，其使用效果与板翅式换热器相当，而结构材料则有更大的选择范围。螺旋绕管式换热器在我国主要应用于化肥合成氨装置（美国德士古工艺）中甲醇洗工段，在全国共有近 20 套此类装置，每套装置中有 6 台螺旋绕管式换热器。除此以外，在其他领域应用也有许多，例如，蒸馏回流，浓缩，精馏，尾气余热回收，中药提取，高温瞬时灭菌，原位清洗（CIP），民用暖通，工艺物料的加热和冷却，等等。在国外，缠绕管式换热器被广泛应用于大型空气分离装置的过冷器及液化器（如液体氧、液体氨装置）。林德公司曾在合成氨甲醇洗系统中推出的螺旋绕管式换热器系列设备就充分发挥了该种换热器的实际作用。

3.4.3 新型反应过程设备

3.4.3.1 反应蒸馏与催化蒸馏

将化学反应和蒸馏结合起来同时进行的操作过程称为反应蒸馏。通常，若化学反应在液相进行的称为反应蒸馏；若化学反应在固体催化剂与液相的接触面上进行，称为催化蒸馏。该技术具有以下优点：①产品收率高。反应选择性高且不受反应平衡的限制，如对于连串反应，当中间产物为目标产品时，反应生成的中间产物很快离开反应段，避免进一步的连串反应发生，从而提高选择性；而对于可逆反应，产品很快离开反应段，推动平衡向右移动，提高转化率；②节能。反应放出的热量可用于产生上升的蒸汽，减少再沸器热负荷；③容易控制温度。可通过改变操作压力来改变液体混合物泡点，即反应温度，并且改变多组分的气相分压，即改变液相中反应物浓度，从而改变反应速率和产物分布；④将原来的反应器和精馏塔合二为一，投资少、流程简单。

19 世纪 60 年代开发的 Solvay 碱灰生产过程中氨回收可以被认定为反应蒸馏的第一个工

业应用，其后，生产甲基叔丁基醚（MTBE）和乙酸甲酯的醚化、酯化工业化确立了其作为有潜力的多功能反应器和分离器的独立地位。20 世纪 30～60 年代主要是进行一些特定体系的工艺探索，60 年代末才开始研究有关反应蒸馏的一般性规律，70 年代后反应蒸馏研究已扩大到非均相反应，出现催化蒸馏，固体催化剂同时起着催化和填料的作用。70 年代末，研究重点转向反应蒸馏数学模拟。计算机技术的发展，促进了反应蒸馏过程开发。乙酸甲酯、MTBE 的生产采用反应精馏如图 3-4-22 所示。

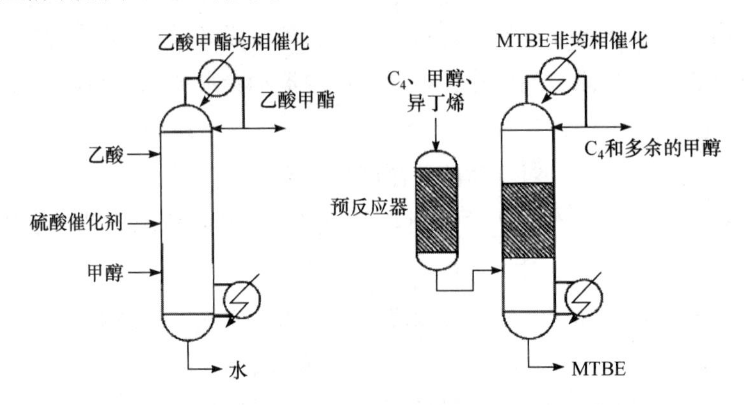

图 3-4-22　反应蒸馏实例（乙酸甲酯、MTBE 的生产）

对于可逆化学反应 $A+B \rightleftharpoons C$，三种组分 A、B 和 C 沸点顺序升高，且 B 和 C 之间形成最低共沸物。若按常规的工艺，为先反应后精馏（图 3-4-23），原料 A 和 B 在催化剂作用下于反应器反应，达到平衡后进入精馏塔分离，塔底采出产品 C，塔顶采出未反应的 A 以及 B、C 共沸物，循环回前面的反应器。当反应的平衡线和精馏边界线很接近时，塔顶的循环量会很大，系统能耗很高。若采用反应蒸馏同时进行，如图 3-4-24 所示，可将催化剂放置于塔上部，反应物 A、B 为易挥发组分，按计量比进料，生成难挥发的产物 C，若控制合适的回流比，即可实现 A 和 B 完全转化为 C，在塔底得到纯组分 C。此时，在反应蒸馏塔内没有未转化反应物的外部循环，而且反应放热可供精馏用。

实际上，对于某一个反应体系，使用反应蒸馏是否可能或合理，需从催化剂性质、反应条件、反应速率、化学平衡常数、多组分的相对挥发度、共沸点等多因素进行综合考虑决定。有学者指出，可借助于反映液体停留时间与反应时间之比的 Damkohler 数（*Da* 数）与化学反应平衡常数 K 相对大小来进行判断以及掌握过程设计要素。对于催化蒸馏，还取决于催化剂的性质，如果催化剂活性温度与该系统在某一压力下的沸点不相匹配，则不能使用催化蒸馏技术。

在选用反应蒸馏过程和设备时，料液加入板的位置很重要。当反应热影响较大时，需设置中间加热或冷却，并要保证液相足够的停留时间。Belck 和一些研究者提出了几种使用反应蒸馏的理想情况：

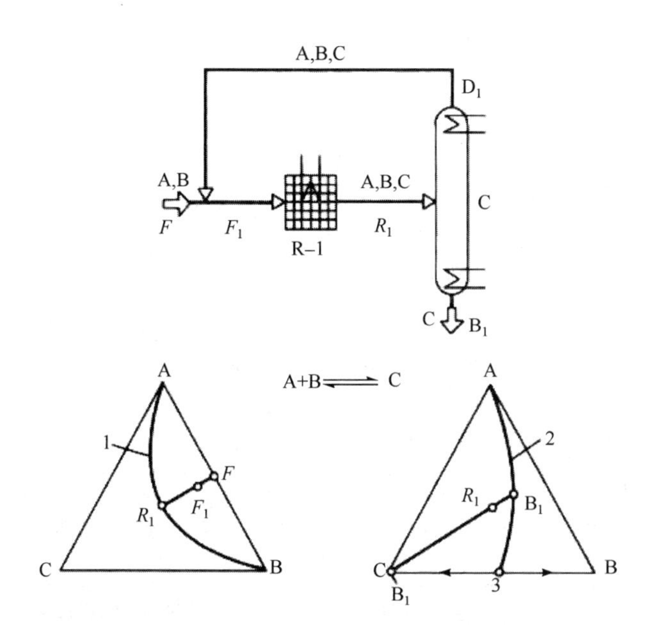

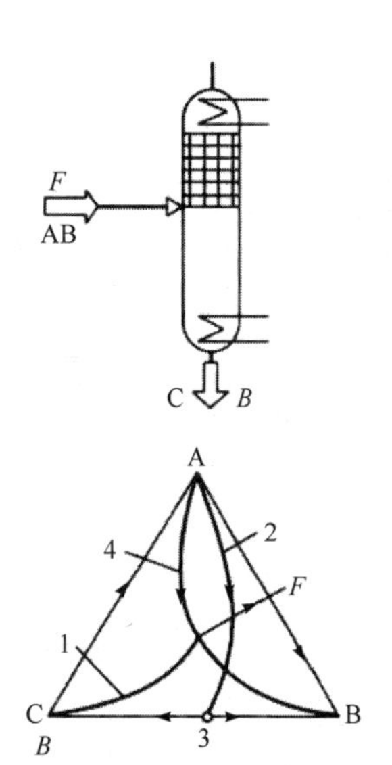

图 3-4-23　先反应后蒸馏过程示意

1—化学平衡线；2—蒸馏边界线；3—最低恒沸线；D_1—馏出物；C—精馏塔；R-1—反应器；B_1—塔釜残液；R_1—化学反应产物

图 3-4-24　反应和蒸馏同时进行的过程示意

1—蒸馏线；2—蒸馏边界线；3—最低恒沸线；4—化学平衡线

① 对于反应 A→P，或 A→2P，其中，P 为低沸点组分，此时只需带再沸器和冷凝器的精馏段。纯组分 A 送入再沸器，大部分的反应在再沸器内完成；随着反应进行，生成的 P 被汽化，通过精馏段被提纯（部分回流）。若 A 和 P 存在共沸，则再沸器中 P 的含量要高于共沸组成。

② 对于反应 A→P，或 2A→P，其中，A 为低沸点组分，此时只需要提馏段，设全凝器和再沸器。纯组分 A 从塔顶进料，在塔内反应生成 P，塔顶全部回流，塔底采出产品 P。其中，反应段需要进行优化，确保反应正向进行。

③ 对于反应 2A→P+S，或 A+B→P+S，其中，A 和 B 的低沸点处于 P 和 S 之间，P 的沸点最低。此时，反应物从塔中部进料，产物 P 从塔顶采出，S 从塔底采出；若 B 的沸点高于 A，则 B 的加入位置要高于 A。

对于催化蒸馏，其关键在于反应段催化剂层的结构。催化剂的装填方式有两种：其一为拟固定床式装填，这是一种常用的方法，如将催化剂直接装填于板式塔内某一段的降液管内，或者直接散堆于塔板上二层筛网之间、或塔板上的多孔容器内。其二为拟填料式装填，因为催化剂还无法加工成各种填料的形状，故可采用将颗粒状催化剂与惰性颗粒（如瓷环）混合装填于塔内（催化剂装卸方便），或将催化剂装填在刚性中空多孔柱体（如金属网框间）内，或装入柔性或半刚性网管内，采用催化剂捆扎包型式（催化剂装卸麻烦，但单位体积催化剂装填量大），或将催化剂颗粒放入两块丝网夹层或多孔板框的夹层内（压降低、传质效果好，但装卸较麻烦）等。

已实现工业应用的典型反应精馏过程有乙酸乙烯、甲缩醛二甲醇、乙酸甲酯、甲基叔丁基醚等，具体可参见表 3-4-4。

表 3-4-4　催化精馏技术的主要应用领域

反应类型	产品	反应物	催化剂	工艺操作参数
醚化	MTBE（ETBE）	甲醇（乙醇）、异丁烯	酸性阳离子交换树脂	40～160℃，1～24MPa，醚回收率（对醇）可达 80.1%
脱水醚化	二环戊基醚	环戊醇	ZSM-5、HY、Hβ 沸石	75～175℃，0.1～7MPa，LHSV 0.01～10h^{-1}，转化率 60%～80%
醚交换	TAME	MTBE，异丁烯	酸性阳离子交换树脂	<180℃，0～2.4MPa，n（MTBE）/n（异丁烯）=1∶1
醚解	异丁烯	MTBE	酸性阳离子交换树脂	66～121℃，0.06～0.36MPa，LHSV 0.1～20h^{-1}，异丁烯纯度可达 99%（质量分数）
二聚	异丁烯二聚体	异丁烯	酸性阳离子交换树脂	10～100℃，0.18～0.9MPa，回流比 1.1～20，二聚体产率达 96.3%
异构化	丁烯-1	含丁烯-2 的 C_4 烃	氧化铝负载的氧化钯	60～82℃，0.6～0.9MPa，回流比 0.5～33
酯化	乙酸甲酯	乙酸，甲醇	酸性阳离子交换树脂	50～100℃，122～170kPa，回流比 1.5～2.0
酯水解	乙酸	乙酸甲酯，水	酸性阳离子交换树脂	37.8～298℃，8.96～1034kPa，乙酸选择性（对酯）可达 99.2%
烷基化	烷基苯（乙苯、异丙苯等）	苯，乙烯、丙烯	酸性沸石或酸性阳离子交换树脂	50～300℃，0.05～2MPa，苯烯摩尔比（2～10）:1，烯转化率可达 98%，单烷基苯选择性（对苯）可达 90%
水合	叔醇	水，叔烯	离子交换树脂	60～93℃，0.78～1.2MPa
脱水	叔烯	叔醇	酸性阳离子交换树脂	74～93℃，0～0.3MPa，回流比 0.5～25，醇转化率可达 100%
氧化	对甲基苯甲酸	对二甲苯，空气	Co（BO_2）OH	160～240℃，0.6～1.32MPa

注：MTBE——甲基叔丁基醚；ETBE——乙基叔丁基醚；TAME——甲基叔戊基醚；LHSV——液空速（单位时间通过催化剂层的液体体积流量）。

除了反应与精馏过程的耦合形成的反应蒸馏外，还有反应挤出、反应萃取、反应与物料流交换的集成、反应吸附、反应吸收等。

反应挤出技术已大规模应用于聚合物生产，包括自由基聚合、阴离子聚合，如苯乙烯聚合、苯乙烯与丁基甲基丙酸酯的共聚、高密度聚乙烯和尿烷接枝马来酸酐，以及各种丙烯酸酯的共聚等。

反应萃取技术应用的实例包括己二醇溴化反应，采用烃类溶剂将单溴化物 $HO(CH_2)_6Br$ 萃取出来，并且不溶解双羟基的己二醇，防止二溴化物生成；还用于烯烃化合物的环氧化反应，如水相中制备间氯过氧苯甲酸（MCPBA），通过加入二氯甲烷溶剂，及时将产品萃取出来，避免水相中与羟基的进一步反应，提高产品收率。

借助于反应与物料交换的集成理念，开发了商业化的流向变换反应器，如应用于催化燃烧反应净化被污染的空气过程。我们知道，催化燃烧系统的物料进口浓度通常变化很大，浓度低时，反应无法进行，而浓度过高时容易造成系统超温。当在反应器中采用蓄热功能，通过流向周期变换，对自热操作的进料浓度要求可降低一个数量级。这一技术已用于低 SO_2 浓度且波动大的有色金属冶炼烟气处理、铅烧结机低浓度 SO_2 烟气回收制硫酸、有机废气催化燃烧等。与这一理念类似的还有强制周期操作、循环流化床反应器等，共同构成了强制振荡非定态周期操作的反应过程。

反应吸附耦联，即催化-吸附一体化，是催化合成的同时，产物被一种固体吸附剂选择性吸附，使催化与吸附分离过程同时进行。国外于 20 世纪 80 年代进行了逆流气-固-固涓流床甲醇合成反应器研究，采用无定形硅铝为吸附剂，实现了 CO 和 H_2 以计量比进料一次通过完全转化。

反应吸收并非单指传统意义上的化学吸收，还包括了在反应体系加入一种溶剂，能选择性地移走反应产物，从而推动平衡向右移动。如甲醇合成过程中，加入沸点高达 275℃的四亚乙基乙二醇二甲醚（TEGDME），甲醇在其中的溶解度远大于 H_2、CO、CO_2 和 CH_4，从而实现了生成的甲醇被溶剂吸收，打破化学平衡的限制。另一种是膜吸收，用于可逆反应，通过选择性透过产物，推动平衡向右移动，如在蒸汽重整、水煤气变换、丙烷脱氢和乙苯脱氢反应中脱除氢气，在合成气生产、乙烯和丁烯歧化制丙烯中添加氧气等。

反应-反应耦联是在一个反应器内使用双功能催化剂，或两种不同功能的催化剂，原料经催化合成中间产品，再进一步被催化合成最终产品。典型的应用就是合成气一步法制备二甲醚（DME）。

3.4.3.2 膜反应器

膜反应器概念始于 20 世纪 60 年代，是将具有分离功能的膜与反应器结合于一体，同时兼具反应与分离功能的膜反应技术，可节省投资、降低能耗，提高效率。膜反应器的分类见表 3-4-5。

表 3-4-5 膜反应器分类

缩写	描述	缩写	描述
CMR	催化膜反应器	PBCMR	固定床催化膜反应器
CNMR	催化非渗透选择型膜反应器	FBMR	流化床膜反应器
PBMR	固定床膜反应器	FBCMR	流化床催化膜反应器

固定床膜反应器（PBMR）是由装填在膜内部或外部的催化剂颗粒层组成的固定床，膜仅仅起着分离功能，是催化膜反应器中应用最为普遍的。若此时膜本身也具有催化活性，则

称为 PBCMR。而催化膜反应器（CMR）中，膜同时起着分离和催化的功能，如分子筛或金属膜，或者通过负载或离子交换等方式，在膜表面引入催化活性位点，以使膜具有催化性能。若膜不具备选择渗透性，仅仅用来提供一个精准的反应界面，则称为 CNMR。也有为了更好控制反应温度，将固定床改为流化床，这时候称为 FBMR 或 FBCMR。

早期的膜反应器主要用于受化学反应平衡限制相关的过程，如气相加氢、脱氢和氧化反应，多采用具有高分离系数的透氢、透氧致密膜，包括钯膜、钯银、钯镍等钯合金膜，金属银与其他材料（如钒）的合金膜。其后，使用有机膜用于生物发酵、环保过程，通过连续移出代谢产物，以保持较高的反应收率。随着具有优良的电子和离子传导能力、耐高温的钙钛矿致密膜的制备成功，将膜反应器拓展至高温气相和催化氧化反应领域。2000 年后，随着膜制备技术的发展，逐渐将膜反应器技术拓展至中低温气相反应（如分子筛膜反应器二甲苯异构化、SiO_2 膜反应器用于水煤气变换反应等）以及液相催化反应（如陶瓷膜应用于超细纳米催化剂催化反应、加氢、羟基化、氨肟化、盐水精制沉淀反应）过程。

3.4.3.3 微反应器

微反应器被称为“微通道反应器”（micro-channel reactor），是微反应器、微混合器、微换热器和微控制器的统称。微反应器是重要的化工过程强化设备。当化学反应在微米尺度空间（通常 10～300μm）进行时，可以充分提高传热和传质效率。进而极大地提高反应转化率和选择性、减小反应器体积、提高反应过程的集成度和安全性，实现化学工业节能降耗的生产目标。

微反应器的出现为强放热反应——硝化、费托合成、重氮化合成反应等开辟了新的安全模式，为贝克曼重排、Friedel-Crafts 酰化反应、二羰基化合物直接氟化反应提高了选择性和转化率，为醇醛缩合、贝里斯-希尔曼反应缩短了反应时间。

微反应器设计的重要内容是微通道的尺寸、形状和操作条件。表 3-4-6 给出了适合微反应器的均相化学反应、微反应器的微通道特征和操作条件。

表 3-4-6 适合在微反应器中进行的液液均相反应及其反应器特征

反应类型		反应描述	微通道特征和操作条件
酸促进反应	硝化反应	吡唑-5-甲酸硝化	100μm 宽微通道，90℃
		苯酚硝化	500μm 宽微通道，内部体积 2.0mL 的玻璃微反应器，20℃
	脱水反应	甲苯磺酸钠催化的烯丙醇脱水	40μm 宽微通道+停留时间单元（D=1mm，L=1m）
	羰基化反应		
	硅氰化反应	醛的催化硅氰化反应	100μm×50μm T 形微反应器，电渗流（EOF）方式
	重排反应	环酮的 Baeyer-Villiger 反应	30μm×30μm×3cm T 形微反应器，流量 25～200mL/min
		Beckmann 重排反应	

续表

反应类型		反应描述	微通道特征和操作条件
碱促进反应	酰化反应	烯醇阴离子 C-酰化	100μm×40μm 微反应器，EOF 方式
	Baylis-Hillman 反应	DABCO 促进的连续 BH 反应	
	加成反应	Michael 加成反应	100μm×50μm 玻璃微反应器，室温
	有机氟化反应	2,2-二氟-1-乙基乙醇的硝基-羟醛反应	
缩合反应	Hantzsch 反应		300μm×115μm 微反应器，EOF 方式，70℃
	偶联反应	氨基吡唑+醛+二酮→喹诺酮	1180μm 玻璃毛细通道，170W 微波照射
	多肽合成反应		内部体积 78.3μL 微反应器，90℃
	Paal-Knorr 反应		

第 4 章 节能与环保

化工是耗能大户。我国炼油、化工等过程工业的能耗占全国总能耗的一半左右，无论是反应过程还是分离过程，都需要以热和（或）功的形式加入能量，其费用与设备折旧费相比占首要地位，是生产操作费用的主要部分。因此，在化工设计过程中，过程能耗的计算以及从源头上进行节能降耗的设计是化工生产经济性的一个重要指标，同时也是影响我国国民经济发展及环保治理的重要因素。

化工过程换热主要有两种形式，一种是利用公用工程，一种是利用流程中的冷热流体相互换热。合理安排冷热流体间的换热，可减少外部公用工程的消耗，降低操作成本。

4.1 工厂常用公用工程

广义的公用工程是指维持化工装置正常运行的辅助设施的总称。主要包括给水排水、供气（汽）、供电、供暖、制冷等。狭义的公用工程是指为工艺系统设计的一套电力系统、制冷系统以及供热系统。这其实也是我们在进行工艺能耗优化上所关注的公用工程。在化工流程中，从原料到产品的整个生产过程，始终伴随着能量的供应、转换、利用、回收、生产、排弃等环节。冷、热流体之间换热构成了热回收换热系统。加热不足的部分就必须消耗热公用工程提供的燃料或蒸汽，冷却不足的部分就必须消耗冷公用工程提供的冷却水、冷却空气或冷量；用于提供或移走工艺过程中热量的物质载体（或手段）分别称为热源或冷源，工业上对热源和冷源的一般要求是：使用温度必须满足工艺要求；来源充足，价廉易得，易于输送、调节和使用。

对于物质载体（通常为流体），还要求具有良好的物理-化学性质，即：化学稳定性好，腐蚀性小，不易结垢；使用安全、无毒、不易燃烧和爆炸；具有较高的比热容、热导率、密度和比相变焓值，较低的凝固点，在使用温度下黏度低，流动性好，以利于增加传热系数、减小用量和降低输送阻力；对热源要求在高温下蒸汽压较低，对于常用低温冷源要求在常温下液化压力较低。

电能可直接用于加热（如电阻加热、感应加热等）和制冷（如半导体制冷）。其使用温度范围很宽（最高可达到 1200℃以上，最低可达–120℃以下，主要取决于使用元件的材料），但使用成本高，有效能损失大，总的能量利用率低，故只在水电供应充分、小规模生产或有特殊要求的场合，经充分经济论证后使用。

其他常用的工业热源和冷源的特性，按其使用温度范围见表 4-1-1 和表 4-1-2。

表 4-1-1　常用工业热源

工业热源	使用相态	常用温度范围	最高使用温度	基本性质及使用条件
热水	液相	30～100℃	受压力限制	常用为低温热源，传热系数高，来源广泛，价廉，输送方便；作为热载体使用时，温度会发生变化，故平均温度低于饱和蒸汽。需单独设置热水再加热循环系统
饱和蒸汽	气相	100～180℃	280℃（6.4MPa）	是最常用的热源，相变焓大，传热系数高，廉价易得，输送方便，调节性好（用阀门调节压力），最高使用温度受蒸汽饱和压力限制，在高压下一般不经济
热载体油	液相	敞开 260℃ 封闭 320℃	约 400℃	由高沸点石油馏分调制而成。价廉易得，可使换热器热载体侧在低压下操作，最高使用温度受馏分及热稳定性限制（需加入抗氧化剂）；应定期更换，易燃。使用温度一般低于道生油，需单独设置加热循环系统
道生油（导热姆）	液相或气相	液相 160～360℃ 气相 253～360℃	约 400℃	系联苯混合物，是该温度范围内常用的热载体，性能良好，操作稳定可靠，无毒，腐蚀性小，不易爆，可使用换热器载体在低压下工作。易泄漏，有异味，360℃以上有分解问题。需另行设置加热炉及循环系统
熔盐	液相	150～450℃	约 600℃	常用的是 $NaNO_2$、$NaNO_3$、KNO_3 的混合物。在 140℃左右固化，在 450℃以上轻微分解，释放出氨气，且使固化温度升高，操作困难，其加热系统、输送系统及换热器均需特殊设计
液态金属	液相	450～800℃		常用的是有熔融能力的 Na-K 混合物，必须隔绝空气，操作、维护、输送比较困难，加热系统、输送系统及换热器结构复杂，主要用于核工业等特殊部门
烟道气	气相	500～1000℃	取决于燃料及燃烧条件	广泛应用于需要加热温度高的场合。价廉易得，输送方便。但传热系数低，使用容积流量大，不易调节，有结垢及腐蚀问题（取决于燃料本身的组成和性质）

表 4-1-2　常用工业冷源

工业冷源	使用相态	常用温度范围	基本性质及使用条件
空气	气相	取决于环境温度	来源充足，廉价易得，温度受环境影响，传热系数低，用量大，常用于缺水地区。通过经济比较，可代替水冷或与水冷联合使用

续表

工业冷源		使用相态	常用温度范围	基本性质及使用条件
冷却用水	深井水	液相	15～20℃	作为一次水源，温度较低而稳定，冷却效果好。水的硬度对结垢有很大影响，但来源日益匮乏。宜用于关键场合并应重复利用
	水域水	液相	0～30℃取决于大气条件	作为一次水源，应用广泛，包括河流、湖泊、海域等供水。温度受环境条件影响，水的硬度及悬浮物对结垢有很大影响，使用前常须经过预处理。海水中的 Cl^- 对不锈钢有腐蚀作用
	循环水	液相	10～35℃取决于大气条件	经凉水塔处理循环使用的二次水源，温度一般高于环境湿球温度 2～5℃，从节约水资源的观点，应尽量使用。存在微生物与藻类的生长与结垢问题。宜经化学处理
低温冷却剂	冷冻盐水	液相	-30～15℃	常用的有 $CaCl_2$ 或 NaCl 的水溶液，廉价易得，比热容大，传热系数较高，可实现冷冻站的集中管理，将经间接制冷后的进水分别输送至用户，冷负荷易于调节。但消耗功率较大，并须增加盐水循环系统。有一定腐蚀性，故亦可改用醇类的水溶液（但费用较高）
	氨、丙烷、氟氯烷等	液-气相	单级-40℃以上 多级-100℃以上	用于直接气化制冷，与使用冷冻盐水相比，功率消耗较低，传热系数较高，但需在不同用户处分别设置冷冻系统，其中氨和丙烯有毒，但价廉易得，应用广泛。氟氯烷（CFC）俗称氟利昂，由于可破坏大气臭氧层已协议禁用，可用氟氯烷类（HCFC）或氢氟烷类（HFC）代替
	液氮、液化天然气等	液-气相	低于-100℃	直接制冷，用于深冷分离等特殊场合，在空气分离、天然气和石油加工分离工业中，由于本身就是过程原料或产品，故应用广泛

4.2 过程能耗计算

4.2.1 综合能耗

化工生产过程中的能耗包括了燃料、电能及其他耗能工质（如公用工程介质、氮气、仪表空气等），其计算依据《综合能耗计算通则》（GB/T 2589—2020）中公式：

$$E_P = \sum(G_i C_i) + \sum Q_i$$

式中 E_P——耗能体系的能耗；

G_i——燃料、电及耗能工质 i 消耗量；

C_i——燃料、电及耗能工质 i 的能源折算值；

Q_i——耗能体系与外界交换热量所折成的一次能源量，输入时计为正值，输出时计为负值。

根据“2.4节计算机辅助工艺流程模拟”中Aspen辅助能量衡算计算方法，以2020年宁波工程学院“C5的奇妙冒险”作品为例，可求出全流程公用工程明细（表4-2-1）、主要设备用电明细（表4-2-2）、反应器耗能明细（表4-2-3）。

表4-2-1 公用工程明细表

设备编号	设备名称	设备、公用工程能耗/kW				
		冷公用工程		热公用工程		
		COLD(冷却水)	CW(冷冻盐水)	LP(低压蒸汽)	MP(中压蒸汽)	YDQ(烟道气)
E0215	热泵冷却器	2857.42	—	—	—	—
T0101	脱轻组分塔	1133.67	—	1267.62	—	—
E0110	反应气急冷器	—	511.995	—	—	—
T0401	叔戊醇反应精馏塔	—	72.4708	192.911	—	—
E0203	混合异戊烷加热器	—	—	—	—	4115.9
E0201	混合异戊烷预热器	—	—	1756.07	—	—
⋮	⋮	⋮	⋮	⋮	⋮	⋮
合计		49689.4	4176.953	42885.45	1642	4139.3391
总计				102533.1		

表4-2-2 主要设备用电明细

设备编号	设备名	耗电量/kW
P0101	脱轻组分塔输送泵	0.635061
C0102	原料气压缩机	532.953
⋮	⋮	⋮
合计		5327.327

表4-2-3 反应器耗能明细

反应器名	耗能方式	耗能/kW
R0101 异构化反应器	低压蒸汽	80.1435
R0201 脱氢反应器	烟道气	2579.898
合计		2660

从Aspen Plus及Aspen Energy Analyzer（具体步骤见下一节）得到单位用电量（该值会与表4-2-2略有出入）、公用工程量及仪表空气量等，乘以年开工时间，得到年耗量，查标准得各物质的单位能耗，计算出总能耗及单位产品能耗，汇总得项目综合能耗表4-2-4。年综

合能耗为 1.725×10^9 MJ/a，吨产品能耗为 47641.35MJ/t。

表 4-2-4　项目综合能耗表

序号	项目	消耗量				能耗热值或能耗指标		总能耗$\times10^4$/(MJ/a)	吨产品能耗/(MJ/t)
		吨产品耗量		年耗量					
		单位	数量	单位	数量	单位	数量		
1	电	kW · h/t	1173	104kW · h	4246.8	MJ/(kW · h)	3.6	15288.48	4223.3
2	循环冷却水	t/t	114.3	104 t	413.83	MJ/t	4.19	1733.95	479
3	冷冻盐水	t/t	93.4	104 t	338.22	MJ/t	3.622	1225	338.4
4	125℃低压蒸汽	t/t	14.9	104 t	53.8	MJ/t	2708.9	145738.8	40259.3
5	175℃低压蒸汽	t/t	0.078	104 t	0.282	MJ/t	2773.3	782	216
6	250℃中压蒸汽	t/t	0.76	104 t	2.75	MJ/t	2790.1	7672.8	2119.55
7	氮气	m^3/t(标准状况)	0.13	104m^3(标准状况)	0.4731	MJ/m^3(标准状况)	11.72	5.5447	1.53
8	仪表空气	m^3/t(标准状况)	3.65	104m^3(标准状况)	13.225	MJ/m^3(标准状况)	1.17	15.47	4.27
合计								172462	

4.2.2　单位产品能耗

查标准得电、公用工程、氮气、仪表空气等物质单位物质折算当量标煤系数，求得该物质总能耗，单位产品综合能耗是指生产某种产品消耗的各种能源量，即产品生产过程消耗的各种能源量与产品产量的比值。计算公式如下：

单位产品能耗=能源消费量(吨标煤)/某种产品产量(吨产品)

可得该物质单位产品能耗见表 4-2-5。

表 4-2-5　每吨产品能耗计算

序号	能耗项目	年消耗量$\times10^4$		折算当量标煤系数		折算能耗/(kgce/a)	单位能耗/(kgce/t)
		单位	数量	单位	数量		
1	电	kW · h/a	4246.8	kgce/(kW · h)	0.1229	5219317.2	144.2
2	循环冷却水	t/a	413.83	kgce/t	0.1429	591363.07	16.3
3	冷冻盐水	t/a	338.22	kgce/t	3.2857	11118982.5	307.15
4	低压蒸汽	t/a	54.082	kgce/kg	0.0984	53216.7	2.22
5	250℃中压蒸汽	t/a	2.75	kgce/kg	0.1086	2986.5	0.0825

续表

序号	能耗项目	年消耗量 × 10^4		折算当量标煤系数		折算能耗/(kgce/a)	单位能耗/(kgce/t)
		单位	数量	单位	数量		
6	氮气	m^3/t(标准状况)	0.4317	kgce/ m^3(标准状况)	0.4	1892.4	0.052
7	仪表空气	m^3/t(标准状况)	13.225	kgce/m^3(标准状况)	0.04	5290	0.146
合计						16993047.9	

注：kgce=kg coal equivalent，千克标准煤。

4.2.3　万元产值综合能耗

万元产值综合能耗是统计报告期内企业综合能源消费量与期内用能单位工业总产值的比值。计算公式如下：

万元产值综合能耗=综合能源消费量（吨标煤）/工业总产值（万元）

作品中工业总产值 81294.8 万元，总能耗为 16993047.9 kgce/a（见表 4-2-5），则万元产值综合能耗=16993047.9/81294.8=209（kgce）。

各物质的万元产值能耗=折算能耗（表 4-2-6）/工业总产值（万元）

表 4-2-6　万元产值综合能耗

序号	项目	年耗量	万元产值能耗/kgce	万元产值折煤能耗/kgce
1	电	4.2468×10^7kW · h	522.40	64.20
2	循环冷却水	413.8 万吨	50.9	7.27
3	冷冻盐水	338.2 万吨	41.6	136.69
4	低压蒸汽	54 万吨	6.64	653.38
5	250℃中压蒸汽	2.75 万吨	0.34	0.037
6	氮气	0.4731 万 m^3(标准状况)	0.058	0.0232
7	仪表空气	13.225 万 m^3(标准状况)	1.63	0.065

注：kgce=kg coal equivalent，千克标准煤。

4.2.4　单位产品能耗比较

单位产品节能是用统计报告期单位产值能源消耗量与基期产品单位产量能源量的差值和报告期产品产量计算的节能量。计算公式如下：

$$\Delta EC=\Sigma(ebi-eji)Mbi$$

式中 EC——企业产品节能量，单位为吨标准煤(tce)；

ebi——统计报告期第 *i* 种产品的单位产品综合能耗，单位为吨标准煤(tce)；

eji——基期第 *i* 种产品的单位产品综合能耗或单位产品能源消耗限额，单位为吨标准煤(tce)；

Mbi——统计报告期产出的第 *i* 种合格产品数量。

单位产值能耗是指生产单位产值消耗的各种能源量，即产品生产过程消耗的各种能源量与产值的比值。计算公式如下：

单位产值能耗=能源消费量(吨标煤/吨碳排放)/某种产品产值(万元)

单位产值节能是用统计报告期单位产值能源消耗量与基期单位产值能源消耗量的差值和报告期产值计算的节能量。计算公式如下：

$$\Delta Eg = (ebg - ejg)Gbg$$

式中 *Eg*——企业产值总节能量，单位为吨标准煤(tce)；

ebg——统计报告期企业单位产值综合能耗，单位为吨标准煤每万元(tce/万元)；

ejg——基期单位产值综合能耗，单位为吨标准煤每万元(tce/万元)；

Gbg——统计报告期企业的产值，单位为万元。

单位 CO_2 排放是指生产某种产品排放的 CO_2 的量，即产品生产过程排放的 CO_2 与产品产量的比值。计算公式如下：

单位 CO_2 排放=CO_2 排放量(吨 CO_2)/某种产品产量(吨产品)

产品能效是指生产单位产品产生的产值，即产品产值与产量的比值。计算公式如下：

产品能效=产品产值(万元 GDP)/产品产量(吨产品)

单位产品能耗、单位产值能耗及单位 CO_2 排放与国内先进标准及《中国制造 2025》绿色发展指标进行比较，判断项目的先进性。

4.3 过程热集成——换热网络设计

在大型过程系统中，大量的设备需要换热，在具体的操作过程中，是通过流股的换热来实现的，即一些物流需要被加热，一些物流需要被冷却。其换热方式可以是流股间的换热，也可以是利用公用工程，而大型过程系统可以提供的外部公用工程种类繁多，如不同压力等级的蒸汽，不同温度的冷冻剂、冷却水等。如何优化各流股之间的换热、各流股与不同公用工程种类的搭配，以实现最大限度的热量回收，尽可能提高工艺过程的热力学效率，是提高能量利用率，节约资源与能源的关键。我们可以运用 Aspen 的能量分析器软件（Aspen Energy Analyzer）根据夹点技术的原理，进行热集成网络分析，寻找可能的节能流程。

夹点技术就是换热网络的优化算法。在换热网络系统中，将所有热物流温焓图合成一条曲线，所有冷物流温焓图合成一条曲线，两条曲线在一张图上（如图 4-3-1），通过适当移动曲线，使最小换热温差达到规定值。此换热温差处即为夹点，夹点以上的热物流和夹点以上的冷物流进行换热，夹点以下的热物流和夹点以下的冷物流进行换热，即流股间换热；冷热物流未重合通过公用工程进行换热。如果在夹点附近存在平台区，一般可利用相变潜热进行热泵精馏或者双效精馏的设计，从而进一步降低能耗。最终，众多的设计方案中存在经济性最好、换热面积最小、换热器台数最少等多种优化方案，可根据设计需要，选择较优的换热网络，根据软件推荐的换热方案，删除不合理的流股间换热，最终返回 Aspen Plus 软件，得到加入换热网络的流程。

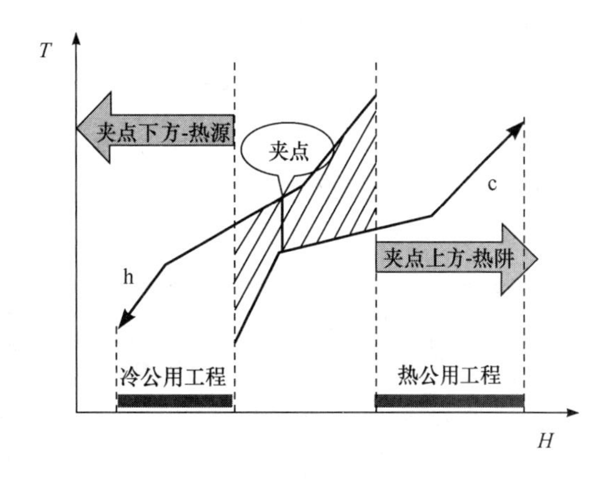

图 4-3-1　冷热物流温焓组合曲线图

我们以 2020 年宁波工程学院“C5 的奇妙冒险”作品为例，介绍换热网络设计的具体步骤。

4.3.1　原始工艺流股提取及能耗分析

从 Aspen 带循环的全流程模拟的结果中[1-全流程模拟（无换热网络，无节能技术）.bkp]（此时模拟流程中所有热量全部由 heater 模拟），由 Aspen Energy Analyzer 分析后提取流股（除新型节能设备及反应器），然后对其最小传热温差与系统经济性进行分析（如图 4-3-2），

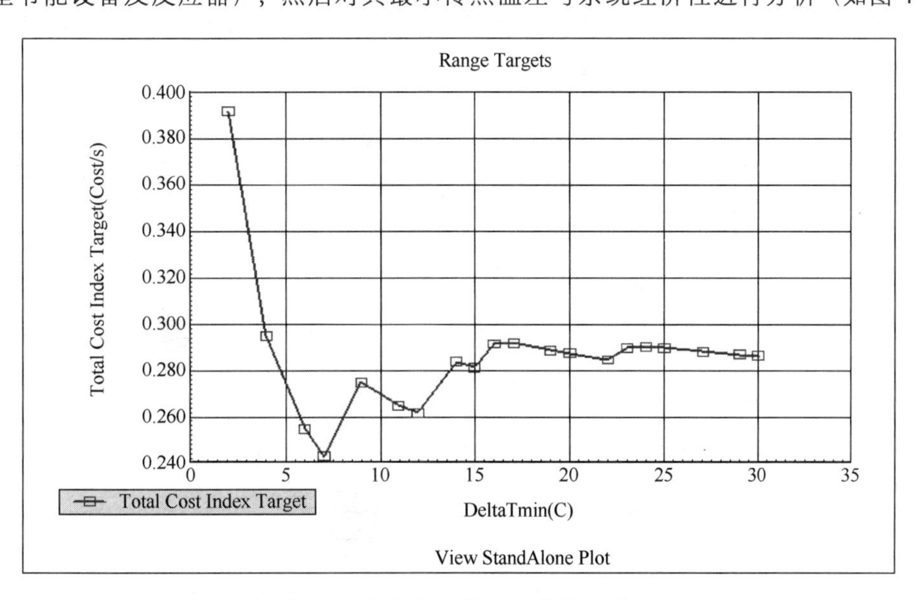

图 4-3-2　总费用-最小传热温差关系曲线图（原始工艺流股）

总操作费用随最小传热温差的减小而降低，出现此现象的情况一方面是由于公用工程价格较高，另一方面是由于夹点附近存在很长的平台区，并且冷流体除平台区以外的能量消耗较少；故传热温差越小，平台区能量更能得到充分利用，从而能耗降低，实际操作时最小传热温差一般要大于 10℃（传热温差较小时，传热推动力较小，所需换热面积较大），选择 12℃作为最小传热温差，通过软件计算，得出能量目标图 4-3-3。

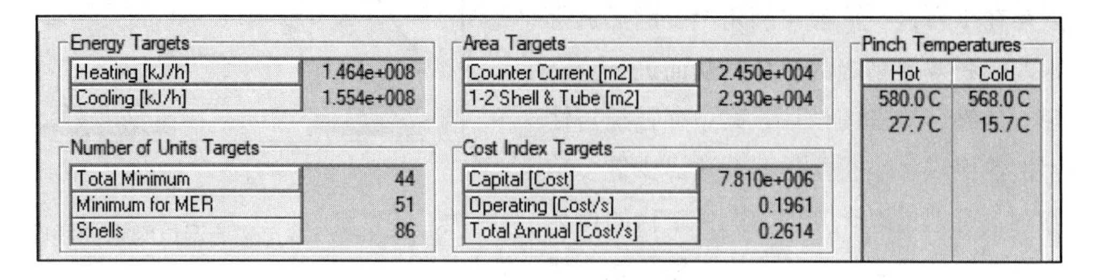

图 4-3-3　热集成过程的能量目标

则所需热公用工程 1.464×10^8 kJ/h，冷公用工程 1.554×10^8 kJ/h，热冷夹点温度 27.7℃，15.7℃。

4.3.2　相变潜热的利用

进一步分析过程组合曲线图（图 4-3-4）及总组合曲线图（图 4-3-5），可看出夹点附近存在平台区，经分析可知，平台区一部分是 T0204 脱异戊烷塔的相变潜热，而且该塔的塔顶、塔釜温差为 9.9℃，适合做热泵精馏，可以通过热泵技术提高塔顶流股温位，增加系统内部换热量，减少公用工程的消耗量，故采用热泵技术改造 T0204。此外 T0301（2M2B 精制塔）塔顶蒸汽相变温度为 28.5～28℃，在热流体温-焓曲线上表现为斜平台；而 T0302 异戊二烯分

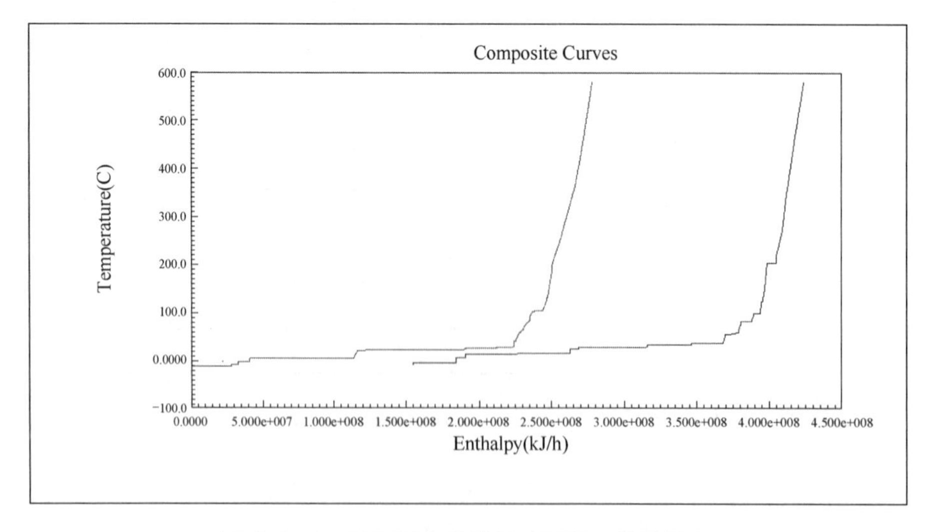

图 4-3-4　过程组合曲线图（原始工艺流股）

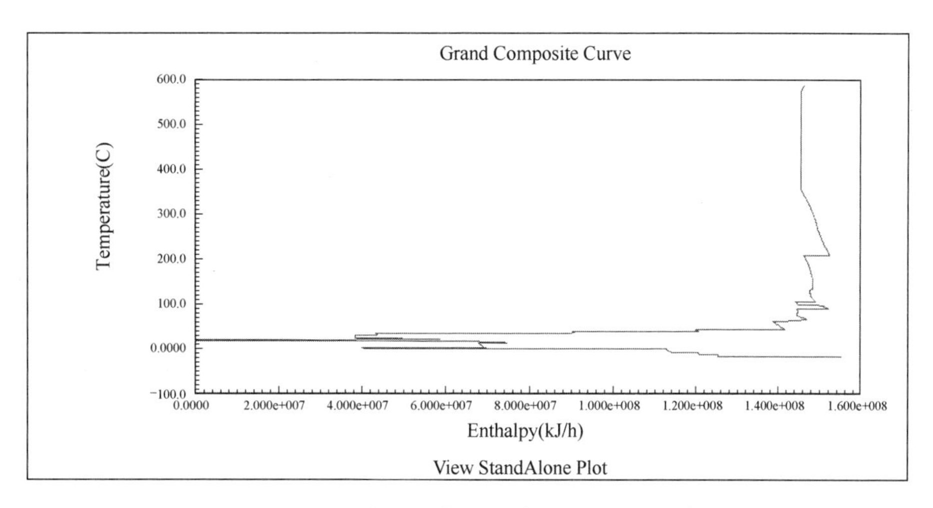

图 4-3-5　总组合曲线图（原始工艺流股）

离塔的操作压力较 T0301 低较多，因此其塔釜温度较低，可使用 T0301（2M2B 精制塔）塔顶蒸汽作为 T0302（异戊二烯分离塔）再沸器的热源，实现相变潜热的多效利用。故返回 Aspen Plus 软件在此两处进行热泵精馏及双效精馏的改进，得到“2-全流程（含节能技术，无换热网络）.bkp”。

4.3.3　改进工艺流股的提取与分析

对进行节能改造后的 Aspen Plus 程序由 Aspen Energy Analyzer 分析后提取流股，然后再次分析最小传热温差（图 4-3-6），得到优化后的过程组合曲线图（图 4-3-7），最少需要热公用工程能量 1.071×10^8 kJ/h，冷公用工程能量 1.232×10^8 kJ/h；夹点处热流股温度 33.2℃，冷流股温度 16.2℃。根据冷热公用工程所需范围（最高 580℃，最低–8.358℃），依据表 4-1-1、表 4-1-2，选择合适的冷热公用工程：烟道气、中低压蒸汽、循环冷冻盐水及循环冷却水。

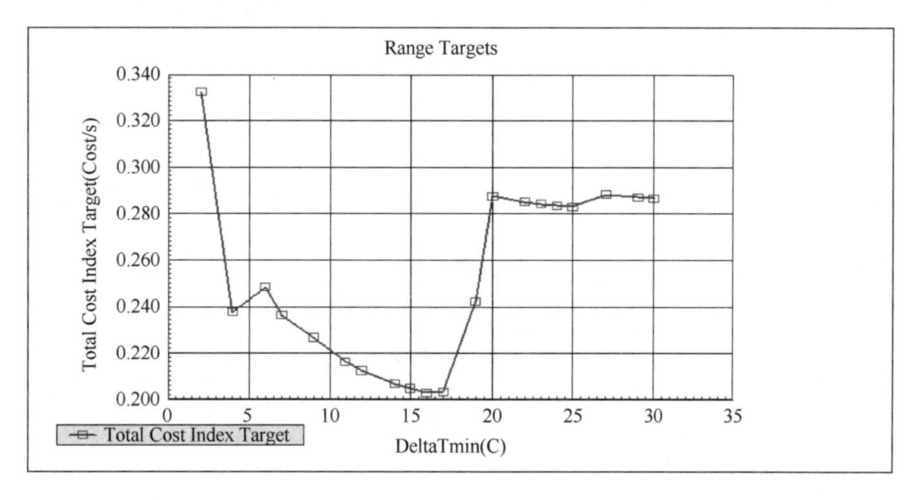

图 4-3-6　总费用–最小传热温差关系曲线图（改进工艺流股）

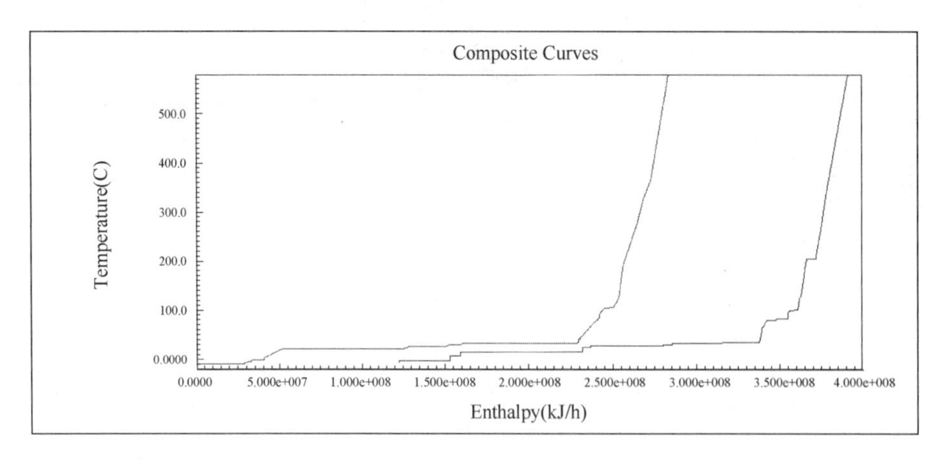

图 4-3-7　过程组合曲线图（改进工艺流股）

4.3.4　换热网络设计

换热网络的设计自由度较大，运用 Aspen Energy Analyzer 进行优化后得出众多设计方案（图 4-3-8），在设计换热网络时，可以根据实际投资及生产情况，根据换热面积最小、设备最少、热集成网络运行费用最小、换热设备投资费用最小、系统总费用最小等原则来选择合适的换热网络。在此，我们选择了总费用最小的推荐换热网络，并得到系统推荐换热网络（图 4-3-9）。

换热器网络设计实例

Design		Total Cost Index [Cost/s]	Area [m2]	Units	Shells	Cap. Cost Index [Cost]	Heating [kJ/h]	Cooling [kJ/h]	Op. Cost Index [Cost/s]
SimulationBaseCase		0.2598	3625	40	45	1.408e+006	1.740e+008	1.901e+008	0.2480
A_Design7		0.2458	4507	60	66	1.894e+006	1.600e+008	1.761e+008	0.2299
A_Design2		0.2346	3872	57	61	1.700e+006	1.457e+008	1.619e+008	0.2204
A_Design10		0.2327	3749	69	73	1.827e+006	1.224e+008	1.385e+008	0.2174
A_Design6		0.2258	6707	66	76	2.514e+006	1.389e+008	1.550e+008	0.2048
A_Design9		0.2221	3967	62	68	1.825e+006	1.456e+008	1.617e+008	0.2069
A_Design1		0.2216	3683	62	68	1.736e+006	1.305e+008	1.466e+008	0.2070
A_Design5		0.2200	3776	62	66	1.744e+006	1.359e+008	1.520e+008	0.2054
A_Design8		0.2153	1.047e+00	67	88	3.440e+006	1.278e+008	1.439e+008	0.1866
A_Design4		0.2150	4141	64	68	1.862e+006	1.374e+008	1.536e+008	0.1995
总费用最少		0.2144	4478	62	69	1.939e+006	1.237e+008	1.398e+008	0.1982

图 4-3-8　设计方案

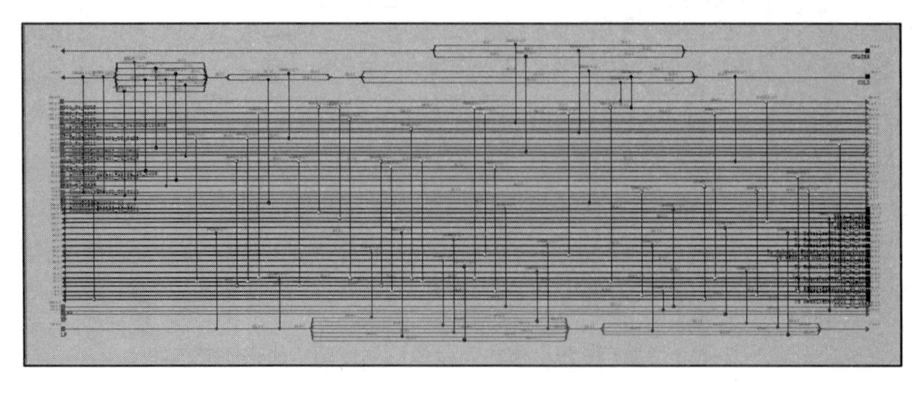

图 4-3-9　优化前的换热网络

在实际生产中，不能存在 loop 回路，换热面积较小的换热器，将其合并到其他换热器，打破回路，减少换热器数目。再通过 path 通路来调节换热量，使换热器的热负荷得到松弛，另外，相距较远的物流间换热会使管路成本增大，增加设备投资成本，且操作不稳定，此类换热器也需要删除。最终得到优化后的换热网络，见图 4-3-10。

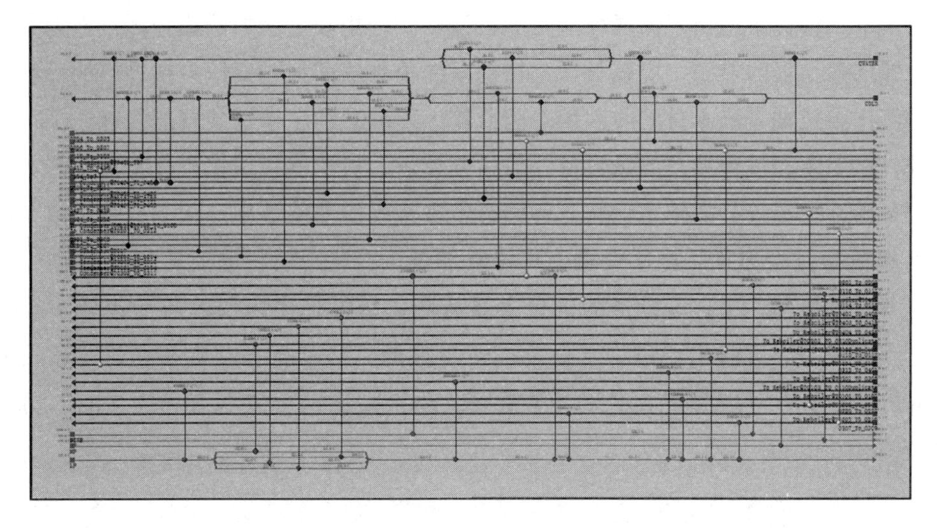

图 4-3-10　优化后的换热网络

4.4　化工节能技术

在项目的建设和管理方面都要注意采取高效节能措施，除利用换热网络对热量进行优化利用外，其他措施主要包括：

（1）装置采用联合布置和装置间热进料，减少中间罐的数量及热量损失。

（2）合理安排全厂蒸汽平衡和热交换网络，利用装置剩余热量对需热物流加热。同时对全厂各系统用汽加以优化，使全厂用汽与产汽之间基本达到平衡。

（3）动力供应和工艺过程相结合，高中压蒸汽尽量先用作动力，驱动工艺透平设备，产生的蒸汽用于工艺过程，以提高能量利用效率。

（4）换热器采用高效、低压降换热器提高效率，减少能耗；在机泵的选用上选用高效机泵和高效节能电机，提高设备效率；并根据情况选用液力透平回收高压液体的能量。

（5）选用高效变压器和电气设备，合理选择机泵和驱动电机的容量。

（6）采用先进的自动控制系统，使得各系统在优化条件下操作，提高全厂的用能水平。

（7）加强设备及管道的隔热和保温等措施，对所有高温设备及管线均选用优质保温材料，减少散热，提高装置及系统的热回收率。

热泵精馏、双效精馏技术的科学应用（具体设计步骤见上一节）是其中重要的一个方法。热泵精馏是把精馏塔塔顶蒸汽加压升温，使其用作塔底再沸器的热源（或将塔底再沸器液体引到塔顶作为冷凝器冷源），回收塔顶蒸汽的冷凝潜热（或塔底液体的蒸发潜热），通过热泵精馏，将功转化为热能，提升流股的温度品味，使原本不能换热的流股可以进行换热，从而使得冷热公用工程的用量均有所减少。这样，消耗少量电能（用于做功），节省大量的热量与冷量，便可以有效节约能量。双效精馏的原理是重复利用给定数量的能量来提高精馏设备的热力效率。精馏系统由不同操作压强的塔组成。利用较高压力的塔顶蒸汽作为相邻压力较低的精馏塔再沸器的热源。此较低压力精馏塔的再沸器即为较高压力精馏塔的冷凝器。塔顶蒸汽的汽化潜热被系统本身回收利用。因此较大程度节约了精馏装置的能耗。

此外，化工生产过程涉及大量设备，包括分馏塔、换热器、压缩机以及加热炉等。对一系列的设备均进行高效节能技术优化，势必会带来直观的节能效果。化工设备高效节能的主要研究可概括为几个方面，传质设备、高容量塔盘、不规则填料的完善以及静态混合器的优化设计等；换热器，针对该设备的优化主要从避免结垢产生以及改善热传导系数两个方面进行；旋转设备，目前主要集中于设备的使用性能、工作寿命以及成本节省等几个方面着手；锅炉，主要针对裂解炉、水蒸气重整以及改善高压锅炉效率与总体性能为切入点不断优化改进。

4.5　工业“三废”

4.5.1　“三废”概念

（1）废气　废气是燃烧和生产等化工工艺过程中产生的各种污染物气体的总称，也是大气污染源的主要成分。主要包括：含硫、含氮、氮氧化物、烟尘及细颗粒物等有害物质。废气成分复杂、难以分离，随着大气流动而扩散，对环境及人们的身体健康造成极大的危害。化工过程中产生废气不可避免，但可通过环保技术将污染物排放量和浓度控制在一定的标准范围。

（2）废水　废水是化工生产过程中排放出的工艺废水。比如设备冲洗水、冷却水、工艺废水、冲刷废水等。化工废水具有不易净化、成分复杂、难降解、种类繁杂的特点，化工废水源分布在各生产装置、原料罐区、供排水车间等，废水一旦排入水环境，将消耗大量的水中溶解氧，若不经专业技术处理便排放，会对水体环境造成一定程度的污染与破坏，导致水质恶化。

（3）废固　废固是在化工生产活动中产生的固体废弃物，包括各种化工废渣、粉尘和其他固体废物，分为一般废物和有害固体废物。有害固体废物也称危险废固，根据《国家危险废物名录》，符合以下两种情形之一的废固被称为危险废固，一是具有腐蚀性、有毒性、易燃性、反应性或者感染性等；二是不排除危险特性，可能对环境或者人体健康造成潜在有害影响，也需要纳入危险废固进行管理。

4.5.2 “三废”装置

化工装置中产生废气的设备主要包括：加热炉、闪蒸罐、精馏塔等；产生废液的设备主要包括：缓冲罐、闪蒸罐、精馏塔等；产生废固的设备主要包括：反应器、分子筛脱水塔等。典型设备如下。

（1）加热炉　在化工过程中，利用加热炉将物料加热到指定温度，可分为连续和室式加热炉。燃烧时会产生烟道气，产生过程大多是因为燃料不充分利用，不完全燃烧造成的。由于其温度较高，可做高温反应（600~700℃）的热载体，其无机污染物成分占 99%以上，包括氮气、二氧化碳、氧、水蒸气和硫化物等，灰尘、粉渣和二氧化硫含量占 1%，须经气体净化装置处理后排空，以减少对环境的污染。若加热炉操作不规范，会产生一氧化碳、氧化氮及其他有害气体。

（2）闪蒸罐　闪蒸罐的作用是提供流体迅速汽化和气液分离的空间，对气液进行分离，此过程中会产生工业废气与废水。高压高温冷凝水输送过程中，压力变化使高温冷凝水变成二次蒸汽，二次蒸汽可通过闪蒸罐进行回收，为低压用气设备提供蒸汽，能有效减少能源浪费，闪蒸罐采用气液分离技术实现二次蒸汽和冷凝水有效分离。

（3）精馏塔　利用混合物各组分具有不同的相对挥发度，在同一温度下各组分的蒸气压不同的性质，使液相中的轻组分（低沸物）转移到气相中，而气相中的重组分（高沸物）转移到液相中，实现气液分离目的，塔顶设有冷凝器可将蒸汽降温，当降低的温度达到组分的露点温度时，就会冷凝成部分液相，对于某些特殊精馏塔，塔顶也可不设置冷凝器，即上升的蒸汽经过缓冲罐从塔里排出形成废气，而塔底设置结构与冷凝器相似的再沸器，可将液体多次汽化，通常再沸器中有 25%～30%的液相被汽化。被汽化的两相流被送回分馏塔中，返回塔中的气相组分向上流经塔盘，而液相组分回流塔底，没有利用价值的液体在塔底形成废液。

（4）分子筛脱水塔　分子筛脱水广泛用于从天然气分离回收液态轻质烃，脱水吸附装置为固定床吸附塔，原理是分子筛对物质的吸附来源于物理吸附（范德华力），分子筛晶体具有巨大比表面积，拥有活性吸附位点，对极性分子和不饱和分子表现出强烈的选择吸附性。为保证工艺连续操作，应至少设置双塔流程。一塔进行脱水操作，另一塔进行吸附剂的再生和冷却。根据待分离组分的复杂性，优化进料温度、流量、种类等因素，选择“吸附-脱附”三塔或多塔工艺流程，实现分离目的。

4.5.3 “三废”排放量

“三废”排放量是排入环境或其他设施污染物的数量。对于指定污染物，污染物排放量应是污染物产生量与削减量之差，它是总量控制或污染源排污控制管理的指标之一。“三废”排放量的计算方法可分为物料衡算法和经验计算法。

物料衡算法即根据质量守恒定律，在生产过程中投入的物料量等于产品重量和物料流失量的总和。$G=G_1+G_2$，式中 G 为投入物料量的总和，G_1 为所得产品量总和，G_2 为物料或产品流失重量之和。

经验计算法是根据生产过程中单位产品的经验排放系数与产品产量来计算“三废”排放量。采用经验计算法计算污染物的排放量，又称为“排污系数计算法”。排污系数是在正常生产工艺和管理条件下，生产某单位产品所产生的污染物数量的统计平均值或计算值。排污系数有两种：一种是受控排污系数，即在正常运行的污染治理设施的情况下生产某单位产品所排放污染物的量；另一种是非控制排污系数，即在没有污染治理设施的情况下生产某单位产品排放污染物的量。通常，非控制排放系数大于受控制排放系数，二者之差即为污染治理设施对污染物的单位产品去除量。在实际检测、物料衡算和经验估算三种方法所获得的原始产污和排污系数的基础上，采用加权法计算排污系数。

4.5.4 “三废”来源与组成

化学工业在国民经济中占有重要地位，是国家的基础和支柱产业。由于化学工业门类繁多、工艺复杂、产品多样，生产中排放的污染物种类多、数量大、毒性高，因此，化工企业是重要的污染源。同时，化工产品在加工、贮存、使用和废弃物处理等各个环节都有可能产生大量有毒物质而影响生态环境、危及人类健康。“三废”主要来源于精馏、吸收、萃取、干燥、吸附、反应、流体输送等化工单元操作过程，“三废”组成包括无机盐、烃类化合物、淤泥、催化剂、SO_x、NO_x、酸、碱、含污废水等复杂化合物。

4.5.5 “三废”排放方式

（1）废气排放方式　废气的排放方式分为连续排放和间歇排放。间歇排放主要指大气污染物的无组织排放，即大气污染物不经过排气装置的无规则排放，排放规律为间断排放，在管道运输、储罐储存以及控制等过程中会形成废气。其主要为有机气体等可燃气体，可直接送往燃烧炉处理，燃烧后主要成分为二氧化碳和水蒸气等，对大气环境危害较小。连续排放气是指从有组织排放源（烟道、烟囱及排气筒等）排放出的大气污染物。排放规律为连续排放，例如在精馏塔塔顶、闪蒸罐罐顶等工艺模块中，会产生连续气体形成废气。

（2）废液排放方式　废液的排放方式分为连续和间断排放方式，装置内排水主要分为工艺废水系统、生活污水系统、地面洗水系统和雨水系统，其中生产废水主要为塔釜液、缓冲罐、闪蒸罐顶液等排放的有机物混合水，为连续排放；生活污水主要为厂前区排放；地面洗水是指清洁用水，均为间断排放方式。

（3）废固排放方式　废固的排放方式与生产方式相同，有连续排放、定期清运排放和几种一次性排放等。在清运中有散装在大、小车辆运出或装入容器运出的方式，也有生活垃圾排除厂外的。定期清运废物的运输工具和包装容器相对固定，批次和批量变化不大。在一次性清运时，有可能是清运一次性产生的大批量的废物，也可能是清运日常储存的小批量多种废物，清运的运输工具和包装容器以及清运的批量参差不一，此时的废固种类和污染物含量很复杂。

4.5.6 “三废”处理方案

4.5.6.1 废气处理方案

气体污染物种类繁多，特性各异，常用的治理方法包括：吸收法、吸附法、催化法、燃烧法等。

（1）吸收法　吸收法是分离、净化气体混合物最重要的方法之一，在气态污染物的治理工程中，被广泛用于治理 SO_2、NO_x、氟化物、氯化氢等废气。原理是当采用某种液体处理气体混合物时，在气-液相的接触过程中，气体混合物汇总的不同组分在同一种液体中的溶解度不同，气体中的一种或数种溶解度大的组分进入液相，从而使气相中各组分相对浓度发生改变，实现混合气体的分离净化，常用的吸收设备主要有表面吸收器、鼓泡式吸收器、喷洒式吸收器等。

（2）燃烧法　燃烧法主要应用于烃类化合物、一氧化碳、恶臭、沥青烟、黑烟等有害物质的净化治理，对含有可燃有害组分的混合气体进行氧化燃烧或高温分解，使有害组分转化为无害物质的方法。燃烧法分为直接燃烧和热力燃烧法。直接法是把废气中的可燃有害组分当作燃料直接烧掉，因此只适用于含可燃组分浓度高或有害组分燃烧时热值较高的废气，一般的窑、炉均做直接燃烧的设备。火炬燃烧也属于直接燃烧的一种形式；热力燃烧是利用辅助燃料燃烧放出的热量将混合气体加热到一定温度，使可燃的有害物质进行高温分解变为无害物质。热力燃烧一般用于可燃有机物含量较低的废气或燃烧热值低的废气治理。热力燃烧为有火焰燃烧，燃烧温度较低（760～820℃）。

（3）吸附法　固体表面存在不饱和吸附位点，当固体表面与气体接触时，就能吸引气体分子，使其富集在固体表面，这种现象称为吸附。用吸附法使废气与大比表面积的多孔性固体物质接触，废气污染物被吸附在固体表面上，达到净化目的。吸附是可逆过程，在吸附质被吸附剂吸附的同时，部分已被吸附的吸附质因分子热运动而脱离固体表面回到气相中，这种现象称为脱附。当吸附与脱附速度相等时，达到吸附平衡。吸附平衡时，吸附表观过程停止，吸附剂丧失了继续吸附的能力，在吸附过程接近或达到平衡时，需采用一定的方法使吸附组分从吸附剂上解脱下来，谓之吸附剂的再生。常用的设备是固定床吸附器、流化床吸附器、移动床吸附器和旋转式吸附器等。吸附流程分为间歇式流程、半连续式流程、连续式流程。间歇式流程一般由单个吸附器组成，应用于废气间歇排放，且排气量较小、污染物浓度较低的情况，吸附饱和后的吸附剂需要再生；半连续式流程可用于处理间歇排气也可用于处理连续排气的场合。在两台吸附器并联时，一台吸附器进行吸附操作，另一台吸附器则进行再生操作，一般是再生周期小于吸附周期时应用。当再生周期大于吸附周期时，则需用三台吸附器并联组成流程，一台吸附，一台再生，第三台则冷却或其他操作；连续式流程应用于连续排除废气，流程一般由连续型流化床吸附器、移动床吸附器等组成。流程特点是在吸附操作的同时，不断有吸附剂移出床外进行再生，并不断有新鲜吸附剂或再生后的吸附剂补充到床内，即吸附与吸附剂的再生是不间断地同时进行。

（4）催化法　催化法净化气态污染物是利用催化剂的催化作用，使废气中的有害组分发生化学反应并转化为无害物或易于去除物质的一种方法，目前在气态污染物的治理中，应用较多的催化反应类型有催化氧化反应、催化还原反应、催化燃烧反应。催化氧化反应是利用催化剂（如空气中的氧）将废气中的有害物氧化为容易回收、容易去除的物质。如用催化氧化法将废气中的 SO_2 氧化为 SO_3,进而制成硫酸；催化还原反应是将废气中有害物还原为无害或容易去除的物质，如用催化还原法将废气中的 NO_x 还原为 N_2 和水；催化燃烧法实际上是彻底的催化氧化，即在氧化催化剂的作用下，将废气中的可燃组分或可高温分解组分彻底氧化成 CO_2 和 H_2O，使气体得到净化。在催化净化工程中，最常用的设备为固定床催化反应器，按其结构形式分，基本上有管式反应器、搁板式反应器、径向反应器三类。

4.5.6.2　废液处理方案

化工废水具有高 COD、高盐度、高毒性等特性，处理存在难降解、毒性、抑制作用等困难。目前针对化工废水常见的处理方法主要有物理法、化学法、生物法等，单一处理技术难以去除废水中的多种污染物，在实践中，需要根据生产实际，结合废水特点，灵活联用几种方法组合对化工废水进行综合处理。

（1）物理法　物理法是通过吸附、油分离、膜分离、气浮等方法过滤筛选出悬浮物、浮油、不溶性微粒等，在化工废水的预处理和深度处理中较为常见。较为常见的方法主要有气浮法、吸附法、膜分离法等。其中，吸附法是利用具有大比表面积的多孔固体材料或吸附剂，使化工废水中的污染物吸附在固定材料或物质上，从而进行去除的方法。

（2）化学法　化学法是通过化学反应对化工废水进行处理，使废水中的污染物被氧化还原，通过转化、分解、氧化等过程，将废水中的有害物质转化为无害物质，将难降解物质转化为易降解物质。常见的化学法主要有氧化法、超声氧化法、Fenton 试剂氧化法等。其中，超声氧化法原理是在超声波的作用下，将化工废水进行声空化，产生空化气泡，气泡内部及周围产生高温和高压，伴随强烈冲击波和高速度射流，使泡内水蒸气直接热分解形成自由基，废水中的易挥发有机物直接热分解，难挥发有机物则在空化泡气液界面中与自由基发生氧化还原反应，从而得到降解。该方法操作简便、速度快、无二次污染、反应条件温和，但能耗较高、处理量较小、且成本较高；Fenton 试剂氧化法是一种比较高级的化学氧化法，在废水高级处理中较为常见，可以有效去除 COD、味道、色度等，过氧化氢在亚铁离子的催化下得以分解并产生 ·OH 自由基，引发链式反应，一般在 $pH < 3.5$ 的条件下进行。·OH 自由基的

高活性性质可以有效地氧化废水中的大部分有机物，实现废水处理，该方法废水处理效果好，但对 pH 要求较高，需不断调节废水 pH，易造成水体污染。综上所述，化学法处理时间短、效果好、水质好，但技术较为复杂、能耗高、且投资较大。

（3）生物法　生物法是利用微生物代谢对废水中的有机物进行降解或转化的一种方法，细菌在其中起着重要作用。目前，生物处理装置是污水处理的主要工艺。生物法处理成本较低，环境友好，较为常见的有厌氧法与好氧法。其中，厌氧法是在无氧的条件下进行，通过厌氧菌的作用将化工废水中的有机物分解成 CH_4 和 CO_2 的过程，主要有厌氧生物滤池、升流式厌氧污泥床、内循环厌氧反应器等多种处理工艺。该方法存在一定缺点，厌氧微生物繁殖较慢、影响因素较多，需进行厌氧预处理。采用好氧处理和厌氧处理相结合的方法，提高废水的降解效率。好氧法主要有活性污泥法、生物膜法。活性污泥法是使好氧微生物形成污泥状絮凝物吸附并降解废水中的污染物，生物膜法是将高密集度真菌或藻类吸附在载体上，将其与废水接触，吸附或氧化化工废水中的有机物。厌氧与好氧法结合的工艺处理方法可以实现生物脱氮除磷，厌氧好氧工艺处理法是处理焦化废水最常见的生化工艺，处理效果良好。

化工废水处理技术的不断成熟与发展，使化工废水得到了一定程度上的高效处理。在环境标准与废水排放标准的高标准下，对化工废水处理技术的要求不断提升。物理法、化学法、生物法的综合运用产生了低温等离子体水处理技术、超临界水氧化技术、铁碳微电解处理技术等多种新型化工废水处理技术，可以有效提高废水处理效率，改善水环境。因此，对化工废水处理技术进行不断优化与组合，研发更高效的废水处理技术，对化工业的健康与可持续发展具有重要推动意义。

① 低温等离子体水处理技术。低温等离子体水处理技术是一种高级水氧化技术，通过产生等离子体或活性粒子，诱导废水中的有机链反应，对水中的污染物进行激发和电离，使废水完全氧化和分解，该技术无须催化剂便可进行，后期使用与维护成本低。

② 超临界水氧化技术。利用超临界水（22.1MPa，374℃以上），在水趋于非极性状态下与氧气或过氧化氢组成氧化剂并发生均相反应，对有机污染物进行溶解，反应速率极快、氧化效率高、处理成本低。

③ 铁碳微电解处理技术。铁碳微电解处理技术将铁屑浸入含电解液的废水中，在废水中形成电池，以低铁电位为负电极，高碳电位为正电极，根据金属腐蚀原理，利用 Fe^{2+} 和 OH^- 生成 $Fe(OH)_2$，并作为吸附剂对废水的有机物开环分解产生的不溶性微粒进行絮凝处理，提高废水的可生化性，以废铁屑作为原料，成本较低，但出水含铁量高，且反应机理尚未明确，还处于研究阶段。

4.5.6.3　废固处理方案

有害废固要按照国家有关危险废物贮存、处置技术规范对生产中产生的危险废固进行管理。将产生的危险废固先通过各车间设置的双层防渗漏桶收集，及时送至按照设置规范设计的防渗防腐全封闭危险废固体暂存库，并按危险废固的管理条款分类存储，同时进行防漏或防渗处置，定期送往有资质的公司处置。危废暂存库按照《危险废物贮存污染控制标准》中相关要求建设、运行和管理；工程危废的收集、贮存、运输应按照《危险废物收集 贮存 运输技术规范》做好登记管理存档备查。

一般废固包括生产过程中排入环境的各种废渣、粉尘以及生产过程中的包装物和生活垃圾，对于一些可再生的反应器用催化剂、脱水用分子筛以及膜分离器中的纤维膜等可进行活性恢复和回收。例如生产异丙醇用到的阳离子交换树脂催化剂积碳失活后无法烧焦再生，一般采取酸再生法再生，采用强酸中的氢离子置换树脂交换吸附的污染杂质，一般使用盐酸和硫酸作再生剂。适宜条件下，催化剂再生率可达到95%以上，活性基本完全恢复。对于不可再生的废固可送有资质单位焚烧、填埋处理。

(1) 焚烧法　通过焚烧法可实现废物的资源化利用，主要适用于多组分具有热值的废物。焚烧产生的热量可用于热力发电，燃烧后的废渣再被填埋或生物处理。焚烧处理可实现垃圾的快速利用，焚烧可大大减少固体垃圾的体积，减少处理的成本和时间。但是采用该方式处理废物，要先对废物收集分类，需要耗费大量的人力和时间，而且燃烧过程也需做好排污处理，防止燃烧过程中产生的有害气体对环境造成二次污染。

(2) 填埋法　填埋处理技术也是处理废固的有效方法。该方法是将固体废物直接进行填埋处理，操作过程比较简单、处理速度快、效率高，处理成本较低。但填埋处理技术未对固体废物无害化处理，废固中含有的重金属、塑料等会对环境产生污染。如果填埋比较浅，被分解的污染物会逐步渗出地面，污染土壤，危及人们的身体健康；如填埋较深，又会对地下水造成污染，因此，该方法目前的应用范围有限。

4.6　常见“三废”处理方案实例

以 2021 年全国大学生化工设计竞赛一等奖（浙江师范大学“醇真真纯”团队）为例。中石化茂名石化分厂年产 7.5 万吨异丙醇项目。参赛学生：严娜、秘西晨、周杏、陈英、黄皓杰。

4.6.1　实例废气处理方案分析

该作品废气组成如表 4-6-1 所示。

表 4-6-1　废气组成表

<table>
<tr><th>序号</th><th colspan="2">排放气名称</th><th>排放量(标准状况)/(m^3/h)</th><th>有害物浓度/%</th><th>排放方式</th></tr>
<tr><td rowspan="4">1</td><td rowspan="4">脱氢废气</td><td>N_2</td><td>624</td><td>87.6</td><td rowspan="4">连续</td></tr>
<tr><td>CH_4</td><td>41</td><td>5.8</td></tr>
<tr><td>C_2H_4</td><td>8</td><td>1.0</td></tr>
<tr><td>C_2H_6</td><td>39</td><td>5.5</td></tr>
</table>

续表

序号	排放气名称		排放量(标准状况)/(m^3/h)	有害物浓度/%	排放方式
2	吸附塔废气	H_2	7227	100	连续
3	不凝气及间歇废气		153	100	

该作品废气处理方案如图 4-6-1 所示。

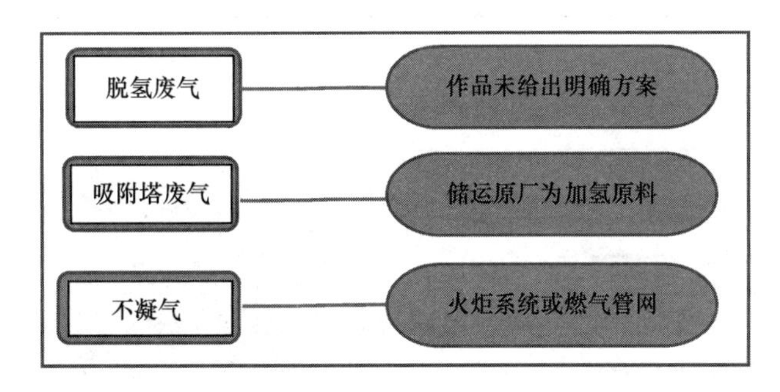

图 4-6-1　废气处理方案

废气处理方案点评：

① 该作品未给出脱氢废气的处理方案；

② 吸附塔中的废气为 100%高纯 H_2，工业废气是工业燃烧或生产工艺过程中各种排入空气的污染物气体，该流股高纯氢气不应归于废气，应加以回收利用；

③ 相关不凝气组分不清晰，是否适合火炬燃烧处理有待明确。

废气处理方案改进建议：

脱氢废气中 N_2 含量高达 87.6%，可燃烷烃类组分浓度较低，因此不适用于普通燃烧法。建议采用选择催化燃烧法，在氧化催化剂的作用下，在催化燃烧设备中将废气中的可燃组分或可高温分解的物质彻底转化成 CO_2 和 H_2O，结合处理量也可以设置变压吸附装置提纯 N_2 和 CO_2，达到资源化利用。如果排放，排放浓度应符合《锅炉大气污染物排放标准》（GB 13271—2014）和《大气污染物综合排放标准》（GB 16297—1996）等相关排放标准。

4.6.2　实例废液处理方案分析

该作品废液组成如表 4-6-2 所示。

表 4-6-2　废液组成

序号	排污液		排放量/(t/h)	废液质量浓度/%	排放方式
1	脱氢废水	水	77.00	99.20	连续
		丙烷	0.40	0.50	
		丙烯	0.56	0.30	

续表

序号	排污液		排放量/(t/h)	废液质量浓度/%	排放方式
2	分离塔废水	水	0.10	25.2	连续
		丙烷	0.01	2.15	
		丙烯	0.21	53.3	
		二氧化碳、乙烷、乙烯	0.08	19.35	

该作品废液处理方案如图 4-6-2 所示。

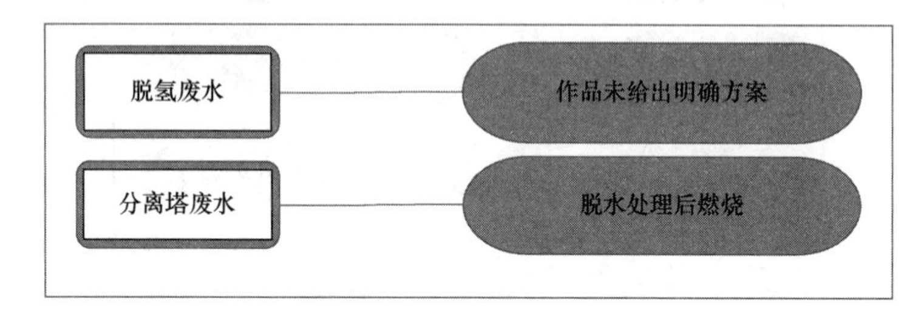

图 4-6-2 废液处理方案

废液处理方案点评:

① 该作品废液处理未给出脱氢废水的具体处理方案，且未考虑生活废水的组成和数量;

② 分离塔废水处理未体现燃烧具体细节方案。

废液处理方案改进建议:

① 脱氢废水流股中水分含量高达 99.2%，因此该流股废水中主要含水，且有机物浓度很低，建议采用预处理联合好氧处理的技术路线，包括均质调节、中和、除油、好氧生化、沉淀、污泥脱水处理及全密闭尾气生物处理，且处理后也可以作为补充水进入总厂循环冷却水系统，资源化利用。

② 分离塔废水流股中含烷烃类物质较多，可送至有资历的公司对其进行脱水处理后燃烧，实现能源化利用。

③ 未列出生活废水流股，建议采用活性污泥处理法（SBR）+曝气生物滤池（BAF）工艺。SBR 法是一种较为先进的活性污泥处理法，该处理工艺集曝气池、沉淀池为一体，连续进水，间歇曝气，停气时污水沉淀撇除上清液，成为一个周期，周而复始。SBR 法中曝气、沉淀在同一池内，节约了沉淀池和污泥、污水回流系统,所以占地省、运行费用低、设备简单、维护方便；曝气生物滤池是一种新型生物膜法污水处理工艺。该工艺具有去除 SS、COD、BOD、硝化、脱氮、除磷、去除有害物质的作用，其特点是集生物氧化和截留悬浮固体于一体，节省了后续沉淀池（二沉池），其容积负荷、水力负荷大，水力停留时间短，所需基建投资少，出水水质好，运行能耗低，运行费用省。

生活污水需经处理达到《污水综合排放标准》（GB 8978—1996）二级标准，同时满足

《城市污水再生利用 城市杂用水水质》（GB/T 18920—2020）标准。

4.6.3 实例废固处理方案分析

该作品废固组成如表 4-6-3 所示。

表 4-6-3　废固组成

序号	排放物名称	产量/（t/a）	有害物组成	排放方式	废固类别
1	脱氢反应催化剂	74.4	Pt，Sn 等	2 月/次	危废 HW06
2	干燥塔分子筛	30	Si/Al 分子筛	3 年/次	一般固废
3	精馏催化剂	75.3	强酸阳离子交换树脂	3 年/次	一般固废
4	Pt 基催化剂	56.1	Pt、Sn、SiO_2	2 年/次	危废 HW06

该作品废固处理方案如图 4-6-3 所示。

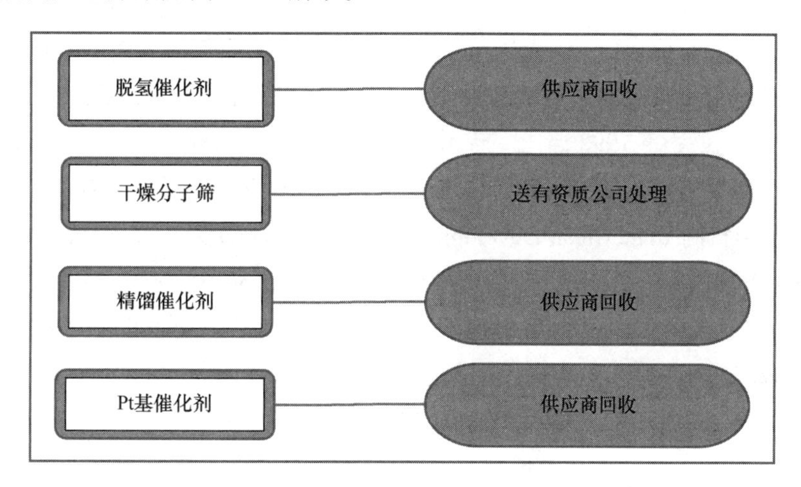

图 4-6-3　废固处理方案

废固处理方案点评：

该作品废固处理给出的方案较为笼统，没有具体的处理方法和细节，仅单一地送至资质公司或供应商进行回收，且未考虑生活垃圾和生产包装物产生的废固。

废固处理方案改进建议：

① 脱氢催化剂可送至有资质厂家回收再生。脱氢催化剂会由于积碳、烧结等原因暂时性失活。暂时性失活的催化剂引出，通过高温或其他条件，在还原性氛围中加热一定时间，通过热扩散，将催化剂体内有效催化组分迁移到催化剂的表面，达到再生目的。

② 干燥后的分子筛可在高温下通气体或抽真空对其进行再生回收利用。

③ 精馏催化剂废固为强酸阳离子交换树脂催化剂，其积碳失活后无法烧焦再生，一般

采取酸再生法进行再生，采用强酸中的氢离子置换被树脂交换吸附的污染杂质，一般使用盐酸和硫酸作再生剂。在适宜条件下，催化剂再生率可达到95%以上，并且活性基本完全恢复。对于不可重生的工业废固可送入有关资质单位进行焚烧、填埋法等来进行处理。

④ Pt 基催化剂废固含有铂、锡等金属元素，皆为低毒性金属，无需特殊保护，载体氧化铝，对人体无害。在运输时需要将碱性金属催化剂和酸性树脂催化剂分开保存和运送，送至供应商对贵金属及氧化铝载体进行回收。

⑤ 作品未列出生产包装物废固，可送至有资质单位进行处理。

⑥ 生活垃圾废固作品未列出，日常生活垃圾可实行袋装化管理，定点封闭储存，及时清运，送入垃圾处理中心。

4.7 碳中和与碳达峰

自第一次工业革命以来，煤炭和石油、天然气等化石能源的消耗总量持续攀升，相应排放的二氧化碳（CO_2）等温室气体也呈现几何级数增长。温室效应导致全球变暖，冰川融化、高温、暴雨、干旱等极端气象情况频频出现，人类自身生存面临现实威胁。为了有效应对全球气候变暖，国际社会在 1992 年里约热内卢联合国大会上达成了《联合国气候变化框架公约》，正式开启应对气候变化的国际合作进程。随后 1997 年达成的《京都议定书》提出了三种机制：清洁发展机制（The Clean Development Mechanism，CDM）、联合履约机制（The Joint Implementation Mechanism，JIM）和国际排放贸易机制（The International Emissions Trading Mechanism，IETM）。在 2015 年签署的《巴黎协定》中提出温控 2℃和力争实现 1.5℃的目标。2018 年政府间气候变化专门委员会（Intergovernmental Panel on Climate Change，IPCC）发布的《IPCC 全球升温 1.5℃特别报告》中指出，预计到 2030 年，全球 CO_2 排放总量将达到 520 亿至 580 亿吨。要实现升温控制在 1.5℃以内的目标，必须在 2030 年前将全球年排放总量削减至年均 250 亿至 300 亿吨。要实现全球 2℃温升控制，CO_2 排放需要在 2070 年左右达到净零；在 1.5 ℃温控目标下，CO_2 排放需要在 2050 年达到净零。

2020 年 9 月 22 日，习近平主席在第七十五届联合国大会一般性辩论上宣布：中国将提高国家自主贡献力度，采取更加有力的政策和措施，CO_2 排放力争于 2030 年前达到峰值，努力争取 2060 年前实现碳中和。中国正式向全世界提出了碳达峰和碳中和的承诺，“做好碳达峰、碳中和工作”成为“十四五”的重点任务之一。2020 年 12 月 12 日，习近平主席在气候雄心峰会上进一步宣布：到 2030 年，中国单位国内生产总值 CO_2 排放将比 2005 年下降 65%以上，非化石能源占一次能源消费比重将达到 25%左右，森林蓄积量将比 2005 年增加 60 亿立方米，风电、太阳能发电总装机容量将达到 12 亿千瓦以上。能源结构转型和绿色低碳发展将是我国未来重要发展方向。

4.7.1 碳达峰和碳中和的定义及世界碳中和目标提出情况

“碳达峰”是指碳排放在某个时间达到最高点，然后经历平台期进入持续下降的过程。“碳中和”是指在一个时间段内（一般是一年）直接或间接产生的温室气体排放总量，通过植树造林、节能减排等方式来抵消，实现 CO_2 的净零排放。

为实现“碳达峰”“碳中和”以及《巴黎协定》中提出温控目标，各国秉持共同但有区别的原则，采用了“自下而上”的责任申报思路，提交了各国自主贡献预案（INDCs），在下表 4-7-1 中展现了 G20 国家的 INDCs，可以发现各国的减排目标类型主要有两种，分别为碳排放量和二氧化碳排放强度，且减排程度、减排参照量都各不相同，充分说明了各国在自主减排目标上有较大的主动权，是根据自身减排能力提出的切实可行的减排目标。

表 4-7-1　G20 国家 INDCs

国家	目标类型	实施期限/年	目标内容
阿根廷	排放量	2030	相较于常规情景下预测的 2030 年温室气体排放量，2030 年实际温室气体排放量应当减少 30%
澳大利亚	排放量	2030	相较于 2005 年温室气体排放水平，2030 年温室气体应当减少 26%～28%
巴西	排放量	2025	相较于 2005 年温室气体排放量水平，2025 年应当减少 37%
俄罗斯	排放量	2030	相较于 1990 年温室气体，2030 年应当减少 25%～30%
韩国	排放量	2030	所有经济部门相较于 2030 年基准情景下的温室气体排放量，2030 年实际温室气体排放量应当减少 37%
加拿大	排放量	2030	相较于 2005 年温室气体排放量水平，2030 年温室气体应当减少 30%
美国	排放量	2025	相较于 2005 年的排放水平，在 2025 年温室气体排放要下降 26%～28%
墨西哥	排放量	2030	承诺无条件减少 25%相较于 2030 年常规情景的温室气体排放和短寿命气候污染物
南非	排放量	2020	排放量峰值区域时间应该开始于 2020 年
欧盟	排放量	2030	相较于 1990 年的国内温室气体排放量，2030 年要减少至少 40%
日本	排放量	2030	相较于 2005 年和 2013 年的温室气体排放量，2030 年至少分别减少 26%和 25.4%
沙特阿拉伯	排放量	2030	通过对经济多样化做出适应性贡献，到 2030 年每年可减少多达 1.3 亿吨二氧化碳当量
土耳其	排放量	2021～2030	相较于常规情景下的 2030 年排放量，2030 实际排放量应当减少 21%
印度	排放量	2030	相较于 2005 年碳强度，到 2030 年排放强度要下降 33%～35%

续表

国家	目标类型	实施期限/年	目标内容
印度尼西亚	强度	2020，2030	承诺在 2020 年和 2030 年相较于常规情景下的 2020 年和 2030 年的温室气体排放下降 26%和 29%
中国	排放量 强度	2030 2025	碳排放将于 2030 年左右达到峰值；相较于 2005 年，2030 年碳强度下降 60%～65%

截止到 2020 年底，Energy & Climate Intelligence Unit 机构统计出世界上已有 100 多个国家提出有关碳中和的目标，并有 30 多个国家和经济体正式宣布碳中和目标（表 4-7-2），其中 26 个国家已通过立法或者制定政策来确立碳中和目标。不丹与苏里南已实现碳中和，其他大部分国家计划在 2050 之前实现碳中和目标。

表 4-7-2 提出碳中和目标的国家或地区

类型	国家或地区
已达到碳中和	不丹、苏里南
立法支持	瑞典（2045）、英国（2050）、法国（2050）、丹麦（2050）、新西兰（2050）、匈牙利（2050）
处于立法中	欧盟（2050）、加拿大（2050）、韩国（2050）、西班牙（2050）、智利（2050）、斐济（2050）
政策支持	芬兰（2035）、奥地利（2040）、冰岛（2040）、美国（2050）、日本（2050）、南非（2050）、德国（2050）、巴西（2050）、瑞士（2050）、挪威（2050）、爱尔兰（2050）、葡萄牙（2050）、巴拿马（2050）、哥斯达黎加（2050）、斯洛文尼亚（2050）、安道尔共和国（2050）、中国（2060）等 20 个国家
宣布碳中和目标	意大利（2050）、墨西哥（2050）、孟加拉国（2050）等 100 个国家

4.7.2 国内碳达峰与碳中和基本情况

自 2006 年我国 CO_2 排放超过美国以来，我国已经连续 13 年成为全球的最大的温室气体排放国。2018 年，我国的 CO_2 排放量已经达到 100.65 亿吨，占世界总排放量的 26.95%，超过第二碳排放大国总排放量的 85.85%，中国对于全球温室效应能否得以有效控制将发挥举足轻重的作用。中国作为一个有担当的大国，为了更好地履行减排责任，中国政府采取了一系列的减排行动，制定了减排目标，见表 4-7-3。

表 4-7-3 中国的减排目标

时间	减排行动	减排目标
2009 年	发布《“十二五”控制温室气体排放工作方案》	2015 年的碳强度将比 2010 年下降 17%
2011 年	参加哥本哈根世界气候变化大会	2020 年将碳强度在 2005 年的基础上降低 40%～45%
2014 年	发布《中美气候变化联合声明》	2030 年左右实现碳排放达峰并将非化石能源使用比例提高到 20%
2015 年	参加巴黎气候变化大会	2030 年中国将使碳强度较 2005 年降低 60%～65%

实现碳达峰的承诺目标对于中国有着非常重要的战略意义:

(1) 生态环境的保护　中国在改革开放之后几十年时间的粗放发展，虽然在经济发展和人民生活水平上都有了一个较大幅度的提升，但是这种粗放发展方式的代价便是环境的污染和生态的破坏。十九大以来，中国政府对生态环境保护上升到国家战略的层面，习近平总书记提出了绿水青山就是金山银山。实现碳达峰的目标需要在2030年之前实现 CO_2 排放量达到峰值，之后逐年下降，对于中国这样还处在工业化发展阶段的发展中国家，难度和挑战还是比较大的。实现碳达峰、碳中和目标从长远来看就是为了未来的可持续发展，为了子孙后代的绿水青山。

(2) 能源安全的保障　第二章中分析中国能源现状中已经详细分析了中国能源的生产和消费结构，从分析结果看，中国长期以来能源消费以化石能源为主，化石能源中又以煤炭为主。在能源生产结构上，我国贫油多煤的能源储量导致能源生产也是以煤炭为主，现阶段来看，煤炭的生产能够满足消费的需要，但是未来如果高耗能高排放的增长模式不改变，中国的煤炭储量虽然比较丰富，但是也不足以支撑长期的高耗能产业的发展需要。且中国的石油消费日益增长，国内的产量已经远远不能满足中国日益增长的石油需求，较高的石油进口依赖对中国的能源安全形成隐患。改变能源结构，降低对化石能源的进口依赖是中国保障能源供应安全的重要举措。

(3) 布局新兴产业　中国目前仍然是发展中国家，虽然中国的GDP已经是世界第二，但是在很多方面与发达国家还有一定的差距，尤其是在一些欧美等国家发展较早的行业中仍然处于供应链的下游，关键技术、关键标准的制定权还掌控在主要的发达国家手中，我们想要实现弯道超车必然要选择一些新兴产业，在同一个起点开展竞争并形成优势。目前新能源产业方兴未艾，已经成为世界各国关注并重点发展的领域。中国在新能源产业的发展上已经取得了不错的成绩，但是想要把这个产业做大做强仍然需要国家在节能减排相关政策给予大力的支持。中国提出的碳达峰目标必然会带动包括光伏、风能、电动汽车等相关产业的持续快速发展。

(4) 展现大国担当　随着综合国力的上升，中国在国际舞台上也扮演着越来越重要的角色，碳达峰目标的提出能够在世界各国中树立中国大国担当的形象，并为中国与其他国家未来经济合作与发展奠定良好的基础。

4.7.3 化工产业碳达峰与碳中和基本情况

2020年，我们中国 CO_2 排放为102亿～108亿吨，约92%的 CO_2 排放是煤炭、石油、天然气这三种化石能源产生。其中煤耗量大约36亿吨，折算成标准煤大约28亿吨，大约排放73.5亿吨 CO_2；石油消耗7亿多吨，折成标准煤约9亿吨，排放 CO_2 15.4亿吨；天然气消耗量折成标煤约4亿吨，排放 CO_2 6亿吨。三种化石能源总 CO_2 排放量达95亿吨。化工产业的减排及转型成为“碳达峰”“碳中和”的重中之重。

第4章

2021 年 1 月 15 日，十七家石油和化工企业和园区以及中国石油和化学工业联合会，联合签署并共同发布《中国石油和化学工业碳达峰与碳中和宣言》。倡议并承诺:

① 推进能源结构清洁低碳化，大力发展低碳天然气产业，加速布局氢能、风能、太阳能、地热、生物质能等新能源、可再生能源，实现从传统油气能源向洁净综合能源的融合发展。

② 大力提高能效，加强全过程节能管理，淘汰落后产能，大幅降低资源能源消耗强度，全面提高综合利用效率，有效控制化石能源消耗总量。

③ 提升高端石化产品供给水平，积极开发优质耐用可循环的绿色石化产品，开展生态产品设计，提高低碳化原料比例，减少产品全生命周期碳足迹，带动上下游产业链碳减排。

④ 加快部署二氧化碳捕集驱油和封存项目、二氧化碳用作原料生产化工产品项目。积极开发碳汇项目，发挥生态补偿机制作用，践行“绿水青山就是金山银山”的发展理念。

⑤ 加大科技研发力度，瞄准新一代清洁高效可循环生产工艺、节能减碳及二氧化碳循环利用技术、化石能源清洁开发转化与利用技术等，增加科技创新投入，着力突破一批核心和关键技术，提高绿色低碳标准。

⑥ 大幅增加绿色低碳投资强度，加快清洁能源基础设施建设，加强碳资产管理，积极参与碳排放权交易市场建设，主动参与和引领行业应对气候变化国际合作。

4.7.4 碳中和的举措

碳中和是一个非常复杂的系统工程，需要通过多种技术渠道及各种努力去减碳。从碳排放的比例来看，如何把煤化工、煤能源的碳排放减少是重中之重。

4.7.4.1 代替能源

如风能、太阳能、核能。中国的风能和太阳能经过四十年的发展，增量巨大，取得非常大的成绩，但与煤电相比仍然相当有限。2019 年，全国的风能和太阳能加起来发电总量相当于约 1.92 亿吨标准煤的发电量,上网的风能和太阳能发电总量能取代煤炭发电的 12.5%左右。但由于太阳能、风能存在着地域性、时效性及不可预测性，风能、太阳能的大规模发展需首先解决大规模储能问题。

把风能、太阳能和煤结合制出比较便宜的甲醇，进而合成其他化学品，代替石油资源，是实现碳中和的一条重要途径，尤其在页岩气革命发生后，大量的甲烷使甲醇的成本大大降低。

4.7.4.2 煤制甲醇

甲醇可同汽油混合用于生物燃油制品，同时甲醇也可以作为经济的储能中间体，将不方便储存的电能转化为甲醇，在需要能源时再利用甲醇与水反应产生清洁能源氢气，解决电能虽然好输送但是不好存储，氢既不好输送、也不好存储的问题。

中国有很成熟的煤制甲醇技术，见图 4-7-1，然而其过程要补氢以达到甲醇合成所需要的碳氢比。煤制氢主要是通过水煤气变换将一氧化碳转化成氢气，该过程会产生大量 CO_2。我国多煤少油，太阳能、风能资源丰富。我们可以利用西部太阳能和风能所发电电解水制氢，解决太阳能、风能存在着的地域性、时效性问题，同时解决电能储存问题。另外，煤气化所需氧气目前主要是通过空气深冷分离制取，其空分装置投资很大，可将其节省下来投资到太阳能电解水装置生产氧气和氢气供煤制甲醇，这样煤转成甲醇就不用排放 CO_2，再用甲醇作为能源的载体就可以做到减碳 60%以上，这可能是未来比较现实的一条碳中和路线。

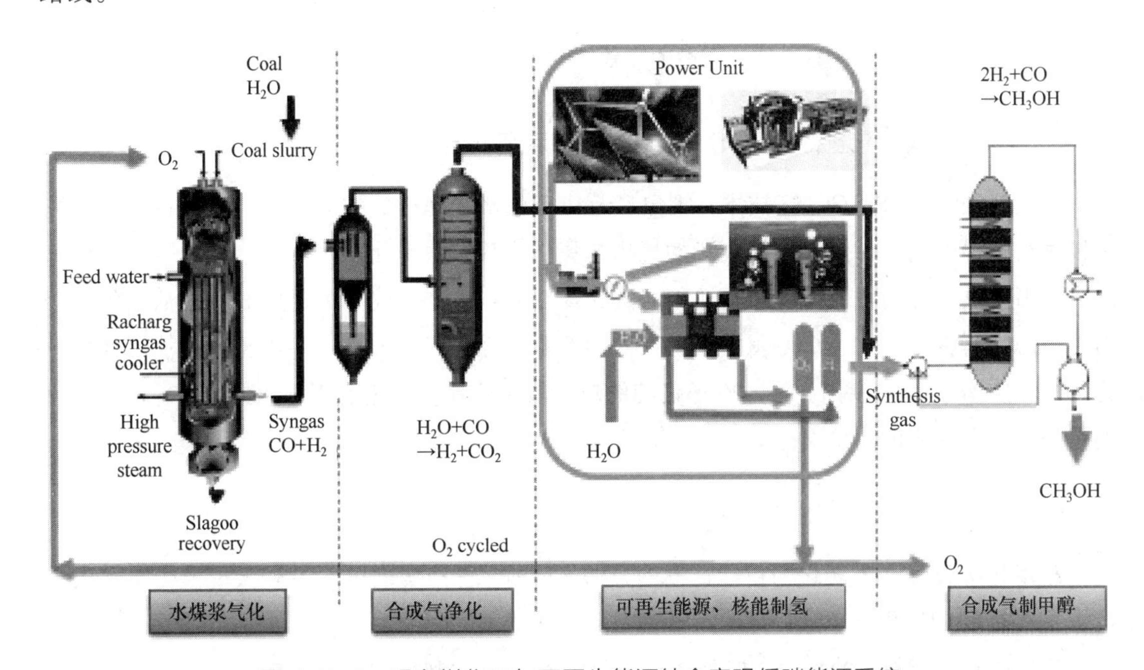

图 4-7-1　现有煤化工与可再生能源结合实现低碳能源系统

4.7.4.3　微矿分离技术

传统的煤炭使用方式燃烧会产生大量 CO_2 排放，而且产生大量灰渣（含 10%的碳），不光是浪费能源而且产生大量废固。在煤燃烧前，把可燃物及含污染物的矿物质分离开，制备低成本清洁固体燃料（clean solid fuel, CSF）和土壤改良剂（soil remediation and amendment），CSF 可生产甲醇、氢气等高附加值化学品，土壤改良剂可用于培育更多的森林。从源头解决煤污染、滥用化肥及土壤生态问题，同时低成本生产甲醇、氢气等高附加值化学品。分流以后，释放的 CO_2 可利用更多的森林将其吸收，达到碳中和，如图 4-7-2 所示。

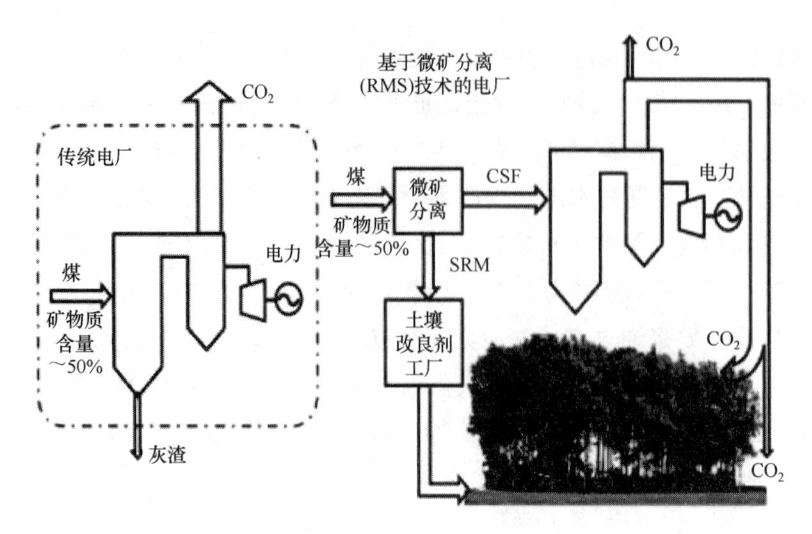

图 4-7-2　微矿分离：实现煤炭利用的碳中和

4.7.4.4　碳捕获与封存（CCS）及碳捕获、利用与封存（CCUS）

主要是利用 CCS、CCUS 技术，把电厂及化工生产过程排放的 CO_2 进行捕获提纯，碳捕集技术有燃烧前捕集、燃烧中捕集和燃烧后捕集，烧后捕集有化学吸收、物理吸附和膜分离法。分离完以后打到地下可以做驱油和埋藏等其他的作用，其成本主要是把 CO_2 从尾气中分离，占总成本 80%以上。CO_2 驱油工程在我国新疆等地已经工业化，中国整个驱油消耗量可达几百万吨/年，但与我国一年 100 多亿吨的总排放量相比，非常有限，因此，CO_2 的资源化利用是实现碳中和的重要途径。

4.7.4.5　CO_2化工应用

利用化学法将 CO_2 转化为目标产物的方法。目前，已经实现了 CO_2 较大规模化学利用的技术主要有用 CO_2 生产甲醇、尿素、碳酸二甲酯等。

(1) CO_2 加氢制甲醇　CO_2 加氢合成甲醇是 CO_2 高效利用的一个有效途径。甲醇可同汽油混合用于生物燃油制品。目前全球比较成熟的工业化 CO_2 加氢制甲醇项目是冰岛碳循环利用公司（Carbon Recycling International, CRI）开发的 ETL 技术。该公司与加拿大联合投资 500 万美元的世界第一座甲醇厂已在冰岛实现商业投产，该套 CO_2 和氢气合成甲醇装置，2012 年甲醇产能 1300t，2014 年甲醇产能扩展到 4000t。全国气体标准化技术委员会在 2017 年 9 月发布了《二氧化碳制甲醇技术导则》（GB/T 34236—2017）和《二氧化碳制甲醇安全技术规程》（GB/T 34250—2017）两部国家标准，为 CO_2 加氢制甲醇产业化发展提供了标准体系支持。由厦门大学、中国科学院大连化学物理研究所等单位组成的研究团队在 CO_2 催化加氢制甲醇研究中也取得进展。2020 年 10 月，基于中科院大连化物所开发的 CO_2 催化加氢制甲醇技术，位于兰州新区绿色化工园区的全球首个千吨级液态太阳燃料合成示范工程项目顺利通过考核，达产后每年可生产甲醇 1440t。

（2）CO_2 与甲醇制备碳酸二甲酯　CO_2、甲醇、环氧乙烷三者反应可制备碳酸二甲酯（DMC），副产乙二醇。该方法可以实现 CO_2 的直接利用，主要的副产物为水。碳酸二甲酯分子结构中含有羰基、甲基和甲氧基等官能团，是一种重要的中间合成体，可通过羰基化、甲基化、甲酯化及酯交换等反应，用于生产多种化工产品。同时，碳酸二甲酯还广泛用于溶剂、汽油添加剂、表面活性剂和抗氧化剂等方面。用 CO_2 与甲醇合成碳酸二甲酯，不仅能有效减少 CO_2 的排放，也可有效利用下游产能过剩的甲醇产品。

（3）CO_2 与氨制备尿素　CO_2 与氨反应可生成尿素是成熟技术，该反应既可以减少 CO_2 排放，也解决了部分单位副产氨的去路问题。

此外，CO_2 生产保鲜膜、化妆品等的技术也在研发之中。

4.7.4.6　CO_2 物理、生物应用

CO_2 作为食品添加剂在饮料、啤酒生产等方面有很多应用。另外，还可以将其制成干冰，干冰的冷却能力约为水的 2 倍，其最大的特点是升华冷却时不留痕迹，无毒无害，广泛用于食品的保存和运输等环节的冷却。CO_2 可以用于农产品增产等技术。当前，CO_2 的生物利用技术还处于起步阶段，其研究主要集中在将 CO_2 作为气肥和微藻固碳上。微藻固碳后的藻类主要应用于食品、能源、饲料和肥料等的生产。

4.7.4.7　提高能效、技术升级

即通过系统、工艺及设备提高能效达到节能降耗。提高能效是世界上成本最低的减碳路线。从化工设计的源头采用新技术、新工艺节能、减排。

以 2020 年全国大学生化工设计竞赛宁波工程学院获得全国铜奖作品为例，见图 4-7-3。作品以重整拔头油为原料，提纯出戊烷后，将正戊烷转化为异戊烷，后脱氢生成异戊烯，并通过分离提纯的设计，生产高纯度异戊烯同分异构体 2-甲基-2-丁烯、3-甲基-1-丁烯及下游产品叔戊醇。工艺中设计了 6 个循环——正戊烷循环、异戊烷循环、2M2B

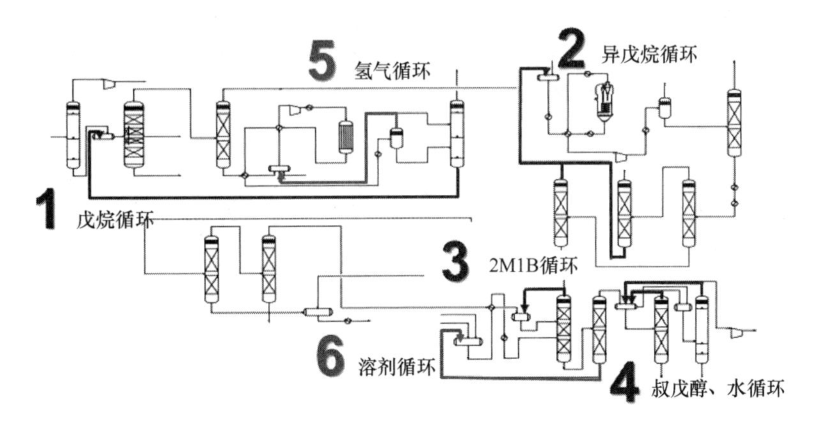

图 4-7-3　宁波工程学院 2020 年化工设计竞赛作品工艺流程图

循环、氢气循环、溶剂循环、叔戊醇与水循环，实现物料的最大化利用，做到了生产气体的全循环及分离利用，大幅减少了废液、废气以及废固的产生。设计中运用了反应精馏、分离精制隔壁塔、换热网络、双效精馏、热泵精馏等技术，降低了能耗和设备投资，产品质量高，且副产纯度较高的异戊二烯和环戊烷，实现了碳五烷烃资源充分利用的同时，实现碳排放下降 80%。

总之，推进绿色低碳转型，加快产业结构优化升级，构建清洁低碳安全高效的能源体系，推动绿色低碳技术实现重大突破，最终实现碳达峰、碳中和目标，是我们化工领域的一次机遇和革命。

第 5 章 自动控制与安全

5.1 单元控制逻辑方案实例

5.1.1 泵单元控制逻辑方案实例

泵的控制实例

离心泵在启动前，必须使泵壳和吸水管内充满水，然后启动电机，使泵轴带动叶轮和水做高速旋转运动，水在离心力的作用下，被甩向叶轮外缘，经蜗形泵壳的流道流入水泵的压水管路。当泵内充满液体时，叶轮在驱动机的带动下高速旋转，叶片驱使液体旋转，产生离心力。在离心力的作用下，液体沿叶片流道从中心向四周甩出，经过蜗壳送入排出管。叶轮在旋转过程中，一面不断吸入液体，一面又不断将吸入的液体排出，如此连续工作，液体在压力能与速度能的作用下，被输送到工作地点。离心泵的工作过程，实际上是一个能量的传递和转换的过程。它把电动机高速旋转的机械能转化为被抽升水的动能和势能。在这个转化过程中，必然伴随着许多能量损失，从而影响离心泵的效率。这种能量损失越大，离心泵的性能就越差，工作效率就越低。在泵起动时，如果泵内存在空气，则叶轮旋转后空气产生的离心力也小，使叶轮吸入口中心真空度减小，液体无法进到叶轮中心，泵不能正常工作。

泵的控制方案如下:

① 泵的进出口设置截止阀，一般采用闸阀，方便泵的更换、维修等操作。

② 泵吸入口设置过滤器。

③ 进口设置偏心异径管，改善汽蚀余量；出口设置同心异径管，增加静压头。

④ 泵出口安装止回阀，防止液体回流，对泵的工作造成不利影响。

⑤ 泵出口设置压力表。

⑥ 通过控制出口管路的阀门开度控制泵出口的流量，适用于对流速有快速反应或流速有较高稳定性要求的管路。

输送高温液体时，为了防止热量扩散和工作人员不慎烫伤，在泵上和相应管路上覆盖保温层（如精馏塔的回流泵），同样，输送低温液体时，为了防止空气中水汽凝结，加速腐蚀，泵与管道上覆盖有冷保温层。对于原料进料泵、回流泵、循环泵、产品泵，参照《化工工艺设计手册》的建议，均配有备用泵。

（1）流量的控制　离心泵的控制主要为流量控制。常见的离心泵流量控制方法有：改变出口调节阀的开度、改变转速、控制泵的出口旁路等。控制离心泵的出口调节阀开度来调节出口流量是离心泵流量控制方法中最简单的，应用最广泛。

（2）压力的控制　每台泵的出口均就地安装压力仪表指示压力，一般情况下离心泵从不采用压力控制。

（3）其他说明　为了保证维修和开车需要，泵的出口和入口均需设置切断阀，一般采用闸阀（此阀适用于各种介质的切断，流体流经阀门时，不改变介质流量，阻力小）。

为了防止离心泵未启动时物料的倒流，在泵的出口和第一个切断阀之间，应安装止回阀，且止回阀在靠近出口处安装。在泵吸入侧、入口切断阀后与入泵之间设置一个 Y 型过滤器，防止杂物进入泵体。泵体与泵的切断阀前后的管线都应设置放净阀，并将排出物送往合适的排放系统。根据具体情况补加辅助管线，如密封、冲洗、冷却、平衡、保温、防凝等管线。

离心泵的控制方案如下图 5-1-1 所示，显示了带有备用泵离心泵基本单元模式，图中表示了泵进管上闸阀、Y 型过滤器、排净阀、变径管（进口为偏心异径）；泵出管上变径管（进口为同心异径）、压力表（PI0106、PI0107）/止回阀、闸阀的相对位置，同时泵的出口管上安装流量传送器 FT0105 和流量显示控制器 FIC0105 等自动控制系统控制流量大小，达到生产系统的稳定平衡，保证生产安全。

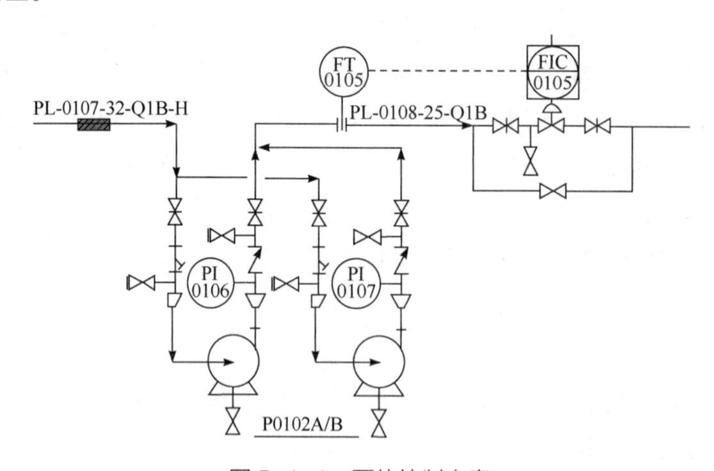

图 5-1-1　泵的控制方案

5.1.2　压缩机的控制方案

压缩机按其工作原理分为两大类：容积型和速度型。溶剂型压缩机通常有活塞式、螺杆式、水环式；速度型压缩机通常有离心式、轴流式。

工艺控制参数如下：

① 压缩机各级进、出口气体压力。

② 压缩机各级进、出口气体温度。

③ 冷却水进水压力、低限报警、联锁停车。

④ 各级冷却器、气缸冷却水出口温度。

⑤ 润滑油进口压力、低限报警、联锁停车。

⑥ 气液分离器油位。

⑦ 油箱油位。

压缩机的
控制实例

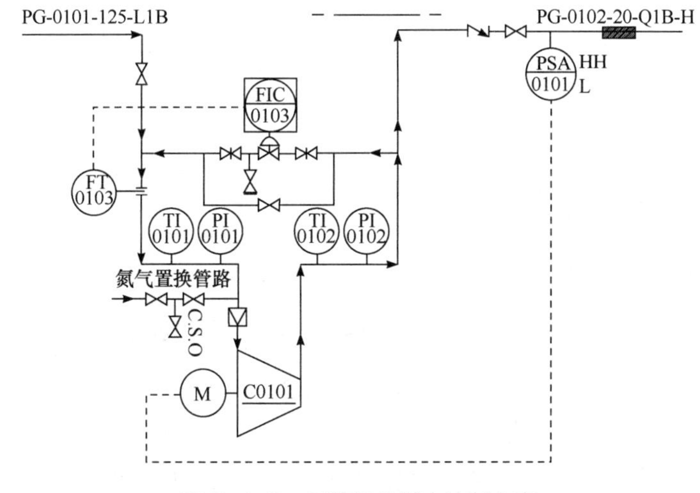

图 5-1-2　压缩机的基本控制方案

以离心式压缩机控制为例，如图 5-1-2 所示。从图中可以看到，在离心压缩机的进气管道上设置了流量传送控制器 FT0103 与旁路调节系统中的流量显示控制器 FIC0103 组成旁路调节系统，减少喘振现象的发生，同时在压缩机的出口有止回阀、截止阀和压力控制器联锁控制电机转速，控制输出压力。在压缩机的进出口管路上安装压力表 PI0101、PI0102 和温度计 TI0101、TI0102，时刻监控温度和压力的稳定，来保证工艺安全。

5.1.3　换热器的控制方案

（1）物料流股与公用工程流股换热　该类换热器的作用是将工艺物流加热或冷却到目标值。常见的干扰有：公用工程的流量、温度，环境温度，换热器的传热系数等。在生产过程中，物流的流量和温度都会受到干扰，在项目中采用物料出口温度作为被控变量进行控制。对于使用公用工程冷却物流的换热器，采用以冷却介质流量为操纵变量，经冷却后的工艺物流出口的温度为被控变量的控制系统；对于使用公用工程加热物流的换热器，采用以加热介质流量为操纵变量，经加热后的工艺物流出口的温度为被控变量的控制系统。图 5-1-3 是物料被冷却控制方案，通过温度检测器 TE0301，把换热器出口温度传送给温度显示控制器 TIC0301，控制冷却水进口的流量大小，从而调节换热器出口物料在设定温度附近。图 5-1-4 是物料被加热控制方案。

换热器控制实例

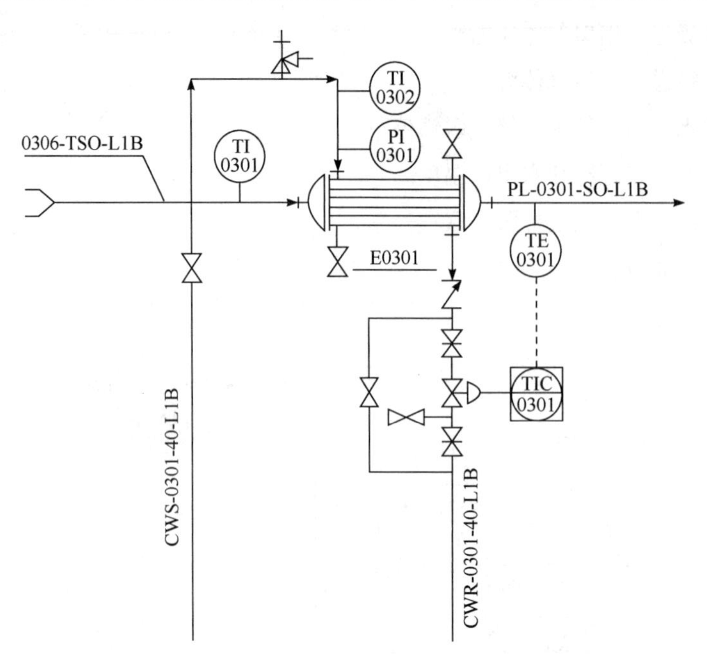

图 5-1-3　工艺流股与公用工程换热器冷却控制方案

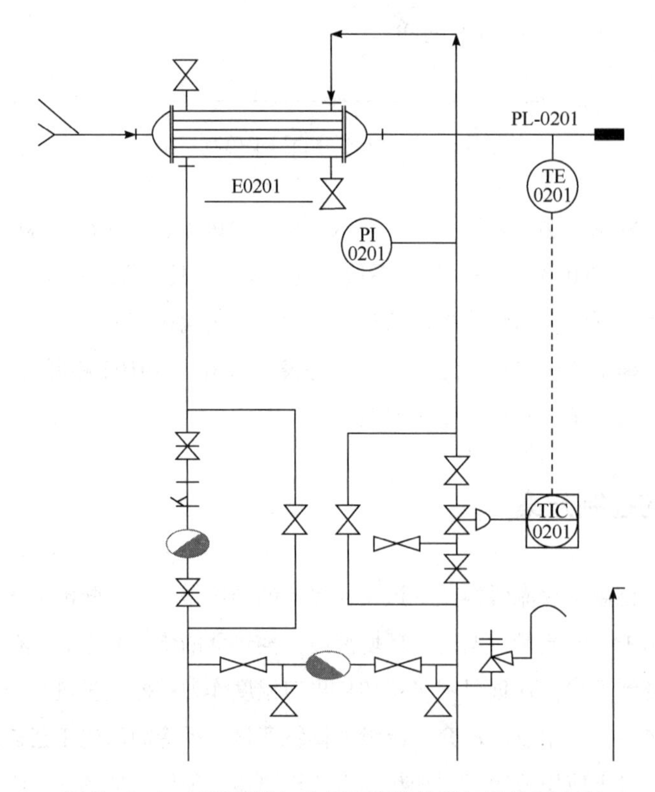

图 5-1-4　工艺流股与公用工程换热器加热控制方案

（2）工艺物流间换热　该类换热器用工艺物流将另一股工艺物流加热或冷却到工艺所需的目标值，通过合理设计系统换热网络，实现系统内部的热量集成。由于物料间的换热不能通过调整进口流量来实现，要保证进换热器的物料出口温度不至于太高，而与其换热的物料的量是一定的，所以该工艺采用将冷物流设置为旁路的控制方案，如图 5-1-5 所示。

（3）再沸器　换热器的作用是加热塔底物料，使其温度到达物料沸点，进行多组分的分离和提纯。控制方案是通过 TE0304 检测塔内灵敏板的温度变化控制 TIC0304 控制阀门开度，调节加热蒸汽的流量来控制塔内温度，以维持精馏过程中的气液两相平衡，控制方案如图 5-1-6 所示。

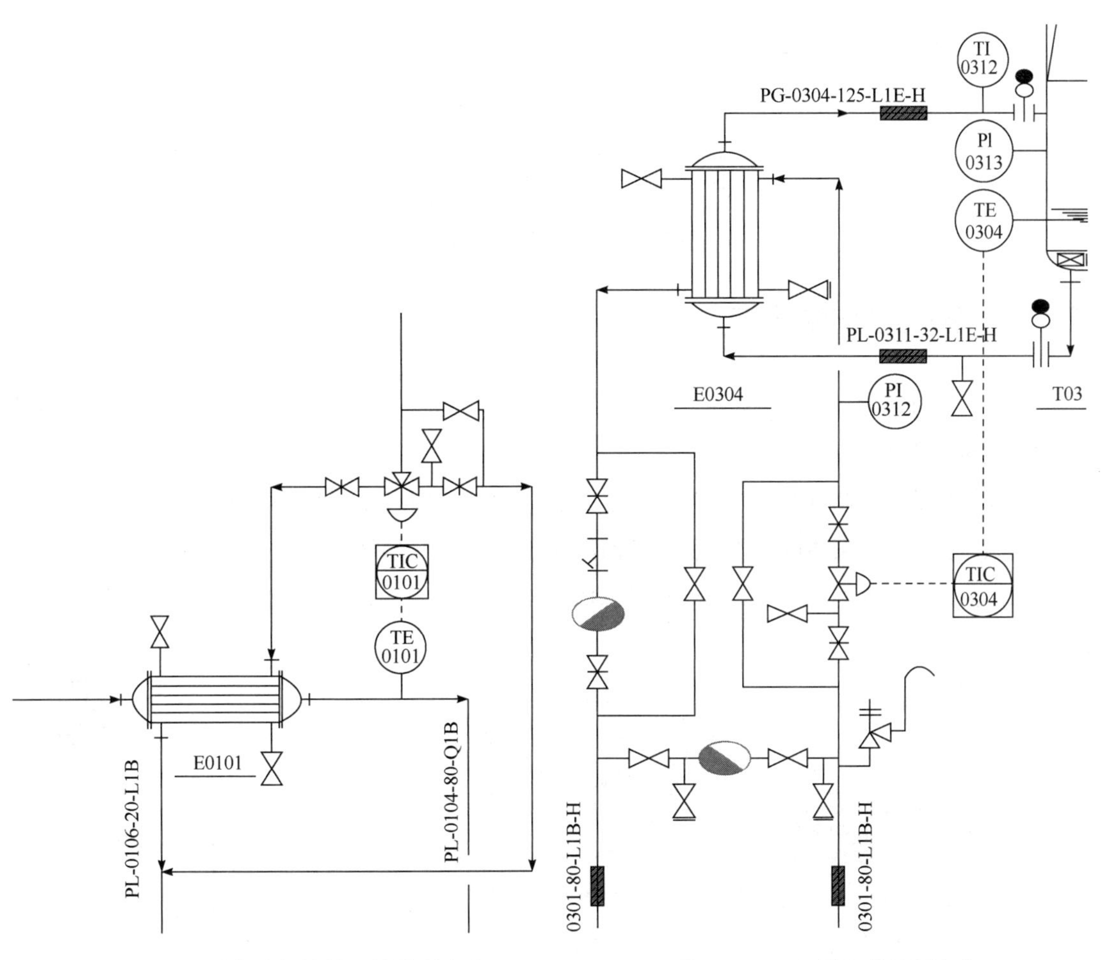

图 5-1-5　工艺物流间换热器的控制方案

图 5-1-6　再沸器的控制方案

（4）冷凝器　塔顶冷凝器用于冷却塔内汽化气体，使其按照回流比回流液体，使塔内两相平衡。其控制方案为控制塔顶的压力传送器 PT0302 来控制压力控制器 PIC0302 控制冷却水的阀门开度，从而控制冷凝器出口的冷凝温度，使其汽化气体全部冷凝，控制方案如图 5-1-7 所示。

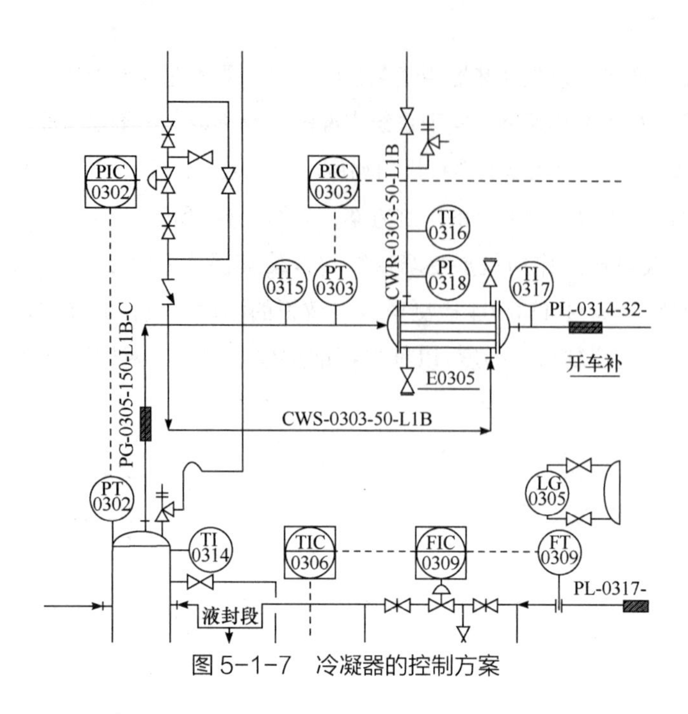

图 5-1-7　冷凝器的控制方案

5.1.4　塔设备的控制方案

化工设计过程的塔设备主要包括精馏塔、分离塔、吸收塔、解吸塔、萃取塔等。控制方案的介绍，以热泵精馏和常规精馏为例。

(1) 热泵精馏控制方案　热泵精馏部分的工艺参数主要包括精馏塔的气液进口流量、液位、压力、温度。控制方案的设计要既保证精馏塔的分离效果，又要保证生产的正常进行。

以产品吸收塔为例，见图 5-1-8 热泵精馏塔的控制系统，为保证整塔的物料平衡，需要对塔

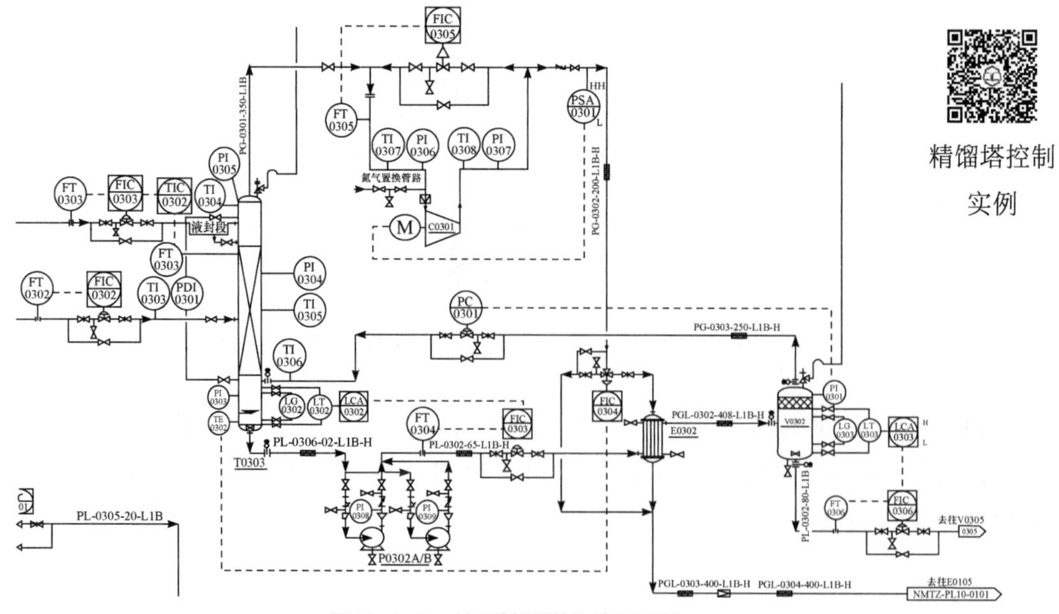

图 5-1-8　热泵精馏塔的控制系统

釜液位进行控制，通过调节塔釜出料量来控制塔釜液位。为保证精馏效果，塔顶进料设置温度-流量串级控制系统。闪蒸罐采用罐底出料量来控制液位，同时保证回流到塔釜的气体流量，保证整个热泵精馏系统的稳定。

（2）常规精馏控制方案　常规精馏塔的稳定操作需要对塔压、回流罐液位、塔釜液位、塔温等被控变量进行严格控制。为了了解塔内的操作情况，在必要的地方加装温度、压力测量指示仪表，并将信号送入到计算机系统。在整个单元控制中，采用灵敏板的温度控制塔釜再沸器的加热蒸汽的流量；塔釜液位控制控制塔底采出液体的流量；塔底的压力控制冷却水的进水流量，控制冷凝器的冷凝温度；塔顶采出液管的压力控制缓冲罐的安全阀的开度，塔顶回流进料设置温度-流量串级控制系统控制回流液按照回流比进行循环；最后使用液位控制控制缓冲罐的液体采出。以衢州学院 2021 年全国大学生化工设计竞赛作品为例，丙烯回收塔精馏控制为例控制方案如图 5-1-9 所示。

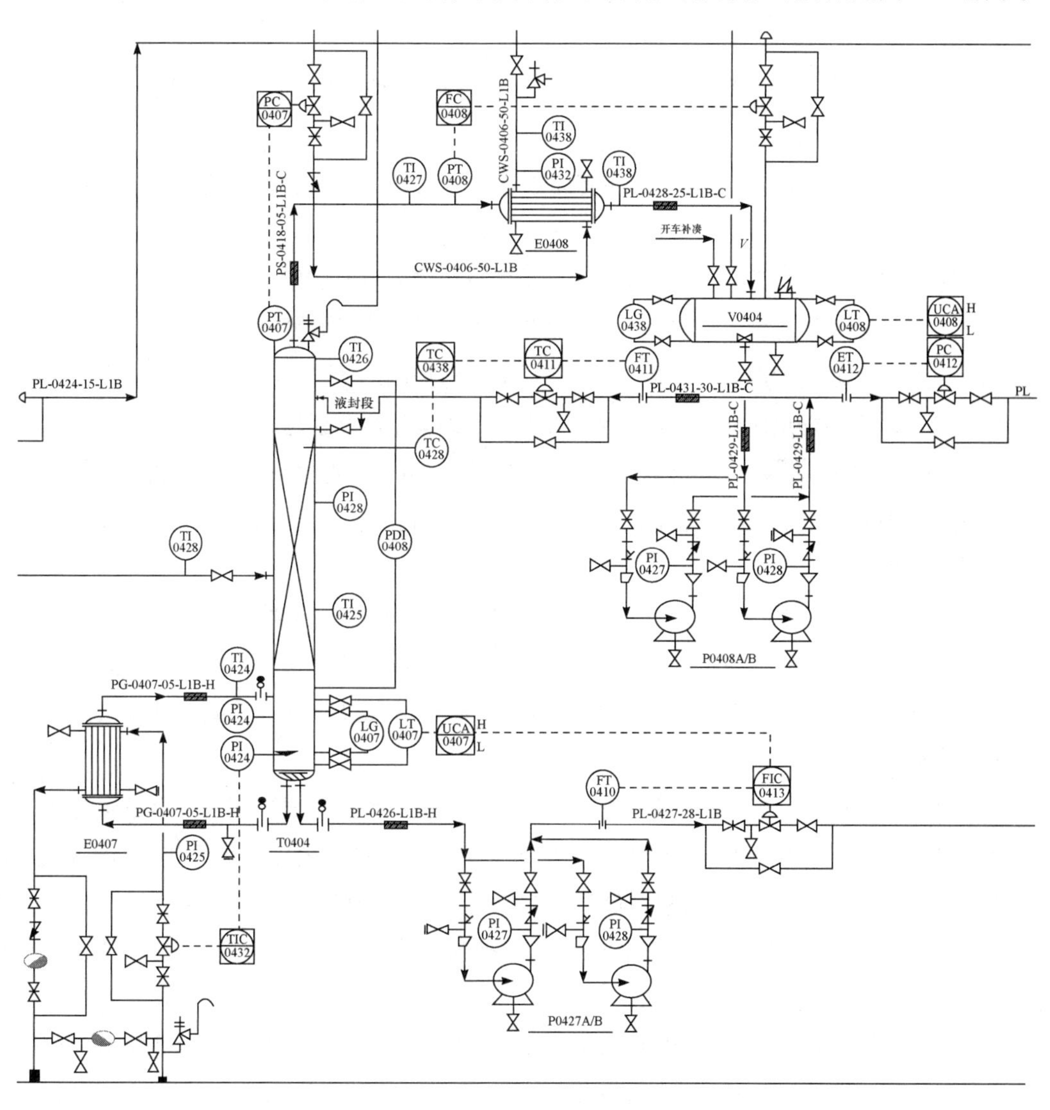

图 5-1-9　丙烯回收塔精馏控制

5.1.5 反应器的控制方案

化学反应器是化工生产中的重要设备，反应器控制的好坏直接关系到生产的产量和质量指标。由于反应器在结构、物料流程、反应机理和传热情况等方面的差异，自控的难易程度差异很大，自控的方案也千差万别，因此必须选择合理的控制变量。为使反应正常、转化率高，要求在进入反应器前，保证进料温度和流量的稳定；同时，在有操作手段的前提下，要求直接控制反应温度。为防止工艺变量进入危险区或不正常工况，应当配备报警、联锁装置。

（1）温度控制系统

① 化学反应器的质量指标一般指反应的转化率或反应生成物的规定浓度，因此必须选择合理的控制变量。

② 为使反应正常、转化率高，要求维持进入反应器的各种物料量恒定。为此，在进入反应器前，往往采用流量控制。

③ 为防止工艺变量进入危险区或不正常工况，应当配备报警、联锁装置或设置取代控制系统。

④ 反应管顶部和出口设置压差指示仪表，检测反应管内压差变化。

⑤ 反应器出口设置温度监测点，对反应器出口物料进行流量检测和控制。

⑥ 反应器出口物料的温度由换热介质的流量来进行控制。

⑦ 对于分段反应器反应段均匀设置温度监测点并设置温度联锁超高报警。

（2）进料量控制　为保证反应物达到一定的转化率并且使产物达到一定的纯度，需要对进入反应器内的物料的流量以及各物料流量之间的比例进行控制。通过入口的流量计和流量指示控制仪表控制进料流量。

（3）反应压力的控制　为了保证反应在稳定的压力下进行，必须对反应器压力进行控制。主要通过控制出料量（或进料量）来控制反应器内的压力，当反应器内压力过小时，减小出料量（或增大进料量）以憋压，当压力过大时，则通过增大出料量（或减小进料量）来减小反应器内压力。

（4）SIS 安全仪表系统　采用 SIS 安全仪表系统，当操作出现异常时，安全逻辑控制器通过检测系统对信号进行表决和诊断，如果确实不正常，逻辑控制器输出信号使原料进料切断，同时自动打开氮气管道阀门冲入氮气稀释反应气体，避免危险发生。而且 SIS 系统切断阀位于进料流量控制系统之前，即使进料控制系统出现问题也可以提前切断，避免危险的进一步发生。

（5）反应器控制方案系统　以衢州学院 2021 年竞赛作品反应器控制为例，如图 5-1-10 所示。本反应器为了控制反应的水烯比，采用比值控制。以反应器底部的气体流速为基准，使用比值控制流量显示控制器 FIC0202 控制的阀门开度，控制液体的流量，同时对于两股液体的流量也采用比值控制，使进入反应器的液体和气体达到要求的水烯比。以反应器内部温度控制冷却水的流量，反应器内部压力控制反应器顶部的气体采出。在这些简单控制的基础上，加入了安全仪表系统（SIS）和紧急停车系统，当反应异常时，关闭物料的加入和物料的采出，同时持续冷却，当压力和温度降到安全值时，关闭冷却水进出口阀门，直至反应停止，保证反应生产的安全。

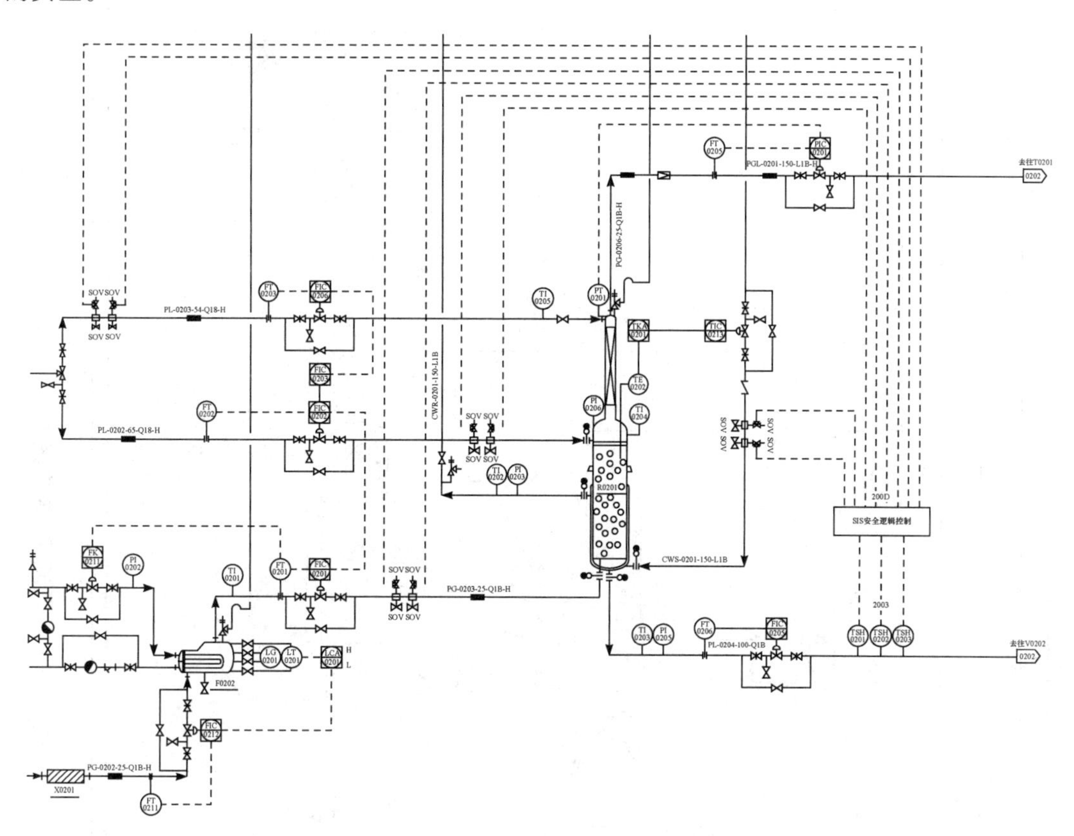

图 5-1-10　反应器的控制系统

5.1.6　储罐的基本控制方案

储罐的自动控制主要包括压力与液位控制。其中液位控制主要通过采出流量控制器进行控制。如图 5-1-11 回流罐控制方案，乙酸乙烯酯属于易燃易爆物料，应在 5℃下储存。因此，乙酸乙烯酯储藏采用氮封储存。为了维持储罐的氮封压力，采用分程控制方案。此外，储罐上方配有消防泡沫喷淋水的自控系统。当储罐温度过高时（如夏季），则打开冷却喷淋水的进口阀，对储罐进行喷淋并降温。储罐内温度达到高限时，联锁的消防泡沫三通电磁阀失电，喷洒消防泡沫。

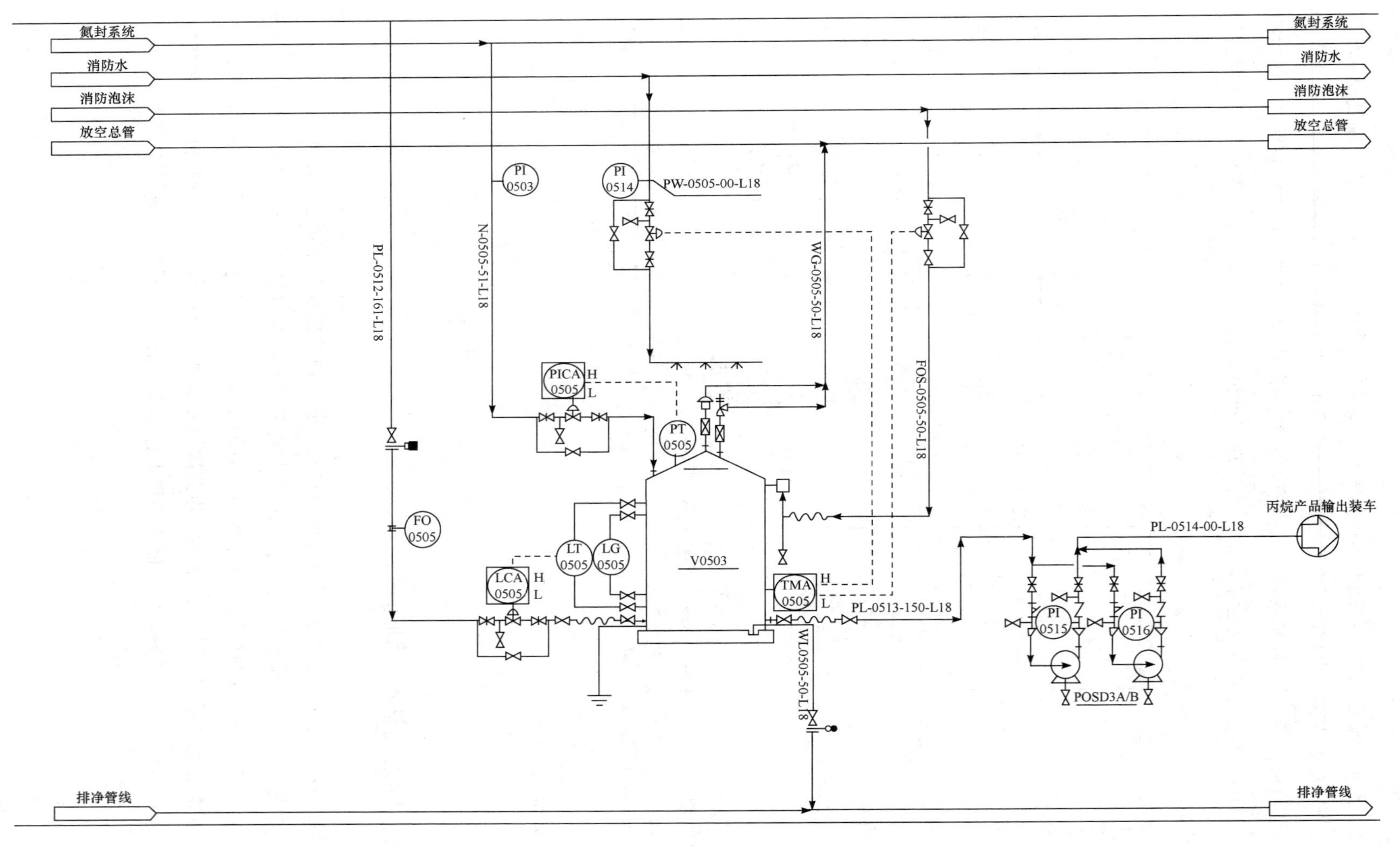

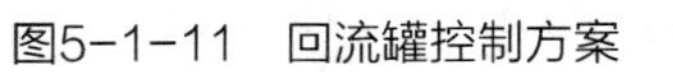
图5-1-11 回流罐控制方案

5.2 安全仪表系统（SIS）

5.2.1 基本概念

在以石油/天然气开采运输、石油化工、发电、化工等为代表的过程工业领域，紧急停车系统（emergency shut down system，ESD）、燃烧器管理系统（burner management system，BMS）、火灾和气体安全系统（fire and gas safety system，FGS）、高完整性压力保护系统（high integrity pressure/pipeline protection system, HIPPS）等以安全保护和减轻灾害为目的的安全仪表系统（safety instrumented system，SIS），已广泛用于不同的工艺或设备防护场合，保护人员、生产设备及环境。随着自控技术和工业安全理念的发展，安全仪表系统已从传统的过程控制概念脱颖而出，并与基本过程控制系统（basic process control system，BPCS）（如 DCS）并驾齐驱，成为自控领域的一个重要分支。IEC61508/IEC61511 的发布，对安全控制系统在过程控制工业领域的应用有划时代的意义。首先，将仪表系统的各种特定应用，例如，ESD、FGS、BMS 等都统一到 SIS 的概念下；其次，提出了以 SIL 为指针，基于绩效（performance based）的可靠性评估标准；再者，以安全生命周期（safety lifecycle）的架构，规定了各阶段的技术活动和功能安全管理活动。这样，SIS 的应用形成了一套完整的体系，包括：设计理念和设计方法、仪表设备选型准入原则（基于经验使用和 IEC61508 符合性认证）、系统硬件配置和软件组态标称规则、系统集成、安装和调试、运行和维护，以及功能安全评估与审计等。大体上，安全仪表系统的应用和发展，围绕着两大主题——安全功能（safety function）和功能安全（function safety）。

IEC61508 将“安全功能”定义为：为了应对特定的危险事件（如灾难性的可燃性气体释放），由电气、电子、可编程电子安全相关系统，其他技术安全相关系统，或外部风险降低措施实施的功能，期望达到或保持被控设备（equipment under control，EUC）处于安全状态。上述定义表明：①安全功能的执行，并不局限于电气或电子安全仪表系统，还包括其他技术（如气动、液动、机械等技术）及外部风险降低措施（如储罐的外部防护堤堰）。因此，研究安全功能要综合考虑各种技术或措施的共同影响；②安全功能是着眼于应对特定的危险事件，也就是说，安全功能有其针对性。安全功能的作用，就是将危险事件发生的风险降低到可接受的程度，从而保证被控设备处于安全状态。

IEC61508 将功能安全定义为：与 EUC 和 EUC 控制系统相关的、整体安全的一部分，取决于电气、电子、可编程电子安全相关系统，其他技术安全相关系统和外部风险降低措施机制的正确执行。

IEC61511 将功能安全定义为：与工艺过程和 BPCS 有关的、整体安全的一部分，取决于 SIS 和其他保护层机能的正确施行。

就安全仪表系统而言，功能安全探讨是系统本身的绩效问题，即 SIS 在实现其安全功能时，能够降低风险的能力。SIS 执行安全功能时的绩效或可能达到的功能安全水平，采用安全完整性（safety integrity）来表征。安全完整性定义为在规定的状态和时间周期内，SIS 圆满完成所要求的安全功能的概率。安全完整性包括硬件安全完整性（hardware safety integrity），软件安全完整性

（software safety integrity），以及系统性安全完整性（systematic safety integrity）。硬件安全完整性用于表征在规定的状态危险失效模式（dangerous failure mode）下，随机硬件失效（random hardware failure）的可能性。

软件安全完整性用于表征可编程电子系统中的软件，在规定的状态和时间周期内，实现其安全功能的可能性。系统性安全完整性用于表征在危险失效模式下系统性失效。

SIS 执行 SIF（safety instrumented function）的绩效考评可通过安全完整性等级（SIL）来反映。SIL 定义为在规定的状态和时间周期内，SIS 圆满完成 SIF 的绩效能力和可靠性水平。根据 IEC61508 规定，SIL 共有 4 个等级，其中 SIL1 最低，SIL4 最高。但在实际工业应用场合中，SIL4 极为罕见，SIL3 是其最高级。根据安全仪表功能的操作模式（有要求操作模式和连续操作模式）不同，SIL 划分标准亦有别。 各个等级下 SIS 操作失效情况分别如表 5-2-1、表 5-2-2 所示。

表 5-2-1　要求操作模式下失效概率要求

安全完整性等级（SIL）	要求时平均失效概率（PFDavg）	目标风险降低
4	$\geqslant 10^{-5}$ 到 $< 10^{-4}$	>10,000 到≤100,000
3	$\geqslant 10^{-4}$ 到 $< 10^{-3}$	>1000 到≤10,000
2	$\geqslant 10^{-3}$ 到 $< 10^{-2}$	>100 到≤1000
1	$\geqslant 10^{-2}$ 到 $< 10^{-1}$	>10 到≤100

表 5-2-2　连续操作模式下失效频率要求

安全完整性等级（SIL）	完成安全仪表功能危险失效目标频率（每小时）
4	$\geqslant 10^{-9}$ 到 $< 10^{-8}$
3	$\geqslant 10^{-8}$ 到 $< 10^{-7}$
2	$\geqslant 10^{-7}$ 到 $< 10^{-6}$
1	$\geqslant 10^{-6}$ 到 $< 10^{-5}$

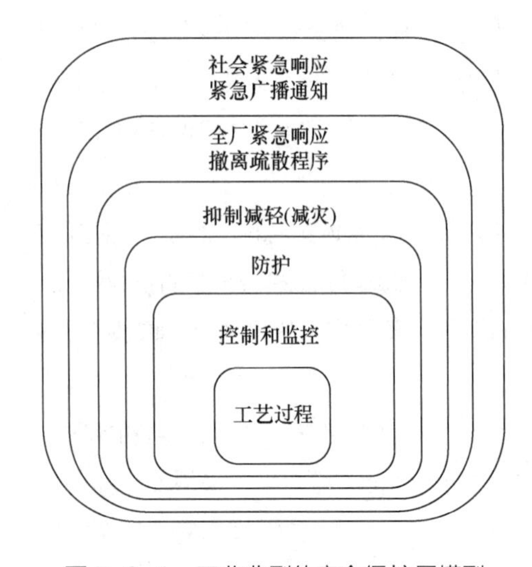

图 5-2-1　工业典型的安全保护层模型

由图 5-2-1 可以看出通过采用不同层次、不同的措施实现工艺过程的“必要风险降低”，可最终达到“可接受风险”的目标。这些不同的层次和措施，因其相互的独立性（或者说，必须保证各自的独立性），也被称为独立保护层（independent protection layer, IPL），上图也常被称为保护层模型。“工艺过程”层在设计中要注重本质安全或固有安全设计。通过工艺技术、设计方法、操作规程等有效地消除或降低过程风险，避免危险事件的发生。“控制和监控”层由基本过程控制和报警系统及操作规程构成。关注的焦点是将过程参数控制在正常的操作设定值上。“防护”层包括机械保护系统（如安全阀）及安全仪表系统——SIS，本层是 SIS 的典型应用层，如常见的 ESD 应用。它设计的出发点是降低危险事件发生的频率，保持或达到过程的安全状态。“抑制减轻（减灾）”层设计的出发点是减轻和抑制危险事件的后果，亦即降低危险事件的烈度（severity）。“全厂紧急响应”层包括消防和医疗救助响应、人员紧急撤离等机制。“社会紧急响应”层包括工厂周边社区居民的撤离、社会救助力量等机制。

5.2.2 系统基本结构

安全仪表系统包括传感器、逻辑运算器和最终执行元件，即检测单元、控制单元和执行单元。SIS 系统可以监测生产过程中出现的或者潜伏的危险，发出报警信息或直接执行预定程序，立即进入操作，防止事故的发生、降低事故带来的危害及其影响。SIS 的主流系统结构主要有 TMR（三重化）、2004D（四重化）2 种。

（1）TMR 结构　它将三路隔离、并行的控制系统（每路称为一个分电路）和广泛的诊断集成在一个系统中，用三取二表决提供高度完善、无差错、不会中断的控制。TRICON、ICS、HollySys 等均是采用 TMR 结构的系统。

（2）2004D 结构　2004D 系统是由 2 套独立并行运行的系统组成，通信模块负责其同步运行，当系统自诊断发现一个模块发生故障时，CPU 将强制其失效，确保其输出的正确性。同时，安全输出模块中 SMOD 功能（辅助去磁方法），确保在两套系统同时故障或电源故障时，系统输出一个故障安全信号。一个输出电路实际上是通过四个输出电路及自诊断功能实现的。这样确保了系统的高可靠性，高安全性及高可用性。HONEYWELL、HIMA 的 SIS 均采用了 2004D 结构。

5.2.3 设计基本原则

SIS 安全仪表系统（ESD 紧急停车系统）的主要作用是在工艺生产过程发生危险故障时将其自动或手动带回到预先设计的安全状态，以确保工艺装置的生产的安全，避免重大人身伤害及重大设备损坏事故。在安全仪表系统的设计过程中，IEC61508，IEC61511 提供了极好的国际通用技术规范和参考资料，在安全仪表系统回路设计过程中，一般需要遵循下列几点原则。

（1）SIS 安全仪表系统（ESD 紧急停车系统）设计的可靠性原则（安全性原则）　为了保证工艺装置的生产安全，安全仪表系统必须具备与工艺过程相适应的安全完整性等级 SIL（safety integrity level）的可靠度。对此，IEC61508 进行了详细的技术规定。对于安全仪表系统，可靠性有两个含义，一个是安全仪表系统本身的工作可靠性；另一个是安全仪表系统对工艺过程认知和联锁保护的可靠性，还应有对工艺过程测量，判断和联锁执行的高可靠性。评估安全完整性等级 SIL 的主要参数就是 PFDavg（probability of failure on demand，平均危险故障率），按其从高到低依次分为1～4级。在石化行业中一般涉及的只有1，2，3级，因为SIL4级投资大，系统复杂，一般只用于核电行业。

（2）SIS安全仪表系统（ESD紧急停车系统）设计的可用性原则　为了提高系统的可用性，SIS安全仪表系统（ESD紧急停车系统）应具有硬件和软件自诊断和测试功能。安全仪表系统应为每个输入工艺联锁信号设置维护旁路开关，方便进行在线测试和维护，同时减少因安全仪表系统维护造成的停车。需要注意的是用于三选二表决方案的冗余检测元件不需要旁路，手动停车输入也不需要旁路。同时严禁对安全仪表系统输出信号设立旁路开关，以防止误操作而导致事故发生。如果SIL计算表明测试周期小于工艺停车周期，而对执行机构进行在线测试时无法确保不影响工艺而导致误停车，则安全仪表系统的设计应当根据需要进行修改，通过提高冗余配置以延长测试周期或采用部分行程测试法，对事故状态关闭的阀门增加手动旁通阀，对事故状态开启的阀门增加手动截止阀等措施，以允许在线测试安全仪表系统阀门。这些手段对于提供安全仪表系统的可用性都是很有帮助的。

（3）SIS安全仪表系统（ESD紧急停车系统）设计的独立性原则　SIS安全仪表系统（ESD紧急停车系统）应独立于基本过程控制系统（BPCS，如DCS、FCS、CCS、PLC等），独立完成安全保护功能。安全仪表系统的检测元件，控制单元和执行机构应单独设置。如果工艺要求同时进行联锁和控制的情况下，安全仪表系统和BPCS应各自设置独立的检测元件和取源点（个别特殊情况除外，如配置三取二检测元件，进DCS信号三取二，进安全仪表系统三取二，经过信号分配器公用检测元件）。如需要，SIS安全仪表系统（ESD紧急停车系统）应能通过数据通信连接以只读方式与DCS通信，但禁止DCS通过该通信连接向安全仪表系统写信息。安全仪表系统应配置独立的通信网络，包括独立的网络交换机、服务器、工程师站等。SIS安全仪表系统（ESD紧急停车系统）应采用冗余电源，由独立的双路配电回路供电。应避免安全仪表系统和BPCS的信号接线出现在同一接线箱，中间接线柜和控制柜内。

（4）SIS安全仪表系统（ESD紧急停车系统）设计的标准认证原则　随着安全标准的推出以及对安全系统重视度的不断提高，安全仪表系统的认证也变得越来越重要，系统的设计思想，系统结构都须严格遵守相应国际标准并取得权威机构的认证。安全仪表系统必须获得IEC 61508 SIL和/或TUV AK（德）相应SIL等级的认证。SIS安全仪表系统（ESD紧急停车系统）中使用的硬件，软件和仪表必须遵守正式版本并已商业化，同时必须获得国家有关防爆、计量、压力容器等强制认证。严禁使用任何试验产品。

（5）故障安全原则　当SIS安全仪表系统（ESD紧急停车系统）的元件，设备，环节或能源发生故障或者失效时，SIS安全仪表系统（ESD紧急停车系统）设计应当使工艺过程能够趋向安全运行或者安全状态。这就是系统设计的故障安全性原则。能否实现“故障安全”取决于工艺过程及安全仪表系统的设计。整个SIS安全仪表系统（ESD紧急停车系统），包括现场仪表和执行器，都应设计成以下绝对安全形式，即：①现场触点应开路报警，正常操作条件下闭合；②现场执行器联锁时不带电，正常操作条件下带电。

5.3 本质安全

5.3.1 基本概念与基本原理

英国的 Kletz 教授首先提出了“本质安全”概念，他认为物质和过程的存在必然具有其不可分割的本质属性，比如某物质有剧毒性，某过程是高温高压的，等等，它是形成过程危害的根源，只有通过消除或最小化具有固有危害性质的物质或过程条件，才能从本质上消除过程的危害特征，实现过程的本质安全。严格地讲，不存在绝对的本质安全过程，当某过程相比于其他可选过程消除或最小化了危害特征，就认为前者是本质安全更佳的过程。综上，本质安全即为安全的本质特征，具有安全本质特征的过程称为本质安全过程，特征的不可分割性决定了它能从本质上实现过程安全。

本质安全原理是本质安全设计的依据，是保证过程朝本质安全方向发展的一般性原则。本质安全原理是定性的描述，没有统一的衡量标准，导致应用程度参差不齐，有些学者建议用本质安全指标进行量化，比如最小化对应总量值指标，替代对应易燃性、爆炸性、毒性指标等。分层次的过程安全设计原理如表 5-3-1 所示，对各原理进行了解释并举例。

表 5-3-1　分层次的过程安全设计原理

安全层级	原理（或原则）	解释	举例	适用阶段
本质安全层次	最小化（或强化）	使过程中包含的物质和能量的量值最小化	反应中不使用挥发性溶剂，或使用量非常小，即使全部泄漏也在安全范围内	研究开发概念设计
	替代	用低危害物质（或过程条件）代替高危害物质（或过程条件）	用低挥发性溶剂代替高挥发性溶剂	
	缓和	在低危害条件下使用危害物质	在常压反应体系中使用挥发性溶剂	
	简化	设计简单过程或工厂	根据化学物理特征去除烦琐的设施和控制	
	限制影响	使过程释放的物质或能量所产生的影响最小化	设计反应器的抗压能力大于反应器的最大压力；采用螺旋式垫圈能有效降低泄漏速率	
物理保护层次	避免联锁效应	设计预防联锁或多米诺效应的措施	设置安全联锁装置	
	防止错误装配	提高错误装配的难度或消除这种可能性	压缩机进出口阀门设计成不易调换的	基础设计
	容忍度	过程能够在一定程度上容忍操作失误、错误安装和设备失效	固定的金属管线比软塑料管线具有更强的容忍度	详细设计
控制保护层次	状态清晰	设备的状态显示清晰准确且易于辨识	止回阀有明确的标识	
	易控制	设计易于控制的过程或简单的控制系统	系统的自动修复功能，报警提示功能	
	软件	软件易于操作且有防止误操作的能力	界面简单友好，容易检查和修正错误，误按键不会导致严重后果	

5.3.2　过程的生命周期

在化工过程的整个生命周期中，人们往往把关注点放在中后期，认为控制了过程的成熟期就抓住了过程的本质，其实不然。当形成过程雏形时已经与生俱来了其本质的基本特性，故在过程生命早期的决策更为重要，随着对过程认识的不断深入，人们希望从整个生命周期的全局出发把握过程的命脉。借鉴了在过程中对环境因素的考虑，人们对于在化工过程的整个生命周期中考虑本质安全形成了一些共识。

过程的生命周期包括研究开发、初步概念设计、基础设计、详细设计、建设施工、开车、操作运行、维护改造、退役等多个阶段，各阶段中考虑过程本质安全的机会大不相同。在过程早期考虑本质安全的自由度较大，到中后期逐渐减小，因为过程已经定型，只能添加安全保护设施，不但安全费用迅速增加，也使过程变得复杂，如图 5-3-1 所示。在整个生命周期中，主要的过程决策集中于研发和概念设计阶段，故它们是考虑本质安全最为重要的两个阶段。

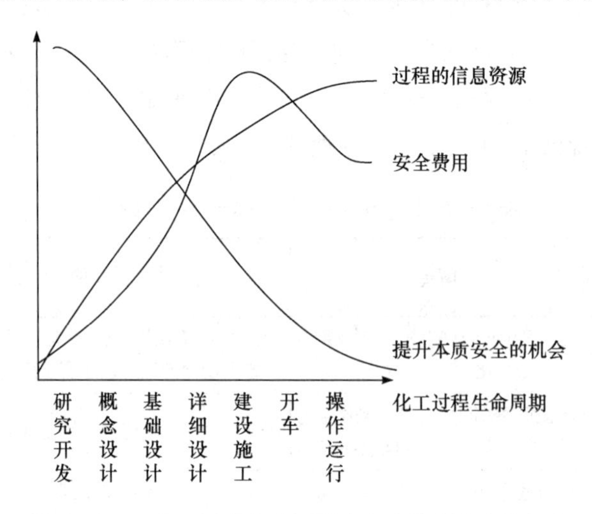

图 5-3-1　化工过程生命周期中考虑本质安全的机会

5.3.3　本质安全原理的应用

在化工过程整个生命周期的不同阶段，本质安全原理应用的机会和程度是不同的，现有的文献显示，相关研究主要集中于过程的早期阶段，研究对象可分为物质和过程 2 类，前者主要包括反应原料和路径的选择、溶剂的选择、物质储存和输送的方式等，后者主要包括反应器的强化、反应器的选择、操作方式的选择、过程条件的改良等若干方面。研究成果针对消除或减小引发火灾、爆炸、泄漏、中毒等事故的危害因素，如 Amyotte 等将本质安全原理，应用于粉尘爆炸过程的预防和缓和，具体阐述了各原理的应用方法。按照本质安全原理的优先级，下面分别对各原理的应用情况进行描述。

（1）最小化　最小化原理的重要应用之一是反应器的选择，反应器的大小和处理物料的量成为重要的考量因素，人们根据各类反应器自身的特点，应用最小化原理进行分析，提出了各类反应器的本质安全潜力。最小化原理还应用于减少设备数量，将若干单元操作合并在一个设备中进行，从而使过程的设备数量最小化。储存和运输的物料应满足最小化原理，根据生产的需要确定危害性原料或中间产物最小的储存量，因为储存设备和输送管线是发生泄漏的重要危险源，所以必须确认其最小量值，尤其对于具有危害性的中间产物或副产物，应采取措施尽量避免对它们的储存和运输。

（2）替代　替代原理主要应用于对反应物和溶剂的替代。通过采用新原料，改变反应路线，开发新型过程技术，实现对危害反应物（或反应路径）的替代。Buxton 通过环境影响最小化的反应路径综合，提出了若干生产萘甲胺的可替代方案，可消除中间产物异氰酸甲酯。Puranik 提出氨氧化过程生产丙烯腈，以氨和丙烯代替乙炔和氰化氢作为原料，消除危害性原料氰化氢。此外，新型过程技术的开发加强了替代原理的应用，如超临界过程、多米诺反应、酶催化过程、激光微排反应等。易燃性溶剂在高于闪点或沸点下操作是火灾危害的主要原因之一，所以用水或低危害有机溶剂代替高挥发性有机溶剂是替代原理的另一重要应用。如尽量采用低挥发性高沸点的溶剂，工业脱脂时以水性或半水性清洗系统代替有机类清洗系统等。

（3）缓和　缓和原理的实现通过物理和化学两种方法，前者包括稀释、制冷等，后者是通过化学方法改良苛刻的过程条件。沸点较低的物质常储存于压力系统中，通过用高沸点溶剂进行稀释能够降低系统压力，发生泄漏时可有效降低泄漏速率，如果过程允许应在稀释状态下储存和操作危害性物质，常见的该类物质如氨水代替液氨、盐酸代替氯化氢、稀释的硫酸代替发烟硫酸等。稀释系统还可应用于缓和反应速率，限制最高反应温度等方面，但增加稀释系统会提高过程的复杂性，所以需要权衡对过程安全性的利弊。改善苛刻的反应条件是缓和原理另一个重要应用。如采用新型催化剂实现了在低压下甲醇氧化生产醛；聚烯烃技术的改进使过程压力有效降低；采用高沸点溶剂可以降低过程压力，同时降低过程失控时的最大压力。

（4）简化　反应器设计的强化能够减少复杂的安全装置，如反应器设计压力大于反应失效时的最大压力，否则，需要超压安全联锁装置，同时有效减小泄放系统的尺寸，从而使过程设备简化，前提是充分理解失效条件下的反应机理、热力学和动力学特性并进行评价。Hendershot 提出将 1 个进行复杂反应的间歇反应器分解成 3 个较小的反应器完成，可以减小单个反应器的复杂性，减少物料流股间的交互作用，但分解后反应器个数增加，且中间产物的属性及输送也会增大过程的复杂性。

可见，各原理在应用时存在一定交叉，原理之间可能相互抵触，如反应精馏满足最小化原理，但不符合简化原理，只能通过深入理解反应及失效时的特性，综合评价过程的本质安全性。

5.4　危险化学品重大危险源辨识与安全措施

5.4.1　重大危险源辨识分析

辨识或确认重大危险源，是防止重大事故发生的第一步。其目的不仅是预防重大事故发生，而且要做到一旦发生事故，能将事故危害限制到最低程度。《中华人民共和国安全生产法》第九十六条规定，重大危险源是指长期地或者临时地生产、搬运、使用或者储存危险物品，且危险物品的数量等于或者超过临界量的单元（包括场所和设施）。

5.4.1.1 重大危险源辨识依据

（1）物质类重大危险源辨识 依据《危险化学品重大危险源辨识》GB 18218—2018，见表 5-4-1。

（2）设备类重大危险源辨识 依据《关于开展重大危险源监督管理工作的指导意见》（国家安监局安监管协调字〔2004〕56 号）。

表 5-4-1 重大危险源分级依据

危险化学品重大危险源级别	***R*** 值
一级	$R \geqslant 100$
二级	$100 > R \geqslant 50$
三级	$50 > R \geqslant 10$
四级	$R < 10$

5.4.1.2 重大危险源辨识简介

《危险化学品重大危险源辨识》GB 18218—2018 指出：单元内存在危险化学品的数量等于或超过规定的临界量，即定为重大危险源。

《关于开展重大危险源监督管理工作的指导意见》（国家安监局安监管协调字〔2004〕56 号）指出：

（1）压力管道 以下压力管道为重大危险源。

① 输送有毒、可燃、易爆气体，且设计压力大于 1.6MPa 的管道；

② 输送有毒、可燃、易爆液体介质，输送距离大于等于 200km 且管道公称直径≥300mm 的管道；

③ 输送中压和高压燃气管道，且公称直径≥200mm；输送 GBZ 230—2010 中，毒性程度为极度、高度危害气体、液化气体介质，且公称直径≥100mm 的工业管道；

④ 输送 GBZ 230—2010 中极度、高度危害液体介质，GB 50160 及 GB 50016 中规定的火灾危险性为甲、乙类可燃气体，或甲类可燃液体介质，且公称直径≥100mm，设计压力≥4MPa 的工业管道；

⑤ 输送其他可燃、有毒流体介质，且公称直径≥100mm，设计压力≥4MPa，设计温度≥400℃的工业管道。

（2）锅炉 额定蒸汽压力大于 2.5MPa，且额定蒸发量大于等于 10t/h 的蒸汽锅炉；额定出水温度大于等于 120℃，且额定功率大于等于 14MW 的热水锅炉，为重大危险源。

（3）压力容器　介质毒性程度为极度、高度或中度危害的三类压力容器；易燃介质，最高工作压力⩾0.1MPa，且 PV⩾100MPa/m³ 的压力容器（群），为重大危险源。

5.4.1.3　重大危险源辨识术语

（1）危险化学品　具有易燃、易爆、有毒、有害等特性，会对人员、设施、环境造成伤害或损害的化学品。

（2）单元　一个（套）生产装置、设施或场所，或同属一个工厂的且边缘距离小于 500m 的几个（套）生产装置、设施或场所称一个单元。

（3）临界量　指对于某种或某类危险物质规定的数量，若单元中的物质数量等于或超过该数量，则该单元定为重大危险源。

（4）危险化学品重大危险源　是长期地或临时地生产、加工、使用或储存危险化学品的数量等于或超过临界量的单元。

5.4.1.4　危险物质

根据《危险化学品重大危险源辨识》（GB 18218—2018）的范围，来识别项目中涉及的重大危险源。根据《危险化学品目录》（2015 版），来识别项目中涉及的危险化学品。

5.4.1.5　有毒物质识别

根据各化学品的毒性情况及《建设项目环境风险评价技术导则》中的规定，来识别项目生产所涉及的有毒物质及毒性级别，一般化学品的毒性判定以该化学品的急性毒性为参考指标，见表 5-4-2。

表 5-4-2　有毒物质的判定标准

标准序号	毒性级别	LD_{50}（大鼠经口）/（mg/kg）	LD_{50}（大鼠经皮）/（mg/kg）	LC_{50}（小鼠吸入，4 小时）/（mg/L）
1	剧毒物质	⩽5	⩽10	⩽0.01
2	高毒物质	$5 < LD_{50} \leqslant 25$	$10 < LD_{50} \leqslant 50$	$0.1 < LC_{50} \leqslant 0.5$
3	一般毒物	$25 < LD_{50} \leqslant 200$	$50 < LD_{50} \leqslant 400$	$0.5 < LC_{50} \leqslant 2$

5.4.1.6　火灾、爆炸危险物质识别

根据各化学品的安全性质及《建设项目环境风险评价技术导则》中的易燃物质的判定标准，见表 5-4-3，对项目所涉及化学品的易燃性级别进行判定。

表 5-4-3　易燃物质的判定标准

易燃物质	可燃气体：在常压下以气态存在并与空气混合形成可燃混合物；其沸点（常压下）是 20℃或 20℃以下的物质
	易燃液体：闪点低于 21℃，沸点高于 20℃的物质
	可燃液体：闪点低于 55℃，压力下保持液态，在实际操作条件下（如高温高压）可以引起重大事故的物质

5.4.1.7　重大危险源物质辨识

危险化学品校正系数β取值见表 5-4-4、表 5-4-5。

表 5-4-4　校正系数 β 取值表

危险化学品类别	毒性气体	爆炸品	易燃气体	其他类危险化学品
β	见表 5-4-5	2	1.5	1

注：危险化学品类别依据《危险货物品名表》中分类标准确定。

表 5-4-5　常见毒性气体校正系数 β 值取值表

毒性气体名称	一氧化碳	二氧化硫	氨	环氧乙烷	氯化氢	溴甲烷	氯
β	2	2	2	2	3	3	4
毒性气体名称	硫化氢	氟化氢	二氧化氮	氰化氢	碳酰氯	磷化氢	异氰酸甲酯
β	5	5	10	10	20	20	20

注：未在表 5-4-5 中列出的有毒气体可按β=2 取值，具体气体可按β=4 取值。

根据重大危险源的厂区边界向外扩展 500 米范围内常住人口数量，设定厂外暴露人员校正系数α值，见表 5-4-6，危险化学品重大危险源级别和 R 值的对应关系见表 5-4-7。

表 5-4-6　校正系数α取值表

厂外可能暴露人员数量	α
100 人以上	2.0
50 人～99 人	1.5
30 人～49 人	1.2
1～29 人	1.0
0 人	0.5

表 5-4-7　危险化学品重大危险源级别和 R 值的对应关系

危险化学品重大危险源级别	R 值
一级	$R \geqslant 100$
二级	$100 > R \geqslant 50$
三级	$50 > R \geqslant 10$
四级	$R < 10$

5.4.2　环境风险评价项目实例

以 2021 年全国大学生化工设计竞赛特等奖浙江工业大学“-Bravo5”团队为例。扬子石化年产 7.3 万吨异丙醇与 9.1 万吨乙酸甲酯项目。参赛学生：林海瑞、董诏熙、赵佳怡、叶俊颖、张朱涛。

（1）重大危险源物质辨识　根据《危险化学品目录》（2015 版），该项目的危险化学品主要有：丙烯、乙酸、乙酸异丙酯、甲醇、异丙醇、乙酸甲酯等物质。根据《危险化学品重大危险源辨识》规定，查得危险化学品的临界量并根据《危险化学品重大危险源分级方法》中的相关规定确定α、β值，见表 5-4-8。

表 5-4-8　重大危险源辨识结果

危险化学品名称	临界量 Q/t	实际存在量 q/t	β	α
甲醇	500	800	1	1.5
丙烯	10	管道输送	1.5	1.5
乙酸	50	1500	1	1.5
异丙醇	1000	2500	1	1.5
乙酸甲酯	1000	3500	1	1.5

以整个生产系统为单元进行重大危险源辨识，单元内存在的危险化学品为多品种，按下式进行计算：

$$S=\frac{q_1}{Q_1}+\frac{q_2}{Q_2}+\ldots+\frac{q_n}{Q_n}>1$$

生产系统构成重大危险源。

（2）评价等级　经过计算：

$$\begin{aligned}R&=\alpha\left(\beta_1\frac{q_1}{Q_1}+\beta_2\frac{q_2}{Q_2}+\ldots+\beta_n\frac{q_n}{Q_n}\right)\\&=1.5\times\left(1\times\frac{800}{500}+1\times\frac{1500}{50}+1\times\frac{2500}{1000}+1\times\frac{3500}{1000}\right)\\&=56.4\end{aligned}$$

根据危险化学品重大危险源级别和 R 值的对应关系可知为二级危险源级别。

以车间为单元，重新进行计算，辨识结果如表 5-4-9 所示。

表 5-4-9　本工程重大危险源物质辨识表

序号	危险物质	是否构成重大危险源
1	乙酸甲酯	构成重大危险源
2	丙烯	不构成重大危险源
3	乙酸	构成重大危险源
4	甲醇	构成重大危险源
5	异丙醇	构成重大危险源

当单元内存在的危险物质为单一品种时，其数量等于或超过标准中的规定的临界量，则定义为重大危险源。本项目中乙酸甲酯实际含量为3500t，超过标准中规定的1000t，构成重大危险源；乙酸实际含量为1500t，超过标准中规定的50t，构成重大危险源；甲醇实际含量为800t，超过标准中规定的500t，构成重大危险源；异丙醇实际含量为2500t，大于标准中规定的1000t，构成重大危险源。

当单元内存在的危险化学品为多种时，若$q_1/Q_1+q_2/Q_2+\cdots+q_n/Q_n \geqslant 1$，则定义为重大危险源。以车间为单元，重新进行计算，辨识结果如表5-4-10所示。

表5-4-10　本工程重大危险源单元辨识表

序号	工段	是否构成重大危险源
1	乙酸异丙酯合成工段	构成重大危险源
2	乙酸异丙酯精制工段	构成重大危险源
3	异丙醇反应精馏工段	构成重大危险源
4	乙酸甲酯精制工段	构成重大危险源
5	异丙醇精制工段	构成重大危险源

(3) 设备设施类重大危险源辨识　根据国家安监局《关于开展重大危险源监督管理工作的指导意见》（安监管协调字[2004]56号）规定的“重大危险源申报登记的范围”，对该项目压力容器、压力管道进行重大危险源识别，辨识结果见表5-4-11。

表5-4-11　设施、设备重大危险源辨识结果

类别	判别标准	实际情况	结果
蒸汽锅炉	额定蒸汽压力大于2.5MPa，且额定蒸发量大于等于10t/h	无	否
压力管道	①输送GBZ 230—2010中，毒性程度极度、高度危害气体，液化气体介质，且公称直径≥100mm的管道 ②输送GBZ 230—2010中极度、高度危害液体介质，GB 50160及GB 50016中规定的火灾危险性为甲、乙类可燃气体，或甲类可燃液体介质，且公称直径≥100mm，设计压力≥4MPa的管道 ③输送其他可燃、有毒流体，且公称直径≥100mm，设计压力≥4MPa，设计温度≥400℃管道	无	否
压力容器	储存介质毒性程度为极度、高度或中度危害的三类压力容器	有	是
	储存易燃介质，最高工作压力≥0.1MPa，且PV≥100MPa/m^{3}的压力容器（群）	有	是

5.4.3　危险性分析与可操作性研究（HAZOP）

(1) HAZOP分析概况　危险与可操作性分析HAZOP是一种能系统地识别运行过程中潜在的安全问题的技术，它检查系统运行过程中所有设备项目可能的运行偏差，分析每种偏差对系统运行的影响并确定偏差后果，在此基础上进行分析，找出系统设计以及运行中潜在的薄弱环节，

提出可能采取的预防改进措施，以提高系统运行的安全水平。

20世纪60年代末，英国帝国化学工业公司（ICI）开发了可操作性研究，后发展成为危险与操作性研究，在许多化工厂实践后取得了明显效果，目前已广泛应用于各类工艺过程和项目的风险评估中。目前主要有 Process HAZOP、Human HAZOP、Procedure HAZOP、Software HAZOP。

HAZOP 分析方法具有的特点：

① 可以探明所分析系统装置和工艺过程存在的潜在危险，并根据危险判断相应的后果；

② 辨识系统的主要危险源，有针对性地进行安全指导；

③ 为后续进一步的定量分析做准备；

④ 既适用于设计阶段，又可用于已有的系统装置；

⑤ 对连续过程和间歇过程都比较适用；

⑥ 适用于在新技术开发中危险的辨识。

（2）HAZOP 的基本原理　如果一个设备在其预期的或者设计的状态范围内运行，就不会处于危险状态，导致不期望的事件或事故发生；反之，如果运行中某些状态指标超出了设计范围，系统很可能处于危险状态，导致危险事件或事故发生，造成设备和环境破坏、人员和财产损失。

（3）HAZOP 分析的过程　HAZOP 分析通过小组会议的形式完成。分析之前，分析小组建立系统的描述模型（如图 5-4-1），将系统分解成基本逻辑单元，选择一个或多个逻辑单元的组合作为分析的基本单元——设备项目。每一个设备项目有相关的设计要求，存在一个或多个有关的参数，每个参数对应着各自若干个引导词。在分析会议中，分析人员选定一个设备项目，对参数和引导词的组合（即偏差）进行检验，如果该运行偏差存在，则分析其原因和后果，并进行风险评价，提出措施建议，以消除和控制运行危险。一个设备条目的所有可能偏差分析完毕，则转入另一个设备项目，按上述步骤重新进行，直到所有设备项目分析完毕。

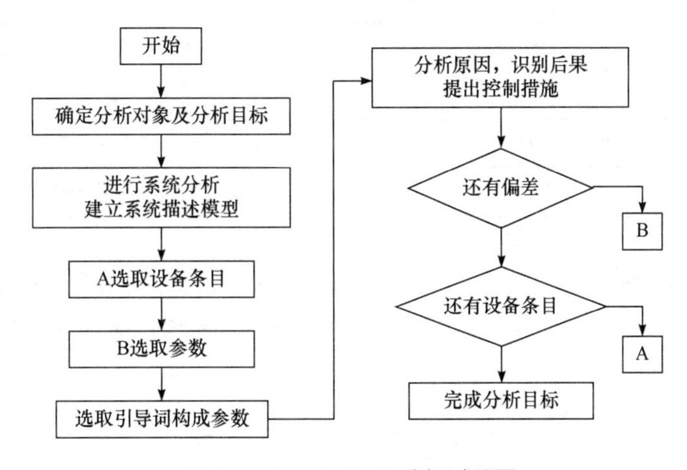

图 5-4-1　HAZOP 分析过程图

（4）HAZOP 研究的节点划分　连续工艺操作过程的 HAZOP 研究节点为工艺单元，而间歇工艺操作过程的 HAZOP 研究节点为操作步骤。工艺单元是指具有确定边界的设备单元和两个设备之间管线；操作步骤是指间歇过程的不连续动作。对于连续的工艺操作过程，节点划分的原则为：从原料进入的工艺管道和仪表流程图 PID 开始，按 PID 流程进行直至设计思路的改变或继续直至工艺条件的改变或继续直至下一个设备。一个节点的结束就是新的一个节点开始。常见节点类型见表 5-4-12。

表 5-4-12　HAZOP 研究常见节点类型表

序号	节点类型	序号	节点类型
1	管线	7	压缩机/鼓风机
2	输送泵	8	换热器
3	反应器	9	软管
4	工业炉	10	公用工程
5	储罐/容器	11	辅助设施
6	分离塔	12	其他

(5) HAZOP 研究的工艺引导词　对于每个节点，HAZOP 研究需要分析生产过程中工艺参数变动引起的偏差。确定偏差通常采用引导词法，即：偏差=引导词+工艺参数。引导词的名称和含义，见表 5-4-13。

表 5-4-13　引导词的名称和含义

引导词	差	含义	举例说明
NO	否	与原来意图完全相背	输入物料流量为零
MORE	多	比正常值数量增加	流量/温度/压力高于正常值
LESS	少	比正常值数量减少	流量/温度/压力低于正常值
AS WELL AS	及	还有其他工况发生	另外组分/物料需要考虑
PART OF	分	仅完成一部分规定要求	两种组分/物料仅输送一种
REVERSE	反	与规定要求完全相反	物料逆流/逆反应
OTHER THAN	他	与规定要求不同	发生异常工况/状态

HAZOP 工艺引导词是多年经验的汇总，包含了化工、石油、石化行业内以前发生的事故教训。引导词如果运用得当将对有效 HAZOP 审核起到重要的作用，常用的工艺引导词共 24 个，见表 5-4-14。

表 5-4-14　引导词一览表

引导词/差异	号	引导词/差异	号	引导词/差异	号
无流量	7	液位过高	3	污染	9
逆向流	8	液位过低	4	化学品特性	0
流量过大	9	温度过高	5	破裂/泄漏	1

续表

引导词/差异	号	引导词/差异	号	引导词/差异	号
流量过小	0	温度过低	6	引燃	2
压力过大	1	仪表	7	辅助系统故障	3
压力过小	2	安全阀排放	8	不正常操作	4

(6) HAZOP分析的结果报告　HAZOP研究可分为四种方法：原因到原因分析法；偏差到偏差分析法；异常情况HAZOP分析情况一览表；建议措施HAZOP分析情况一览表。HAZOP研究过程的信息汇总，见表5-4-15。

表5-4-15　HAZOP分析信息汇总表

HAZOP所需信息和资料	研究范围	时间安排	小组成员需求
设计规定/工艺描述/设计基础；工艺工程物料流程图PFD/UFD；物料及能量平衡表/工艺数据表；公用工程消耗表/工艺危险性分析；化学物料安全资料及特性表；管道和仪表流程图PID/UID 工艺管线一览表；仪表数据表/工艺因果图；ESD或SIS紧急停车方案；SIL安全整体水平评估/PSV安全阀；设备一览表/设备规格表；管线界区一览表/平面布置图	对管道和仪表流程图PID进行全HAZOP审核	在项目详细设计所需的工艺流程图定义阶段进行或在工艺流程图的全面审核、价值工程、成本降低工作完成之后开展HAZOP	项目工程师 工艺工程师 仪表/电气工程师 机械工程师 HSE工程师 专利商工艺专家 操作专家 设备专家

(7) HAZOP分析的优缺点　HAZOP分析的优点是利用引导词对工艺参数逐一分析可能的偏差，因此能够完整地识别危险，为设计改进运行控制提供很好的依据。HAZOP分析的缺点是过程烦琐、费时费力；尤其是复杂工艺装置的HAZOP研究和分析，在时间和人员安排上与正常工程设计有一定的冲突。

(8) HAZOP分析与工艺装置开车的关系　将化工、石油、石化的易燃易爆物料引入工艺生产装置之前，必须进行开车安全预审；审核的一部分就是确认HAZOP安全建议的内容和汇总情况。如果安全建议未能落实，在永久性措施实施之前应采取临时措施；必须对未完成的安全性建议进行仔细审查，以确认和记录在建议措施未落实的情况下，工艺的开车安全和操作安全不会受到影响。

5.4.4　安全对策措施及建议

项目需要遵照国家有关法律法规规定，对生产装置进行了危险、危害因素分析等评价工作，通过采取的系统安全分析方法包括危险与可操作性研究（HAZOP）、故障类型及影响分析（FMFA）、事故树分析法、道化学火灾爆炸危险指数评价法等，对企业提出相应的安全对策措施与建议。

(1) 防火、防爆

① 总图布置严格按照《石油化工企业设计防火标准》（GB 50160—2008）和《建筑设计防

火规范》（GB 50016—2014）规定，各装置厂房间按规范留有足够的安全距离；建、构筑物耐火等级按不低于二级设计，建构筑物设计考虑设置必要的泄压面积及防火地坪，选用材料符合防火防爆要求。

② 生产主装置及罐区为防爆区域。处于防爆区域的电气设备根据安放场所的防爆区域的不同，严格执行《爆炸危险环境电力装置设计规范》（GB 50058—2014）的规定，配置相应的防爆型或隔爆型电气设备；室内照明采用低压并有防护罩灯具。

③ 设置火灾自动报警系统：在装置区及重要通道口安装若干个手动报警按钮，在控制室、变电所等重要建筑室内安装火灾探测器，火灾报警控制器设在控制室。当发生火灾时，由火灾探测器或手动报警按钮迅速将火警信号报至火灾报警控制器，以便迅速采取措施，及时组织扑救。

④ 按《石油化工可燃气体和有毒气体检测报警设计标准》（GB/T 50493—2019）中的规定，在工艺装置区及罐区等可能有可燃/有毒气体泄漏和积聚的地方设置可燃气体检测报警仪，以检测设备泄漏及空气中可燃/有毒气体浓度。一旦浓度超过设定值，将立即报警。

⑤ 拟建装置消防设施的设计贯彻“预防为主，防消结合”，执行有关消防、防火设计规范和标准，根据工程的规模、火灾危险类别和临近企业消防力量，合理地设置消防设施。本工程消防措施采用水消防和化学消防相结合的方式，具体消防设计详见消防章节说明。

(2) 生产工艺上的控制措施　生产装置采用 DCS 系统集中控制，对装置的生产过程实行集中检测、显示、连锁、控制和报警。并设有自动的声光报警和联锁系统，以保护操作人员和设备的安全。

根据工艺装置的安全度等级要求，采用安全仪表系统（SIS）对装置中的反应器等设备进行安全联锁保护，实现生产安全、稳定、长期高效运行。保证人员和生产设备的安全、增强环境保护能力等。

在控制方面本项目采用有害气体检测系统（FGS）和紧急停车系统（ESD），有害气体检测系统（FGS）可以在生产装置可能有可燃或有毒气体泄漏和积聚的地方设置可燃或有毒气体探测器，通过火灾/有害气体检测系统（FGS）以检测设备泄漏及空气中可燃或有毒气体的浓度。一旦可燃或有毒气体发生泄漏，立即报警，及时处理。可燃气体和有毒气体探测器的检测点，根据气体的理化性质、释放源的特性、生产场地布置、环境气候、操作巡检路线等条件，选择气体易于积累和便于采样检测之处布置。在每个储罐的防火堤内，设置可燃气体检测探测器。

而紧急停车系统（ESD）一旦装置发生故障，该系统将起到安全保护的作用。在系统故障或电源故障情况下，该系统将使关键设备或生产装置处于安全状态下。重要的现场安全仪表至少为两套。

ESD 紧急停车系统按照完全独立原则要求，独立于 DCS 集散控制系统，其安全级别高于 DCS。在正常情况下，ESD 系统是处于静态的，不需要人为干预。作为安全保护系统，凌驾于生产过程控制之上，实时在线监测装置的安全性。只有当生产装置出现紧急情况时，不需要经过 DCS 系统，而直接由 ESD 发出保护联锁信号，对现场设备进行安全保护，避免危险扩散造成巨大损失。

根据有关资料，当人在危险时刻的判断和操作往往是滞后的、不可靠的，当操作人员面临生命危险时，要在60s内作出反应，错误决策的概率高达99.9%。因此设置独立于控制系统的安全联锁是十分有必要的，这是做好安全生产的重要标准。该动则动，不该动则不动，这是ESD系统的一个显著特点。

当然一般安全联锁保护功能也可由DCS来实现。那么为何要独立设置ESD系统呢？这是因为较大规模的紧急停车系统应按照安全独立原则与DCS分开设置，这样做主要有以下几方面原因：

① 降低控制功能和安全功能同时失效的概率，当DCS部分故障时也不会危及安全保护系统；

② 对于大型装置或旋转机械设备而言，紧急停车系统响应速度越快越好。这有利于保护设备，避免事故扩大；并有利于分辨事故原因。而DCS处理大量过程监测信息，因此其响应速度难以达到很快；

③ DCS系统是过程控制系统，是动态的，需要人工频繁地干预，这有可能引起人为误动作；而ESD是静态的，不需要人为干预，这样设置ESD可以避免人为误动作。

ESD紧急停车装置，在石化行业以及大型钢厂及电厂中都有着广泛的应用。实际上它也是通过高速运算PLC来实现控制的，它与PLC的本质区别在于它的输入输出卡件。它一切为了安全考虑，所以在硬件保护上做得较为完善，而且要考虑到在事故状态下，现场控制阀位及各个开关的位置。

（3）防雷、防静电　项目工艺主装置、罐区及其建、构筑物均属第二类防雷建、构筑物，其余辅助生产装置及其建、构筑物均属第三类防雷建、构筑物。为防直击雷，在房顶上易受雷击的部位设置避雷带，突出屋面的金属设备外壳均应与避雷带相连。

在输送、储存易燃易爆的物料管线和设备上均做防静电接地，建筑物按要求设避雷装置，高出厂房的金属设备及管道上做防雷接地，并与全厂接地网相连，接地电阻不大于4欧姆。

（4）防毒物危害　项目设计严格执行《化工企业安全卫生设计规范》（HG 20571—2014）和《工业企业设计卫生标准》（GBZ 1—2010）的规定。设计中采取一系列切实有效的措施防止有害气体外逸及人身防护措施，最大限度地减少有害物质对操作人员的伤害。

如果工业部分生产装置生产介质属有毒物质，装置建议采用露天化布置，有毒物料在密闭状态下使用。对易积聚有害气体的作业场所设置事故通风装置或进行强制通风，防止有害气体积聚。并在工艺装置区及罐区等可能有可燃有毒气体泄漏和积聚的地方设置可燃/有毒气体检测报警仪，以检测设备泄漏及空气中可燃/有毒气体浓度。一旦浓度超过设定值，将立即报警。确保作业场所有害气体的浓度低于《工作场所有害因素职业接触限值》（GBZ 2.1—2019）的规定。

同时加强操作工人防护措施，由于丙酮等能通过呼吸系统和皮肤进入人体，对人体有较大的危害。因此本装置配备了必要的空气呼吸器、防毒面具等应急防护用品，以便事故时能及时自救。

（5）防噪声　项目中如有噪声排放的设备主要为压缩机及各类机泵等，设计中尽量选用技术先进、噪声低的设备，经加装隔音罩、建筑隔离、基础减震等综合治理后，噪声满足《工业企业噪声控制设计规范》（GB/T 50087—2013）的要求。另外，工人在操作室内操作，需进入高噪声设备旁进行巡检时，佩戴耳塞等防护用品，以减轻噪声的危害。

（6）其他防范措施　对高温设备和管线设计尽量考虑避免设置在人行通道和人员经常接触处，并按照要求进行保温隔热处理，合理配置蒸汽管道接头，以防物料喷出而造成烫伤。

机械传动设备，如：电动机、输送泵的联轴器和转轴的突出部分均设有安全罩；装置内易发生坠落危险的操作岗位，按规定设计便于操作、巡检和维修作业的扶梯、平台、围栏等附属设施，吊装孔设有盖板；对紧急停车开关布置在便于操作的位置、并设有防止误操作的外防护罩和鲜明标志。

对于设备的检修、起吊、安装，均采用电动起重机进行作业。各种起重设备的选型、安装执行《起重机械安全规程》的要求，并对其定期进行安全检查、维护保养，以保证起重作业的安全。

（7）安全色和安全标志

① 安全色。安全色执行《安全色》（GB 2893—2008）规定。消火栓、灭火器、火灾报警器等消防用具以及严禁人员进入的危险作业区的护栏采用红色。车间内安全通道等采用绿色，工具箱、更衣柜等采用绿色。化工装置的管道刷色和符号执行《工业管道的基本识别色、识别符号和安全标识》（GB 7231—2003）的规定。

② 安全标志。安全标志执行《安全标志及其使用导则》（GB 2894—2008）规定。在各生产装置区等危险区设置永久性“严禁烟火”标志；在危险部位设置警示牌，提醒操作人员注意；在阀门布置较集中、且易误操作的地方，在阀门附近标明输送介质名称或设明显标志；生产场所、作业地点的紧急通道和紧急出入口均设置明显标志和指示箭头。在有毒有害的化工生产区域，设置风向标。

（8）发生事故时的应急措施

① 火灾应急措施。建议在各装置设置火灾自动报警系统和可燃/有毒气体探测报警系统，如果发生可燃物料泄漏或发生火灾，报警系统发出报警信号，值班人员应迅速将现场情况反映至消防队及有关部门，以便迅速采取灭火措施，避免火灾蔓延；同时根据具体情况采取果断措施，包括停机、切换、关阀、切断进料、启动蒸汽、氮气保护设施等，甚至作出紧急停工处理。在火灾初期应及时利用厂房及建筑物内设置的小型移动灭火器及固定式消防设施（水消防、泡沫消防）进行扑救，同时做好人员疏散和组织营救工作。

② 中毒急救措施。建议装置内设置 1 座气体防护站，一旦发生人员中毒事故，可立即进行紧急救援。气体防护站主要负责本企业中毒、窒息和其他工伤事故的现场抢救，（但在现场抢救时必须与当地医务卫生部门协同对伤员进行现场急救）和对有中毒、窒息危险性工作的现场监护。并在生产装置含有毒物料的工段设有安全淋浴洗眼器，并配备空气呼吸器、防毒面具、防护眼罩、防护手套等个人防护用品，供事故时急用。一旦发生有毒物料泄漏或急性中毒时，

抢救人员首先使用应急设施，并将中毒者安置在空气流畅的安全地带，同时呼叫急救车紧急救护。

③ 事故状态下“清净下水”的收集、处置措施。为防止事故状态下“清净下水”外排污染环境，在厂区需设一座事故池，确保收集装置区事故或消防时（最大 1 次）的消防污染排水，事故池内污水再用泵小流量送到厂内污水处理站进行处理，不直接外排。可有效防范事故时的污染水排放直接排入水体，有效地保护了当地的地表水体。

④ 建立事故应急救援预案。由于项目在生产、贮存、运输过程中，存在火灾、爆炸、中毒、窒息等危险危害因素，有可能造成人员伤害或财产损失，因此，项目建成后建设单位必须针对上述可能发生的意外制定火灾、爆炸、化学事故等重大事故应急预案，生产班组至厂级各有关部门应经常分析、研究安全生产情况和存在的问题，对应急预案经常演练。一旦发生事故，首先启动应急预案，防止事故蔓延，将危险降低至最小限度。对关键生产设备和重点部位预设事故的应急措施。

5.5 消防措施

5.5.1 安全疏散通道

根据《石油化工企业设计防火标准（2018 年版）》（GB 50160—2008），设备的构架或平台的安全疏散通道应符合下列规定：

① 可燃气体、液化烃和可燃液体设备的联合平台或设备的构架平台应设置不少于 2 个通往地面的梯子，作为安全疏散通道。下列情况可设 1 个通往地面的梯子：

a. 甲类气体和甲、乙 A 类液体设备构架平台的长度小于或等于 8m；

b. 乙类气体和乙 B、丙类液体设备构架平台的长度小于或等于 15m；

c. 甲类气体和甲、乙 A 类液体设备联合平台的长度小于或等于 15m；

d. 乙类气体和乙 B、丙类液体设备联合平台的长度小于或等于 25m。

② 相邻的构架、平台宜用走桥连通，与相邻平台连通的走桥可作为一个安全疏散通道；

③ 相邻安全疏散通道之间的距离不应大于 50m。

根据《建筑设计防火规范（2018 年版）》（GB 50016—2014），厂房内的安全、疏散通道应符合下列规定：

① 厂房的安全出口应分散布置。每个防火分区或一个防火分区的每个楼层，其相邻 2 个安全出口最近边缘之间的水平距离不应小于 5m。

② 厂房内每个防火分区或一个防火分区内的每个楼层，其安全出口的数量应经计算确定，且不应少于 2 个；当符合下列条件时，可设置 1 个安全出口：

a. 甲类厂房，每层建筑面积不大于 $100m^2$，且同一时间的作业人数不超过 5 人；

b. 乙类厂房，每层建筑面积不大于150m²，且同一时间的作业人数不超过10人；

c. 丙类厂房，每层建筑面积不大于250m²，且同一时间的作业人数不超过20人；

d. 丁、戊类厂房，每层建筑面积不大于400m²，且同一时间的作业人数不超过30人。

③ 地下或半地下厂房（包括地下或半地下室），当有多个防火分区相邻布置，并采用防火墙分隔时，每个防火分区可利用防火墙上通向相邻防火分区的甲级防火门作为第二安全出口，但每个防火分区必须至少有1个直通室外的独立安全出口。

④ 厂房内任一点至最近安全出口的直线距离不应大于表5-5-1的规定。

表5-5-1　厂房内任一点至最近安全出口的直线距离　　单位：m

生产的火灾危险性类别	耐火等级	单层厂房	多层厂房	高层厂房	地下或半地下厂房（包括地下或半地下室）
甲	一、二级	30	25	—	—
乙	一、二级	75	50	30	—
丙	一、二级	80	60	40	30
	三级	60	40	—	—
丁	一、二级	不限	不限	50	45
	三级	60	50	—	—
	四级	50	—	—	—
戊	一、二级	不限	不限	75	60
	三级	100	75	—	—
	四级	60	—	—	—

⑤ 厂房内疏散楼梯、走道、门的各自总净宽度，应根据疏散人数按每100人的最小疏散净宽度不小于表5-5-2的规定计算确定。但疏散楼梯的最小净宽度不宜小于1.10m，疏散走道的最小净宽度不宜小于1.40m，门的最小净宽度不宜小于0.90m。当每层疏散人数不相等时，疏散楼梯的总净宽度应分层计算，下层楼梯总净宽度应按该层及以上疏散人数最多一层的疏散人数计算。

表5-5-2　厂房内疏散楼梯、走道和门的每100人最小疏散净宽度

厂房层数/层	1～2	3	≥4
最小疏散净宽度/m	0.6	0.8	1.00

首层外门的总净宽度应按该层及以上疏散人数最多一层的疏散人数计算，且该门的最小净宽度不应小于1.20m。

⑥ 高层厂房和甲、乙、丙类多层厂房的疏散楼梯应采用封闭楼梯间或室外楼梯。建筑高度大于 32m 且任一层人数超过 10 人的厂房，应采用防烟楼梯间或室外楼梯。

5.5.2 消防通道

根据《石油化工企业设计防火标准（2018 年版）》（GB 50160—2008），消防道路的设置应符合下列规定:

① 装置或联合装置、液化烃罐组、总容积大于或等于 120000m^3 的可燃液体罐组、总容积大于或等于 120000m^3 的两个或两个以上可燃液体罐组应设环形消防车道。可燃液体的储罐区、可燃气体储罐区、装卸区及化学危险品仓库区应设环形消防车道，当受地形条件限制时，也可设有回车场的尽头式消防车道。消防车道的路面宽度不应小于 6m，路面内缘转弯半径不宜小于 12m，路面上净空高度不应低于 5m；占地大于 80000m^2 的装置或联合装置及含有单罐容积大于 50000m^3 的可燃液体罐组，其周边消防车道的路面宽度不应小于 9m，路面内缘转弯半径不宜小于 15m。

② 装置区及储罐区的消防道路，两个路口间长度大于 300m 时，该消防道路中段应设置供火灾施救时用的回车场地，回车场不宜小于 18m×18m（含道路）。

③ 液化烃、可燃液体、可燃气体的罐区内，任何储罐的中心距至少两条消防车道的距离均不应大于 120m；当不能满足此要求时，任何储罐中心与最近的消防车道之间的距离不应大于 80m，且最近消防车道的路面宽度不应小于 9m。

④ 在液化烃、可燃液体的铁路装卸区应设与铁路线平行的消防车道，并符合下列规定:

a. 若一侧设消防车道，车道至最远的铁路线的距离不应大于 80m;

b. 若两侧设消防车道，车道之间的距离不应大于 200m，超过 200m 时，其间应增设消防车道。

⑤ 装置内消防道路的设置应符合下列规定:

a. 装置内应设贯通式道路，道路应有不少于两个出入口，且两个出入口宜位于不同方位。当装置外两侧消防道路间距不大于 120m 时，装置内可不设贯通式道路;

b. 道路的路面宽度不应小于 6m，路面上的净空高度不应小于 4.5m；路面内缘转弯半径不宜小于 6m。

⑥ 灌装站内应设有宽度不小于 4m 的环形消防车道，车道内缘转弯半径不宜小于 6m。

5.5.3 事故应急池

根据《石油化工企业设计防火标准（2018 年版）》（GB 50160—2008），事故应急池的设置应符合下列规定:

① 设有事故存液池的罐组四周，应设导液沟，使溢漏液体能顺利地流出罐组并自流入存液

池内；

② 事故存液池距储罐不应小于 30m；

③ 事故存液池和导液沟距明火地点不应小于 30m；

④ 事故存液池应有排水措施；

⑤ 事故存液池的容积，应符合本标准第 5.2.11 条关于防火堤内的有效容积的规定：

a. 固定顶罐，不应小于罐组内 1 个最大储罐的容积；

b. 浮顶罐、内浮顶罐，不应小于罐组内 1 个最大储罐容积的一半；

c. 当固定顶罐与浮顶罐或内浮顶罐同组布置时，应取上述一、二款规定的较大值。

5.5.4　消防水池

根据《石油化工企业设计防火标准（2018 年版）》（GB 50160—2008），石油化工企业宜建消防水池，并应符合下列规定：

① 水池的容量，应满足火灾延续时间内消防用水总量的要求。当发生火灾能保证向水池连续补水时，其容量可减去火灾延续时间内的补充水量；

② 水池的容量小于或等于 1000m^3 时，可不分隔，大于 1000m^3 时，应分隔成两个，并设带阀门的连通管；

③ 水池的补水时间，不宜超过 48h；

④ 当消防水池与全厂性生活或生产安全水池合建时，应有消防用水不作他用的技术措施；

⑤ 寒冷地区应设防冻措施；

⑥ 消防循环水池距最近储罐不宜小于 30m，并应设防止漂浮物和油类等进入水池的措施。

5.5.5　火灾危险性类别划分

根据《建筑设计防火规范（2018 年版）》（GB 50016—2014），生产的火灾危险性应该根据生产中使用或产生的物质性质及其数量等因素划分，可分为甲、乙、丙、丁、戊类，见表 5-5-3。

表 5-5-3　生产的火灾危险性分类

生产类别	火灾危险性特征
甲	使用或产生下列物质的生产： ① 闪点<28℃的液体 ② 爆炸下限<10%的气体 ③ 常温下能自行分解或在空气中氧化即能导致迅速自燃或爆炸的物质 ④ 常温下受到水或空气中水蒸气的作用，能产生可燃气体并引起燃烧或爆炸的物质 ⑤ 遇酸、受热、撞击、摩擦、催化以及遇有机物或硫黄等易燃的无机物，极易引起燃烧或爆炸的强氧化剂 ⑥ 受撞击、摩擦或与氧化剂、有机物接触时能引起燃烧或爆炸的物质 ⑦ 在密闭设备内操作温度等于或超过物质本身自燃点的生产

续表

生产类别	火灾危险性特征
乙	使用或产生下列物质的生产： ① 闪点≥28℃至<60℃的液体 ② 爆炸下限≥10%的气体 ③ 不属于甲类的氧化剂 ④ 不属于甲类的化学易燃危险固体 ⑤ 助燃气体 ⑥ 能与空气形成爆炸性混合物的浮游状态的粉尘、纤维、闪点≥60℃的液体雾滴
丙	使用或产生下列物质的生产： ① 闪点≥60℃的液体 ② 可燃固体
丁	具有下列情况的生产： ① 对非燃烧物质进行加工，并在高热或熔化状态下经常产生强辐射热、火花或火焰的生产 ② 利用气体、液体、固体作为燃料或将气体、液体进行燃烧作其他用的各种生产 ③ 常温下使用或加工难燃烧物质的生产
戊	常温下使用或加工非燃烧物质的生产

第 6 章
总平面布置、车间布置与配管

6.1　总平面布置标准规范与基本原则

6.1.1　化工厂总平面布置的基本原则和方法

总图是某个工程规划或设计项目的总布置图，总图设计是在厂址选定之后进行的，其任务是总体解决全厂所有的建筑物和构筑物在平面和竖向上的布置，运输网和地上、地下工程技术管网的布置，行政管理、福利及绿化景观美化设施的布置等工厂的总体布局问题。总图布置一般按全厂生产流程顺序及各组成部分的生产特点及火灾危险性，结合地形、风向等条件，按功能分区集中布置，即原料输入区、产品输出区、储存设施区、工艺装置区、公用工程设施区、辅助设施区、行政服务管理区、其他设施区。工厂中间应设主干道路、次干道路，将各装置区、设施区分开，并有一定的防火间距或安全距离。各装置区、设施区的装置、设施应合理集中联合布置，各装置、设施之间也应有道路和防火间距。在进行总图设计方案比较时，要注意工艺流程的合理性、总体布局的紧凑性，要在资金利用合理的条件下节约用地，使工厂能较快投产。

6.1.1.1　总图设计依据

主要依据是上级审查批准的建厂计划、设计任务书、厂址、工艺流程图及总平面布置草图。建厂计划任务下达后，经选厂确定厂址，由设计、勘测、厂方、铁路、航运、电力等有关单位，根据工艺设计人员提出的工艺布置方案，确定厂区和车间组成。

6.1.1.2　总图布置的内容

① 厂区平面布置：设计厂区划分、建筑物和构筑物的平面布置及其间距确定等问题。

② 厂内、外运输系统的合理布置以及人流、货流组织等问题。

③ 厂区竖向布置：涉及场地平整、厂区防洪、排水等问题。

④ 厂区工程管线综合：涉及地上、地下工程管线综合敷设和埋置间距、深度等问题。

⑤ 厂区绿化、美化：涉及厂区卫生面貌和环境卫生等问题。

6.1.1.3　工厂总图布置应遵循的基本原则和要求

（1）工厂总平面布置满足生产和运输的要求

① 厂区布置应符合生产工艺流程的合理要求，使工厂各生产环节具有良好的联系，生产作业线应顺通、连续和短捷，避免生产流程的交叉往复，使物料的输送距离尽可能做到最短；

② 应将水、电、汽耗量大的车间尽量集中，形成负荷中心；供水、供热、供电、供汽、供气、供冷及其他公用工程设施，在注意其对环境影响和厂外管网联系的情况下，尽可能靠近负荷中心，使公用工程系统介质的运输距离最小；

③ 厂区内的道路和铁路，要径直和短捷，不同货流之间、人流与货运线路之间不交叉迂回。货运量大、车辆往返频繁的设置（如仓库、堆场、车库、运输站场等），宜布置在靠近厂区边缘地段；

④ 当厂区较平坦、方整时，一般采用矩形街区布置方式，以使厂区布置紧凑、厂容整齐、用地节约、运输及管网短捷，并力求环境优美。

（2）工厂总平面布置应满足安全和卫生要求，重点要防止火灾和爆炸的发生

① 化工厂生产具有易燃易爆和有毒有害的特点，厂区布置应充分考虑安全布局，严格遵守防火、卫生等安全规范、标准和有关规定。

② 火灾危险性较大以及散发大量烟尘或有害气体的生产车间、装置和场所，应布置在厂区边缘或其他车间、场所的下风侧，与其他车间的间距应按规定的安全距离设计。

③ 经常散发可燃气体的场所，如易燃液体罐区、隔油池、易燃液体装卸站台等，应远离各类明火源，并应布置在火源的下风侧或平行风侧和厂区边缘；不散发可燃气体的可燃材料库或堆放场地则应位于火源上风侧。

④ 储存和使用大量可燃液体或比空气重的可燃气体储罐及车间，一般不宜布置在人多场所及火源的上坡侧。对由于工艺要求而设在上坡地段的可燃液体罐区，应采取有效的安全措施，如设置防火墙、导流墙或导流沟，以避免流散的液体威胁坡下的车间。

⑤ 火灾、爆炸危险性较大和散发有毒有害气体的车间、装置或设备，应尽量采用露天或半敞开的布置；但应注意生产特点对露天布置的适应性。

⑥ 空压站、空分车间及其吸风口等处理空气介质的设施，应布置在空气较洁净的地段，并应位于散发烟尘或有害气体场所的上风侧，否则应采取有效措施。

⑦ 厂区消防道路布置，一般应满足使机动消防设备能从两个不同方向迅速到达危险车间、危险仓库和罐区等要求。

⑧ 厂区建筑物的布置应有利于自然通风和采光。

⑨ 厂区应考虑合理的绿化，以减轻有害烟尘、有害气体和噪声的影响，改善气候和日晒状况，为工厂的生产、生活提供良好的环境。

⑩ 环境洁净要求较高的工厂应与污染源保持较大的距离，布置在上风侧或平行风侧。在货运组织上尽可能做到“黑白分流”。

（3）考虑工厂发展的可能性和妥善处理工厂分期建设的问题　在预留发展用地时，总平面布置至少应有一个方向可供发展的可能，并主要将发展用地留于厂外，防止在厂内大圈空地、多征少用、早征迟用和征而不用的错误做法。

（4）贯彻节约用地的原则，注意因地制宜，结合厂区的地形、地质、水文、气象等条件进行总图布置

① 布置建（构）筑物位置时重视风向和风向频率对总平面布置的影响；山区建厂还应考虑山谷风的影响和山前山后的气流影响，要避免将厂房建在窝风地段。

② 应注意工程地质条件的影响，厂房应布置在土层均匀、地耐力强的地段。

③ 地震区、湿陷性黄土区的工厂布置还应遵循有关规范的规定。

④ 工厂总平面布置应满足城市规划、工业区域规划的有关要求，做到局部服从全局，注意与城市规划的协调。

（5）竖向布置　应满足生产工艺布置和运输、装卸对高程的要求，设计标高应尽量与自然地形相适应，力求使场地的土石方工程量最小。

（6）应为施工安装创造有利条件　工厂布置应满足施工和安装的作业要求，特别是应考虑大型设备的吊装，厂区道路的路面结构和载荷标准等应满足施工安装要求。

（7）综合考虑绿化与生态环境的保护　绿化不仅可以美化环境，还可以减少粉尘等的危害。

6.1.1.4　厂内道路

（1）主干道　连接厂区主要出入库的道路，或运输繁忙（货物运输或人流集中）的全厂性主要道路；主干道　般为 7～9m（大型企业可为 9～12m，小型企业可为 6～7m）；

（2）次干道　连接厂区次要出入口的道路，或厂内车间、仓库、码头之间运输繁忙的道路；次干道一般为 6～7m（大型企业可为 7～9m）；

（3）支道　厂内车辆和行人都较少的道路及消防车道等；支道一般为 3.5～4.5m（小型企业可为 3～4m）；

（4）车间引道　车间、仓库等出入口与主、次干道或支道相连接的道路；

（5）人行道　专供厂内行人通行的道路。人行道沿着主干道设置时一般为 1.5m，其他地方不小于 0.75m，如需大于 1.5m 时，宜按 0.5m 的宽度加宽；

（6）厂内道路的圆曲线半径　厂内车行道的圆曲线半径一般不宜小于 15m，如需行驶单挂车时，不宜小于 20m。交叉口路面内缘最小转弯半径一般为：行驶小客车、小货车，6m；行驶 8t 以下卡车，9m；行驶 10～15t 货车或 4～8t 卡车带挂车，12m；行驶 15～25t 平板挂车，15m；行驶 40～60t 平板挂车，18m；

（7）道路布置　一般宜环状布置，并与厂内主要区域或厂房建筑的轴线平行或垂直，与厂外道路连接方便、短捷。

6.1.1.5 管廊布置

大型装置的管道往返较多，为了便于安装及装置的整洁美观，一般都设集中管廊。

① 管廊的布置首先考虑工艺流程，来去管道要做到最短、最省，尽量减少交叉重复。管廊在装置中的位置以能联系尽量多的设备为宜。典型的管廊布置在长方形装置并且平行于装置的长边，其两侧均布置设备，以节约占地面积，节省投资。图 6-1-1 为管廊布置的几种方案。

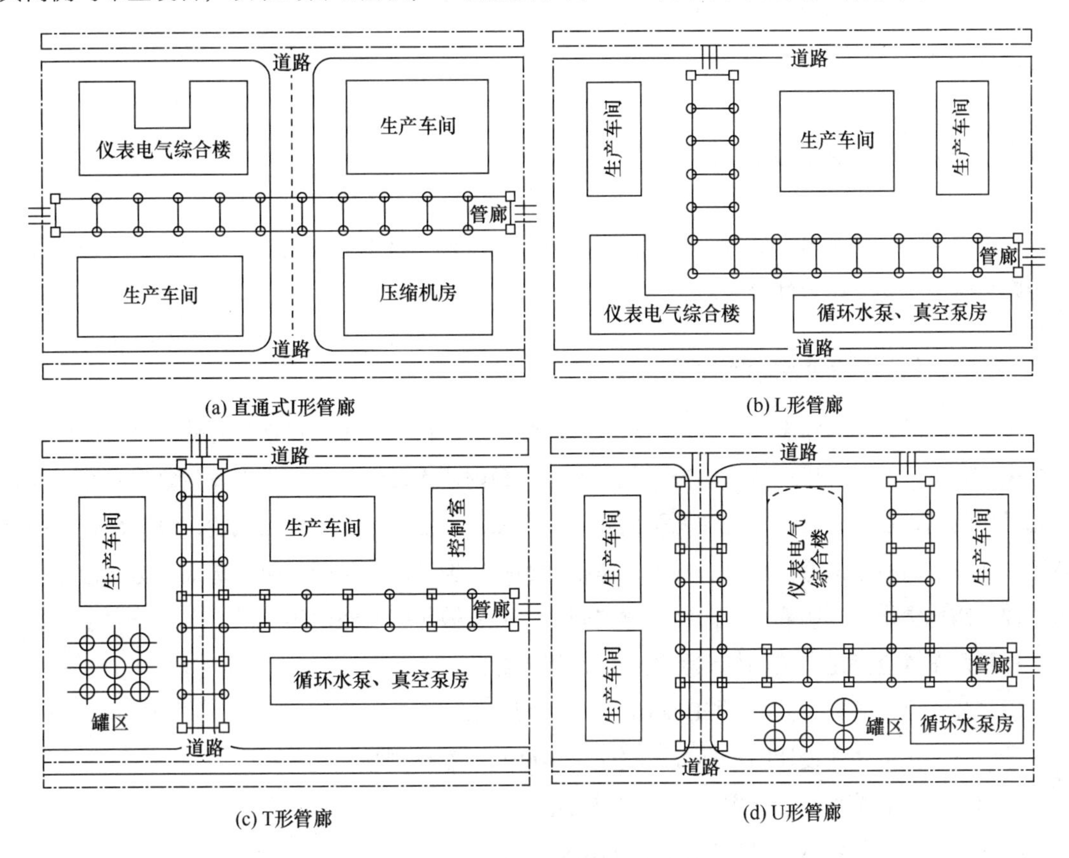

图 6-1-1 管廊布置的几种方案

② 布置管廊时，要综合考虑道路、消防的需要，以及电线杆、地下管道、电缆布置和临近建（构）筑物等情况，并避开大中型设备的检修场地。

③ 管廊上部可布置空冷器、仪表和电气电缆槽等，下部可以布置泵等设备。

④ 管廊宽度根据管道数量、管径大小、弱电仪表配管配线的数量确定。管廊断面要精心布置，尽可能避免交叉换位。管廊上一般预留 20%裕量。

⑤ 管廊上的管道可布置为一层、二层或多层。多层管廊要考虑管道安装和维修人员通道。

⑥ 多层管廊最好按管道类别安排，一般输送有腐蚀性介质的管道布置在下层，小口径气液管布置在中层，大口径气液管布置在上层。

⑦ 管廊上必须考虑热膨胀，凝液排出和放空等设施。如果有阀门需要操作，还要设置操作平台。

⑧ 管廊一般均架空敷设，其最低高度（离地面净高度）一般要求为：横穿铁路时要求轨面以上 6.0m；横穿厂内主干管道时 5.5m；横穿厂内次要道路时 4.5m，装置内管廊 3.5m，厂房内的主管廊 3.0m。

⑨ 管廊柱距视具体情况而定，一般在 4～15m。

⑩ 一般小型管廊结构形式为单根钢或钢筋混凝土结构。大型管廊为节约投资，一般采用钢筋混凝土框架结构，也有采用钢筋混凝土立柱上加钢梁，这样既便于施工和安装管道，又便于今后增加或修改管道。

6.1.2 遵循的法律法规、标准规范

以下介绍执行的规范、装置火灾危险类别划分及设计距离规范条文、建筑物耐火等级划分及设计距离规范条文、符合性分析。

6.1.2.1 化工厂布置遵循的标准规范

化工厂易燃易爆物质多，一旦发生火灾与爆炸事故，往往导致人员伤亡并使国家财产遭受巨大损失。化工厂的“三废”往往污染大气、水源，轻则使人慢性中毒，重则发生急性中毒事故。在化工厂特别是石油化工厂，上述两类问题确实存在，不能回避，只能在试验、设计、生产各个环节中注意，用科学的方法防止、根治才是唯一的解决途径。安全问题包括防火、防爆、防毒、防腐蚀、防化学伤害、防静电、防雷、触电防护、防机械伤害及坠落等。

总平面布置应满足有关的标准和规范。常用的标准和规范有：

①《建筑设计防火规范》（GB 50016）（建规）

②《石油化工企业设计防火标准》（GB 50160）（石化规）

③《工业企业总平面设计规范》（GB 50187）

④《化工企业总图运输设计规范》（GB 50489）

⑤《厂矿道路设计规范》（GBJ 22）

⑥《工业企业设计卫生标准》（GBZ 1）

⑦《Ⅲ、Ⅳ级铁路设计规范》（GB 50012）

⑧《大气有害物质无组织排放卫生防护距离推导技术导则》（GB/T 39499）

⑨《石油化工工厂布置设计规范》（GB 50984）

⑩《石油化工厂区管线综合技术规范》（GB 50542）

⑪《石油化工储运系统罐区设计规范》（SH/T 3007—2014）

6.1.2.2 生产的火灾危险性

《建筑设计防火规范》（GB 50016—2014）根据生产中使用或产生的物质性质及其数量等因素，将生产的火灾危险性分为甲、乙、丙、丁、戊五类，可参见表 5-5-3。

《石油化工企业设计防火标准》（GB 50160—2008）（石化规）又对可燃气体和可燃液体的火灾危险性作了进一步细分。可燃气体的火灾危险性分为甲、乙两类。对甲、乙、丙类可燃液体，每一类又细分为 A、B 两个子类。

生产的火灾危险性分类，一般要分析整个生产过程中的每个环节是否有引起火灾的可能性。生产的火灾危险性分类一般要按其中最危险的物质确定，通常可根据生产中使用的全部原材料的性质、生产中操作条件的变化是否会改变物质的性质、生产中产生的全部中间产物的性质、生产的最终产品及其副产品的性质和生产过程中的自然通风、气温、湿度等环境条件等因素分析确定。当然，要同时兼顾生产的实际使用量或产出量。

研究表明，可燃液体的雾滴也可以引起爆炸。因而，将“丙类液体的雾滴”的火灾危险性列入乙类。有关信息可参见《石油化工厂生产防火手册》《可燃性气体和蒸汽的安全技术参数手册》等资料。

而对储存物品的火灾危险性分类，除了依据储存物品的性质外，还要考虑储存物品中的可燃物数量等因素。

6.1.2.3　建筑物的耐火等级

厂房和仓库的耐火等级可分为一、二、三、四级，相应建筑构件的燃烧性能和耐火极限，除建规另有规定外，不应低于表 6-1-1 的规定。

表 6-1-1　不同耐火等级厂房和仓库建筑构件的燃烧性能和耐火极限

构件名称	燃烧性能与耐火极限/h			
	一级①	二级①	三级①	四级①
防火墙	不燃性 3.00	不燃性 3.00	不燃性 3.00	不燃性 3.00
承重墙	不燃性 3.00	不燃性 2.50	不燃性 2.00	难燃性 0.50
楼梯间和前室的墙、电梯井的墙	不燃性 2.00	不燃性 2.00	不燃性 1.50	难燃性 0.50
疏散走道两侧的隔墙	不燃性 1.00	不燃性 1.00	不燃性 0.50	难燃性 0.25
非承重外墙、房间隔墙	不燃性 0.75	不燃性 0.50	难燃性 0.50	难燃性 0.25
柱	不燃性 3.00	不燃性 2.50	不燃性 2.00	难燃性 0.50
梁	不燃性 2.00	不燃性 1.50	不燃性 1.00	难燃性 0.50
楼板	不燃性 1.50	不燃性 1.00	不燃性 0.75	难燃性 0.50

续表

构件名称	燃烧性能与耐火极限/h			
	一级①	二级①	三级①	四级①
屋顶承重构件	不燃性 1.50	不燃性 1.00	难燃性 0.50	可燃性
疏散楼梯	不燃性 1.50	不燃性 1.00	不燃性 0.75	可燃性
吊顶（包括吊顶搁栅）	不燃性 0.25	难燃性 0.25	难燃性 0.15	可燃性

① 耐火等级。

注：二级耐火等级建筑内采用不燃材料的吊顶，其耐火极限不限。

6.1.2.4　厂房和仓库的层数、面积和平面布置

把生产的火灾危险性和建筑物的耐火等级结合起来考虑，就对厂房、车间布置、工厂布置提出了要求，厂房的层数和每个防火分区的最大允许建筑面积见表 6-1-2。

表 6-1-2　厂房的层数和每个防火分区的最大允许建筑面积

生产的火灾危险性类别	厂房的耐火等级	最多允许层数	每个防火分区的最大允许建筑面积/m^2			
			单层厂房	多层厂房	高层厂房	地下或半地下厂房（包括地下或半地下室）
甲	一级	宜采用单层	4000	3000	—	—
	二级		3000	2000	—	—
乙	一级	不限	5000	4000	2000	—
	二级	6	4000	3000	1500	—
丙	一级	不限	不限	6000	3000	500
	二级	不限	8000	4000	2000	500
	三级	2	3000	2000	—	—
丁	一、二级	不限	不限	不限	4000	1000
	三级	3	4000	2000	—	—
	四级	1	1000	—	—	—
戊	一、二级	不限	不限	不限	6000	1000
	三级	3	5000	3000	—	—
	四级	1	1500	—	—	—

注：防火分区之间应采用防火墙分割。“—”表示不允许。对仓库的层数和面积另有规定。

6.1.2.5　厂房的防火间距

除建规另有规定外，厂房之间及与乙、丙、丁、戊类仓库、民用建筑等的防火间距不应小于

表 6-1-3 的规定，散发可燃气体、可燃蒸气的甲类厂房与铁路、道路等的防火间距不小于表 6-1-4 的规定。

表 6-1-3　厂房之间及与乙、丙、丁、戊类仓库、民用建筑等的防火间距　单位：m

<table>
<tr><th colspan="3" rowspan="3">名称</th><th>甲类厂房</th><th colspan="3">乙类厂房（仓库）</th><th colspan="4">丙、丁、戊类厂房（仓库）</th><th colspan="5">民用建筑</th></tr>
<tr><th>单、多层</th><th colspan="2">单、多层</th><th>高层</th><th colspan="3">单、多层</th><th>高层</th><th colspan="3">裙房、单、多层</th><th colspan="2">高层</th></tr>
<tr><th>一、二级</th><th>一、二级</th><th>三级</th><th>一、二级</th><th>一、二级</th><th>三级</th><th>四级</th><th>一、二级</th><th>一、二级</th><th>三级</th><th>四级</th><th>一级</th><th>二级</th></tr>
<tr><td>甲类厂房</td><td>单、多层</td><td>一、二级</td><td>12</td><td>12</td><td>14</td><td>13</td><td>12</td><td>14</td><td>16</td><td>13</td><td colspan="3" rowspan="3">25</td><td colspan="2" rowspan="3">50</td></tr>
<tr><td rowspan="2">乙类厂房</td><td>单、多层</td><td>一、二级</td><td>12</td><td>10</td><td>12</td><td>13</td><td>10</td><td>12</td><td>14</td><td>13</td></tr>
<tr><td>高层</td><td>三级</td><td>14</td><td>12</td><td>14</td><td>15</td><td>12</td><td>14</td><td>16</td><td>15</td></tr>
<tr><td rowspan="4">丙类厂房</td><td rowspan="3">单、多层</td><td>一、二级</td><td>12</td><td>10</td><td>12</td><td>13</td><td>10</td><td>12</td><td>14</td><td>13</td><td>10</td><td>12</td><td>14</td><td>20</td><td>15</td></tr>
<tr><td>三级</td><td>14</td><td>12</td><td>14</td><td>15</td><td>12</td><td>14</td><td>16</td><td>15</td><td>12</td><td>14</td><td>16</td><td rowspan="2">25</td><td rowspan="2">20</td></tr>
<tr><td>四级</td><td>16</td><td>14</td><td>16</td><td>17</td><td>14</td><td>16</td><td>18</td><td>17</td><td>14</td><td>16</td><td>18</td></tr>
<tr><td>高层</td><td>一、二级</td><td>13</td><td>13</td><td>15</td><td>13</td><td>13</td><td>15</td><td>17</td><td>13</td><td>13</td><td>15</td><td>17</td><td>20</td><td>15</td></tr>
<tr><td rowspan="4">丁、戊类厂房</td><td rowspan="3">单、多层</td><td>一、二级</td><td>12</td><td>10</td><td>12</td><td>13</td><td>10</td><td>12</td><td>14</td><td>13</td><td>10</td><td>12</td><td>14</td><td>15</td><td>13</td></tr>
<tr><td>三级</td><td>14</td><td>12</td><td>14</td><td>15</td><td>12</td><td>14</td><td>16</td><td>15</td><td>12</td><td>14</td><td>16</td><td rowspan="2">18</td><td rowspan="2">15</td></tr>
<tr><td>四级</td><td>16</td><td>14</td><td>16</td><td>17</td><td>14</td><td>16</td><td>18</td><td>17</td><td>14</td><td>16</td><td>18</td></tr>
<tr><td>高层</td><td>一、二级</td><td>13</td><td>13</td><td>15</td><td>13</td><td>13</td><td>15</td><td>17</td><td>13</td><td>13</td><td>15</td><td>17</td><td>15</td><td>13</td></tr>
<tr><td rowspan="3">室外变配电站</td><td rowspan="3">变压器总油量/t</td><td>≥5，≤10</td><td rowspan="3">25</td><td rowspan="3">25</td><td rowspan="3">25</td><td rowspan="3">25</td><td>12</td><td>15</td><td>20</td><td>12</td><td>15</td><td>20</td><td>25</td><td colspan="2">20</td></tr>
<tr><td>>10，≤50</td><td>15</td><td>20</td><td>25</td><td>15</td><td>20</td><td>25</td><td>30</td><td colspan="2">25</td></tr>
<tr><td>>50</td><td>20</td><td>25</td><td>30</td><td>20</td><td>25</td><td>30</td><td>35</td><td colspan="2">30</td></tr>
</table>

表 6-1-4　散发可燃气体、可燃蒸气的甲类厂房与铁路、道路等的防火间距　单位：m

<table>
<tr><th rowspan="2">名称</th><th rowspan="2">厂外铁路线中心线</th><th rowspan="2">厂内铁路线中心线</th><th rowspan="2">厂外道路路边</th><th colspan="2">厂内道路路边</th></tr>
<tr><th>主要</th><th>次要</th></tr>
<tr><td>甲类厂房</td><td>30</td><td>20</td><td>15</td><td>10</td><td>5</td></tr>
</table>

6.1.2.6　仓库的防火间距

甲类仓库之间及与其他建筑、明火或散发火花地点、铁路、道路等的防火间距不应小于表 6-1-5 的规定。

表 6-1-5　甲类仓库之间及与其他建筑、明火或散发火花地点、铁路、道路等的防火间距

单位：m

名称		防火间距			
		甲类储存物品第 3、4 项储量		甲类储存物品第 1、2、5、6 项储量	
		≤5t	>5t	≤10t	>10t
高层民用建筑、重要公共建筑		50			
裙房、其他民用建筑、明火或散发火花地点		30	40	25	30
甲类仓库		20	20	20	20
甲类厂房和乙、丙、丁、戊类仓库	一、二级	15	20	12	15
	三级	20	25	15	20
	四级	25	30	20	25
电力系统电压为 35kV～500kV 且每台变压器容量不小于 10MV·A 的室外变、配电站，工业企业的变压器总油量大于 5t 的室外降压变电站		30	40	25	30
厂外铁路线中心线		40			
厂内铁路线中心线		30			
厂外道路路边		20			
厂内道路路边	主要	10			
	次要	5			

除建规另有规定外，乙、丙、丁、戊类仓库之间及与民用建筑的防火间距，不应小于表 6-1-6 的规定。

表 6-1-6　乙、丙、丁、戊类仓库之间及与民用建筑的防火间距　单位：m

名称			乙类仓库			丙类仓库				丁、戊类仓库			
			单、多层		高层	单、多层			高层	单、多层			高层
			一、二级	三级	一、二级	一、二级	三级	四级	一、二级	一、二级	三级	四级	一、二级
乙、丙、丁、戊类仓库	单、多层	一、二级	10	12	13	10	12	14	13	10	12	14	13
		三级	12	14	15	12	14	16	15	12	14	16	15
		四级	14	16	17	14	16	18	17	14	16	18	17
	高层	一、二级	13	15	13	13	15	17	13	13	15	17	13
民用建筑	裙房，单、多层	一、二级	25			10	12	14	13	10	12	14	13
		三级	25			12	14	16	15	12	14	16	15
		四级	25			14	16	18	17	14	16	18	17
	高层	一级	50			20	25	25	20	15	18	18	15
		二级	50			15	20	20	15	13	15	15	13

厂房内任一点至最近安全出口的直线距离不应大于表 6-1-7 的规定。

表 6-1-7　厂房内任一点至最近安全出口的直线距离　　单位：m

生产的火灾危险性类别	耐火等级	单层厂房	多层厂房	高层厂房	地下或半地下厂房（包括地下或半地下室）
甲	一、二级	30	25	—	—
乙	一、二级	75	50	30	—
丙	一、二级	80	60	40	30
	三级	60	40	—	—
丁	一、二级	不限	不限	50	45
	三级	60	50	—	—
	四级	50	—	—	—
戊	一、二级	不限	不限	75	60
	三级	100	75	—	—
	四级	60	—	—	—

6.1.2.7　储罐的防火间距

甲、乙、丙类液体储罐（区）和乙、丙类液体桶装堆场与其他建筑的防火间距，不应小于表 6-1-8 的规定。

表 6-1-8　甲、乙、丙类液体储罐（区），乙、丙类液体桶装堆场与其他建筑的防火间距

单位：m

类别	一个罐区或堆场的总容量 V/m³	建筑物				室外变配电站
		一、二级		三级	四级	
		高层民用建筑	裙房，其他建筑			
甲、乙类液体储罐（区）	$1 \leq V < 50$	40	12	15	20	30
	$50 \leq V < 200$	50	15	20	25	35
	$200 \leq V < 1000$	60	20	25	30	40
	$1000 \leq V < 5000$	70	25	30	40	50
丙类液体储罐（区）	$5 \leq V < 250$	40	12	15	20	24
	$250 \leq V < 1000$	50	15	20	25	28
	$1000 \leq V < 5000$	60	20	25	30	32
	$5000 \leq V < 25000$	70	25	30	40	40

甲、乙、丙类液体储罐之间的防火间距不应小于 6-1-9 规定。

表 6-1-9 甲、乙、丙类液体储罐之间的防火间距

<table>
<tr><th colspan="3" rowspan="2">类别</th><th colspan="3">固定顶储罐</th><th rowspan="2">浮顶储罐或设置充氮保护设备的储罐</th><th rowspan="2">卧式储罐</th></tr>
<tr><th>地上式</th><th>半地下式</th><th>地下式</th></tr>
<tr><td rowspan="2">甲、乙类液体储罐</td><td rowspan="3">单罐容量 V/m^3</td><td>$V \leqslant 1000$</td><td>$0.75D$</td><td rowspan="2">$0.5D$</td><td rowspan="2">$0.4D$</td><td rowspan="2">$0.4D$</td><td rowspan="3">≥0.8m</td></tr>
<tr><td>$V > 1000$</td><td>$0.6D$</td></tr>
<tr><td>丙类液体储罐</td><td>不限</td><td>$0.4D$</td><td>不限</td><td>不限</td><td>—</td></tr>
</table>

组内储罐的单罐容量和总容量不应大于表 6-1-10 的规定。

表 6-1-10 甲、乙、丙类液体储罐分组布置的最大容量

类别	单罐最大容量/m^3	一组罐最大容量/m^3
甲、乙类液体	200	1000
丙类液体	500	3000

甲、乙、丙类液体储罐与其泵房、装卸鹤管的防火间距不应小于表 6-1-11 的规定。

表 6-1-11 甲、乙、丙类液体储罐与其泵房、装卸鹤管的防火间距 单位：m

液体类别和储罐形式		泵房	铁路或汽车装卸鹤管
甲、乙类液体储罐	拱顶罐	15	20
	浮顶罐	12	15
丙类液体储罐		10	12

甲、乙、丙类液体储罐与铁路、道路的防火间距不应小于表 6-1-12 的规定。

表 6-1-12 甲、乙、丙类液体储罐与铁路、道路的防火间距 单位：m

名称	厂外铁路线中心线	厂内铁路线中心线	厂外道路路边	厂内道路路边	
				主要	次要
甲、乙类液体储罐	35	25	20	15	10
丙类液体储罐	30	20	15	10	5

6.1.2.8 消防车道的设置

街区内的道路应考虑消防车的通行，道路中心线间的距离不宜大于 160m。

当建筑物沿街道部分的长度大于 150m 或总长度大于 220m 时，应设置穿过建筑物的消防车道。确有困难时，应设置环形消防车道。

工厂、仓库区内应设置消防车道。

高层厂房，占地面积大于 3000m² 的甲、乙、丙类厂房和占地面积大于 1500m² 的乙、丙类仓库，应设置环形消防车道，确有困难时，应沿建筑物的两个长边设置消防车道。

6.1.2.9　消防设施的设置

民用建筑、厂房、仓库、储罐（区）和堆场周围应设置室外消火栓系统。

甲、乙、丙类液体储罐（区）内的储罐应设置移动水枪或固定水冷却设施。高度大于 15m 或单罐容量大于 2000m³ 的甲、乙、丙类液体地上储罐，宜采用固定水冷却设施。

总容积大于 50m³ 或单罐容积大于 20m³ 的液化石油气储罐（区）应设置固定水冷却设施，埋地的液化石油气储罐可不设置固定喷水冷却装置。总容积不大于 50m³ 或单罐容积不大于 20m³ 的液化石油气储罐（区），应设置移动式水枪。

甲、乙、丙类液体储罐的灭火系统设置应符合下列规定：

① 单罐容量大于 1000m³ 的固定顶罐应设置固定式泡沫灭火系统；

② 罐壁高度小于 7m 或容量不大于 200m³ 的储罐可采用移动式泡沫灭火系统；

③ 其他储罐宜采用半固定式泡沫灭火系统；

④ 石油库、石油化工、石油天然气工程中甲、乙、丙类液体储罐的灭火系统设置，应符合现行国家标准《石油库设计规范》GB 50074 等标准的规定。

6.1.2.10　注意《建规》与《石化规》的差异

以甲类生产装置（厂房）为例，《建规》与《石化规》对厂外建筑防火间距的差异举例见表 6-1-13，在工程设计时应谨慎考虑。

表 6-1-13　《建规》与《石化规》对厂外建筑防火间距的差异举例　　单位：m

规范	居民区	相邻工厂围墙	变配电站	厂外道路	国家通信线路	通航江、河、海岸边
《建规》	25	4～16（根据相邻厂房火灾危险性等级和建筑结构而定）	25（室外，变压器外壁）	15	未规定	未规定
《石化规》	100	50	40（围墙）	20（高速公路 30）	40	20

《石化规》对生产火灾危险性等级划分如表 6-1-14。

表 6-1-14　液化烃、可燃液体的火灾危险性分类

类别		名称	特征
甲	A	液化烃	15℃时的蒸气压力大于 0.1MPa 的烃类液体及其他类似的液体
	B	可燃液体	除甲 A 类以外，闪点小于 28℃
乙	A		闪点 28～45℃
	B		闪点 45～60℃

续表

类别		名称	特征
丙	A		闪点 60～120℃
	B		闪点大于 120℃

6.1.2.11　防火间距起止点的计算规定

（1）《建规》规定　建筑物之间的防火间距应按相邻建筑外墙的最近水平距离计算，当外墙有凸出的可燃或难燃构件时，应从其凸出部分外缘算起。

建筑物与储罐、堆场的防火间距，应为建筑外墙至储罐外壁或堆场中相邻堆垛外缘的最近水平距离。建筑物、储罐或堆场与道路、铁路的防火间距，应为建筑外墙、储罐外壁或相邻堆垛外缘到距道路最近一侧路边或铁路中心线的最小水平距离。

储罐之间的防火间距应为相邻两储罐外壁的最近水平距离。储罐与堆场的防火间距应为储罐外壁至堆场中相邻堆垛外缘的最近水平距离。堆场之间的防火间距应为两堆场中相邻堆垛外缘的最近水平距离。

变压器之间的防火间距应为相邻变压器外壁的最近水平距离。变压器与建筑物、储罐或堆场的防火间距，应为变压器外壁至建筑外墙、储罐外壁或相邻堆垛外缘的最近水平距离。

（2）《石化规》规定　防火间距计算起止点（略去与《建规》相同的内容）如下：

① 建筑物（敞开或半敞开式厂房除外）为最外侧轴线，敞开式厂房为设备外缘，半敞开式厂房需要根据物料特性和厂房结构形式确定。工艺装置为最外侧的设备外缘或建筑物的最外侧轴线。

② 设备为设备外缘，铁路装卸鹤管为铁路中心线，汽车装卸鹤位为鹤管立管中心线，码头为输油臂中心及泊位，火炬为火炬中心。

③ 架空通信、电力线为线路中心线。

6.1.3　总平面布置图技术指标

在工厂的总平面设计中，往往用总平面布置图中的主要技术经济指标的优劣、高低来衡量总图设计中的先进性和合理性。但总图设计牵涉面广，影响因素多，故目前评价工厂企业总平面设计的合理性、先进性仍多数沿用多年来一直使用的各项指标。

（1）技术经济指标　评价总图设计的合理性与否的主要技术经济指标见表 6-1-15。

表 6-1-15　主要技术经济指标表

序号	名称	单位	数量	备注
1	厂区占地面积	m^2		
2	厂外工程占地面积	m^2		
3	厂区内建筑物、构筑物占地面积	m^2		

续表

序号	名称	单位	数量	备注
4	厂内露天堆场、作业场地占地面积	m^2		
5	道路、停车场占地面积	m^2		
6	铁路长度及其占地面积	m，m^2		
7	管线、管沟、管架占地面积	m^2		
8	围墙长度	m		
9	厂区内建筑总面积	m^2		
10	厂区内绿化占地面积	m^2		
11	建筑系数	%		
12	利用系数	%		
13	容积率	—		
14	绿化（用地）系数	%		
15	土石方工程量	m^3		

（2）建筑系数

$$建筑系数=\frac{（建筑物+构筑物+露天设备+露天堆场及操作场地）占地面积}{厂区占地面积}\times 100\%$$

（3）利用系数

$$利用系数=建筑系数+管道及管廊占地系数+道路占地系数+铁路占地系数$$

（4）建筑容积率

$$建筑容积率=\frac{建筑总面积}{基地占地面积}$$

式中，建筑总面积为厂区围墙内所有建筑物构筑物面积的总和；基地占地面积为工厂围墙所围的厂区占地面积。

厂区建筑系数不小于 30%，土地利用系数不小于 50%，行政办公、生活服务设施用地面积不得超过工业项目总用地面积的 7%，除特殊工艺要求的企业外，工厂容积率控制指标应符合表 6-1-16 规定。

表 6-1-16　工厂容积率控制指标

序号	工厂类别	容积率，不低于
1	石油化工、炼焦及核燃料加工	0.5
2	化学原料及化学品制品制造	0.6
3	医药制造业	0.7
4	化学纤维制造业	0.8

续表

序号	工厂类别	容积率，不低于
5	橡胶制品业	0.8
6	塑料制品业	1.0

（5）厂区绿化系数　工厂绿化布置采用“厂区绿化覆盖面积系数”和“厂区绿化用地系数”两项指标进行度量，在上述两个指标中，前者反映厂区绿化水平，后者反映厂内绿化用地状况，绿化用地系数建议值见表6-1-17。

$$厂区绿化覆盖面积系数=\frac{厂区绿化覆盖总面积}{厂区占地总面积}\times100\%$$

$$厂区绿化用地系数=\frac{厂区绿化用地计算总面积}{厂区占地面积}\times100\%$$

（6）投资强度　项目用地范围内单位面积固定资产投资额。

$$投资强度=\frac{项目固定资产总投资}{项目总用地面积}$$

表6-1-17　绿化用地系数建议值

绿化类别	工厂类别	厂区绿地率/%
Ⅰ类	制药厂、电影胶片厂、感光材料厂、磁带厂等对环境洁净度要求高的工厂	20～30
Ⅱ类	化肥厂、油漆厂、染料及染料中间体厂、橡胶制品厂、涂料厂、颜料厂、塑料制品厂等	12～25
Ⅲ类	石油化工厂、纯碱厂、合成橡胶厂、合成纤维树脂厂、合成塑料厂、有机溶剂厂、氯碱厂、硫酸厂、农药厂、焦化厂、煤气化厂等	12～20

6.1.4　布局与安全间距

设计依据为装置的火灾危险类别，建筑物耐火等级，安全距离基本要求（厂房与设施、厂区与周边），风玫瑰图。

6.1.4.1　化工厂功能分区

按照设计程序，厂区的总平面布置，一般依据生产工艺流程、生产性质、生产管理、工序划分情况等，将全厂分成若干生产区，使之功能分区明确，运输管理方便，协调生产，互不干扰，然后在生产区内，依据生产使用要求布置建、构筑物等设施。一般小型化工厂，其厂内划分比较简单，往往以主体车间为中心，布置生产和生活设置。而大、中型化工厂，由于生产规模大，建构筑物较多，安全、卫生等要求也高，则要根据生产工艺划分不同的生产区，每个生产区都有一定的生产和生活设施。各生产区根据生产要求，设若干车间。因此，要做好总平面布置，首先要了解工厂的生产工艺流程、生产区划分和车间组成。

一般工厂各部分组成包括下列项目。

（1）生产车间　包括由原料加工至成品包装等各主要生产车间。

（2）辅助车间　如机修、电修、仪修等车间。

（3）服务于生产的设施

① 仓库：原料、成品、燃料以及其他各种材料仓库或露天堆放场；

② 动力设施：锅炉房、变电站、空压站、氧气站、煤气站等；

③ 全厂性行政生活建筑：厂部办公楼、食堂以及生产服务的生活间等；

④ 运输设施：铁路、道路、水路以及机械化运输设施（如皮带运输等）；

⑤ 工程技术管网：上下水道、供电、压缩空气、热力等各种管线；

⑥ 绿化设施及建筑小品：绿化、围墙、大门、宣传布告栏等。

6.1.4.2　风向玫瑰图

风向玫瑰图（简称风玫瑰图，见图 6-1-2），它是根据某一地区多年平均统计的各个风向和风速的百分数值，并按一定比例绘制，一般多用 8 个或 16 个罗盘方位表示，由于形状酷似玫瑰花朵而得名。

风玫瑰图上所表示风的吹向，是指从外部吹向地区中心的方向，各方向上按统计数值画出的线段，表示此方向风频率的大小，线段越长表示该风向出现的次数越多。(实线指常年风向，虚线指夏季风向)

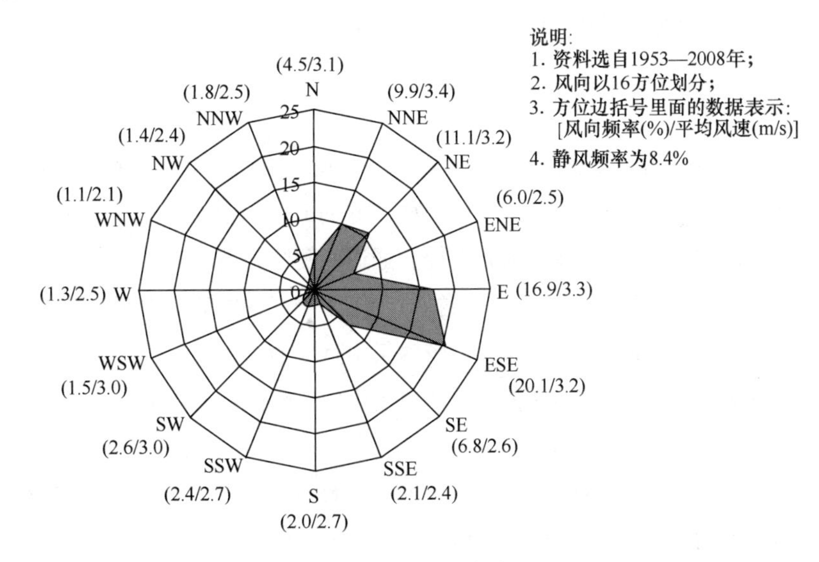

图 6-1-2　风玫瑰图

风向的上/下风侧：风是有方向的，风吹向物体（人）的一侧为物体（人）的上风侧，风离开物体（人）的一侧为下风侧。也就是说风向的方向就是上风侧，如：南风，上风侧就是南方。

6.1.5 总平面布置实例

作为大学生，重点要掌握总平面布置中的化工厂功能分区、根据建厂地的风玫瑰图确定总体布局、各分区单元生产火灾危险性分类、安全间距及消防设施、总平面布置的主要技术经济指标等概念及其运用。下面以2021年宁波工程学院“醇风习习”团队的总图布置作品来介绍。

6.1.5.1 项目基本概况

该项目是以中国石化扬子石油化工有限公司乙烯联合装置产出的丙烯、乙酸装置产出的乙酸和天然气项目产出的氢气为生产原料，首先通过丙烯酯化合成乙酸异丙酯，再经酯加氢、分离精制生产高纯异丙醇，公用工程与“三废”处理依托总厂处理。项目年利用1.29万吨丙烯、1.76万吨乙酸和970吨氢气，年产1.7万吨高纯异丙醇，副产7000吨无水乙醇、4400吨乙酸乙酯、1800吨低纯乙醇和700吨混合醇。

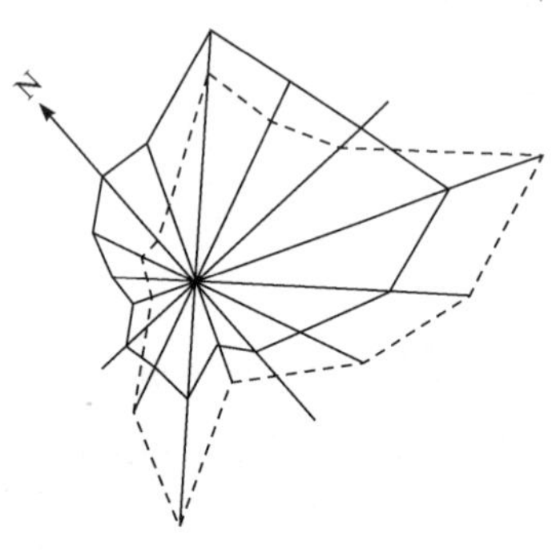

图6-1-3　建厂地风玫瑰图

项目选址南京化学工业园区北侧的预留空地，建厂地属于亚热带季风气候，年平均气温20.1℃，年均降雨量1095mm，相对湿度77%，夏季风向基本均衡且风速均在3～4m/s，而冬季则受西伯利亚冬季风的影响，西北风风速较大。当地风玫瑰图如图6-1-3所示。

6.1.5.2 厂区分区与总体布局

（1）厂区按照功能分为四部分：行政生活区（厂前区）、工艺生产装置区、储运区、辅助生产区。

（2）厂区总体规划

厂区共设五个门——东北侧设置一个（人流门），北侧、西北侧各设置一个（物流门），西南侧、东南侧各设置一个（消防通道）。全厂宽为12m的道路利于大型槽罐车的进出，并且车辆不用倒车，可以直接出厂，厂区物流线清晰可控。通道两侧分列着生产区、装卸区、储罐区等，方便辅助材料和产品的装卸和运输，此通道将物流线集中于厂区物流集中区。东北侧门是主要的人流通道，可直接通往行政楼、中控室等人员较为集中且环境较为安静的区域，此通道将人流线集中于厂区的东北侧。西南侧、东南侧的消防通道用于紧急疏散和消防运输。

（3）各个分区布置

① 行政生活区（厂前区）：包括行政楼、停车场、食堂和休息室。本设计将其布置于厂区东侧位置，位于厂区全年最小频率风向的下风侧，是厂区的主要人流出入口，与居住区和城镇来往方便，且环境洁净。

② 工艺生产装置区：包括丙烯酯化反应车间、酯加氢反应车间、分离精制车间、压缩车间。本设计中将生产车间集中布置，设置在同一街区内，将丙烯酯化车间、酯加氢车间、分离精

制车间与压缩车间相互关联，这样有利于集中铺设公用工程管线以及集中控制管理，且保证工艺生产流程顺畅、衔接短捷、紧凑合理，与相邻设施协调。除解决了生产管理和安全防护等问题外，集中布置工艺装置还便于施工、安检以及检修。

本项目厂区分布设计中，工艺生产装置区安排在厂区中部，位于人员集中场所即厂前区的全年最小频率风向上风侧，并位于可燃气体储运设施全年最大频率风向的下风侧，与位于全厂西南侧罐区保持一定距离，减少了交互危险性。

③ 储运区：乙酸储罐区、无水乙醇储罐区、低纯乙醇储罐区、异丙醇储罐区、乙酸乙酯储罐区、混合醇储罐区、事故池、雨水收集池、装卸区、仓库、危险化学品仓库。

根据《石油化工企业设计防火规范》分类，本工厂的原料乙酸属于乙 A 类，产品异丙醇、乙酸乙酯、乙醇属于甲 B 类，为危险的可燃易燃物质。在本项目中，丙烯和氢气由厂区外管自总厂提供，产品液体罐区在生产区的西南边缘，位于厂区西南侧，在人员集中场所和明火或散发火花地点全年最小频率风向的上风侧，满足与生产工艺区的相对位置要求，具有良好通风条件。为方便原料和产品的相互运输，将装卸区设计在罐区附近，有利于交通运输。

④ 辅助生产区：包括循环水站、配电室、维修室、应急处理中心、消防水池、消防中心、中控室、分析化验中心、公用工程中转站、泡沫站。

a. 变配电站的布置。本项目设计方案中，配电室位于全厂东南面，在厂区边缘地带，在生产、储存和装卸设施全年最小频率风向的下风侧和冬季盛行风向的上风侧。远离强振源，与易泄漏及较重的可燃气体、腐蚀性气体及粉尘的生产、储存和装卸设施也在规定距离（>60m）之外，方便高压进线和低压出线。此外，在变电站的周围设置绿化带，构成独立区域。

b. 中心控制室的布置。本项目设计方案中，将中心控制室布置在厂区东侧，距离工艺生产车间较近，在安全距离之外，保证控制室内人员的安全。远离噪声源等场所，同时在其周围种植较多的绿植作为隔音屏障，将控制中心与噪声较大的工艺装置区隔开。

c. 循环水站的布置。本项目设计方案中，循环水站位于全厂的南侧，靠近生产装置区，处于配电室冬季最大频率风向下风向，其间种植低矮耐荫、耐湿、耐油汽的常绿灌木丛并铺设草皮，与配电室间隔 250m，满足标准中的安全距离要求。远离工艺装置爆炸危险区即本项目反应区，远离反应加热炉区。

d. 分析化验中心的布置。本项目设计方案中，将实验楼和产品检验中心布置在厂区东南部，机电仪三修车间、中心控制室形成一个建筑群，同时又靠近生产区，便于及时取样进行产品性能的检测。可能散发毒性、腐蚀性、易燃性气体的储罐区均远离化验中心，并且处于相对其频率较低风向的上风侧，均符合设计规范的要求。本设计中，检验中心均与强振源区域保持较远的距离，其间还设有绿化带作为隔音防晒屏障。

e. 机电仪三修车间的布置。本项目设计方案中，考虑到机修、电修车间的噪声污染问题，将其布置在靠近人流出入口、远离行政区的厂区南侧，与人员集中地有一定的距离，同时靠近生产装置区的厂房车间，并位于厂区内交通线路上以应对突发情况，实现快速抢修的目的。

f. 消防中心的布置。《化工企业总图运输设计规范》规定：消防车库的位置应使消防车能迅速、方便地通往厂区内各街区，并能顺畅通往厂外有关设施和居住区；甲类火灾危险场所最远行车路程不宜大于 2.5km，并且接到火警后消防车到达火场的时间不宜超过 5min；消防中心布置宜避开厂区主要人流道路，应远离高噪声源，其边界距离人员集中场所的边缘不应小于 50m，距生产、储存和装卸可燃液体、液化烃、易燃及易爆物品和有害气体的设施边缘不宜小于 200m，并宜位于全年最小风频的下风侧。

本项目设计方案中，消防中心位于全厂的东北侧，与火灾场所距离小于 1km，并且道路宽敞，远离高噪声源，与相应危险源的距离符合规范要求，与消防水池统一配置。

g. 公用工程中转站的布置。本项目设计方案中，公用工程中转站位于生产装置区西侧，位于装卸区和罐区全年最小频率风向的下风侧，通风良好。

h. 装卸区。本项目设计方案中，装卸台布置在整个工厂的北侧、储罐区东北侧，紧靠工厂主要物流线出入口，方便运输，两侧道路分布 12m 以上的消防地带，降低其危险性。

根据以上规范绘制本项目的总平面布置图 6-1-4。

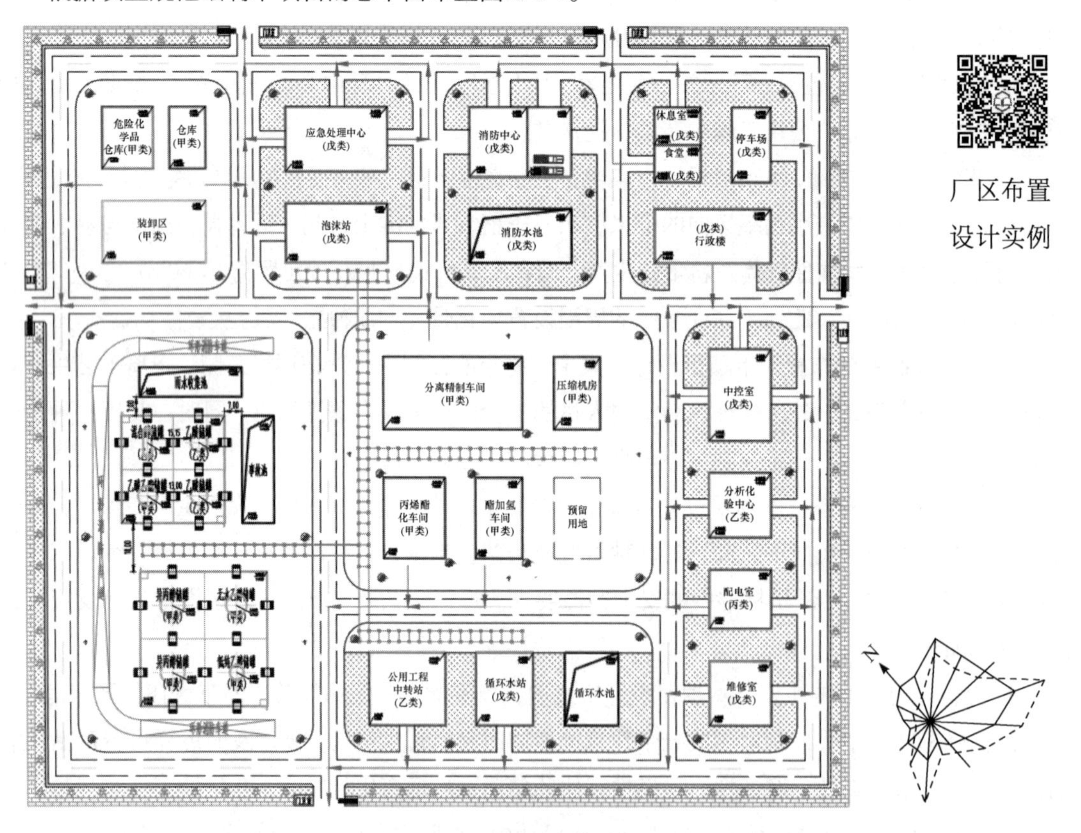

图 6-1-4　项目总平面布置图方案

6.1.5.3　装置的火灾危险类别、建筑物耐火等级划分

本项目的车间划分为丙烯酯化反应车间、酯加氢反应车间和分离精制车间。考虑到本项目生产过程中，涉及较多的危险可燃物质，如氢气、无水乙醇、乙酸异丙酯、异丙醇等易燃物质，按

照《建筑设计防火规范（2018 年版）》（GB 50016—2014）与《石油化工企业设计防火标准》（GB 50160—2008）规定，装置的火灾危险性均为甲类，同时，将厂房的耐火等级都设计为一级。

6.1.5.4　安全间距及消防设施

界区内装置间设计距离见表 6-1-18。

表 6-1-18　厂房及设施间距表

本项目设施	相邻设施	设计间距/m	规范间距/m	规范条文号	符合性
丙烯酯化反应车间（甲类）	东：酯加氢车间	12	12	3.4.1	符合
	南：厂区主要道路	12	10	3.4.3	符合
	西：厂区主要道路	16	10	3.4.3	符合
	北：分离精制车间	18	12	3.4.1	符合
酯加氢反应车间（甲类）	东：预留用地	—	—	—	符合
	南：厂区主要道路	12	10	3.4.3	符合
	西：丙烯酯化反应车间	12	12	3.4.1	符合
	北：分离精制车间	18	12	3.4.1	符合
分离精制车间（甲类）	东：压缩机房	12	12	3.4.1	符合
	南：丙烯酯化反应车间	18	12	3.4.1	符合
	西：厂区主要道路	16	10	3.4.3	符合
	北：厂区主要道路	10	10	3.4.3	符合

本项目与周边的设计距离见表 6-1-19。

表 6-1-19　建设项目与厂区周围环境间距一览表

序号	周边单位名称		本项目装置区设施名称	设计间距/m	规范间距/m	规范条文号	符合性
	方位	名称					
1	南	扬子石化装置区	仓库	45	30	3.5.1	符合
			装卸区（甲类）	117	50	3.5.1	
2	东	综合服务区	储罐区	250	40	4.2.1	符合
3	北	10kV 电力线（杆高 10m）	配电站（二级）	65	10	10.2.1	符合
		绿地	维修室	—	—	—	
4	西	公路	行政楼	60	55	3.5.1	符合
		行政楼	控制室	70	14	5.2.2	

6.1.5.5 总平面布置的主要技术经济指标

根据各方需求确定各单元的总面积见表 6-1-20。

表 6-1-20 各区块占地面积汇总

名称	项目	占地面积/m²	名称	项目	占地面积/m²
1	厂前区	1824	3	工艺生产装置区	3744
1-1	行政楼（戊类）	900	3-1	丙烯酯化车间（甲类）	720
1-2	停车场（戊类）	420	3-2	酯加氢车间（甲类）	540
1-3	休息室（戊类）	252	3-3	分离精制车间（甲类）	1458
1-4	食堂（戊类）	252	3-4	预留用地	540
			3-5	压缩机房（甲类）	486
2	辅助生产区	8179			
2-1	循环水站（戊类）	840	4	储运区	6624
2-2	公用工程中转站（乙类）	880	4-1	仓库（甲类）	322
2-3	维修室（戊类）	576	4-2	危险化学品仓库（甲类）	322
2-4	配电站（丙类）	552	4-3	装卸区（甲类）	920
2-5	化验楼（乙类）	576	4-4	雨水收集池（甲类）	440
2-6	中控室（戊类）	840	4-5	事故池（甲类）	520
2-7	消防中心（戊类）	1014	4-6	乙酸储罐区（乙类）	800
2-8	消防水池（戊类）	780	4-7	乙酸乙酯储罐区（甲类）	400
2-9	应急处理中心（乙类）	594	4-8	混合醇储罐区（乙类）	400
2-10	泡沫站（戊类）	960	4-9	异丙醇储罐区（甲类）	1250
2-11	循环水池（戊类）	567	4-10	无水乙醇储罐区（甲类）	625
			4-11	低纯乙醇储罐区（甲类）	625
总计		20371（以上不包括绿化面积）			

总平面布置主要技术经济指标见表 6-1-21。

表 6-1-21 总平面布置主要技术经济指标

序号	指标名称	面积/m²	序号	指标名称	数值/%
1	建筑总面积	27955	5	建筑系数	30.4
2	道路总面积	21426	6	道路用地系数	23.3
3	绿化占地面积	15357	7	绿化率	16.7
4	厂区占地面积	91960	8	利用系数	53.7

6.2 车间设备平立面布置的标准规范与基本原则

装置（车间）布置是设计工作中很重要的一环。其好坏直接关系到建成后是否符合工艺要求，能否有良好的操作条件，对生产正常、安全地运行，设备的维护检修方便可行，以及对建设投资、经济效益都有着很大的影响。所以在进行装置（车间）布置前必须充分掌握有关生产、安全、卫生等资料，在布置时严格执行有关标准、规范，根据当地地形及气象条件，进行深思熟虑、仔细推敲、多方案比较，以取得最佳布置。

装置（车间）布置是以工艺（工艺包设计阶段）、配管（基础设计及详细设计阶段）为主导专业，经管道机械、总图、土建、自控、电力、设备、冷冻、暖风等有关专业的密切配合，并征求建设单位和有关职能部门的意见，最后由配管专业集中各方面意见完成的。

6.2.1 遵循的法律法规、标准规范

6.2.1.1 需要遵循的标准、规范和规定

① GB 50016—2014 建筑设计防火规范。

② GB 50160—2008 石油化工企业设计防火标准。

③ GBZ 1—2010 工业企业设计卫生标准。

④ GB 50984—2014 石油化工工厂布置设计规范。

⑤ GB/T 50087—2013 工业企业噪声控制设计规范。

⑥ GB 12348—2008 工业企业厂界环境噪声排放标准。

⑦ GB 50058—2014 爆炸危险环境电力装置设计规范。

⑧ SH 3011—2011 石油化工工艺装置布置设计规范。

⑨ HG/T 20546—2009 化工装置设备布置设计规定。

6.2.1.2 设计所需的基础资料

① 工艺和公用工程管道及仪表流程图。

② 物料衡算数据及物料性质，包括原料、中间体、副产品、成品的数量及性质，“三废”的数量及处理方法。

③ 设备一览表（包括设备外形尺寸、重量、支承型式及保温情况）。

④ 公用系统耗用量，包括供排水、供电、供热、冷冻、压缩空气、外管资料等。

⑤ 车间定员表（除技术人员、管理人员、车间化验人员、岗位操作人员外，还要掌握最大班人数和男女比例的资料）。

⑥ 厂区总平面布置图[包括装置（车间）之间、辅助部门、生活部门的相互联系，厂内人流、物流的情况和数量]。

⑦ 建厂地形和气象等资料。

6.2.1.3　装置（车间）的厂房设计

(1) 装置（车间）平面布置　厂房平面布置，按其外形一般分为长方形、L 形和 Π 形，其中，长方形是首选。若采用 L 形和 Π 形，应充分考虑采光、通风、通道和立面等各方面的因素。

厂房的柱网布置，要根据厂房结构而定，生产类别为甲、乙类生产及大型石化装置，宜采用框架结构，采用的柱网间距一般为 6m，也可采用 9m、12m。丙、丁、戊类生产装置可采用混合结构或框架结构，开间采用 4m、5m 或 6m。但在同一幢厂房内不宜采用多种柱距。

为了尽可能利用自然采光和通风以及符合建筑经济上的要求，一般单层厂房宽度不宜超过 30m，多层厂房宽度不宜超过 24m，厂房常用宽度有 9m、12m、15m、18m、21m，也有用 24m 的。跨度等于厂房宽度时厂房内没有柱子。一般较经济厂房的常用跨度控制在 6m 左右，如 12m、15m、18m、21m 宽度的厂房，常分别布置成 6-6、6-2.4-6、6-3-6、6-6-6 形式等（6-2.4-6 表示三跨，跨度为 6m、2.4m、6m，中间的 2.4m 是内走廊的宽度）。

一般车间短边（宽度）常为 2～3 跨，其长边（长度）则根据生产规模及工艺要求确定。

在进行车间布置时，要考虑厂房的安全出入口，一般不应少于 2 个。如车间面积小，生产人数少，可设 1 个，但应慎重考虑防火安全等问题（具体数量参见《建规》）。

装置（车间）内的道路、通道宽度及其上方高度应执行 HG/T 20546 和 GB 50160 中的相关规定。

(2) 装置（车间）立面布置　化工厂厂房可根据工艺流程的需要设计成单层、多层或单层与多层相结合的形式。厂房层数的设计要根据工艺流程的要求、投资、用地的条件等各种因素,进行综合的比较后才能最后确定。

化工厂厂房的高度,主要由工艺设备布置要求所决定。厂房的垂直布置要充分利用空间，每层高度取决于设备的高低、安装的位置、检修要求及安全卫生等条件。一般框架或混合结构的多层厂房，层高多采用 5m、6m，最低不得低于 4.5m；每层高度尽量相同，不宜变化过多。装配式厂房层高采用 300mm 的模数。在有高温及有毒害性气体的厂房中，要适当加高建筑物的层高或设置拔风式气楼 (即天窗)，以利于自然通风、采光和散热。

有爆炸危险的车间宜采用单层厂房,其内设置多层操作台以满足工艺设备位差的要求；如必须设在多层厂房内,则应布置在厂房顶层。

6.2.1.4　装置（车间）的设备布置

化工厂的设备布置，在气温较低的地区或有特殊要求者，均将设备布置在室内，一般情况下可采用室内与露天联合布置，在条件许可的情况下，采取有效措施，最大限度地实现化工厂的联合露天化布置。

设备露天布置有下列优点：可以节约建筑面积，节省基建投资；可节约土建施工工程量，加快基建进度；有火灾及爆炸危险性的设备，露天布置可降低厂房耐火等级,降低厂房造价；有利于化工生产的防火、防爆和防毒(对毒性较大或剧毒的化工生产除外)；对厂房的扩建、改建具有较大的灵活性。

生产中一般需要经常操作或可用自动化仪表控制的设备，如塔、换热器、液体原料储罐、成品储罐、气柜等都可布置于室外。需要大气调节温湿度的设备，如凉水塔、空冷器等也都布置于室外或半露天布置。

不允许有显著温度变化、不能受大气影响的设备，如反应罐、各种机械传动设备、装有精密度极高仪表的设备及其他应该布置在室内的设备，则应布置在室内。

(1) 生产工艺对设备布置的要求　在布置设备时一定要满足工艺流程要求，保证水平和垂直方向的连续性。对于有压差的设备，充分利用高低位差；在不影响流程顺序的原则下，将各层设备尽量集中布置，充分利用空间，简化厂房体形；通常把计量槽、高位槽布置在最高层，主要设备如反应器等布置在中层，储槽等布置在底层，既可利用位差，也减少楼面荷重，降低造价。还要注意多层厂房中布置设备时避免操作人员在生产过程中过多往返楼层。

凡属相同的几套设备或同类型的设备或操作性质相似的有关设备，应尽可能布置在一起，这样可以统一管理，集中操作，还可减少备用设备，互为备用。

成排布置的塔，可设置联合平台；换热器并排布置时，推荐靠管廊侧管程按中心线取齐；离心泵的排列以泵出口管中心线取齐；卧式容器推荐以靠管廊侧封头切线取齐；加热炉、反应器等推荐以中心线取齐。

布置设备时，除要考虑设备本身所占的位置外，还要有足够的操作、通行及检修需要的位置。

车间要留有堆放原料、成品和包装材料的空地（能堆放一批或一天的量），以及必要的运输通道及起吊位置，且尽可能避免物料的交叉运输（输送）。

要考虑物料特性对防火、防爆、防毒及控制噪声的要求，比如：对噪声大的设备，宜采用封闭式间隔等；生产剧毒物及处理剧毒物料的场所，要和其他部分完全隔开，并单独设置生活辅助用室；对于可燃液体和气体场所应集中布置，便于处理；操作压力超过 3.5MPa 的反应器宜集中布置在装置（车间）的一端。

根据生产发展的需要和可能，适当预留扩建余地。

设备之间和设备与墙之间的净间距大小，虽无统一规定，但设计者应结合上述布置要求及设备大小，设备上连接管线的多少、管径粗细、检修频繁程度等因素，再结合生产经验，确定安全间距。中小型生产的设备布置的安全距离（见表 6-2-1）和工人操作设备所需的最小间距（见图 6-2-1），可供参考。

表 6-2-1　设备最小间距表

序号	项目	净安全距离/m
1	泵与泵的间距	不少于 0.7
2	泵离墙的距离	至少 1.2
3	泵列与泵列间的距离（双排泵间）	不少于 2.0
4	计量罐与计量罐之间的距离	0.4～0.6
5	储槽与储槽之间的距离（指车间中一般的小容器）	0.4～0.6

续表

序号	项目		净安全距离/m
6	换热器与换热器的间距		至少 1.0
7	塔与塔的间距		1.0～2.0
8	离心机周围通道		不小于 1.5
9	过滤机周围通道		1.0～1.8
10	反应罐盖上传动装置至天花板的距离（如搅拌轴拆装有困难时，距离还需加大）		不小于 0.8
11	反应罐底部与人行通道的距离		不小于 1.8～2.0
12	反应罐卸料口至离心机的距离		不小于 1.0～1.5
13	起吊物品与设备最高点的距离		不小于 0.4
14	往复运动机械的运动部件离墙的距离		不小于 1.5
15	回转机械离墙的间距		不小于 0.8～1.0
16	回转机械相互间的距离		不小于 0.8～1.2
17	通廊、操作台通行部分的最小净空高度		不小于 2.2～2.5
18	不常通行的地方（净高）		不小于 2.2
19	操作台梯子的斜度	一般情况	不大于 45°
		特殊情况	60°
20	散发可燃气体及蒸气的设备与变配电室、自控仪表室、分析化验室等之间的距离		不小于 15.0
21	产生可燃性气体及蒸气的设备和炉子间的距离		不小于 18.0
22	工艺设备与道路的间距		不小于 1.0

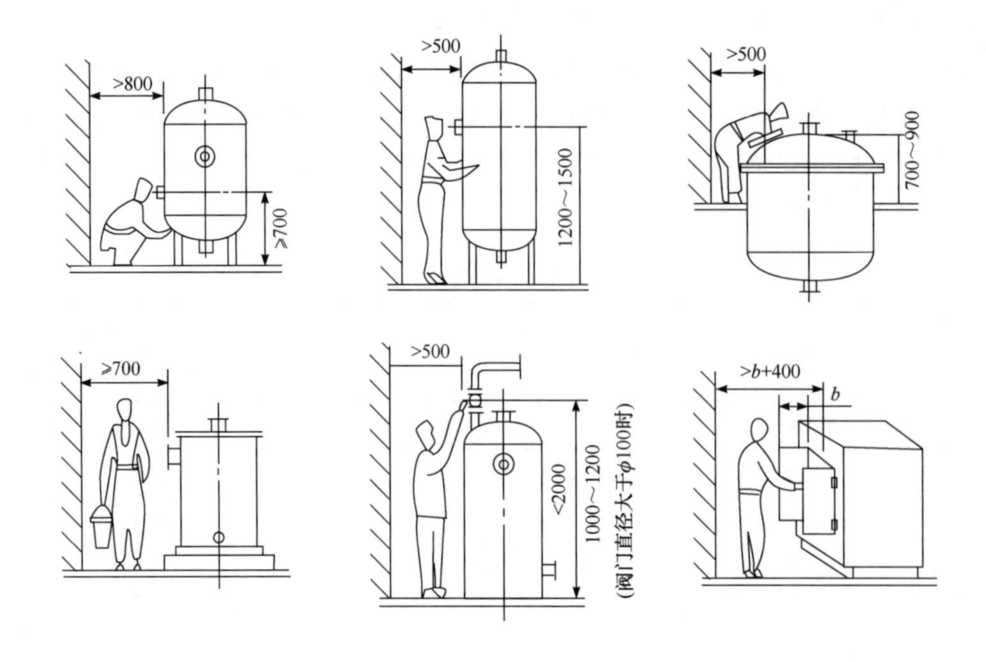

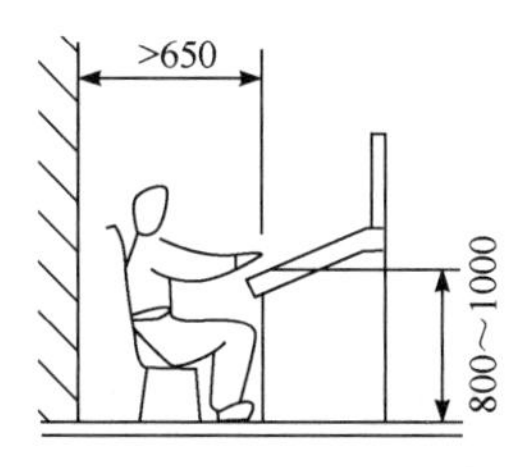

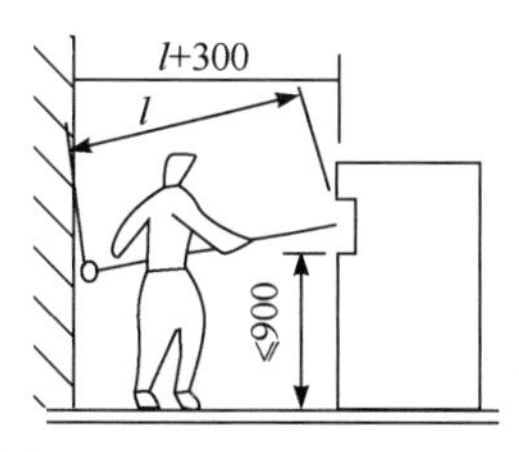

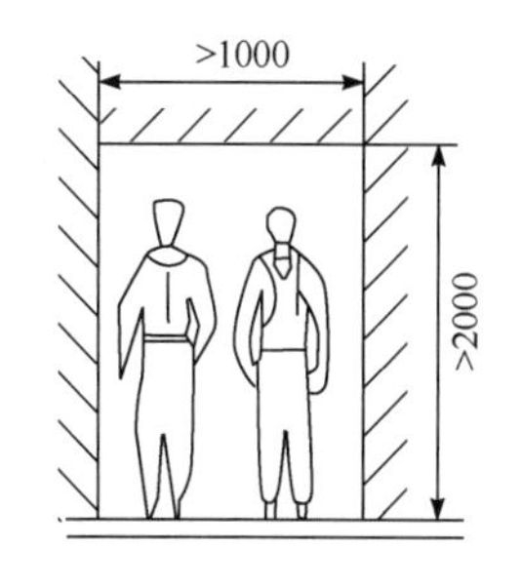

表示墙壁或邻近设备的最外缘表面
(以后各图同此)

图 6-2-1　工人操作设备所需的最小间距示例（单位：mm）

（2）设备安装对设备布置的要求　要根据设备大小及结构，考虑设备安装、检修及拆卸所需要的空间和面积。如：要考虑设备进出车间的大门或安装孔。通过楼层的设备，要设置吊装孔。需要考虑设备检修、拆卸以及运送物料所需要的起重运输设备。相应地，大型设备（如塔、储罐、反应器等）应布置在装置（车间）的一端，并靠近通道，以便起重运输设备进出及设备吊装。

（3）厂房建筑对设备布置的要求　凡是笨重设备或运转时产生很大振动的设备，如压缩机、真空泵、粉碎机等，应尽可能布置在厂房底层，并和其他生产部分分开，以减少厂房楼面的荷重和振动，并采取有效的防振措施。其操作台和基础不得与建筑物的柱、墙连在一起，以免影响建筑物的安全。

设备应尽可能避免布置在窗前，以免影响采光和开窗；如需布置在窗前时，设备与墙间的净距应大于 600mm。

布置设备时，要避开建筑物的柱子及主梁，如设备支承在柱子或梁上，其荷重及吊装方式需事先告知土建人员，并与其商议。设备不应该布置在建筑物的沉降缝或伸缩缝处。

设备布置时，应考虑其运输线路、安装、检修方式，以确定安装孔、吊钩及设备间距等。

凡有腐蚀介质的设备，通常集中布置并设围堰，以便其地面做耐腐蚀铺砌处理和设酸性下水系统。

可燃易爆设备应与其他工艺设备分开布置，并集中布置在装置（车间）一处，以便土建设置隔爆墙等有关措施。

6.2.1.5　罐区布置

可燃物质（可燃气体、液化烃、可燃液体）的火灾危险性分类，参见《石油化工企业设计防火标准》(GB 50160)，固体的火灾危险性分类，按现行国家标准《建筑设计防火规范》(GB 50016) 有关规定执行。

爆炸性气体（液体挥发）、粉尘（固体尘埃）和电气设备的防爆要求详见《爆炸危险环境电力装置设计规范》（GB 50058）中的有关规定。

甲、乙、丙类液体罐区、储气罐宜布置在厂区边缘，且不应在明火或散发火花地点的全年最小频率风向的下风侧。

甲、乙、丙类液体储罐宜露天按物料类别和储量成排、成组排列布置，一组储罐不应超过两行。四周应设防火堤，并根据物料性质分布设置分隔堤。防火堤和分隔堤内有效容积根据储罐大小及台数确定，一般单个储罐的堤内容积应略大于储罐容积；多台储罐，在采取足够措施后，容积可酌减，但不得小于最大罐的容积及储罐总容积的一半，并取得消防部门同意。堤高一般为 1～2.2m，其实际高度应比计算高度高 0.2m。

储罐区四周应设消防通道和消防设施。罐区应设置静电接地和防雷设施。输送所有进出物料用的泵不应布置在防火堤或分隔堤内。

甲、乙、丙类液体或可燃气体、液化石油气储罐之间或与建筑物的防火间距及其要求，应遵守《建筑设计防火规范》（GB 50016）中有关规定，以便于操作、安装和检修。

6.2.1.6　安全和卫生

要为工人操作创造良好的采光条件。布置设备时尽可能做到工人背光操作，高大设备避免靠窗布置，以免影响采光。

要最有效利用自然对流通风，车间南北向不宜隔断。放热量大、有毒害性气体或粉尘的工段，如不能露天布置时，需要有机械送排风装置或采取其他措施，以满足卫生标准的要求。

凡火灾危险性为甲、乙类生产的厂房，除上面提到的外，还需考虑：在通风上必须保证厂房中易燃气体或粉尘的浓度不超过允许极限，送排风设备不应布置在同一个通风机室内，且排风设备不应和其他房间的送排风设备布置在一起。必须采取必要的措施，防止产生静电、放电以及着火的可能性。

凡产生腐蚀性介质的设备，其基础、设备周围地面、墙、梁、柱都需要采取防护措施。

任何烟囱或连续排放的放空管，其高度及周围设置物的要求详见《化工装置设备布置设计规定》（HG/T 20546）中的要求。

典型设备，如塔、立式容器和反应器、换热器和卧式容器、转动机械（泵、离心式压缩机、往复式压缩机、风机、离心机）、其他设备（混合器、蒸发器、干燥器、过滤机、运输设备）、空冷器、加热炉、罐区等的布置可参见《化工装置设备布置设计规定》（HG/T 20546）。

6.2.2　车间设备平立面布置实例

在初步设计阶段，根据带控制点的工艺流程图、设备一览表等基础设计资料，以及物料储运、辅助生产和行政生活等要求，结合有关的设计规范和规定，进行车间布置的初步设计。其主要任务是确定生产、辅助生产及行政生活等区域的布局；确定车间场地及建（构）筑物的平面尺寸和立面尺寸；确定工艺设备的平面布置图和立面布置图；确定人流及物流通道；安排管道及电气仪表管线等；编制初步设计布置设计说明书。下面以 2019 年浙江工业大学“Pray 6”团队设计作品为例来介绍。

（1）项目基本情况　该项目是以中石化洛阳石油化工有限公司天然气化工项目为基础的配套子项目，以洛阳石化提供的乙炔和乙酸为生产原料，进行乙酸乙烯酯（VAC）的生产；生产装置由乙酸乙烯酯合成工段、乙酸乙烯酯精制工段、乙醛氧化工段以及乙酸回收工段等组成。年利用天然气 3.9 亿 m^3，年产 207135 吨乙酸乙烯酯，副产巴豆醛 922.53 吨，建于洛阳石化产业聚集区洛阳石化东侧预留发展空地上。厂区长 350m，宽 320m，总占地面积 112000m^2，主要包括管理区、辅助生产区、生产工艺区和储运区等区域。

该设计团队完成了乙酸乙烯酯精制车间的设备布置。该生产车间包括的设备共 47 台套，明细如下：

① 塔设备 3 座：T0201 产品吸收塔（填料塔，Φ3200×23000），T0202 分离精制隔壁塔（填料塔，Φ3200/4600×33600），T0203 乙酸乙烯酯脱水塔（筛板塔，Φ1000×28800）。

② 换热器 9 台：E0201 反应气冷却器(BEM1000-$\frac{4.2}{0.16}$-198.7-$\frac{3}{19}$-6Ⅰ)，E0202 反应气冷凝器(BEM900-$\frac{0.27}{0.15}$-158.2-$\frac{3}{19}$-6Ⅰ)，E0203 产品吸收塔间冷凝器(BEM600-$\frac{0.26}{0.13}$-56-$\frac{3}{25}$-4Ⅰ)，E0204 隔壁塔加热器(BEM2000-$\frac{0.15}{0.98}$-743.8-$\frac{3}{25}$-1Ⅰ)，E0205 隔壁塔分凝器(BEM700-$\frac{0.26}{0.15}$-80-$\frac{3}{25}$-1Ⅰ)，E0206 隔壁塔冷凝器(BEM1600-$\frac{0.11}{0.15}$-472.6-$\frac{3}{25}$-1Ⅰ)，E0207 脱水塔再沸器(BKU325-$\frac{0.25}{0.11}$-16.9-$\frac{3}{19}$-2Ⅰ)，E0208 脱水塔冷凝器(BEM600-0.11-48.8-$\frac{2}{19}$-1Ⅰ)，E0209 乙酸乙烯酯冷却器(BEM450-0.11-26-$\frac{2}{19}$-2Ⅰ)。

③ 泵 26 台：P0201 产品吸收塔输送泵[ISW65-160(Ⅰ)，2 台]，P0202 产品吸收塔间输送泵(ISG150-250，2 台)，P0203 乙酸输送泵(CZ125-250，2 台)，P0204 隔壁塔输送泵[ZA200-400(1475)，2 台]，P0205 隔壁塔回流泵（ISW65-160，2 台），P0206 隔壁塔回流泵[IS125-80-160(2900)，2 台]，P0207 热泵精馏塔输送泵[ZA200-250(1475)，2 台]，P0208 隔壁塔后输送泵（CZ150-250，2 台），P0209 脱水塔前输送泵（ISW80-100A，2 台），P0210 脱水塔输送泵[IS80-65-160(2900)，2 台]，P0211 脱水塔回流泵（ISW40-125，2 台），P0212 脱水塔釜液泵[IS100-80-125(1450)，2 台]，P0213 乙酸乙烯酯输送泵[IS80-65-125(2900)，2 台]。

④ 气液分离器 1 个：V0201 气液分离罐（立式，Φ4000×2400）。

⑤ 分相罐 1 个：V0208 分相器（卧式，Φ600×1600）

⑥ 回流罐 3 个：V0204 为 T0202A 回流罐（卧式，Φ1200×3200），V0205 为 T0202B 回流罐（卧式，Φ2400×6200），V0207 为 T0203 回流罐（卧式，Φ700×1800）。

⑦ 缓冲罐 4 个：V0202 乙酸混合罐（卧式，Φ2400×8000），V0203 隔壁塔混合罐（卧式，Φ2800×7200），V0206 脱水塔前混合罐（卧式，Φ1600×3600），V0209 乙酸乙烯酯混合罐（卧式，Φ1600×3600）。

（2）车间厂房　根据生产特点，该车间选择了最为常见的长方形厂房结构，长 36000mm，宽 30000mm，占地面积 1080m^2，柱网 6000mm×6000mm，钢制框架 30000mm×18000mm，三层平台，层高 6000mm。

（3）设备布置　设备布置总体上按照工艺流程走向布置主要设备，其附属设备尽量靠近主要设备布置，以便于后期配管。

① 该车间有 3 座塔（T0201，T0202 和 T0203）和 1 个立式气液分离罐（V0201），直径均在 600mm 以上，安排在框架外，按照工艺流程顺序，露天裙座式落地安装，并保持必要的间距。

② T0202 和 T0203 两塔冷凝器（E0205，E0206 和 E0208）置于三层平台，回流罐（V0204，V0205 和 V0207）置于二层平台，可以利用位差使冷凝液流动。

③ T0202 和 T0203 两塔再沸器（E0204 和 E0207）置于露天靠近两塔布置，使得管道最短，保证再沸器热虹吸效果，并减少管路阻力损失。

④ E0201 和 E0202 分别置于三层和二层平台，利用位差让冷凝液体自上而下流动，并靠近 T0201 塔布置。

⑤ 根据工艺流程走向，将 E0209 和 V0203 置于一层平台，V0202 和 V0209 置于二层平台，V0206 和 V0208 置于三层平台，并安排合适的位置，以便于后续配管。

⑥ 所有 26 台泵均置于框架内一层，均靠近其联系的设备，以便于配管。

（4）操作、检修、安装的考虑

① 设置检修位置和检修通道。如：对双排泵设置泵组，泵与泵的电机间留有 2m 检修通道（EL±0.000 平面布置）；在换热器管束抽出端设置检修区，根据换热器管束长度，确保管束能够全部抽出（EL±0.000、EL+6.000、EL+12.000 平面布置）；

② 车间四周预留足够的空间，便于塔、罐、换热器等大型设备的吊装、检修和维护（EL±0.000 平面布置）；

③ 同类型设备尽量集中布置，且设备之间按规定留有足够的间距，便于操作人员操作与巡检（EL±0.000、EL+6.000、EL+12.000 平面布置）。

（5）配管的考虑

① 塔设备按照中心线对齐，泵按照排出管中心线对齐，并朝向联系设备，换热器、储罐按照配管一端支座对齐，便于后期配管、安排管廊，整齐美观（EL±0.000 平面布置）；

② 主要设备按工艺流程走向排列，辅助设备靠近其联系的主要设备，避免配管时管线迂回交叉（EL±0.000、EL+6.000、EL+12.000 平面布置）；

③ 设备的布置考虑了配管设计时操作区与配管区的安排（EL±0.000 平面布置），靠近厂房框架一侧为配管区，靠近道路一侧为操作区，用于设置爬梯、人孔及工人操作平台，该侧空地也可用作安装与维修空间。

（6）安全考虑

① 本车间生产火灾危险性类别为甲类，厂房耐火等级为一级，多层结构，车间占地面积为 $36\times30=1080$（m^2），小于标准规定的 $3000m^2$ 要求。

② 车间大型设备露天布置，小型设备布置于框架之内，为敞开式，通风良好。

③ 设备之间间距：泵与泵之间、泵与其他设备、塔与塔之间、塔与其他设备等遵循设备的安全间距（EL±0.000 平面布置）。

④ 考虑了安全疏散通道，每个车间至少设置两组逃生楼梯，逃生楼梯位于车间对边，每个车

间横向（逃生楼梯方向）设置至少 0.8m 宽的直线型逃生疏散通道（EL±0.000、EL+6.000、EL+12.000 平面布置）。

（7）图纸表达

① 车间布置按要求绘制了坐标原点及界区、安装方向标、标题栏、设备一览表、布置说明，按比例（1∶100）绘制了三层平面和五个立面剖视图，完整表达了整个车间建筑的基本结构和设备在厂房内外的布置情况；

② 完整注写了与设备布置有关的设备位号、定位尺寸、标高及厂房建筑物定位轴线编号、厂房外形尺寸、定位轴线尺寸等（参见平立面布置图）。

6.3　配管的标准规范与基本原则

6.3.1　遵循的法律法规、标准规范

物料代号、主项编号、管道序号、管道规格、管道等级。

6.3.1.1　管道设计的依据

① 管道仪表流程图（P&ID）和公用工程系统流程图。

② 工程设计规范、规定及管路等级表。

③ 设备平立面布置图，设备基础图和支架图。

④ 设备简图、询价图及定型设备样本或详细安装图。

⑤ 仪表变送器位置图及电气、仪表的电缆槽架条件。

⑥ 设备一览表。

⑦ 建（构）筑物平立面图（条件版）。

⑧ 仪表条件图（或数据表）。

⑨ 相关专业的条件。

⑩ 管道界区条件表。

6.3.1.2　管道布置遵循的标准和规范

①《化工装置管道布置设计规定》（HG /T 20549）。

②《石油化工金属管道布置设计规范》（SH 3012）。

③《化工工程管架、管墩设计规范》（GB 51019—2014）。

④《爆炸危险环境电力装置设计规范》（GB 50058）。

⑤《输气管道工程设计规范》（GB 50251）。

⑥《职业性接触毒物危害程度分级》（GBZ 230—2010）。

⑦《锅炉房设计标准》（GB 50041）。
⑧《氧气站设计规范》（GB 50030）。
⑨《输油管道工程设计规范》（GB 50253）。
⑩《工业金属管道设计规范》（2008 版）（GB 50316）。
⑪《石油库设计规范》（GB 50074）。
⑫《泵站设计标准》（GB 50265）。
⑬《化工建设项目环境保护工程设计标准》（GB/T 50483—2019）。
⑭《化工工艺设计施工图内容和深度统一规定》（HG/T 20519）。
⑮《石油化工可燃性气体排放系统设计规范》（SH 3009）。
⑯《化工企业安全卫生设计规范》（HG 20571）。
⑰《石油化工厂区管线综合设计规范》（SH/T 3054）。
⑱《石油化工金属管道布置设计规范》（SH 3012）。
⑲《石油化工管道伴管及夹套管设计规范》（SH/T 3040）。
⑳《石油化工管道柔性设计规范》（SH/T 3041）。
㉑《石油化工管道支吊架设计规范》（SH/T 3073）。
㉒《石油化工设备管道钢结构表面色和标志规定》（SH/T 3043）。
㉓《化工企业静电接地设计规程》（HG/T20675）。
㉔《石油化工设备和管道绝热工程设计规范》（SH/T 3010）。
㉕《工业设备及管道绝热工程设计规范》（GB 50264）。
㉖《石油化工设备和管道涂料防腐蚀设计标准》（SH/T 3022）。
㉗《管道支吊架》（GB/T 17116.1～3）。
㉘《工业管道的基本识别色、识别符号和安全标识》（GB 7231）。
㉙《冷库设计标准》（GB 50072）。
㉚《石油化工钢管尺寸系列》（SH/T 3405）。
㉛《化工配管用无缝及焊接钢管尺寸选用系列》（HG/T 20553）。
㉜《化工装置用奥氏体不锈钢焊接钢管技术要求》（HG/T 20537.3）。
㉝《化工装置用奥氏体不锈钢大口径焊接钢管技术要求》（HG/T 20537.4）。
㉞《输送流体用无缝钢管》（GB/T 8163）。
㉟《流体输送用不锈钢无缝钢管》（GB/T 14976）。
㊱《流体输送用不锈钢焊接钢管》（GB/T 12771）。
㊲《低压流体输送用焊接钢管》（GB/T 3091）。
㊳《低中压锅炉用无缝钢管》（GB/T 3087）。
㊴《高压锅炉用无缝钢管》（GB/T 5310）。
㊵《高压化肥设备用无缝钢管》（GB/T 6479）。
㊶《石油裂化用无缝钢管》（GB/T 9948）。

㊷《直缝电焊钢管》（GB/T 13793）。

㊸《锅炉、热交换器用不锈钢无缝钢管》（GB/T 13296）。

㊹《钢制对焊管件 类型与参数》（GB/T 12459）。

㊺《锻制承插焊和螺纹管件》（GB/T 14383）。

㊻《钢制对焊管件 技术规范》（GB/T 13401）。

㊼《钢制法兰管件》（GB/T 17185）。

㊽《石油化工钢制管法兰用缠绕式垫片》（SH/T 3407）。

㊾《石油化工钢制对焊管件技术规范》（SH/T 3408）。

㊿《石油化工锻钢制承插焊和螺纹管件》（SH/T 3410）。

51《工业金属管道工程施工规范》（GB 50235）。

52《现场设备、工业管道焊接工程施工规范》（GB 50236）。

53《石油化工有毒、可燃介质钢制管道工程施工及验收规范》（SH/T 3501）。

54《金属阀门 结构长度》（GB/T 12221）。

55《钢制阀门 一般要求》（GB/T 12224）。

56《工业阀门 压力试验》（GB/T 13927）。

57《特种设备生产和充装单位许可规则》第 1 号修改单（TSG 07—2019/XG1—2021），国家市场监督管理总局。

6.3.1.3　管道设计的一般原则

① 管道应成列平行敷设，尽量走直线，少拐弯（因做自然补偿、方便安装、检修、操作的除外），少交叉，以减少管架数量，节省管架材料，并做到整齐美观、便于施工。

整个装置（车间）管道，纵向与横向的标高应错开，一般情况下，改变方向的同时改变标高。

② 设备间的管道连接，应尽可能短而直，尤其是用合金钢的管道和工艺要求压降小的管道，如泵的进口管道、加热炉的出口管道、真空管道等，又要有一定的柔性，以减少人工补偿和由热胀位移所产生的力和力矩。

③ 当管道改变走向或标高时，尽量做到“步步高”或“步步低”，避免管道形成积聚气体的“气袋”或积聚液体的“液袋”和“盲肠”。如不可避免时应于高点设置放空（气），低点设放净（液）阀。

④ 不得在人行通道和机泵上方设置法兰，以免法兰渗漏时介质落于人身上发生工伤事故。输送腐蚀介质的管道法兰应设安全防护罩。

⑤ 易燃易爆介质的管道，不得敷设在生活间、楼梯间和走廊等处。

⑥ 管道布置不应挡门、窗，应避免通过电动机、配电盘和仪表盘的上空，在有吊车时，管道布置不应妨碍吊车工作。

⑦ 气体或蒸汽管道应从主管上部引出支管，以减少冷凝液的携带，管道要有坡向，以免管内或设备内积液。

⑧ 由于管法兰处易泄漏，故管道除与法兰连接的设备、阀门、特殊管件连接处必须采用法兰连接外，其他均应采用对焊连接（DN≤40mm 时用承插焊连接或卡套连接）。PN≤0.8MPa、DN≥50mm 的管道，除法兰连接阀门和设备接口处采用法兰连接外，其他均采用对焊连接（包括焊接钢管）。但对镀锌焊接管除特别要求外，不允许焊接，DN<50mm 时允许用螺纹连接（若阀门为法兰时除外），但在阀与设备连接之间，必须要加活接头以便检修。

⑨ 不保温、不保冷的常温管道除有坡度要求外，一般不设管托；金属或非金属衬管道，一般不用焊接管托，而用卡箍型管托。对较长的直管要使用导向支架，以控制热胀时可能发生的横向位移。为避免管托与管子焊接处的应力集中，大口径和薄壁管常用鞍座，以利管壁上应力分布均匀，鞍座也可用于管道移动时可能发生旋转之处，以防止管道旋转。

管托高度应能满足保温、保冷后，有 50mm 外露的要求。

⑩ 采用成型无缝管件（弯头、异径管、三通）时，不宜直接与平焊法兰焊接（可与对焊法兰直接焊接），其间要加一段直管，其长度一般小于其公称直径，最小不得低于 100mm。

⑪ 装置（车间）内的管道布置应符合 P&ID 及工艺对配管的要求；进出装置的管道应与外管道连接相吻合；孔板流量计、压力表、温度计及变送器等仪表在管道上的安装应符合工艺要求，并注上具体位置尺寸；管道与装置内的电缆、照明灯分区敷设；管道不挡吊车轨及不穿吊装孔，不穿防爆墙；管道应沿墙、柱、梁敷设，并应避开门窗；管道布置应保证安全生产和满足操作、维修方便及人货道路畅通；操作阀高度以 800～1500mm 为宜；取样阀高度约 1000mm，压力表、温度计约 1600mm 为宜；管道布置应整齐美观、横平竖直、纵横错开、成组成排布置。

⑫ 在配管的时候注意协调操作、安装、检修区域与配管区域的相对位置。如塔的操作区与配管区分配，如图 6-3-1 所示。

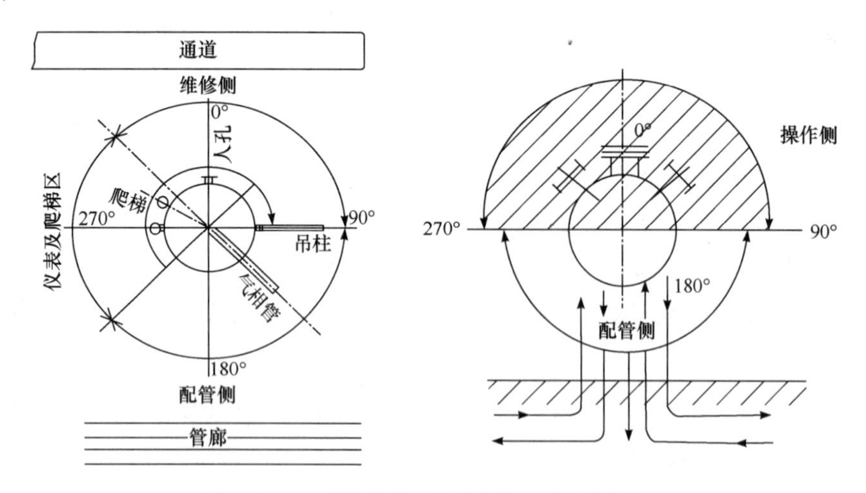

图 6-3-1 塔的维修、操作侧与配管侧的布置

6.3.1.4 管道编号

（1）管道号组成 根据《管道仪表流程图设计规定》（HG 20559—1993）的相关规定，管道号由 5 部分组成，每个部分之间用一短横线隔开：

第一部分：物料代号；

第二部分：该管道所在工序（主项）的工程工序（主项）编号和管道顺序号，简称为管道编号；

第三部分：管道的公称直径；

第四部分：管道等级；

第五部分：隔热、保温、防火和隔声代号。

第一部分和第二部分合并组成统称为“基本管道号”，它常用于管道在表格文件上的记述，管道仪表流程图中图纸和管道接续关系标注和统一管道不同管道号的分界标注，具体标注见图6-3-2。

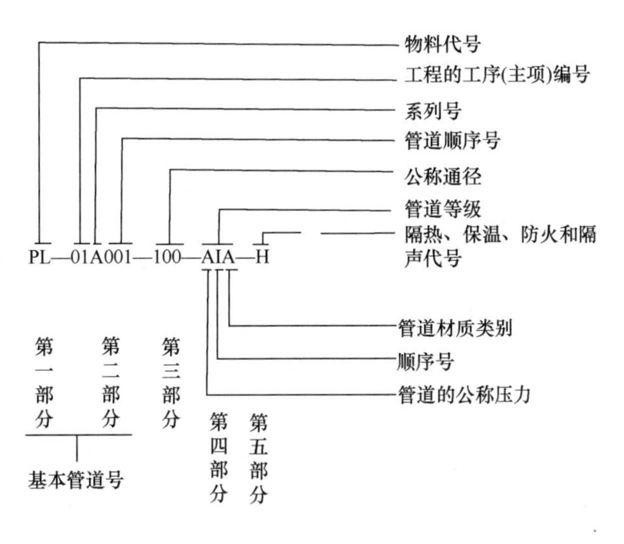

图6-3-2　管道编号标注

（2）管道号各部分含义说明

① 第一部分。物料代号：用规定的大写字母表示管内流动的物料介质，物料字母代号参见《管道仪表流程图物料代号和缩写词》（HG 20559.5—1993）。工程上需要但在规定中没有列入的物料代号应根据工程要求，由工艺系统专业负责人编制，经设计经理批准后在工程中使用。

② 第二部分。工程的工序（主项）编号和管道顺序号：由两个或三个单元组成，一般用数字或带字母（字母要占一位数，大小与数字相同）的数字组成。

a. 工程的工序编号单元

工程的工序（主项）编号是工程项目给定的，由装置内配给每一个工序（主项）的识别号，用两位数字表示，如01、10等。

b. 管道顺序号单元

顺序号为一个工序（主项）内对一种物料介质按顺序排列的一个特定号码。每一个工序对每一种物料介质，都从01（或001）起编号，管道顺序用二或三位数字表示，管道号多于999时，管道顺序号用四位数字表示。

c. 系列号单元

在一个工序（主项）中存在完全相同系统（指各系统的设备、仪表、管道、阀门和管件）完全相同时，这些相同的管道号，除了系列号单元以外，管道号的其他各部分、各单元都完全相同。系列号采用一位大写英文印刷体字母表示，通常不用O和I。

对于互为备用的设备、管件（如泵、过滤器、仪表、旁路等）和并列、大小相同重叠的设备（如并列换热器等）的接管管道，不属于采用系列号来编号的范围。

③ 第三部分。管道尺寸：用管道的公称通径表示。

a. 对公制尺寸管道，如DN100只表示为100，公制尺寸单位“mm”省略。

b. 对英制尺寸管道，如焊接钢管，亦用公称通径表示，如2"表示为50，单位“mm”省略。

c. 管道尺寸的其他表示方法，根据工程特点和要求须经设计经理批准后使用，并表示在管道仪表的流程图首页上。

④ 第四部分。管道等级：由三个单元组成。管道等级是由管道材料专业根据工程特点和要求编制的，并提供给工艺系统专业进行标注。管道等级三个单元的组成、内容如下所述：

a. 第一单元：管道的公称压力（MPa）等级代号，用大写英文字母表示。A～K 用于 ANSI 标准压力等级代号（其中I、J不用），L～Z用于国内标准压力等级代号（其中O、X不用）。

b. 第二单元：顺序号用阿拉伯数字表示，从1开始。

c. 第三单元：管道材质类别，用大写英文字母表示，与顺序号组合使用。

⑤ 第五部分：隔热、保温、防火、隔声代号，用规定的一位（或两位）大写英文印刷体字母表示，其代号字母见《管道仪表流程图隔热、保温、防火和隔声代号》（HG 20559.6—1993）。若管道中没有隔热、保温、防火和隔声要求，则管道号中省略本部分。（HG 20559.4—1993 管道仪表流程图管道编号及标注）

6.3.1.5　计算机配管

配管在化工和石化类装置的工程设计中是最主要的专业之一。专业设计的质量提升对整个装置的设计和建设起着举足轻重的作用。为了提高配管专业的设计水平和设计质量，加快设计进度，国内外的工程公司或设计院在管道设计中已广泛采用计算机辅助设计(CAD)技术，进行配管三维软模型设计同时进行质量、进度和费用控制,最终自动抽取有关详细设计图纸和材料汇总工作，效果显著。

管道软件能在管道软模型的基础上产生施工图成品、管道轴测图、管道综合材料表、管道材料汇总表等。通过自动标注软件，能在管道软模型上切出管道平立面图，并自动标注设备、管道的定位尺寸及属性，建筑轴线号，柱间距等相关信息，大大节省人力。

目前，国内外工程公司应用较多的三维工厂设计软件有如下几种：美国Intergraph公司的PDS和Smart PLANT系列产品，英国AVEVA公司的PDMS系列产品，和美国BENTLEY公司的AutoPLANT产品。由于软件均来自国外，故投资较大，若不是大项目，很难承受如此高的成本。国内也有一些单位自行开发三维设计软件，由于价格低廉、实用，在我国中小型设计院有一定影响，如 PDSOFT、PDA 等。

三维工厂设计模型建立的基本方法和过程如下：

（1）项目建立　建立项目三维模型的环境。首先必须建立项目三维模型的环境，如定义项目名称、模型的坐标系，设置设计、操作、校对人的权限，管道材料等级库路径，软件用户号指向，单管图自动生成设置，自动标注开关设置，各种管件、设备、构筑物颜色设置。

（2）管道材料等级库的建立　根据配管材料专业编制的项目管道材料等级表，应用软件自有的生成器或文件从软件域筛选和调用项目中所需要的管道材料，包括外形尺寸、管件编码和管件描述，目前各软件工程库中较完整的数据资料有 ANSI、DIN 标准。中国标准正在不断完善之中。

（3）设备模型建立　在已设定好坐标系的设备模型中，根据设备平立面图、设备小样图上外形尺寸和管口方位输入所建各种设备的数据信息。

（4）钢结构模型建立　根据土建结构计算出的柱梁型钢规格，输入设定好坐标系的钢结构模型中，可快速地建立钢结构框架模型，同时生成型钢材料表。目前一些钢结构计算软件已与三维设计软件有接口，三维设计软件可直接读取计算结果，生成钢结构模型。

（5）管道模型建立　管道模型的建立应事先规划好，可依照管道平面分区图设置。设备模型范围一般与管道模型范围相一致，以方便建模和碰撞检查。建模时，设备及设备管接口是重要的依据。由于管接口已带有与其相接管道的属性，因此管道很容易建立起来，不需要再输入任何管道属性。

目前绝大多数工程公司或设计院在建立管道模型时，均参照管道平面研究图进行，若配管设计人员三维空间想象力好的话，可简化管道研究图，直接在三维模型中设计管道。

（6）仪表电气建模　仅仅建立电缆桥架、现场仪表和现场电气柜的模型，可帮助配管设计人员避免管道与其相碰。

（7）检查报告和材料报表　从已建立的管道模型能自动提取出各种所需的材料报表，如材料汇总表、管道综合材料表、区域管道材料表等。从管道模型还可以产生供检查用的报告，如点坐标报告、管件特性和材料报告等。以上报表和报告能在屏幕上显示，也可以在打印机输出。

（8）碰撞检查　管道模型可能会出现管道之间及管道和设备、钢结构、混凝土结构、通风管、电缆槽之间的碰撞现象。干扰检查可以自动检查并显示出相碰的位置并产生报告。设计人员据此对设计进行必要修改，以确保设计质量，避免在施工时造成费用和时间的浪费。

碰撞既可以是管道和物体直接相碰的硬碰撞，也可以是管道和物体周围必要的操作、维修空间和热、磁辐射范围的软碰撞。相碰的管道和物体通过屏幕闪耀和颜色的变化来显示。在报告中指明碰撞类型、碰撞的目标体及坐标位置。

（9）其他功能操作　软件有配套管道应力分析程序和其他分析程序的接口。软件具有消除隐藏线和渲染功能。经命令操作后可得到消除隐藏线图像的管道模型或渲染的管道模型。软件还有和相应工艺仪表流程图核对的功能。通过命令操作可产生管道模型和流程图偏差的报告，指出多余的、遗漏的和不符合的部件。

（10）三维模型漫游软件　目前一些大型工程公司已取消常规的、我们所熟悉的核对，即审核管道图不是在三维图纸上进行，而是直接运用模型漫游软件在屏幕上进行。检查的内容有：可操作性、安全性，并考虑维修、施工及安装等要求。

（11）管道轴测图　一般管道布置软件都配套有轴测图生成器，能从建立的管道模型中产生施工所需的管道轴测图。该图包括尺寸、管件标记、物料流向、端点坐标及连接信息等，同时生成管段材料表、管段切割长度表等。

（12）管道平面图　软件生成的管道布置图采用自动编辑和标注后，再对图面进行检查和人工修饰。

6.3.2 管道布置实例

目前工厂配管设计基本上采用专业软件来实现。下面以 2021 年宁波工程学院“醇风习习”团队的作品来介绍。

该项目是扬子石化年产 1.7 万吨高纯异丙醇项目，以中国石化扬子石油化工有限公司乙烯联合装置产出的丙烯、乙酸装置产出的乙酸和天然气项目产出的氢气为生产原料，进行高纯异丙醇的生产。本项目年利用 1.29 万吨丙烯、1.76 万吨乙酸和 970t 氢气，年产 1.7 万吨高纯异丙醇，副产 7000t 无水乙醇、4400t 乙酸乙酯、1800t 低纯乙醇和 700t 混合醇。项目组采用 PDmax2.0 软件完成了丙烯酯化车间的配管设计见图 6-3-3。

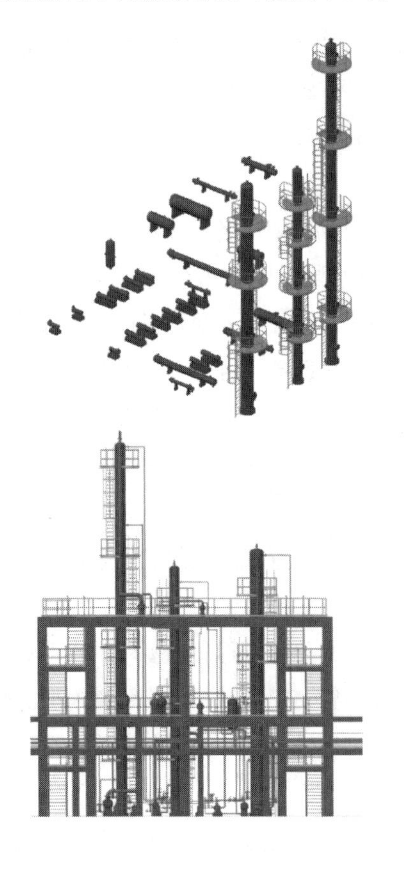

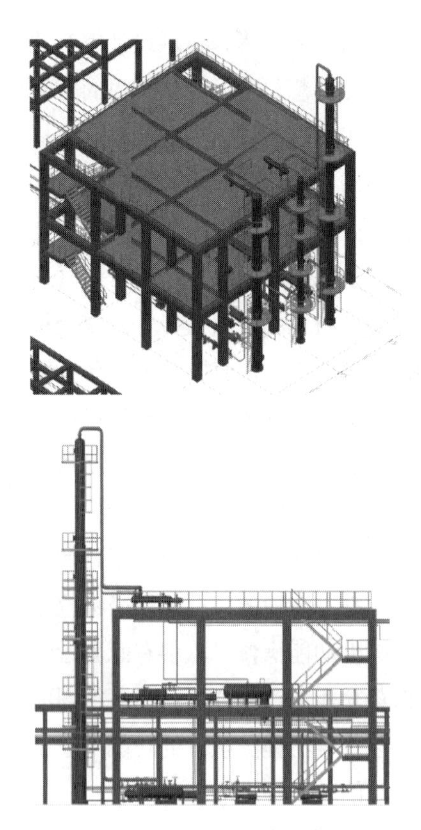

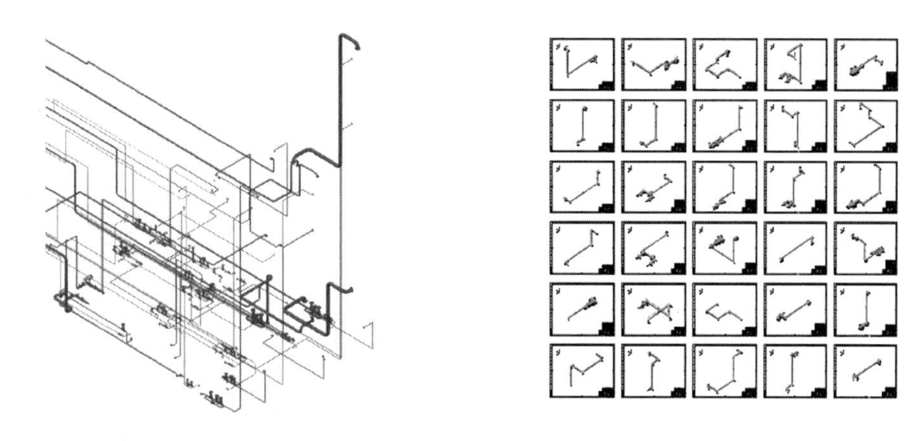

图 6-3-3　丙烯酯化车间三维模型

配管的主要流程如下：①根据设备设计说明书、设备一览表建立设备模型；②根据车间平立面布置图建立钢结构平台模型并布置设备；③根据带控制点工艺流程图，遵循管道布置设计相关规范，完成配管设计（管道、仪表、阀门等管件）；④利用软件功能，导出管道轴测图、管道材料表（BOM）等。

第 7 章
经济分析与财务评价

7.1 概述

项目的经济评价是项目可行性研究的重要组成部分，其作用是在选址、技术方案等多项内容研究的基础上，对项目的经济合理性、财务可行性以及抗风险能力做出全面的分析与评价，为项目决策提供重要依据。

7.1.1 经济评价原则

（1）技术与经济相结合的原则　技术是在一定的经济条件下产生和发展的，同时技术也是经济发展的重要手段。技术与经济这种相互依赖、相互促进的关系，构成了评价项目的原则之一，因此在评价投资建设项目的技术方案时，既要评价其技术能力、技术意义，也要评价其经济价值，将二者结合起来，寻找符合国家政策且能促进企业发展的项目方案，使之最大限度地创造效益。

（2）财务分析与国民经济分析相结合的原则　项目的财务分析是指根据国家现行的财务制度和价格体系，从投资主体的角度考察项目给投资者带来的经济效果的分析方法。项目的国民经济分析则是指按照社会资源合理配置和有效利用的原则，从国家整体的角度来考察项目的效益和费用的分析计算，其目的是充分利用有限的资源，促进国民经济持续稳定的发展。项目的财务分析和国民经济分析都是项目的经济性分析，但各自所代表的利益主体不同，因而两种分析方法的目的、任务和作用等也有所不同。当财务分析与国民经济分析结果不一致时，应以满足国民经济需要为前提。财务分析与国民经济分析的结论均可行的项目应予通过，国民经济分析不可行而财务分析可行的项目应予否定，对于一些国计民生必需的项目，国民经济分析可行，但财务分析的结论不可行时，通常应进一步优化方案，或必要时向有关部门建议或申请相应的优惠政策，使得投资项目具有财务上的生存能力，既满足人民群众生产、生活的必需，又不给国家造成严重的经济负担。

（3）效益与费用计算口径对应一致的原则　在经济评价中，将效益与费用限定在同一个范围内，才有可能进行比较，计算的净效益才是项目投入的真实回报。

（4）收益与风险权衡的原则　投资人关心的是效益指标，但是对于可能给项目带来风险的因素考虑得不全面，对风险可能造成的损失估计不足，往往有可能使得项目失败。收益与风险权衡的原则提示投资者，在进行投资决策时，不仅要看到效益，也要关注风险，权衡得失、利弊后再行决策。

（5）动态分析与静态分析相结合，以动态分析为主的原则　动态分析是指利用资金时间价值的原理对现金流量进行折现分析。静态分析是指不对现金流量进行折现分析。项目经济评价的核心是折现，所以分析评价要以折现（动态）指标为主。非折现（静态）指标与一般的财务和经济指标内涵基本相同，比较直观，但是只能作为辅助指标。

（6）定量分析与定性分析相结合，以定量分析为主的原则　经济评价的本质就是要对拟建项目在整个计算期的经济活动，通过效益与费用的计算，对项目经济效益进行分析和比较。一般来说，项目经济评价要求尽量采用定量指标，但对一些不能量化的经济因素，不能直接进行数量分析，对此要求进行定性分析，并与定量分析结合起来进行评价。定性分析是评价人员依据国家的法律法规、国家发展布局及发展方向、该项目对国家发展所起作用和该项目发展趋势等进行的基于经验的评价。在实际项目方案中，由于有些问题的复杂性和有些内容无法定量表达，定性分析十分必要。 定性分析是以主观判断为基础，在占有一定资料、掌握相应政策的基础上，根据决策人员的经验、直觉、学识和逻辑推理能力等进行评价的方法，评价尺度往往是给项目打分或确定指数。这是从总体上进行的一种笼统的评价方法，属于经验型决策。定量分析则是以客观、具体的计算结果为依据，以得出的项目的各项经济效益指标为尺度，通过对“成果”与“消耗”以及“产出”与“投入”等的分析对项目进行评价。定量分析不仅使评价更加精确，减少了分析中的主观成分，使分析评价更加科学，还有利于在定量分析中发现研究对象的实质和规律，尤其是对一些不确定因素和风险因素，都可以用量化指标对其做出判断与决策。

7.1.2　经济评价方法

项目类型、项目性质、项目目标和行业特点的不同，都会影响到评价方法、评价内容和评价参数的选择。对具体某一项目，如何选择评价方法、评价内容和评价参数不能一概而论，更不要求采用所有方法和内容都做一遍。项目的评估人员应具体问题具体分析，独立地做出选择。

对于一般项目，财务的分析结果将对决策、实施和运营产生重要影响，因此财务分析必不可少。由于项目产出品的市场价格基本上能够反映其真实价值，当财务分析的结果能够满足决策需要时，可以不进行经济费用效益分析。

对于那些关系到国家安全、国土开发、市场不能有效配置资源等具有较明显外部效果的项目（一般为政府审批或核准项目），都需要从国家经济整体利益的角度来考察，并以能反映资源真实价值的影子价格来计算项目的经济效益和费用，通过经济评价指标的计算和分析，得出项目是否对整个社会有益的结论。

7.1.3 经济评价结果与分析

项目决策可分为投资决策和融资决策两个层次。投资决策注重考察项目净现金流的价值是否大于其投资成本，融资决策注重考察资金筹措方案能否满足要求，一般是投资决策在先，融资决策在后。根据不同决策的需要，财务分析可分为融资前分析和融资后分析。财务分析一般宜先进行融资前分析，融资前分析是指在考虑融资方案前就开始进行的财务分析，即不考虑债务融资条件下进行的财务分析。在融资前分析结论满足要求的情况下，初步设定融资方案，再进行融资后分析，融资后分析是指以设定的融资方案为基础进行的财务分析。在项目的初期研究阶段，也可只进行融资前分析。融资前分析只进行盈利能力分析，并以项目投资折现现金流量分析为主，计算项目投资内部收益率和净现值指标，也可计算投资回收期指标（静态）。融资后分析主要是针对项目资本金折现现金流量和投资各方折现现金流量进行分析，既包括盈利能力分析，又包括偿债能力分析和财务生存能力分析等内容。

（1）财务报表和指标　在进行项目财务报表分析时，无论是投资估算，还是营业收入或经营成本的估算都涉及采用什么价格的问题。采用的价格不同，对项目财务评价结果影响极大，所以正确确定项目财务评价使用的价格是十分重要的。对各项分析指标的评价都是一种经验，并没有绝对的评价标准，应该实事求是。

财务效益分析结果的好坏，一方面取决于基础数据特别是预测的数据包括收入成本等的可靠性，这就要求在财务分析过程中必须注意预测的真实性和准确性；另一方面则取决于所选取的指标体系的合理性。财务效益分析指标体系根据不同的依据分类不同，按是否考虑资金时间价值因素，可分为静态指标和动态指标；按指标的性质，可分为时间性指标、价值性指标和比率性指标；按财务效益分析的目标，可分为反映盈利能力的指标、反映清偿能力的指标和反映外汇平衡能力的指标。不同的项目、不同的项目背景所选取的指标体系及指标值是不同的，应该在综合行业特点及专家经验的基础上选取合理的指标。

一个工程项目的投资不但有收益性和长期性的特点，而且在未来具有很大的不确定性，投资者能否取得预期的利润还决定于未来社会经济发展的条件、环境和趋势等，所有的投资都建立在对未来收益的估计上，需要投资者在拟建项目之前进行科学的投资决策，充分估计未来的不确定性。

（2）经济评价结果的全面分析　对于评价结果不能只注重评价指标，应从社会再生产的各个方面，从经济运行机制的各个环节，从管理体制和管理方法的各个因素去考虑。投资经济效益是政治、技术和各项经济活动的一个内在、全面、综合的反映，这就需要管理者具有较强的综合素质，较为丰富的实践经验。另外某些建设项目属于公益性的基础设施项目，因此在这种项目的经济评价中，应将国家的整体经济状况及未来发展趋势作为考虑的因素。

项目前期研究阶段所做的技术、经济、环境、社会和生态影响的分析论证，每一类分析都可能影响到投资决策。经济评价只是项目评价的一项重要内容，不能解决所有问题。同理，对于经济评价，决策者也不能只通过一种指标就能判断项目在财务上或经济上是否可行，而应同时考虑多种影响因素和多个目标的选择，并把这些影响和目标相互协调起来，才能实现项目的系统优化，进行最终决策。 而这些通常需要由那些不但对专业技术熟悉，并且具有较强综合能力、社会活动能力以及有着丰富工作经验的人进行决策，要达到上述要求没有多年的实践经历是不可能的。

7.2　财务评价

在建设项目投资决策分析与评价的各个阶段中，财务评价都是其中的重要组成部分，但不是唯一的决策依据。国际通行的财务评价都是以动态分析方法为主，即根据资金时间价值原理，考虑项目整个计算期内各年的效益和费用，采用现金流量分析的方法，计算内部收益率和净现值等评价指标。

我国于 1987 年和 1993 年由国家发展和改革委员会（原国家计委）和建设部发布实施的《建设项目经济评价方法与参数》第一版和第二版，都采用了动态分析与静态分析相结合，以动态分析为主的原则制定出一整套项目经济评价方法和指标体系。2002 年试行的《投资项目可行性研究指南》亦同样采用这条原则，只是增减了某些指标、调整了部分表格，从整个方法体系的角度上看，基本没有大的变化。2006 年 7 月 3 日，由国家发展和改革委员会和建设部联合发布实施《建设项目经济评价方法与参数》第三版，此版本在第二版的基础上做了较大调整：有的进行了增加和补充，有的进行了简化，并建立了建设项目经济评价参数体系，明确了评价参数的测算方法 、测定选取的原则、动态适时调整的要求和使用条件；修改了部分财务评价参数和国民经济评价参数等。

7.2.1　财务评价基础数据

财务评价涉及的基础数据很多，按其作用可以分为两类，一类是计算用数据和参数，另一类是判别用参数，或称基准参数。计算用数据和参数可分为初级数据和派生数据两类。财务评价需要大量的初级数据，它们大多是通过调查研究、分析、预测确定或相关专业人员提供的，如人员数量和工资、原材料及燃料动力消耗量及价格、折旧和摊销年限、成本计算中的各种费率、各种税率、汇率、利率、计算期和运营负荷等计算用数据和参数。成本费用、营业收入、营业税金与附加等可以看作是财务分析所用的计算用数据，它们是通过初级数据计算出来的，可以称为派生数据。判别参数是用于判别项目效益是否满足要求的基准参数，如基准收益率或最低可接受收益率、基准投资回收期以及偿债备付率等比率指标的判别基准往往通过专门分析和测算得到，或者直接采用有关部门或行业的发布数值，或者由投资者自行确定。这类基准参数决定着对项目效益的判断，是取舍项目的依据。

7.2.1.1 项目总投资

项目财务评价中的总投资一般是指项目的建设和投入运营时所需要的全部投资，包括建设投资、建设期利息和全部流动资金。

总投资 = 建设投资 + 建设期利息 + 流动资金

(1) 建设投资 建设投资的构成可以按照概算法分类或按照资产形成法分类。

若按概算法分类，建设投资由工程费用、工程建设其他费用和预备费用 3 部分构成。

建设投资 = 工程费用 + 工程建设其他费用 + 预备费用

工程费用主要包括建筑工程费、安装工程费、设备及工器具购置费。估算的方法主要有单位生产能力估算法、生产能力指数法、系数估算法、比例估算法、估算指标法等。使用估算指标法进行投资估算决不能生搬硬套，必须对工艺流程、定额、价格及费用标准进行分析，经过实事求是的调整与换算后，才能提高其精确度。

工程建设其他费用包括以下内容：土地征用及拆迁补偿费、建设单位管理费、工程建设监理费、工程质量监督费、定额编制管理费、联合试运转费、工器具及生产家具购置费、生产职工培训费、办公和生活家具购置费、前期工作费、勘察设计费、研究试验费、进口设备和材料的其他费用，这些费用一般都有明确的规定，当工程费用估算完成后，即可换算出结果。有些费用政策性较强，如土地征用及拆迁补偿费等，需要根据当地具体情况确定，有时因地点、时间不同，会有较大的差异。

预备费用包括基本预备费和涨价预备费。

基本预备费是指在项目实施中可能发生难以预料的支出，需要事先预留的费用，又称为工程建设不可预见费。基本预备费按工程费用和工程其他费用两者之和乘以基本预备费的费率估算，计算公式如下：

基本预备费 = （工程费用 + 工程其他费用）× 基本预备费率

涨价预备费适用于建设期较长的项目，由于建设期内可能发生材料、设备、人力等价格的上涨引起投资增加，为避免无以为继、中途停工待料，需要事先预留一部分费用，也称价格变动不可预见费。涨价预备费以建筑工程费、安装工程费、设备及工器具购置费之和为计算基数。计算公式为：

$$涨价预备费 = \sum_{t=1}^{n} I_t \left[(1+f)^t - 1 \right]$$

式中，I_t 表示第 t 年的工程费用；f 表示建设期价格上涨指数；n 表示建设期。

若按照形成资产法分类，建设投资由形成固定资产的费用、形成无形资产的费用、形成其他资产的费用和预备费 4 部分构成。

建设投资 = 固定资产 + 无形资产 + 其他资产 + 预备费用

固定资产是指同时具有下列特征的有形资产：为生产商品、提供劳务、出租或经营管理而持有的，使用寿命超过一个会计年度。在财务评价中构成固定资产原值的费用包括：a. 工程费用，即建筑工程费、设备购置费和安装工程费；b. 工程建设其他费用，即按规定形成固定资产的费用（称为固定资产其他费用，包括建设单位管理费、可行性研究费用、安全环保评价费、勘察设计费、联合试运转费等）；c. 预备费，即基本预备费和涨价预备费；d. 建设期利息。

无形资产是指企业拥有或者控制的没有实物形态可辨认的非货币性资产。在财务评价中，构成无形资产原值的费用主要包括技术转让费或技术使用费（含专利权和非专利技术）、商标权、土地使用权和商誉等，一般情况下，土地征用和动迁补偿费可划为无形资产。

其他资产，原称递延资产，是指除流动资产、长期投资、固定资产、无形资产以外的其他资产，如长期待摊费用。按照有关规定，除购置和建造固定资产以外，所有筹建期间发生的费用，先在长期待摊费用中归集，待企业开始生产经营起计入当期的损益。在财务评价中，构成其他资产原值的费用主要包括生产准备费、开办费、办公及生活家具购置费、出国人员费、来华人员费、图纸资料翻译复制费、样品样机购置费和农机开荒费等。

（2）建设期利息估算　估算建设期利息，需要根据项目进度计划，提出建设投资分年计划，列出各年投资额，对合资项目，还要明确其中外汇和人民币的比例。

在估算建设期利息时，应注意名义年利率和有效年利率的换算。将名义年利率折算为有效年利率的计算公式为：

$$有效年利率=\left(1+\frac{r}{m}\right)^{m}-1$$

式中，r 表示名义年利率；m 表示每年计息次数。

为了简化计算，通常假定借款均在每年的年中支用，借款当年按半年计息，其余各年份按全年计息，估算时分以下两种情况。

采用自有资金付息时，按单利计算，即

各年应计利息 =（年初借款本金累计 + 本年借款额 / 2）× 名义年利率

采用复利方式计息时：

各年应计利息 =（年初借款本金累计 + 本年借款额 / 2）× 有效年利率

（3）流动资金估算　流动资金是指运营期内长期占用并周转使用的营运资金，不包括运营中需要的临时性营运资金。流动资金的估算基础是经营成本和商业信用，流动资金的估算可选用扩大指标估算法或分项详细估算法。

扩大指标估算法：参照同类企业流动资金占营业收入或经营成本的比例，或者单位产量占用营运资金的数额估算流动资金，在项目建议书阶段一般采用此法，某些行业在可行性研究阶段有时也采用此方法。

分项详细估算法：利用流动资产与流动负债估算项目占用的流动资金。先对流动资产和流动负债的主要构成要素进行分项估算，进而估算流动资金。流动资产一般包括存货、库存现金、应收账款和预付账款；流动负债一般只考虑应付账款和预收账款。流动资金等于流动资产与流动负债的差额，即：

$$流动资金 = 流动资产 - 流动负债$$

7.2.1.2　项目计算期

项目计算期是指经济评价中为进行动态分析所设定的期限，包括建设期和运营期。建设期是指项目资金正式开始投入到项目建成投产为止所持续的时间，一般按合理工期或预计的建设进度确定；运营期可分为投产期和达产期两个阶段。投产期是指项目投入生产，但生产能力尚未完全达到设计能力时的过渡阶段。达产期是指生产运营达到设计预期水平后的时段。运营期一般以项目主要设备的经济寿命期确定。综上所述，项目计算期应根据多种因素综合确定，包括行业特点、主要装置（或设备）的经济寿命等。

7.2.1.3　价格体系

财务分析应该用以市场价格体系为基础的预测价格。影响市场价格的因素很多，也很复杂，但归纳起来不外乎两类：一是由于供需变化、价格政策的变化；二是由于通货膨胀或通货紧缩而引起商品价格总水平的变化，产生绝对价格变动。在市场经济条件下，货物的价格因地而异，因时而变。要准确预测货物在项目计算期中的价格是很困难的。在不影响评价结论的前提下，可采取以下简化办法。

对建设期的投入物，由于需要预测的年限较短，可既考虑相对价格变化，又考虑价格总水平变动。由于建设期投入物品种繁多，分别预测难度大，还可能增加不确定性，因此在实践中一般以涨价预备费的形式进行综合估算。

对运营期的投入物和产出物价格，由于运营期比较长，在前期研究阶段对将来的物价上涨水平较难预测，预测结果的可靠性也难以保证，因此一般只能预测到经营期初价格。运营期各年采用同一的不变价格。

7.2.1.4　运营负荷

运营负荷是指项目运营过程中负荷达到设计能力的百分数，它的高低与项目的复杂程度、技术成熟程度、市场开发程度、原材料供应、配套条件、管理因素等有关。在市场经济条件下，运营负荷的高低主要取决于市场。结合市场和各种因素确定分年运营负荷作为计算各年成本费用和运营收入的基础。

运营负荷的确定一般有两种方式：一是经验设定法，即根据以往项目的经验，结合该项目的实际情况，粗略估计各年的运营负荷，以设计能力的百分数表示，据此估算分年成本费用和运营收入；二是运营计划法，通过制定详细的分年营运计划，确定产出能力，再据此估算分年成本费用和营业收入。国内项目经济评价大都采用第一种方式。

7.2.1.5 相关税费

不同项目涉及的税费种类和税率差异较大。税费计算得当是正确评价项目效益的重要因素。要根据项目的具体情况选用适宜的税种和税率计税。这些税费及相关优惠政策会因时而异，因地而异，项目评价时应密切注意当时和项目所在地的税收政策，适时调整计算，使财务评价能够符合实际情况。

(1) 关税　关税是以进、出口的应税货物为纳税对象的税种。财务评价中涉及引进设备、技术和进口原材料时，可能需要估算进口关税。我国仅对少数货物征收出口关税，而对大部分货物免征出口关税。若建设项目的出口产品属征税货物，应按规定估算出口关税。

(2) 增值税　财务分析应按税法规定计算增值税。须注意当采用含（增值）税的价格计算销售收入和原材料、燃料动力成本时，利润和利润分配表以及现金流量表中应单列增值税科目；采用不含（增值）税的价格计算时，利润表和利润分配表以及现金流量表中不包括增值税科目。

(3) 营业税金及附加　营业税金及附加应作为利润和利润分配表中的科目，在会计处理上，营业税、消费税、土地增值税、资源税和城市维护建设税、教育费附加均可包含在营业税金及附加中。营业税是指交通运输、建筑、邮电通信、服务等行业应按税法规定计算营业税。消费税是我国对部分货物征收消费税。土地增值税是按转让房地产取得的增值额征收的税种。资源税是国家对开采特定矿产品或者生产盐的单位和个人征收的税种。

(4) 企业所得税　企业所得税是针对企业应纳税所得额征收的税种。在项目财务评价中应注意按有关税法对所得税税前扣除项目的要求，正确计算应纳税所得额，并采用适宜的税率计算企业所得税，同时注意正确使用有关的所得税优惠政策并加以说明。

7.2.1.6 营业收入

营运收入是指销售产品或者提供服务所获得的收入，是现金流量表中现金流入的主体，也是利润表的主要科目。营业收入是财务分析的重要数据，其估算的准确性极大地影响着项目财务效益的估计。营业收入估算的基础数据包括产品或服务的数量和价格，都与市场预测密切相关。在估算营业收入时应对市场预测的相关结果以及建设规模、产品或服务方案进行概括的描述或确认，特别应对采用价格的合理性进行说明。营业收入的估算有一项重要的假定，即当期的产出（扣除自用后）当期全部销售，也就是当期商品产量等于当期销售量。

7.2.1.7 总成本费用

总成本费用是指在运营期内为生产产品或提供服务所发生的全部费用，包括经营成本、折旧费、摊销费和利息支出等。项目财务评价中通常采用“生产要素法”估算总成本费用，估算公式如下：

总成本费用 = 外购原料、燃料和动力费 + 工资及福利费 + 修理费 +

折旧费 + 摊销费 + 利息支出 + 其他费用

外购原材料和燃料动力费的估算需要相关专业所提出的外购原材料和燃料动力年耗用量，以及在选定价格体系下的预测价格，应按入库价格计。

工资及福利费是指企业为获得职工提供的服务而给予各种形式的报酬以及其他相关支出，通常包括职工工资、奖金、津贴和补贴、职工福利费、医疗保险费、养老保险费、失业保险费、工伤保险费、生育保险费等社会保险费和住房公积金中由职工个人缴付的部分。

修理费是指为保持固定资产的正常运转和使用，充分发挥其使用效能，对其进行必要修理所发生的费用。固定资产修理费系指项目全部固定资产的修理费，可直接按固定资产原值（扣除所含的建设期利息）的一定百分比估算。在生产运营的各年中，修理费率的取值，一般采用固定值。

财税制度允许企业逐年提取固定资产折旧，符合税法的折旧费允许在所得税前列支。固定资产的折旧方法可在税法允许的范围内由企业自行确定，一般采用直线法，包括平均年限法和工作量法，工作量法又分两种，一是按行驶里程计算折旧，二是按工作小时计算折旧。税法也允许采用某些快速折旧法，即双倍余额递减法和年数总和法。

无形资产和其他资产的摊销费一般采用平均年限法估算，不计残值，从开始使用之日起，在有效使用期限内平均摊入成本。

利息支出包括长期借款利息、用于流动资金的借款利息和短期借款利息 3 部分。长期借款利息是指建设期间借款余额应在生产期支付的利息，有等额还本付息方式和等额还本利息照付方式两种计算利息的方法可供选择。流动资金借款从本质上说应归类为长期借款，但目前有些企业往往有可能与银行达成共识，按年终偿还，下年初再借的方式处理，并按一年期利率计息。短期借款是指生产运营期间为了资金的临时需要而发生的短期借款，短期借款的数额应在资金来源与运用表中有所反映，其利息应计入总成本费用表的财务费用中。计算短期借款利息所采用利率一般为一年期利率。

其他费用包括其他制造费用、其他管理费用和其他营业费用这三项费用，是指由制造费用、管理费用和营业费用中分别扣除折旧费、摊销费、修理费和工资及福利费等以后的其余部分。

7.2.1.8 经营成本

经营成本是指总成本费用扣除固定资产折旧费、无形资产和其他资产摊销费和利息支出后的成本费用，在项目经济评价中，一般用于现金流分析。

经营成本=总成本费用–折旧费–无形资产–摊销费–利息支出

7.2.1.9 固定成本和可变成本

根据成本费用与产量的关系可以将其分解为固定成本和可变成本。固定成本是指不随产品产量变化的各项成本费用，可变成本是指随产品产量增减而成正比例变化的各项费用。通常可变成本主要包括外购原材料、燃料动力消耗、包装费和计件工资等。固定成本主要包括工资（计件工资除外）、折旧费、无形资产和其他资产摊销费、修理费和其他费用。

7.2.1.10　基准参数

财务评价中最重要的基准参数是判别内部收益率是否满足要求的财务基准收益率，也可称最低可接受收益率，同时它也是计算净现值的折现率。财务基准收益率系指建设项目财务评价中对可货币化的项目费用与效益采用折现方法计算财务净现值的基准折现率，是项目财务可行性和方案比选的主要判据。

财务基准收益率的选用一般遵循以下原则：政府投资项目的财务评价必须采用国家行政主管部门发布的行业财务基准收益率；企业投资等其他各类建设项目的财务评价中所采用的行业基准收益率，采用由投资者自行测定的项目最低可接受财务收益率，也可选用国家或行业主管部门发布的行业财务基准收益率。

7.2.2　财务评价报表与指标

7.2.2.1　财务评价基本报表与编制方法

项目评价报表的编制，除根据《建设项目经济评价方法与参数》（第三版）规定的各种报表格式，还应根据各行业的特点，对报表的项目和内容加以适当的增减，按照编制方法和各阶段设计深度的要求进行编制，包括财务分析报表和财务分析辅助报表。

财务分析报表是项目评价所必需的报表，反映项目全面的财务状况，据此完成规定的各项评价指标的计算，从而得到全面的财务评价结论，包括现金流量表、利润与利润分配表、财务计划现金流量表、资产负债表及借款还本付息计划表。现金流量表、利润与利润分配表为项目盈利能力分析提供基础数据，财务计划现金流量表是为项目生存能力分析提供基础数据，资产负债表、借款还本付息计划表是为项目偿债能力分析提供基础数据。

财务分析辅助报表是根据项目评价需要通过调查研究和有关规定确定的一些基础数据，对项目的资产、收入、成本、费用等基本要素进行计算结果的汇总，财务分析辅助报表是为填写基本报表提供数据的，是编制财务分析报表的基础，所以它的数据估算精确度对评价结论至关重要，辅助报表可根据项目的特点和评价要求设置，包括建设投资估算表、建设期利息估算表、项目总投资使用计划与资金筹措表、营业收入、营业税金及附加和增值税估算表、总成本费用估算表。

财务效益分析的基本原理是从基本报表中取得数据，计算财务效益分析指标，然后与基本参数做比较，根据一定的评价标准，确定项目是否可行。现介绍财务分析报表的编制方法。

（1）现金流量表　从项目财务评价角度看，在某一时点上流出项目的资金称为现金流出，记为 CO；流入项目的资金称为现金流入，记为 CI。同一时点上的现金流入量与现金流出量的代数和称为净现金流量，记为 NCF。

投资现金流量表：项目投资现金流量表是站在项目全部投资的角度，不分投资资金来源，设定项目全部投资均为资本金条件下的项目现金流量系统的表格式反映，用于计算项目投资内部收益率及净现值等财务分析指标。现金流入为营业收入、补贴收入、回收固定资产余值、回收流动资金 4 项。现金流出包含有建设投资、流动资金、经营成本、营业税金及附加和维持运营投资。

资本金现金流量表：项目资本金现金流量表是站在项目投资主体角度考察项目的现金流入流出情况，用于计算项目资本金财务内部收益率。现金流入各项的数据来源与项目投资现金流量表相同。现金流出项目包括：项目资本金、借款本金偿还、借款利息支付、经营成本、营业税金及附加、所得税和维持运营投资。借款本金偿还主要指借款还本付息计划表中合计的借款本金的偿还。借款利息支付数额来自总成本费用估算表中的利息支出项。现金流出中其他各项与全部投资现金流量表中相同。

（2）利润和利润分配表　利润和利润分配表编制反映了项目计算期内各年的营业收入、总成本费用、利润总额以及净利润的分配情况，用于计算总投资收益率、项目资本金净利润率等指标。

利润和利润分配表的编制以利润计算过程为基础，计算公式为：

$$\text{利润总额} = \text{营业收入} + \text{补贴收入} - \text{营业税金及附加} - \text{总成本费用}$$

$$\text{所得税} = \text{应纳税所得额} \times \text{所得税税率}$$

$$\text{利润} = \text{利润总额} - \text{所得税}$$

$$\text{可供分配的利润} = \text{净利润} + \text{期初未分配利润}$$

$$\text{可供投资者分配的利润} = \text{可供分配的利润} - \text{盈余公积金}$$

可供投资者分配的利润按照应付有限股股利、任意盈余公积金、应付普通股股利和投资各方利润分配等项进行分配。法定盈余公积金一般按照可供分配的利润的 10%提取，盈余公积金已达注册资金 50%时可以不再提取。

未分配利润：主要指投资者分配利润后剩余的利润，可用于偿还建设投资借款本金及弥补以前年度亏损。

（3）财务计划现金流量表　财务计划现金流量表能全面反映项目资金活动全貌。反映项目计算期各年的投资、融资及经营活动的现金流入和流出，用于计算累计盈余资金，分析项目的财务生存能力。该表包括经营活动净现金流量、投资活动净现金流量和筹资活动净现金流量三大部分。项目的资金筹措方案和借款及偿还计划应能使表中各年度的累计盈余资金额始终大于或等于零，否则，项目将因资金短缺而不能按计划顺利运行。

（4）资产负债表　资产负债表综合反映项目计算期内各年末资产、负债和所有者权益的增减变化及对应关系，用以考察项目资产、负债及所有者权益的结构是否合理，计算资产负债率，进行清偿能力分析。资产负债表的编制方法是“资产 = 负债 + 所有者权益”。

资产由流动资产总额、在建工程、固定资产净值、无形及其他资产净值 4 项组成。流动资产总额为货币资金、应收账款、预付账款、存货和其他。在建工程是指投资计划与资金筹措表中的年建设投资额，包括固定资产投资方向调节税和建设期利息。固定资产净值和无形及其他资产净值分别从固定资产折旧费估算表和无形及其他资产摊销估算表取得。

负债包括流动负债、建设投资借款和流动资金借款。流动负债中的应付账款和预收账款数据可由流动资金估算表取得。短期借款、建设投资借款和流动资金借款可以从财务计划现金流量表中获得。

所有者权益包括资本金、资本公积金、累计盈余公积金及累计未分配利润。

(5) 借款还本付息计划表　借款还本付息计划表是反映项目计算期内各年借款本金偿还和利息支付情况，用于计算偿债备付率和利息备付率指标。借款还本付息计划表的结构包括两大部分，即借款及还本付息和偿还借款本金的资金来源。在借款尚未还清的年份，当年偿还本金的资金来源等于本年还本的数额；在借款还清的年份，当年偿还本金的资金来源大于等于本年还本的数额。

7.2.2.2　财务盈利能力分析

目前，我国建设项目财务评价的主要盈利能力指标如下。

(1) 财务内部收益率　财务内部收益率（FIRR）是指能使项目在整个计算期内各年净现金流量现值累计等于零时的折现率。

$$\sum_{t=1}^{n}(\mathrm{CI}-\mathrm{CO})_t(1+\mathrm{FIRR})^{-t}=0$$

式中，FIRR 是财务内部收益率；CI 是现金流入；CO 是现金流出；$(\mathrm{CI}-\mathrm{CO})_t$ 是第 t 期的净现金流量；t 是项目计算期。

(2) 财务净现值　项目财务净现值（FNPV）是指按设定的折现率计算的项目计算期内各年净现金流量的现值之和，计算公式为：

$$\mathrm{FNPV}=\sum_{t=1}^{n}(\mathrm{CI}-\mathrm{CO})_t(1+i_{\mathrm{c}})^{-t}$$

式中，FNPV 是财务净现值；i_{c} 是设定的折现率。

(3) 投资回收期　投资回收期 P_{t} 是指以项目的净收益回收项目投资所需要的时间，一般以年为单位。它是一个静态指标，其计算公式为：

$$P_{\mathrm{t}}=T-1+\frac{\left|\sum_{i=1}^{T-1}(\mathrm{CI}-\mathrm{CO})_i\right|}{(\mathrm{CI}-\mathrm{CO})_T}$$

式中，P_{t} 是投资回收期；T 是各年累计净现金流量首次为正值或零的年数。

(4) 总投资收益率　总投资收益率（ROI）表示总投资的盈利水平，是指项目达到设计能力后的年息税前利润，或运营期内平均年息税前利润与项目总投资的比率，计算公式为

$$\mathrm{ROI}=\frac{\mathrm{EBIT}}{\mathrm{TI}}\times 100\%$$

式中，ROI 是总投资收益率；EBIT 是项目达到设计能力后的年息税前利润或运营期内平

均年息税前利润；TI 是项目总投资。

（5）资本金净利润率　项目资本金净利润率（ROE）表示项目资本金的盈利水平，是指项目达到设计能力后的年净利润，或运营期内年平均净利润与项目资本金的比率，计算公式为：

$$\mathrm{ROE}=\frac{\mathrm{NP}}{\mathrm{EC}}\times 100\%$$

式中，ROE 是项目资本金净利润率；NP 是项目达到设计能力后的年净利润或运营期内年平均净利润；EC 是项目资本金。

7.2.2.3 财务偿债能力分析

目前，我国建设项目财务评价的主要偿债能力指标如下。

（1）利息备付率　利息备付率（ICR）是指在借款偿还期内的息税前利润与应付利息的比值，它从付息资金来源的充裕性角度反映项目偿付债务利息的保障程度。

$$\mathrm{ICR}=\frac{\mathrm{EBIT}}{\mathrm{PI}}$$

式中，ICR 是利息备付率；EBIT 是息税前利润；PI 是计入总成本费用的应付利息。

（2）偿债备付率　偿债备付率（DSCR）是指在借款偿还期内还本付息的资金与应还本付息金额的比值，它表示可用于还本付息的资金偿还借款本息的保障程度。

$$\mathrm{DSCR}=\frac{\mathrm{EBOTAD}-T_{\mathrm{AX}}}{\mathrm{PD}}$$

式中，DSCR 是偿债备付率；EBOTAD 是息税前利润加折旧和摊销；T_{AX} 是企业所得税；PD 是应还本付息金额。

（3）资产负债率　资产负债率（LOAR）是指各期末负债总额同资产总额的比率。适度的资产负债率，表明企业经营安全、稳健，具有较强的筹资能力，也表明企业和债权人的风险较小。

$$\mathrm{LOAR}=\frac{\mathrm{TL}}{\mathrm{TA}}\times 100\%$$

式中，LOAR 是资产负债率；TL 是期末负债总额；TA 是期末资产总额。

（4）流动比率　流动比率是流动资产与流动负债之比，反映偿还流动负债的能力。

$$流动比率=\frac{流动资产}{流动负债}\times 100\%$$

（5）速动比率　速动比率是速动资产与流动负债之比，反映在短时间内偿还流动负债的能力。

$$速动比率=\frac{速动资产}{流动负债}\times 100\%$$

$$速动资产=流动资产-存货$$

7.2.2.4　财务生存能力分析

财务生存能力分析，应在财务分析辅助报表和利润与利润分配表的基础上编制财务计划现金流量表，通过考察项目计算期内的投资、融资和经营活动所产生的各项现金流入和流出，计算净现金流量和累计盈余资金，分析项目是否有足够的净现金流量维持正常营运，以实现财务可持续性。

财务可持续性体现在有足够大的经营活动净现金流量，各年累计盈余资金不应出现负值。若出现负值应进行短期借款，同时分析该短期借款的时长和数额，进一步判断项目的财务生存能力。短期借款应体现在财务计划现金流量表中，其利息计入利息支出。为维持项目正常运营，还应分析短期借款的可靠性。

7.2.3　不确定性与风险分析

项目经济评价所采用的数据大部分来自预测和估算，具有一定程度的不确定性，为分析不确定性因素变化对评价指标的影响，估算项目可能承担的风险，应进行不确定性分析与经济风险分析，提出项目风险的预警、预报和相应的对策，为投资决策服务。

7.2.3.1　盈亏平衡分析

盈亏平衡分析系指通过计算项目达产年的盈亏平衡点（BEP），分析项目成本与收入的平衡关系，判断项目对产出品数量变化的适应能力和抗风险能力。盈亏平衡分析只用于财务分析。盈亏平衡点一般采用公式计算，也可利用盈亏平衡图求取，盈亏平衡点可采用生产能力利用率或产量表示。

盈亏平衡产量（Q^*）和盈亏平衡点的生产能力利用率（q^*）的简单估算：

$$Q^*=\frac{f}{(1-r)P-C_v}$$

$$q^*=\frac{Q^*}{Q_c}$$

式中，Q^*是盈亏平衡产量；q^*是盈亏平衡点的生产能力利用率；f是总固定成本；r是产品销售税率；P是产品含税价格；C_v是单位产品变动成本；Q_c为设计年产量。

7.2.3.2　敏感性分析

敏感性分析指通过分析不确定性因素发生增减变化时，对财务评价指标的影响，计算敏感性系数和临界点，找出敏感因素。通常只进行单因素敏感性分析。敏感性分析的计算结果，应采用敏感性分析表和敏感性分析图表示。

（1）敏感性系数　敏感性系数（S_{AF}）是指项目经济评价指标变化率与不确定性因素变化率之比，可按下式计算。

$$S_{AF} = \frac{\Delta A / A}{\Delta F / F}$$

式中，A、ΔA 是评价指标的基准值和相应变化率；F、ΔF 是不确定性因素的基准值和相应变化率。

（2）临界点　临界点是指不确定性因素的变化使项目由可行变为不可行的临界数值，一般采用不确定性因素相对基本方案的变化率或其对应的具体数值表示。临界点可通过敏感性分析因素图得到近似值，也可采用试算法求解。

7.2.3.3　风险分析

影响项目实现预期经济目标的风险因素来源于法律法规及政策、市场供需、资源开发与利用、技术可靠性、工程方案、融资方案、组织管理、环境与社会、外部配套条件等一个方面或几个方面。风险估计和风险评价是风险分析的主要内容。

（1）风险估计　风险估计中风险发生的概率可用主观概率和客观概率两种方法测定。主观概率是指人们对某一风险因素发生可能性的主观判断，用 0~1 的数据来描述，这种主观估计基于人们所掌握的大量信息和长期经验的积累。客观概率是根据大量试验数据，用统计的方法计算某一风险因素发生的可能性。决策阶段风险估计最常用的方法是由专家或决策者对事件出现的可能性做出主观估计（专家打分），使用的是主观概率确定子项风险因素的概率分布。在此基础上进行统计运算，得到综合结果，在运算中可以运用的数学方法主要有：层次分析法、CIM 模型法和蒙特卡罗模拟法等。

（2）风险评价　风险评价是在风险估计的基础上，通过相应的指标体系和评价标准，来揭示项目综合风险大小及影响项目成败的关键风险因素，并提出对项目风险的预警和相应防范对策。

项目风险大小的评价标准应根据风险因素发生的可能性及其造成的损失来确定，一般采用评价指标的概率分布或累计概率、期望值、标准差作为判别标准，也可采用综合风险等级作为判别标准。

内部收益率大于等于基准收益率的累计概率值越大风险越小，标准差越小风险越小。净现值大于等于零的累计概率越大风险越小，标准差越小风险越小。

7.3　国民经济评价

国民经济评价是建设项目经济评价的重要组成部分。它是在合理配置国家资源的前提下，从国家整体利益的角度出发，计算项目对国民经济的贡献，分析项目的经济效益、效果和对社会的影响，评价项目在宏观经济上的合理性。

7.3.1　国民经济评价基础数据

（1）国民经济评价的效益与费用　国民经济评价中，所有费用和效益，包括不能货币化的效果均可根据需要予以折现。凡是为国民经济所做的贡献均计为项目效益，可分为直接效益和间接效益。直接效益主要是用影子价格计算的项目的产出物（物质产品或服务）的经济价值，间接效益是指由项目引起的而在直接效益中未能得到反映的那部分效益。国民经济费用是指国民经济为建设项目所付出的代价，也可分为直接费用和间接费用。直接费用是指项目使用投入物所产生并在项目范围内计算的经济费用，间接费用是指由项目引起的而在项目的直接费用中未得到反映的那部分费用。

（2）社会折现率　社会折现率系指建设项目国民经济评价中衡量经济内部收益率的基准值，也是计算项目经济评价净现值的折现率，是项目经济可行性和方案比选的主要判据。社会折现率的确定主要有两种基本思路，一种是基于资本的社会机会成本的方法，另一种是基于社会时间偏好的方法。《建设项目经济评价方法与参数》（第三版）中推荐的社会折现率为 8%。

（3）影子汇率　影子汇率是一个重要的经济参数，由国家统一制定和定期调整。影子汇率是指能正确反映国家外汇经济价值的汇率。项目国民经济评价中，项目的进口投入物和出口产出物，应采用影子汇率换算系数调整计算进出口外汇收支的价值。影子汇率可通过影子汇率换算系数计算得出。

$$影子汇率 = 外汇牌价 \times 影子汇率换算系数$$

（4）影子工资　影子工资系指建设项目使用劳动力资源而使社会付出的代价。项目国民经济评价中以影子工资计算劳动力费用。

$$影子工资 = 劳动力机会成本 + 新增资源消耗$$

式中，劳动力机会成本系指劳动力在本项目被使用，不能在其他项目中使用而被迫放弃的劳动收益；新增资源消耗是指劳动力在本项目新就业或由其他就业岗位转移来本项目而发生的社会资源消耗。

影子工资还可以通过影子工资换算系数得到。

$$影子工资 = 财务工资 \times 影子工资换算系数$$

影子工资换算系数，《建设项目经济评价方法与参数》（第三版）中推荐非熟练劳动力为 0.25~0.28，其余按市场价格。

（5）影子价格　在国民经济评价中，原则上应采用影子价格计量项目的主要投入物和产出物。非外贸货物的影子价格为市场价格加上或者减去国内运杂费，投入物的影子价格为到厂价，产出物的影子价格为出厂价。

外贸货物的影子价格以口岸价为基础估算。

$$进口投入物的影子价格 = 到岸价 \times 影子汇率 + 进口费用$$

$$出口产出物的影子价格 = 离岸价 \times 影子汇率 + 出口费用$$

式中，到岸价为进口货物运抵我国进口口岸交货的价格，离岸价为出口货物运抵我国出口口岸交货的价格。

土地影子价格是指建设项目使用土地资源而使社会付出的代价。在建设项目国民经济评价中以土地影子价格计算土地费用。

$$土地影子价格 = 土地机会成本 + 新增资源消耗$$

式中，土地机会成本按拟建项目占用土地而使国民经济为此放弃的该土地“最佳替代用途”的净效益计算。土地改变用途而发生的新增资源消耗主要包括拆迁补偿费、农民安置补助费等。

(6) 贸易费用　项目国民经济评价中的贸易费用是指物资系统、外贸公司和各级商业批发站等部门花费在货物流通过程中以影子价格计算的费用（长途运输费用除外）。贸易费用率是反映这部分费用相对货物影子价格的一个综合比率，用以计算贸易费用。一般贸易费用率取值为6%，对于少数价格高、体积与重量较小的货物，可适当降低贸易费用率。

不经商贸部门流通，由出产厂家直接供应的货物不计算贸易费用。

$$非外贸货物的贸易费用 = 出厂影子价格 \times 贸易费用率$$

$$进口货物的贸易费用 = 到岸价 \times 影子汇率 \times 贸易费用率$$

$$出口货物的贸易费用 = (离岸价 \times 影子汇率 - 国内长途运费) \times \frac{1+贸易费用率}{贸易费用率}$$

7.3.2　国民经济评价报表与指标

7.3.2.1　国民经济评价报表

国民经济评价的基本报表主要是投资经济费用效益流量表。由效益流量、费用流量、净效益流量和计算指标4部分组成。效益流量是项目从建设期开始各年的效益流入量，包括产品销售或提供服务、各种节约和新增效益等流入、计算期末资产余值回收以及项目间接效益等。费用流量是项目从建设期开始各年的费用流出量，它包括项目建设投资、维持运营投资、流动资金、项目经营费用以及项目的间接费用等。净效益流量是项目从建设期开始各年的效益流入量与费用流出量之差。计算指标包括计算期内的经济内部收益率、国家规定的社会折现率下的经济净现值及效益费用比。国民经济效益费用流量表一般在项目财务评价基础上进行调整编制，也可直接编制。

7.3.2.2　国民经济评价指标

经济分析实例

国民经济评价以国民经济费用效果分析为主，所以以经济净现值为主要评价指标，根据项目的特点和实际需要也可计算经济内部收益率和效益费用比等辅助评价指标，此外还可对项目的外部效果进行定性分析。

(1) 经济净现值　经济净现值（ENPV）是反映项目对国民经济净贡献的指标。它是指按照社会折现率将项目计算期内各年的净效益流量折算到建设期初的现值之和，是经济费用效益分析的主要评价指标。

$$\text{ENPV}=\sum_{t=1}^{n}(B-C)_t(1+i_s)^{-t}$$

式中，ENPV 是经济净现值；B 是经济效益流量；C 是经济费用流量；n 是项目计算期；i_s 是社会折现率。

（2）经济内部收益率　经济内部收益率（EIRR）是反映项目对国民经济净贡献的效率型指标。它是项目在计算期内各年经济净效益流量的现值累计等于零时的折现率，是经济费用效益分析的辅助评价指标。

$$\sum_{t=1}^{n}(B-C)_t(1+\text{EIRR})^{-t}=0$$

式中，EIRR 是经济内部收益率。

（3）经济效益费用比　效益费用比（R_{BC}）是项目在计算期内效益流量的现值与费用流量的现值的比率，是经济费用效益分析的辅助评价指标。经济效益费用比大于 1，表明资源配置的经济效率达到了可以被接受的水平。

$$R_{BC}=\frac{\sum_{t=1}^{n}B_t(1+i_s)^{-t}}{\sum_{t=1}^{n}C_t(1+i_s)^{-t}}$$

式中，R_{BC} 是效益费用比；B_t 是计算期中第 t 年的经济效益；C_t 是计算期中第 t 年的经济费用。

7.4　经济评价案例

以 2021 年全国大学生化工设计竞赛一等奖衢州学院“糯米团子”团队为例。云南石化年产 1.1 万吨异丙醇项目。参赛学生：盛庆宏、夏理想、吴正红、杨桑妮、胡燕妮。

7.4.1　成本费用

（1）原材料及辅助材料费　见表 7-4-1。

表 7-4-1　原材料及辅助材料费用表

材料名称	单价/（元/t）	年消耗/t	总费用/万元
丙烯	5700	7972	4544.04
脱盐水	10	9230	92.3
乙二醇	5000	1.986	0.99
N-N 二甲基甲酰胺	10000	0.4	0.4
DNW 型耐温阳离子交换树脂催化剂	5500	0.82	0.45
总计			4638.18

(2) 燃料动力费　本项目采用的加热蒸汽标准为：低压蒸汽温度为 125℃，175℃中压蒸汽，250℃高压蒸汽，加热蒸汽集成云南石化的蒸汽供热系统，燃料和动力费用见表 7-4-2。

表 7-4-2　燃料和动力费用表

材料名称	单价	年消耗	总费用/万元
125℃低压蒸汽	200 元/t	0.147 万吨	29.4
175℃中压蒸汽	240 元/t	2.924 万吨	701.76
250℃高压蒸汽	280 元/t	0.882 万吨	246.96
电	0.75 元/kW · h	6093700kW · h	457.0275
仪表空气	0.12 元/m^3（标准状况）	25400m^3（标准状况）	0.3048
液氮	263 元/t	52400t	1378.12
氮气	0.2 元/m^3（标准状况）	23800m^3（标准状况）	0.476
冷却水	1 元/t	2969700t	296.97
冷冻盐水	2 元/t	4018400t	803.68
总计			3914.07

(3) 职工薪酬　职工薪酬及福利费见表 7-4-3。

表 7-4-3　职工薪酬及福利费

部门		定员	个人工资/（万元/a）	总工资/（万元/a）
总经理		1	20	20
总工程师		1	15	15
办公室	主任	1	11	11
	职员	2	9	18
财务部	经理	1	11	11
	职员	2	9	18
人事部	主任	1	11	11
	职员	2	9	18
市场部	经理	1	11	11
	职员	2	10	20
后勤部	主任	1	11	11
	职员	2	7	14
生产部	主管	2	11	22
	原料预处理工段	4	9	36
	异丙醇合成工段	4	9	36

续表

部门		定员	个人工资/（万元/a）	总工资/（万元/a）
生产部	异丙醇脱水工段	4	9	36
	产品精制工段	4	9	36
	应急处人员	1	9	9
	机修人员	1	9	9
	中控室	2	9	18
	公用工程人员	2	9	18
	化验中心人员	2	10	20
	配电中心人员	2	9	18
	维修消防人员	3	9	27
	储运人员	2	8	16
保卫部	主管	1	10	10
	保安	4	8	32
合计		55		521

我厂每年除了发放工资之外，还会对各级员工发放福利，福利费包括“五险一金”和年终奖用来鼓励勤恳的员工。“五险一金”即养老保险金、失业保险金、医疗保险金、生育保险金、工伤保险金以及住房公积金。具体提取比例及提取金额如表 7-4-4。

表 7-4-4　职工福利一览表

序号	福利名称	占工资总额比例	总计/（万元/a）
1	养老保险金	10%	52.1
2	失业保险金	2%	10.42
3	医疗保险金	5.00%	26.05
4	生育保险金	1.20%	6.252
5	工伤保险金	0.80%	4.168
6	住房公积金	8%	41.68
总计			140.67

故人工费总计为 661.67 万元。

(4) 设备折旧费　由于本项目生产过程中所涉及的化学产品均不含有强腐蚀性，因此本项目固定资产折旧采用平均年限法（直线法）。对于内资企业固定资产的净残值率一般为 5%，厂区建筑设施折旧年限为 20 年，生产设备折旧年限为 10 年，车辆折旧年限为 5 年，生产器具折旧年限为 5 年，电气设备折旧年限为 5 年，详见以下计算过程，汇总表见表 7-4-5。

固定资产折旧按个别固定资产单独计算时（个别折旧率），计算公式如下：

年折旧率＝（1–预计净利残值率）/预计使用年限×100%

年折旧额=固定资产原值×年折旧率

表 7-4-5 折旧费用一览表

名称	原值/万元	折旧年限/年	年折旧费/（万元/年）
生产设备	4094.2	10	409.42
房屋建筑	1637.6	20	81.88
器具、工具、家具	5.2	5	1.04
电气设备	249.35	5	49.87
车辆	207.75	5	41.55
总计			583.76

（5）摊销费 摊销费是指无形资产和递延资产在一定期限内分期摊销的费用。本项目中无形资产和递延资产在生产期的 13 年中摊销，无形资产一般不考虑残值，则摊销费为 110.26 万元。

（6）维修费 维修费是指用于设备设施维护及故障修理的材料费、施工费、劳务费，其中包括日常维护修理、设备大检修以及检修维护单位的运保费。修理费按设备总投资额的 1.2%计提，主要生产和辅助生产的主要机械设备总额为 4309.67 万元，则年修理费总额为 51.72 万元。

（7）管理费 管理费是指企业行政管理部门为管理和组织经营活动发生的各项费用，包括：公用经费（工厂总部管理人员工资，职工福利费，差旅费，办公费，折旧费，修理费，物料消耗，低值易耗品摊销以及其他公司经费）、董事会费、咨询费、顾问费、交际应酬费、税金（房产税，车船使用税，土地使用税，印花税等）、开办费摊销、研究发展费以及其他管理费等。

本项目中管理费用按直接工资总额的 40%计提，则每年所需支付的管理费=直接工资×40%=208.40 万元。

（8）财务费 财务费是指为筹措资金而发生的各项费用，包括生产经营期间发生的利息收支净额，汇总损益净额，外汇手续费，金融机构的手续费以及因筹措而发生的其他费用。根据银行贷款金额等，每年的财务费用为 115.84 万元。

（9）销售费 指企业为销售产品和促销产品而发生的费用支出，包括运输费、包装费、广告费、保险费、委托代销费、展览费，以及专设销售部门的经费，例如销售部门职工工资、福利费、办公费、修理费等。

本项目中按销售收入的 1%计算销售费用总额，即：销售费用=年销售收入×1%=165.28 万元。

（10）其他费用　本项目会产生一定量的废气、废水与废渣。

本项目年产废气 150.45m³，本项目的生产废气主要含乙烷、乙烯、丙烯和丙烷。本项目用吸附-催化燃烧法处理废气，估计处理价格约为 100 万元/a。

针对废液，主要是粗异丙醇脱水废液、生活废水、初期雨水。本项目年产生废水 977.28t，排放处理费用为 5 元/t，处理至 COD < 500×10^{-6} 的可排放，年污水处理费用为 0.49 万元。

针对废固，主要产生的废固为失效催化剂、生产包装物和生活垃圾，将其送回厂家回收处理，催化剂再生及废渣处理费用为 250 万元/a。生产包装物和生活垃圾处理费用为 100 万元/a。

故本项目“三废”处理费用为 450.49 万元。

（11）成本费用　估算汇总见表 7-4-6。

表 7-4-6　产品成本汇总表

序号	项目	估算成本/万元	占生产成本比例
1	原材料及辅助费	4638.18	42.55%
2	燃料动力费	3914.07	35.91%
3	人工费	661.67	6.07%
4	折旧费	583.76	5.36%
5	摊销费	110.26	1.01%
6	维修费	51.72	0.47%
7	管理费	208.40	1.91%
8	财务费	115.84	1.06%
9	销售费	165.28	1.52%
10	其他费用	450.49	4.13%
总计	总成本费用	10899.66	100.00%
	可变成本	9168.01	84.11%
	固定成本	1731.65	15.89%
	经营成本	10038.08	92.10%

其中，可变成本=原材料及辅助费+燃料动力费+销售费+其他费用；

固定成本=人工费+折旧费+摊销费+维修费+管理费+财务费；

经营成本=总成本费用−折旧费−摊销费−维修费−财务费。

7.4.2 销售收入估算

本项目以异丙醇为主产品，年产量为 11019.168t。经市场调查，异丙醇价格与其自身纯度有关，纯度越高，异丙醇价格越高。由市场调查得出：对异丙醇而言，当其含量≥97%时，异丙醇价格达 7700 元/t；当其含量≥99.9%时，异丙醇价格可达 9600 元/t；当异丙醇含量为 99.99%时，甚至可达 14000 元/t。本项目异丙醇精制后纯度可以达到 99.99%（质量分数），估计异丙醇价格约为 14000 元/t。

本项目副产异丙醚和丙烷，异丙醚年产量为 242.5t，纯度为 99.84%（质量分数），根据市场调查，定价为 11500 元/t，丙烷年产量为 47.38t，纯度为 98.23%，定价为 5000 元/t。产品销售收入见表 7-4-7。

表 7-4-7　产品销售收入表

序号	产品	产量/（t/a）	单价/（元/t）	收入/万元
1	异丙醇（99.99%）	11589.3	14000	16225.015
2	异丙醚（99.84%）	242.5	11500	278.875
3	丙烷（98.23%）	47.38	5000	23.69
合计				16527.58

7.4.3　税金估算

（1）增值税　本项目取税率为 13%，取全负荷时的销售收入为 16527.58 万元，全负荷时的购入品的外购含税成本（外购原材料费+外购燃料动力费）为 8552.25 万元。故本项目销项税额为 1901.40 万元，进项税为 983.89 万元，增值税为 917.52 万元。

（2）城市维护建设税　对于生产企业，其税额为：城市维护建设税额=增值税×城建税率。根据《中华人民共和国城市维护建设税法》，取税率为 7%，所以本项目城市维护建设税为 64.23 万元。

（3）教育附加税　教育附加税=增值税×3%，故本项目教育附加税为 27.53 万元。

（4）企业所得税　所得税额=应纳税所得额×所得税率，企业所得税率 25%，应纳税所得额=收入–成本–销售税金及附加，故所得税为 1154.66 万元。

详见税金估算表 7-4-8。

表 7-4-8　税金估算表

序号	项目	税率/%	税金/万元
1	产品销售收入		16527.58
	销项税额	13	1901.40
2	产品总成本		10899.66
	购入原材料和动力费		8552.25
	进项税额	13	983.89
	增值税	13	917.52

续表

序号	项目	税率/%	税金/万元
3	城市维护建设费	7	64.23
	教育附加税	3	27.53
4	销售税金及附加		1009.27
5	企业所得税	25	1154.66

7.4.4　税后利润估算

由前面的计算结果可得，正常年税前利润总额=销售收入−总费用成本−销售税金及附加=4618.65 万元。

按正常年份 25%的税率缴纳所得税，则所得税=利润总额×0.25=1154.66 万元，净利润=利润总额−所得税=3463.99 万元。

税后利润按 10%提取法定盈余公积金，5%提取任意盈余公积金，则法定盈余公积金=净利润×0.1=346.40 元，任意盈余公积金=净利润×0.05=173.20 万元，未分配利润=净利润−法定盈余公积金−任意盈余公积金=2944.39 万元。

详见利润与利润分配表 7-4-9。

表 7-4-9　利润与利润分配表

序号	项目	金额/万元	备注
1	产品销售收入	16527.58	
2	总成本费用	10899.66	
3	销售税金及附加	1009.27	
4	利润总额	4618.65	=1−2−3
5	所得税	1154.66	利润总额的 25%
6	净利润	3463.99	=4−5
7	法定盈余公积金	346.40	净利润的 10%
8	任意盈余公积金	173.20	净利润的 5%
9	未分配利润	2944.39	=6−7−8

7.4.5　投资回收期分析

（1）静态指标

① 静态投资回收期。静态投资回收期（所得税后）:

$$P_t = T - 1 + \frac{\left|\sum_{i=1}^{T-1}(\mathrm{CI}-\mathrm{CO})_i\right|}{(\mathrm{CI}-\mathrm{CO})_T} = 7 - 1 + \frac{331.03}{3343.63} = 6.10(\mathrm{a})$$

小于化工企业标准的 14 年。

② 投资利润率。

投资利润率=年利润总额/总投资额×100%=$\frac{4618.65}{12666.28}$=36.46%

根据国营工业企业投资利润率中相关指标，化工与石油化工行业基准投资利润率分别为 11%和 26%，本项目为化工行业，投资利润率 36.46%，大于 11%，项目可取。

③ 投资利税率。

投资利税率=年利税总额/总投资额×100%=（年利润总额+年销售税金及附加）/总投资额 =$\frac{4618.65+1009.27}{12666.28}$=44.43%

按照化工行业标准投资利税率，可行项目的投资利税率应大于 38%，故初步判断项目可行。

④ 资本金净利润率。

资本金净利润率=年净利润/项目资本金×100%=$\frac{3463.99}{7666.28}$=45.18%

按照化工行业标准资本金利润率，可行项目的资本金净利润率应大于 25%，故初步判断项目可行。

（2）动态指标

① 财务净现值（FNPV）。本项目 FNPV=6593.01 万元＞0，故该项目方案可行。净现值率为 6593.01/12666.28 =52.05%，说明该方案盈利能力较强。

② 动态投资回收期。考虑到折现率之后的投资回收期，计算方式同静态投资回收期。本项目的动态投资回收期 $P_t = 9 - 1 + \frac{6556.89}{4325.57} = 9.52(\mathrm{a})$。

③ 财务内部收益率（FIRR）。利用 EXCEL 财务公式计算得：FIRR=0.23 大于标准内部收益率 0.13，故项目方案可行。

详见累计折现值表 7-4-10。

表 7-4-10 累计折现值表（折现率为 23%）

年份 t	（CI−CO）t	（$1+i_n$*）t	（CI−CO）t/（$1+i_n$*）t	∑（CI−CO）t/（$1+i_n$*）t
1	−7508.34	1.23	−6104.34	−6104.34
2	−3217.86	1.51	−2131.03	−8235.37
3	1191.23	1.85	643.91	−7591.47
4	2516.70	2.27	1108.68	−6482.79
5	3343.63	2.78	1202.74	−5280.04
6	3343.63	3.41	980.54	−4299.51
7	3343.63	4.18	799.91	−3499.60

续表

年份 t	$(CI-CO)_t$	$(1+i_n^*)^t$	$(CI-CO)_t/(1+i_n^*)^t$	$\sum(CI-CO)_t/(1+i_n^*)^t$
8	3544.29	5.13	690.89	−2808.70
9	4325.57	6.30	686.60	−2122.10
10	4325.57	7.72	560.31	−1561.80
11	4325.57	9.47	456.77	−1105.03
12	4325.57	11.62	372.25	−732.78
13	4325.57	14.26	303.34	−429.44
14	4325.57	17.49	247.32	−182.12
15	4325.57	21.46	201.56	19.44

7.4.6　财务内部收益分析

（1）现金流入

现金流入=销售收入+回收固定资产余值+其他收入

则正常年份的现金流入=16527.58 +0+0=16527.58 万元。

（2）现金流出

现金流出=建设投资+流动资金+经营成本+销售税金及附加税+偿还本息+所得税

则正常年份的现金流出（贷款还清后）：=0+0+10038.08 +1009.27 +0+1154.66 =12202.01 万元。

（3）净现金流量

净现金流量=现金流入−现金流出

（4）累计折现流量　取化工行业标准折现值 i=0.13。

以项目前五期为例，计算税收及损益情况如表 7-4-11 和项目财务现金流量表 7-4-12（a）、（b）。

表 7-4-11　财务损益表　　单位：万元

序号	项目	建设期/a		投产期/a		达产期/a
		1	2	3	4	5
	生产负荷/%	0	0	70	90	100
一	产品销售收入	0	0	11569.31	14874.82	16527.58
二	总成本费用	0	0	7629.76	9809.69	10899.66
	原材料及动力费	0	0	5986.57	7697.02	8552.25
三	销售税金及附加					
1	销项税额	0	0	1330.98	1711.26	1901.40
	进项税额	0	0	688.72	885.50	983.89
	增值税	0	0	642.26	825.76	917.52

续表

序号	项目	建设期/a		投产期/a		达产期/a
		1	2	3	4	5
2	城市维护建设费	0	0	44.96	57.80	64.23
3	教育附加税	0	0	19.27	24.77	27.53
4	小计	0	0	2726.19	3505.10	3894.56
四	利润总额	0	0	3233.06	4156.79	4618.65
五	所得税	0	0	808.26	1039.20	1154.66
六	净利润	0	0	2424.79	3117.59	3463.99

表 7-4-12(a)　项目财务现金流量表(一)　　单位:万元

序号	项目	建设期/a		投产期/a		达产期/a			
		1	2	3	4	5	6	7	8
1	现金流入								
	销售收入	0	0	11569.31	14874.82	16527.58	16527.58	16527.58	16527.58
	回收资产余值	0	0	0	0	0	0	0	0
	回收流动资金	0	0	0	0	0	0	0	0
	小计	0	0	11569.31	14874.82	16527.58	16527.58	16527.58	16527.58
2	现金流出								
	建设期投资	7508.34	3217.86	0	0	0	0	0	0
	流动资本			1149.31	492.56	0	0	0	0
	经营成本	0	0	7026.66	9034.27	10038.08	10038.08	10038.08	10038.08
	销售税金及附加	0	0	706.49	908.34	1009.27	1009.27	1009.27	1009.27
	偿还本息	0	0	687.36	883.75	981.94	981.94	981.94	781.28
	所得税	0	0	808.26	1039.20	1154.66	1154.66	1154.66	1154.66
	小计	7508.34	3217.86	10378.08	12358.12	13183.95	13183.95	13183.95	12983.29
3	净现金流量	−7508.34	−3217.86	1191.23	2516.70	3343.63	3343.63	3343.63	3544.29
	累计现金流量	−7508.34	−10726.20	−9534.98	−7018.27	−3674.65	−331.02	3012.61	6556.90

表 7-4-12（b）　项目财务现金流量表（二）　　单位：万元

序号	项目	建设期/a		投产期/a		达产期/a		
		9	10	11	12	13	14	15
1	现金流入							
	销售收入	16527.58	16527.58	16527.58	16527.58	16527.58	16527.58	16527.58
	回收资产余值	0	0	0	0	0	0	0
	回收流动资金	0	0	0	0	0	0	0
	小计	16527.58	16527.58	16527.58	16527.58	16527.58	16527.58	16527.58
2	现金流出							
	建设期投资	0	0	0	0	0	0	0
	流动资本	0	0	0	0	0	0	0
	经营成本	10038.08	10038.08	10038.08	10038.08	10038.08	10038.08	10038.08
	销售税金及附加	1009.27	1009.27	1009.27	1009.27	1009.27	1009.27	1009.27
	偿还本息	0	0	0	0	0	0	0
	所得税	1154.66	1154.66	1154.66	1154.66	1154.66	1154.66	1154.66
	小计	12202.01	12202.01	12202.01	12202.01	12202.01	12202.01	12202.01
3	净现金流量	4325.57	4325.57	4325.57	4325.57	4325.57	4325.57	4325.57
	累计现金流量	10882.46	15208.03	19533.60	23859.16	28184.73	32510.30	36835.86

根据以上现金流量表绘制出累计现金流量图如图 7-4-1 所示。

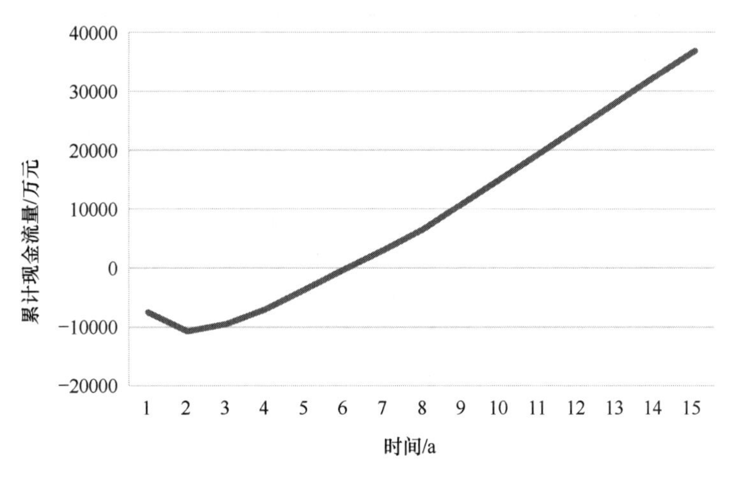

图 7-4-1　累计现金流量图

7.4.7 财务净现值估算

指按规定的折现率计算的项目计算期内净现金流量的现值之和，由式 FNPV =

$\sum_{t=0}^{n}(\mathrm{CI}-\mathrm{CO})_t\left[\frac{1}{\left(1+i_n^*\right)^t}\right]$（$i_n^*$基准折现率，根据国家发改委和建设部 2006 年发文，我国精细化工建设项目全部投资税前财务基准收益率为 13%）计算所得，本项目累计折现值如表 7-4-13 和图 7-4-2 所示，计算得本项目财务净现值 FNPV 为 6593.01 万元。

表 7-4-13　累计折现值表

年份 t	$(\mathrm{CI-CO})_t$	$(1+i_n^*)^t$	$(\mathrm{CI-CO})_t/(1+i_n^*)^t$	$\sum(\mathrm{CI-CO})_t/(1+i_n^*)^t$
1	−7508.34	1.13	−6644.55	−6644.55
2	−3217.86	1.28	−2513.95	−9158.50
3	1191.23	1.44	827.24	−8331.26
4	2516.70	1.63	1543.99	−6787.27
5	3343.63	1.84	1817.19	−4970.09
6	3343.63	2.08	1607.51	−3362.57
7	3343.63	2.35	1422.82	−1939.75
8	3544.29	2.66	1332.44	−607.31
9	4325.57	3.00	1441.86	834.54
10	4325.57	3.39	1275.98	2110.52
11	4325.57	3.84	1126.45	3236.97
12	4325.57	4.33	998.98	4235.95
13	4325.57	4.90	882.77	5118.71
14	4325.57	5.53	782.20	5900.91
15	4325.57	6.25	692.09	6593.01

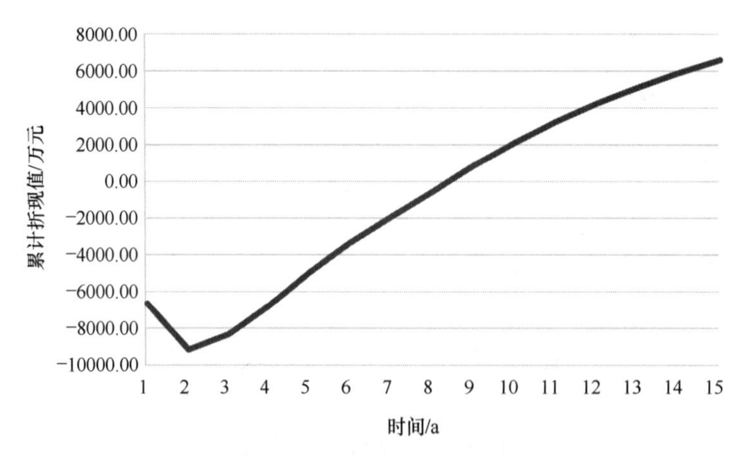

图 7-4-2　累计折现值图

本项目 FNPV=6593.01 万元 > 0，故该项目方案可行。净现值率为 6593.01/12666.28 = 52.05%，说明该方案盈利能力较强。

7.4.8 权益投资内部收益分析

权益投资内部收益率=（年利润+折旧与摊销）/权益投资额×100%=54.24%

本项目权益投资财务现金流量如表 7-4-14（a）、（b）所示。

表 7-4-14（a）　权益投资财务现金流量表（一）　　单位：万元

序号	项目	建设期/a		投产期/a		达产期/a			
		1	2	3	4	5	6	7	8
1	现金流入								
	销售收入	0	0	11569.31	14874.82	16527.58	16527.58	16527.58	16527.58
	回收资产余值	0	0	0	0	0	0	0	0
	回收流动资金	0	0	0	0	0	0	0	0
	小计	0	0	11569.31	14874.82	16527.58	16527.58	16527.58	16527.58
2	现金流出								
	项目资本金	7666.28	0	0	0	0	0	0	0
	经营成本	0	0	7026.66	9034.27	10038.08	10038.08	10038.08	10038.08
	销售税金及附加	0	0	706.49	908.34	1009.27	1009.27	1009.27	1009.27
	偿还本息	0	0	687.36	883.75	981.94	981.94	981.94	781.28
	所得税	0	0	808.26	1039.20	1154.66	1154.66	1154.66	1154.66
	小计	7666.28	0	9228.77	11865.56	13183.95	13183.95	13183.95	12983.29
3	净现金流量	-7666.28	0	2340.54	3009.26	3343.63	3343.63	3343.63	3544.29
	累计现金流量	-7666.28	-7666.28	-5325.74	-2316.47	1027.15	4370.78	7714.41	11258.70

表 7-4-14（b）　权益投资财务现金流量表（二）　　单位：万元

序号	项目	建设期/a		投产期/a		达产期/a		
		9	10	11	12	13	14	15
1	现金流入							
	销售收入	16527.58	16527.58	16527.58	16527.58	16527.58	16527.58	16527.58
	回收资产余值	0	0	0	0	0	0	0

续表

序号	项目	建设期/a		投产期/a		达产期/a		
		9	10	11	12	13	14	15
1	回收流动资金	0	0	0	0	0	0	0
	小计	16527.58	16527.58	16527.58	16527.58	16527.58	16527.58	16527.58
2	现金流出							
	项目资本金	0	0	0	0	0	0	0
	经营成本	10038.08	10038.08	10038.08	10038.08	10038.08	10038.08	10038.08
	销售税金及附加	1009.27	1009.27	1009.27	1009.27	1009.27	1009.27	1009.27
	偿还本息	0	0	0	0	0	0	0
	所得税	1154.66	1154.66	1154.66	1154.66	1154.66	1154.66	1154.66
	小计	12202.01	12202.01	12202.01	12202.01	12202.01	12202.01	12202.01
3	净现金流量	4325.57	4325.57	4325.57	4325.57	4325.57	4325.57	4325.57
	累计现金流量	15584.26	19909.83	24235.40	28560.96	32886.53	37212.10	41537.66

7.4.9 借款偿还期分析

本项目固定资产投资贷款为 5000 万元，在生产期内用项目的未分配利润、折旧费及摊销费以最大能力偿还。贷款利率为 4.90%，贷款期限为 6 年，采用等额偿还本息的方法还款，分 6 年还清。则每年还款额为：

$$A = P\frac{i(1+i)^n}{(1+i)^n - 1}$$

其中贷款总额 P=5000 万元，i=4.90%，n=6。

经计算，年还款额为 981.94 万元。

项目流动资金借款于项目终止年份回收偿还。该项目具有较好的贷款偿还能力。

7.4.10 敏感性分析

本项目主产品价格敏感性见表 7-4-15、经营成本敏感性见表 7-4-16 以及异丙醇生产量敏感性见表 7-4-17 作为主要的敏感性因素，采取单因素敏感性分析，计算这三个因素按一定幅度变化后，相应的内部收益率评价指标的变动结果，从而大致判断风险情况。

表 7-4-15　主产品价格敏感性分析表

变动因素	变动幅度				
	-10%	-5%	0	5%	10%
主产品价格/（元/t）	12600	13300	14000	14700	15400
财务净现值/万元	505.42	2802.43	6593.01	8758.24	11104.47

表 7-4-16　经营成本敏感性分析表

变动因素	变动幅度				
	-10%	-5%	0	5%	10%
经营成本/万元	9034.27	9536.18	10038.08	10539.99	11041.89
财务净现值/万元	10738.12	8441.30	6593.01	3847.65	1550.83

表 7-4-17　异丙醇生产量敏感性分析表

变动因素	变动幅度				
	-10%	-5%	0	5%	10%
产品产量/t	9917.2512	10468.2096	11019.168	11570.1264	12121.0848
财务净现值/万元	814.62	3457.44	6593.01	8743.06	11385.88

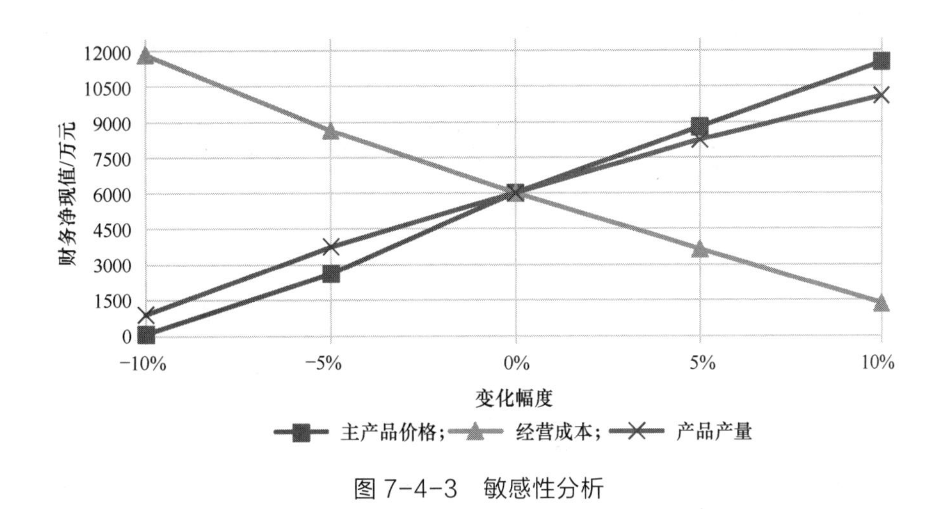

图 7-4-3　敏感性分析

从敏感性分析图 7-4-3 中可以直观地看出，异丙醇产量、主产品价格对净现值有正影响，经营成本对净现值有负影响。其中，主产品价格的变化将对净现值产生较大影响，其次是经营成本，异丙醇产量的影响相对较小，且主产品价格的变动影响和经营成本的变动差不多。价格受到市场波动影响时，可通过调节经营成本和产品产量进行有效控制，故本项目抗风险能力相对较强。

7.4.11　盈亏平衡分析

本项目：产品产量为 $Q=1.1$ 万吨/年；

销售单价为 $P=14000$ 元/t；

年总固定成本为 $F=1731.65$ 万元；

单位产品可变成本 $V=8320.06$ 元/t；

单位产品销售税金 $m=915.92$ 元/t。

可以计算其项目产销盈亏平衡点

$$\mathrm{BEP}_Q=\frac{F}{P-V-m}=\frac{1731.65}{14000-8320.06-915.92}=0.36(\text{万吨/年})$$

即当项目的年产销量高于 0.36 万吨时，总收入即可大于总支出，项目可以盈利。

产销所允许降低的最大幅度为：

$$\frac{Q-\mathrm{BEP}_Q}{Q}\times100\%=\frac{1.1-0.34}{1.1}\times100\%=69.09\%$$

该数值说明了只要产销量降幅在 69.09%以内，本项目均可以盈利。在产品滞销、竞争激烈的时候，只要生产（销售）少量的产品，就能达到收支平衡，使项目得以维持生存。较低的 BEP_Q，说明项目承担风险的能力强，竞争能力强，项目生命力也较强。

另外，计算该项目的销售单价盈亏平衡点

$$\mathrm{BEP}_L=\frac{F+VQ}{Q(1-m/P)}=\frac{1731.65+8320.06\times1.1}{1.1\times(1-915.92/14000)}=10586.91(\text{元}/\text{t})$$

即当项目产品的平均售价达到 10586.91 元/t 时，总收入即可大于总支出，项目可以盈利。

最大允许降价幅度为：

$$\frac{P-\mathrm{BEP}_L}{P}\times100\%=\frac{14000-10586.91}{14000}\times100\%=24.38\%$$

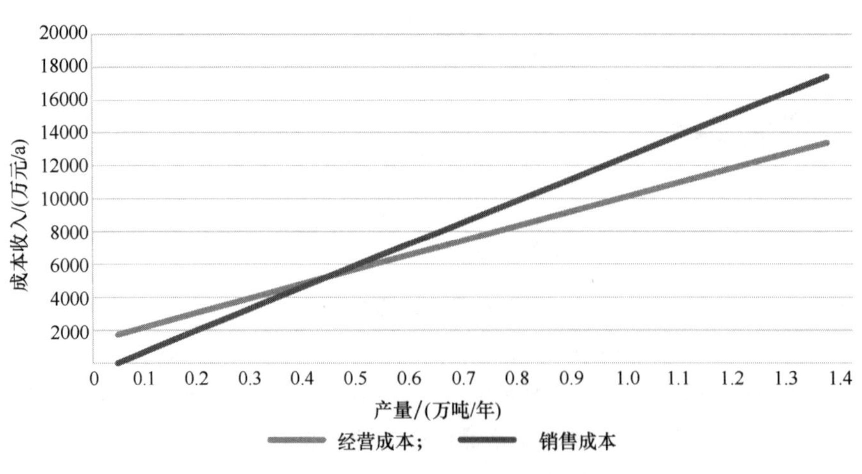

图 7-4-4　盈亏平衡分析图

从图 7-4-4 中两线相交于 0.34 万吨处，故 0.34 万吨即为盈亏平衡点。盈亏平衡点生产能力利用率为 31.03%，项目抗风险能力较强。

7.4.12　财务评价结论

本项目总投资为 12666.28 万元，其中：建设投资 10726.20 万元，建设期利息 298.20 万元，流动资金 1641.87 万元。

本项目全部投资利润率 36.46%，投资利税率 44.43%，资本金净利润率 45.18%，静态投资回收期 6.10 年，贷款偿还期 6 年。

从以上经济分析结果可以看到，本项目的盈利能力良好，在经济上具有很大的可行性，且项目应对市场供求变化的能力强，生存能力强。

参考文献

[1] 魏赵灿, 李宽宏. 化工设备设计全书——塔设备设计. 上海: 上海科学技术出版社, 1988.
[2] 吴德荣. 化工装置工艺设计（下册）. 上海: 华东理工大学出版社, 2014.
[3] 兰州石油机械研究所编. 现代塔器技术. 2 版. 北京: 中国石化出版社, 2005.
[4] 黄璐, 王保国. 化工设计. 北京: 化学工业出版社, 2001.
[5] 韩冬冰. 化工工程设计. 北京: 学苑出版社, 1997.
[6] 倪进方. 化工过程设计. 北京: 化学工业出版社, 1999.
[7] 匡国柱, 史启才. 化工单元过程及设备课程设计. 2 版. 北京: 化学工业出版社, 2008.
[8] 贾绍义, 柴诚敬. 化工原理课程设计（化工传递与单元操作课程设计）. 天津: 天津大学出版社, 2002.
[9] 付家新, 王为国, 肖稳发. 化工原理课程设计（典型化工单元操作设备设计）. 北京 : 化学工业出版社, 2010.
[10] 陈英南, 刘玉兰. 常用化工单元设备的设计. 上海: 华东理工大学出版社, 2005.
[11] 王松汉. 石油化工设计手册（第 3 卷）. 北京: 化学工业出版社, 2001.
[12] 包宗宏, 武文良. 化工计算与软件应用. 2 版. 北京: 化学工业出版社, 2018.
[13] 朱炳辰. 化学反应工程. 3 版. 北京: 化学工业出版社, 2001.
[14] 陈甘棠. 化学反应工程. 3 版. 北京: 化学工业出版社, 2007.
[15] SCOTT FOGLER H. 化学反应工程: 第 3 版. 李术元, 朱建华, 译. 北京: 化学工业出版社, 1999.
[16] 陈敏恒, 袁渭康. 工业反应过程的开发方法. 北京: 化学工业出版社, 2020.
[17] 程振民, 朱开宏, 袁渭康. 高等反应工程. 北京: 化学工业出版社, 2021.
[18] 朱开宏, 袁渭康. 化学反应工程分析. 北京: 高等教育出版社, 2002.
[19] SINNOT R K. 化工设计: 第 4 版. 宋旭锋, 译. 北京: 中国石化出版社, 2009.
[20] 高立兵, 吕中原, 等. 石油化工流程模拟软件现状与发展趋势. 化工进展, 2021, 40（S2）: 1-14.
[21] 解艳. 化工工艺中计算机辅助设计的影响作用及应用分析. 粘接, 2019, 40（11）: 3-6.
[22] 黄英. 化工设计. 北京: 科学出版社, 2011.
[23] 娄爱娟, 吴志泉, 吴叙美. 化工设计. 上海: 华东理工大学出版社, 2002.
[24] 梁志武, 陈声宗. 化工设计. 4 版. 北京: 化学工业出版社, 2016.
[25] 中石化上海工程公司. 化工工艺设计手册. 5 版. 北京: 化学工业出版社, 2018.
[26] 杨基和, 徐淑玲. 化工工程设计概论. 北京: 中国石化出版社, 2005.
[27] 柯仑 J L A. 化工厂的简单和稳健化设计. 刘辉, 闫建民, 杨茹, 译. 北京: 化学工业出版社, 2009.
[28] 李鑫钢. 蒸馏过程节能与强化技术. 北京: 化学工业出版社, 2012.
[29] 刘娟, 申广浩, 谢康宁, 等. 气体膜分离技术的发展现状与展望. 医用气体工程, 2018, 3（1）: 33-34.
[30] 董子丰. 氢气膜分离技术的现状, 特点和应用. 工厂动力, 2000, 1: 25-35.
[31] 刘立新, 陈梦琪, 刘育良, 王建新, 孙兰义. 共沸精馏隔壁塔与萃取精馏隔壁塔的控制研究. 化工进展, 2017, 36（2）: 756-765.
[32] 张卫江, 孟龑, 徐姣. 隔壁塔分离甲基丙烯酸甲酯的工艺研究. 现代化工, 2017, 37（2）: 161-166.
[33] 林龙勇. 分隔壁塔双效精馏热集成系统的稳态和动态行为研究. 杭州: 浙江大学, 2011: 20-71.
[34] 黄素逸, 高伟. 能源概论. 2 版. 北京: 高等教育出版社, 2013.
[35] 兰州石油机械研究所. 换热器. 2 版. 北京: 中国石化出版社, 2012.
[36] 化工设备设计全书编辑委员会. 换热器设计. 上海: 上海科学技术出版社, 1988.
[37] 钱颂文. 换热器设计手册. 北京: 化学工业出版社, 2002.
[38] 都跃良. 首台 15CrMo 缠绕管式换热器的制造. 化工机械, 2004, 31（3）: 165-166.
[39] 张贤安, 陈永东, 王健良. 缠绕式换热器的工程应用. 大氮肥, 2004, 27（1）: 9-11.
[40] 陈欢林. 新型分离技术. 2 版. 北京: 化学工业出版社, 2013.
[41] 松德马赫尔 K, 金勒 A. 反应蒸馏. 朱建华, 译. 北京: 化学工业出版社, 2005.
[42] 约瑟 G, 桑切斯·马可, 西奥多 T, 托迪斯. 催化膜及膜反应器. 张卫东, 高坚, 译. 北京: 化学工业出版社, 2004.
[43] 邢卫红, 陈日志, 姜红, 等. 无机膜与膜反应器. 北京: 化学工业出版社, 2020.
[44] 王林. 微反应器的设计与应用. 北京: 化学工业出版社, 2016.
[45] 夏铭. 用于分离共沸物的节能隔壁塔的设计与控制研究. 天津: 天津大学, 2014: 7-20.
[46] 肖红岩. 丙烷脱氢深冷液化流程的氢气膜分离改造优化. 大连: 大连理工大学, 2019.

[47] 谢振威. 中空纤维复合膜分离氢气的实验研究. 天津: 天津大学, 2005.
[48] 王汉利, 阮雪华, 杨振东, 等. 气体分离膜用聚酰亚胺树脂及其制法、采用其制备聚酰亚胺气体分离膜的方法: CN 111019133 A. 2020-04-17.
[49] 王鹏宇. 气体膜分离过程 HYSYS 模拟系统的研究. 大连: 大连理工大学, 2005.
[50] 国家发改委, 建设部. 建设项目经济评价方法与参数. 3 版. 北京: 中国计划出版社, 2006.
[51] 方勇. 化工技术经济. 北京: 化学工业出版社, 2021.
[52] 李南. 工程经济学. 5 版. 北京: 科学出版社, 2018.
[53] 王诺, 梁晶. 建设项目经济评价案例教程. 北京: 化学工业出版社, 2008.
[54] 虞晓芬. 技术经济学概论. 4 版. 北京: 高等教育出版社, 2017.
[55] 宋航. 化工技术经济. 2 版. 北京: 化学工业出版社, 2008.
[56] 沙利文. 工程经济学. 14 版. 北京: 清华大学出版社, 2011.
[57] 王璞. 技术经济学. 北京: 机械工业出版社, 2012.
[58] 帕克. 工程经济学: 第 5 版. 邵颖红, 译. 北京: 中国人民大学出版社, 2012.
[59] 陈伟. 技术经济学. 北京: 清华大学出版社, 2012.
[60] 王彩彬. 丙烯直接水合制异丙醇——日本德山曹达法一[J]. 石油化工, 1977 (01) : 51-58.
[61] 袁一. 化学工程师手册. 北京: 机械工业出版社, 1999.
[62] 张康达, 洪起超. 压力容器手册. 北京: 中国劳动社会保障出版社, 2000.
[63] 天津大学基本有机化工教研室. 基本有机化学工程. 北京: 人民教育出版社, 1977.
[64] 董大勤, 袁凤隐. 压力容器设计手册. 2 版. 北京: 化学工业出版社, 2014.
[65] Petrus L, De Roo R W, Stamhuis E J, Joosten G E H. Kinetics and equilibria of the hydration of propene over a strong acid ion exchange resin as catalyst. Chem. Eng Sci, 1984, 39 (3) : 433-446
[66] 喻健良. 化工设备机械基础. 大连: 大连理工大学出版社, 2009.
[67] 弗瓦林. 石油化工厂防火手册. 北京: 石油工业出版社, 1983.
[68] 纳贝尔特, 舍恩. 可燃性气体和蒸汽的安全技术参数手册. 北京: 机械工业出版社, 1983.
[69] 朱常发, 李沛明, 李奉孝. 异戊烷在 Pt-Sn-碱/γ-Al_2O_3 催化剂上脱氢动力学特性研究. 石油炼制, 1993. 24 (7) : 6.